普通高等教育"十二五"规划教材

无机及分析化学

朱宇君 主编　牛晓宇 仲 华 徐长松 副主编

化学工业出版社
·北京·

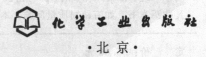

本书根据21世纪非化学专业本科生普通化学和分析化学课程基本要求，以重基础理论和实际应用为原则，全面介绍了无机化学和分析化学的相关基础知识。全书共分11章，主要内容为气体和溶液，化学热力学基础，化学动力学基础，化学平衡，物质结构基础，化学定量分析基础，酸碱平衡与酸碱滴定，沉淀溶解平衡与沉淀分析法，氧化还原反应与氧化还原滴定，配位平衡与配位滴定，元素及其化合物。每章后附有思考题与习题。部分章节增加了前沿知识介绍。

本书可作为高等院校非化学专业如农学类、生物工程和制药类、食品科学类、环境科学与工程、材料和林学类等专业本科生化学基础课教材，也可作为化学、化工领域从业人员的自学参考书。

图书在版编目（CIP）数据

无机及分析化学/朱宇君主编．—北京：化学工业出版社，2011.8（2024.8重印）

普通高等教育“十二五”规划教材

ISBN 978-7-122-11853-0

Ⅰ．无…　Ⅱ．朱…　Ⅲ．①无机化学-高等学校-教材②分析化学-高等学校-教材　Ⅳ．①O61②O65

中国版本图书馆CIP数据核字（2011）第139707号

责任编辑：刘俊之　　文字编辑：颜克俭

责任校对：宋　玮　　装帧设计：张　辉

出版发行：化学工业出版社（北京市东城区青年湖南街13号　邮政编码100011）

印　　装：北京科印技术咨询服务有限公司数码印刷分部

787mm×1092mm　1/16　印张16¼　彩插1　字数424千字　　2024年8月北京第1版第9次印刷

购书咨询：010-64518888　　售后服务：010-64518899

网　　址：http://www.cip.com.cn

凡购买本书，如有缺损质量问题，本社销售中心负责调换。

定　　价：36.00元

前　言

近年来，随着我国高等教育的结构发生巨大变化，一些高校对非化学专业化学基础课教学内容和课程体系进行了改革，适当编写一些适用于不同专业的公共基础教材成为教育教学改革的重要内容之一。本书是一本化学类通用性的化学基础课教材，适用于材料、生命科学、生物工程、环境化学、农学等专业。本书是根据非化学化工类专业本科生对化学基础知识的要求，采用少而精、精而新的原则，将传统教学内容与现代新知识相结合，通过对无机化学、分析化学、普通化学内容进行整合和优化，注重对学生进行素质教育。符合不同专业对化学基础的要求，同时汲取了近年来不同版本教材的优秀成果，并结合作者多年的教学经验编写而成。

本书作为非化学专业的化学基础课程教材，内容注重突出科学性、系统性和实用性，同时拓宽教材涵盖的知识面。将分析化学和无机化学有机整合为一体，把酸碱平衡、氧化还原、沉淀溶解、络合平衡等四大化学平衡理论与相应的化学分析滴定方法的内容合理地联系在一起，使内容衔接更自然、合理。另外尽量结合实际，以增加学生的学习兴趣。本着理论知识以“注重概念、原理的理解和掌握”的原则，精简烦琐的公式推导，理论阐述直观明确易于理解，着重体现“化学知识为其专业基础”的撰写思想。各章后的“习题”密切结合基本概念和基本理论，力求与相关专业相结合。

全书共 11 章，主要内容包括气体和溶液基础知识，化学热力学初步，化学动力学初步和化学平衡，物质结构基础，四大平衡及相应的四种滴定分析方法，元素及其化合物。首先是介绍了气体和溶液基础知识和化学反应的基本原理，进而进入微观物质结构的基础知识介绍。在以上的基础上介绍了定量分析的基础知识，介绍了滴定分析的基础和误差的产生原因和避免方法以及有效数字的记录和运算；接下来介绍了四大滴定的基础知识；最后介绍了元素及其化合物。通过先基础后应用将教学内容有机的排序和整合，突出了主题，减少了篇幅，能够适应非化学专业对本课程的要求。

本书在编写过程中得到了学校有关领导的大力支持，参阅了一些兄弟院校的教材，并汲取了一些宝贵经验，在此表示衷心的感谢。

本书由朱宇君任主编，牛晓宇编写第 7～10 章、仲华编写第 1～5 章、张国编写第 6 章、第 11 章，徐长松编写第 1 章、第 7 章的部分内容，全书由朱宇君负责统稿。

限于编者的水平，难免有疏漏与不妥之处，敬请读者和专家批评指正。

编者

2011 年 7 月

目录

第1章 气体、溶液和胶体

在通常的温度和压强条件下，物质以三种不同的物理聚集状态存在，即气态、液态和固态。这三种聚集状态各有其特点，并可以在一定条件下相互转化。与液体和固体相比，气体是物质的一种较为简单的聚集状态。

在研究和工业生产中，气体参与了许多重要的化学反应。在对世界的认识过程中，科学家们首先对气体的研究给予了特别的关注。

物质的存在状态对其化学行为是有影响的，物质状态的变化虽然属于物理变化，但是常与化学变化相伴发生。因此，对于化学工作者来说，研究物质的状态是必要的。

1.1 气　　体

通过观察和简单的鉴别，很容易确定气体（gas）的基本物理特性：扩散性和压缩性。将气体引入任何密闭容器中，它的分子都立即扩散并均匀地充满整个容器。如在屋内一角放上少量的溴，很快地在该屋内的另一角就能闻到溴的气味。气体的密度比液体和固体的密度小很多，分子间的空隙很大。这正是气体具有较大压缩性的原因，也是不同种类的气体能以任意比均匀地相互混合的原因。温度和压力显著地影响着气体的体积，因此，研究温度和压力对气体体积的影响是十分重要的。

1.1.1 理想气体状态方程式

17～18 世纪，科学家们在比较温和的条件下探求气体体积变化规律，将实验结果归纳总结后，提出了 Boyle 定律和 Charles 定律。在经过综合讨论，认为一定量气体的体积 V、压力 p 和温度 T 之间符合如下的关系式称为状态方程式。

$$\frac{p_1V_1}{T_1}=\frac{p_2V_2}{T_2} \tag{1-1}$$

1811 年，意大利物理学家 A. Avogadro 提出假说：在等温等压下，等体积气体含有相同数目的分子。到 1860 年原子-分子论确立之后，科学家们用多种方法测定了物质的量 n 为 1mol 时其所含有的分子数，即 $N_A=6.022\times10^{23}/mol$，$N_A$ 被称为 Avogadro 常数。

在此基础上，综合考虑 p，V，T，n 之间的定量关系，得出：

$$pV=nRT \tag{1-2}$$

严格说来，该方程式只适用于理想气体，被称为理想气体状态方程式。理想气体是假设气体分子本身没有体积、分子间及分子与器壁之间发生的碰撞不造成动能损失的假想状态。对于真实气体，只有在低压高温下，分子间作用力比较小，分子间平均距离比较大，分子自身的体积与气体体积相比完全微不足道，才能把它近似地看成理想气体。根据式(1-2) 可以确定出气体所处的状态或者状态变化。因此，式中的气体常数 R，又称为摩尔气体常数。由于标准状况下，$T=273.15K$，$p=101325Pa$，$n=1mol$，气体的标准摩尔体积 $V_m=22.414dm^3$，则可计算出 $R=8.314J/(mol\cdot K)$。

【例 1-1】 在容积为 10.0dm^3 的真空钢瓶内充入氯气，当温度为 288K 时，测得瓶内气体的压强为 1.01×10^7Pa。计算钢瓶内氯气的质量，以千克表示。

解：由 $pV=nRT$，可以推出 $m=\frac{MpV}{RT}$ (1-3)

$$m=\frac{71.0\times10^{-3}\times1.01\times10^{7}\times10.0\times10^{-3}}{8.314\times288}=2.99\ (\text{kg})$$

答：钢瓶内氯气的质量为 2.99kg。

【例 1-2】 氩气可以从液态空气蒸馏得到。如果氩的质量为 0.7990g，温度为 298.15K 时，其压力为 111.46kPa，体积为 0.4448dm^3。计算氩的摩尔质量 $M(\text{Ar})$，以及标准状况下的密度 $\rho(\text{Ar})$。

解：已知 $m(\text{Ar})=0.7990\text{g}$，$T=298.15\text{K}$，$p=111.46\text{kPa}$，$V=0.4448\text{dm}^3$

因为 $n=\frac{m}{M}$，M 为摩尔质量，$pV=\frac{m}{M}RT$

所以
$$M=\frac{mRT}{pV}$$

$$M=\frac{0.7990\times8.314\times298.15}{111.46\times0.4448}=39.95\ (\text{g/mol})$$

由 $\rho=\frac{m}{V}$ 可以得到，$\rho=\frac{pM}{RT}$

在标准状况下，$T=273.15\text{K}$，$p=101.325\text{kPa}$，

$$\rho=\frac{101.325\times39.95}{8.314\times273.15}=1.782\ (\text{g/dm}^3)。$$

答：氩的摩尔质量是 39.95g/mol，标准状况下的密度是 1.782g/dm^3。

根据理想气体状态方程，可以从摩尔质量求得一定条件下的气体密度，也可以由测定气体密度来计算摩尔质量。这是测定摩尔质量常用的经典方法。

1.1.2 道尔顿分压定律

在日常生活和工业生产中，我们经常遇到能以任意比例混合的气体混合物。例如空气就是氧气、氮气、稀有气体等气体的混合物。混合气体中各组分气体的相对含量，可以用气体的分体积或者体积分数来表示，也可以用组分气体的分压来表示。

(1) 分体积，体积分数，摩尔分数 在恒温恒压时，将 0.02dm^3 的氮气和 0.03dm^3 的氧气混合，所得到的混合气体的体积为 0.05dm^3，即混合气体总体积（V_T）等于各组分气体分体积（V_i）之和。

$$V_T=V_1+V_2+\cdots+V_i \quad (1\text{-}4)$$

所谓的分体积就是指相同温度下，组分气体具有混合气体相同压力时所占的体积。每一组分气体的体积分数就是该组分气体的分体积与总体积之比。体积分数用 x_i 来表示：

$$x_i=\frac{V_i}{V_T} \quad (1\text{-}5)$$

上述混合气体中，氮气和氧气两种气体的体积分数分别为：

$$x_{N_2}=\frac{0.02}{0.05}=0.4$$

$$x_{O_2}=\frac{0.03}{0.05}=0.6$$

某组分气体的“物质的量”与混合气体的总的“物质的量”之比，称为该组分气体的摩尔分数，如：

$$n_{总}=n_{O_2}+n_{N_2}$$

那么$\frac{n_{O_2}}{n_{总}}$是氧气在混合气体中的摩尔分数，$\frac{n_{N_2}}{n_{总}}$是氮气在混合气体中的摩尔分数。

$$n_i=\frac{n_i}{n_{总}} \tag{1-6}$$

(2) 分压定律　1801 年，英国科学家 J. Dalton 通过实验观察和总结大量实验数据，提出了：混合气体的总压等于混合气体中各组分气体的分压之和；某组分气体分压的大小和它在气体混合物中的体积分数（或者摩尔分数）成正比。这一经验定律被称为道尔顿（Dalton）分压定律（Law of partial pressure），还应该指出，只有理想气体才严格遵守上述定律，所以要避免在低温和高压条件，应用气体分压定律。其证明如下：

设混合气体中含有 1，2，3，…，i 种气体，物质的量分别为 n_1，n_2，n_3，…，n_i，分压分别为 p_1，p_2，p_3，…，p_i。气体的扩散性使混合气体中各种气体的温度和体积都与混合气体相同。各组分气体均为理想气体，则有：

$$\begin{aligned} p_{总}V &= n_{总}RT \\ &=(n_1+n_2+n_3+\cdots+n_i)RT \\ &=n_1RT+n_2RT+n_3RT+\cdots+n_iRT \\ &=p_1V+p_2V+p_3V+\cdots p_iV \\ &=(p_1+p_2+p_3+\cdots p_i)V \end{aligned}$$

所以

$$p_{总}=p_1+p_2+p_3\cdots p_i \quad 或 \quad p_{总}=\sum_i p_i \tag{1-7}$$

$p_{总}$ 为混合气体的总压；p_1，p_2…为各组分气体的分压。

另外根据

$$p_{总}V=n_{总}RT$$

$$p_1V=n_1RT，p_2V=n_2RT，\cdots，p_iV=n_iRT$$

得到

$$\frac{p_1}{p_{总}}=\frac{n_1}{n_{总}}，\frac{p_2}{p_{总}}=\frac{n_2}{n_{总}}，\cdots，\frac{p_i}{p_{总}}=\frac{n_i}{n_{总}} \tag{1-8}$$

式(1-8) 中等号右边分别为各组分气体的摩尔分数。以 x_1，x_2，x_3，…，x_i 表示。这样每一组分气体的分压与混合气体的总压之间有如下关系式：

$$p_i=x_ip_{总} \tag{1-9}$$

即，每一组分气体的分压等于混合气体的总压和该组分气体摩尔分数的乘积。

【例 1-3】　潜水员自身携带的水下呼吸器中充有氧气和氦气的混合气（氮气在血液中溶解，容易导致潜水员患上气栓病，所以用氦气代替氮气）。对一特定的潜水操作来说，将 298.15K，0.10MPa 的 46dm³ 氧气和 298.15K，0.10MPa 的 12dm³ 氦气充入体积为 5.0dm³ 的贮存罐中。计算该温度下两种气体的分压和混合气体的总压各是多少？

解：已知 $T=298.15$K，混合前后温度不变。

混合前：$p(O_2)=p(He)=0.10$MPa，$V(O_2)=46dm^3$，$V(He)=12dm^3$，

混合气体总体积 $V(总)=5.0dm^3$，其中

$$p(O_2)=\frac{0.10\times10^3\times46}{5.0}=9.2\times10^2\ (kPa)$$

$$p(He)=\frac{0.10\times10^3\times12}{5.0}=2.4\times10^2\ (kPa)$$

$$p_{总}=p(O_2)+p(He)=(9.2+2.4)\times10^2\ (kPa)=11.6\times10^2\ (kPa)$$

答：两种气体的分压分别为 9.2×10^2kPa 和 2.4×10^2kPa，混合气体的总压 11.6×10^2kPa。

1.2 溶 液

溶液是一种物质以分子、原子或离子状态分散在另一种物质中所形成的均匀而稳定的体系，可分为固体溶液（如合金）、气体溶液（如空气）和液体溶液。最常见的是液体溶液，通常把溶液中含量相对较少的组分称为溶质（solute），含量相对较多的称为溶剂（solvent），但也有例外，如98%的硫酸，虽然其中水的含量相对较少，习惯上仍把水看作溶剂。水是最重要的溶剂，人们在日常生产及生活中接触最多的就是水溶液，我们将主要讨论水溶液的性质规律，通常不指明溶剂的溶液都是指水溶液。

形成溶液的过程称为溶解，它一般伴有能量和体积的变化，有时还有颜色的变化。溶液由溶质和溶剂组成，溶液的性质与溶质和溶剂双方的性质及其相对含量有关。因此在配制使用溶液时，通常需要知道一定量（质量或体积）的溶液或溶剂中所含溶质的量，即溶液的组成标度，也就是溶液的浓度。根据不同的需要，溶液的浓度可用不同的方法表示。

1.2.1 溶液组成量度的表示方法

(1) 质量百分比浓度 物质B的质量百分比浓度用符号 w_B 表示，定义为溶质B的质量 m_B 与溶液质量 m 之比。即：

$$w_B=\frac{m_B}{m} \tag{1-10}$$

质量百分比浓度可以用小数表示，也可以用百分数表示。例如，市售浓硫酸的质量分数 $w_B=0.98$ 表示浓硫酸中 H_2SO_4 的质量与硫酸溶液的质量之比，即100g浓硫酸中含有98g H_2SO_4。100g盐酸溶液中含有37g HCl，其浓度可表示为 $w_{HCl}=37\%$ 或 $w_{HCl}=0.37$。

(2) 物质的量浓度（c_B） 物质的量浓度（amount-of-substance concentration）用 c_B 符号表示，定义为物质B的物质的量 n_B 除以溶液的体积 V。即：

$$c_B=\frac{n_B}{V} \tag{1-11}$$

物质的量浓度的SI单位是 mol/m^3 常用单位 mol/dm^3、mol/L、mmol/L等。使用物质的量浓度时，必须指明物质B的基本单元。例如，$c\left(\frac{1}{2}KMnO_4\right)=0.1mol/L$。就表示以 $\frac{1}{2}$ 的 $KMnO_4$ 为基本单位。由于溶液体积随温度而变，所以 c_B 也随温度变化而变化。

【例1-4】 市售浓硫酸的浓度为98%，密度为 $1.84g/cm^3$，现需配制浓度为 $2.0mol/dm^3$ 的硫酸溶液 $0.50dm^3$，应怎样配制？

解： 设需用浓硫酸 x cm^3，稀释前后硫酸的物质的量不变，所以

$$2.0mol/dm^3\times0.50dm^3=\frac{x\,cm^3\times1.84g/cm^3\times98\%}{98g/mol} \quad 因此\ x=54cm^3$$

答：用量筒量取 $54cm^3$ 浓硫酸，在搅拌下慢慢倒入盛有大半杯水的500mL烧杯内，冷却后稀释至 $0.50dm^3$。

(3) 质量摩尔浓度（b_B） 以1kg溶剂中所溶解的溶质B的物质的量 n_B 表示的浓度称为质量摩尔浓度，以符号 b_B 表示，单位为mol/kg。即：

$$b_B=\frac{n_B}{溶剂的质量(kg)} \tag{1-12}$$

【例1-5】 在3.00kg水中溶解了87.7g NaCl，则NaCl的质量摩尔浓度为多少？

解：

$$b_B=\frac{87.7g/58.5\ (g/mol)}{3.00kg}=0.500mol/kg$$

答：质量摩尔浓度为 0.500mol/kg。

(4) 摩尔分数　溶液中溶质（或溶剂）的物质的量与溶液的总的物质的量之比称为溶质（或溶剂）的摩尔分数。摩尔分数以 x 表示，是一量纲为 1 的量。如果以 n_A 和 n_B 分别表示溶剂和溶质的物质的量，则溶剂的摩尔分数 x_A 为：

$$x_A=\frac{n_A}{n_A+n_B} \tag{1-13}$$

则溶质的摩尔分数 x_B 为：　$$x_B=\frac{n_B}{n_A+n_B}$$

则 $x_A+x_B=1$

【例 1-6】　0.5mol C_2H_5OH 溶于 2mol 水中，求 C_2H_5OH 的摩尔分数。

解：根据摩尔分数公式：

$$x_B=\frac{n_B}{n_A+n_B}=\frac{0.5\text{mol}}{(0.5+2)\text{mol}}=0.2$$

答：C_2H_5OH 的摩尔分数为 0.2。

倘若研究气体则可用体积分数。用体积的相对量表示：

$$x_A=\frac{V_A}{V_A+V_B} \tag{1-14}$$

$$x_B=\frac{V_B}{V_A+V_B}$$

除了上面介绍的几种浓度外，在生产实践和各种特定场所还有各种不同的表示浓度的方法，比如，比例浓度，在化工生产和实验室中常用。比如 1∶1 的盐酸就是指 1 体积盐酸和 1 体积的水的混合物。各种浓度都是说明溶液中溶质和溶剂的相对含量，它们之间是可以相互换算的。

1.2.2　溶液浓度之间的换算

实际工作中，常常需要将一种溶液的浓度用另一种浓度来表示，即进行浓度间的换算：

$$\begin{aligned}\text{溶质的质量}&=\text{溶质的物质的量浓度}(c_B)\times\text{溶液体积}(V)\times\text{摩尔质量}(M)\\&=\text{溶液体积}(V)\times\text{溶液密度}(d)\times\text{质量百分比浓度}(M)\end{aligned}$$

$$\text{溶质物质的量}(n_B)=\frac{\text{溶液体积}(V)\times\text{溶液密度}(d)\times\text{质量百分比浓度}(w_B)}{\text{摩尔质量}} \tag{1-15}$$

浓度与质量浓度换算的桥梁是密度。密度通常用 d 表示，单位为 g/cm^3 或者 kg/L。溶液在稀释前后，溶质的量并没有改变，只是溶剂的量改变了。因此，根据溶质的量不变，可以计算出稀释后溶液的浓度。

$$c_{B_1}V_1=c_{B_2}V_2$$

式中，c_{B_1} 为稀释前溶液的浓度；V_1 为稀释前溶液的体积；c_{B_2} 为稀释后溶液的浓度；V_2 为稀释后溶液的体积。

由此可见，虽然溶液浓度表示方法有多种，但是彼此间是相互联系的，只要掌握其内在联系，理解其含义，在实际操作中就会运用自如。

1.2.3　稀溶液的依数性

溶液中由于有溶质的分子或离子的存在，其性质与纯溶剂已不相同。溶液的许多性质与溶质有关，但有些性质与溶质的本性无关，而只与溶液的浓度有关。这些性质包括溶液的蒸气压下降、沸点上升、凝固点下降和渗透压。稀溶液的这类性质只由单位体积的溶液中所含溶质分子数目的多少决定，即这类性质的变化大小取决于溶质的浓度，与溶质的本性无关，该性质称为稀溶液的依数性，也叫稀溶液的通性。讨论溶液的依数性，溶液必须具备以下条件：①溶质为非电解质，而且该物质必须是难挥发的物质，如蔗糖、尿素等；②溶液必须是稀溶液，不考虑粒子之间的相互作用。倘若是浓溶液，则溶质离子间相互作用较大，此时溶质粒子间的相互作用就不能忽略了。

(1) 溶液的蒸气压下降　一定温度下，将溶剂置于密闭容器中，由于分子的热运动，一些动能较大的分子能够克服液相分子间的引力，从液体表面逸出，进入气相，这个过程称为蒸发；同时，气相中的分子不停地运动，一部分分子撞到液相表面后，重新回到液体中，这一过程称为凝聚。一定温度下，当液体的蒸发速率与蒸气凝聚的速率相等时，达到动态的平衡，此时，液面上方的蒸气所具有的压力称为该温度下的饱和蒸气压，简称蒸气压，用符号 p 表示，单位是 Pa 或 kPa。饱和蒸气压与物质的本性和外界温度有关，同一温度下，不同的物质具有不同的饱和蒸气压。

在同一温度下，纯溶剂的蒸气压（p^0）与溶液的蒸气压（p）之差，称为溶液的蒸气压下降值，用 Δp 表示。计算公式如下：

$$\Delta p = p^0 - p \tag{1-16}$$

1887 年，拉乌尔（Raoult）总结实验结果指出：在一定温度下，难挥发性非电解质稀溶液的蒸气压（p）等于纯溶剂的蒸气压（p^0）乘以溶液中溶剂的摩尔分数。计算公式如下：

$$p = p^0 x_A \tag{1-17}$$

由于

$$x_A + x_B = 1$$

$$p = p^0(1 - x_B)$$

$$p^0 - p = p^0 x_B$$

所以

$$\Delta p = p^0 x_B \tag{1-18}$$

因此，拉乌尔定律也可以表示为：在一定温度下，难挥发性非电解质稀溶液的蒸气压下降值与溶液中溶质的摩尔分数成正比。

对于稀溶液，由于溶剂的物质的量 n_A 远远大于溶质的物质的量 n_B，即 $n_A \gg n_B$，$n_A + n_B \approx n_A$，则 $\Delta p = p^0 x_B \approx p^0 \dfrac{n_B}{n_A}$。

如果溶剂的质量为 m_A，溶剂的摩尔质量为 M_A，则有：

$$x_B \approx \frac{n_B}{n_A} = \frac{n_B}{m_A/M_A} \tag{1-19}$$

又因为 $b_B \approx \dfrac{n_B}{m_A}$，所以 $x_B \approx M_A b_B$

则

$$\Delta p = p^0 x_B \approx p^0 M_A b_B$$

令 $K = p^0 M_A$，对于指定温度，K 为常数，可得：

$$\Delta p = K b_B \tag{1-20}$$

因此，拉乌尔定律也可表述为：在一定温度下，难挥发性非电解质稀溶液的蒸气压下降值近似地与溶液的质量摩尔浓度成正比。它说明难挥发性非电解质稀溶液的蒸气压下降只与一定量的溶剂中所含溶质的微粒数有关，而与溶质的本性无关。

【例 1-7】 已知 20℃时水的饱和蒸气压为 2.338kPa，将 17.1g 蔗糖 $C_{12}H_{22}O_{11}$ 与 3.0g 尿素 $CO(NH_2)_2$ 分别溶于100g 水中，试计算这两种溶液的质量摩尔浓度和蒸气压是多少？

解：

$$M(C_{12}H_{22}O_{11}) = 342(\text{g/mol})$$

$$b_B(C_{12}H_{22}O_{11}) = \frac{17.1}{342} \times \frac{1000}{100} = 0.500\ (\text{mol/kg})$$

$$x(H_2O)=\frac{\frac{1000}{18.0}}{\frac{1000}{18.0}+0.500}=0.991$$

$$p=p(H_2O)x(H_2O)=2.338\times0.991=2.32\ (kPa)$$

另：

$$M[CO(NH_2)_2]=60.0\ (g/mol)$$

$$b_B[CO(NH_2)_2]=\frac{3.00}{60.0}\times\frac{1000}{100}=0.500\ (mol/kg)$$

所以　$x(H_2O)=0.991$，$p=2.32kPa$

答：这两种溶液的质量摩尔浓度都是 0.500mol/kg，蒸气压是 2.32kPa。

两种溶液的质量摩尔浓度相同，溶剂的摩尔分数相同，溶液的蒸气压也相同，与溶质的本性无关。

(2) 溶液的沸点升高和凝固点降低　当难挥发性物质加入溶剂中形成溶液后，由于溶液的一部分表面被溶质的微粒所占据，使单位面积上溶剂分子的数目相应地减少，于是单位时间内从液面逸出的分子数目也相应地减少，当重新建立平衡时，溶液的蒸气压必然低于纯溶剂的蒸气压。一定温度下，稀溶液的蒸气压比纯溶剂的蒸气压低，这种现象称为溶液的蒸气压下降。可以看出，这里所指的溶液的蒸气压实际上是溶液中溶剂的蒸气压。

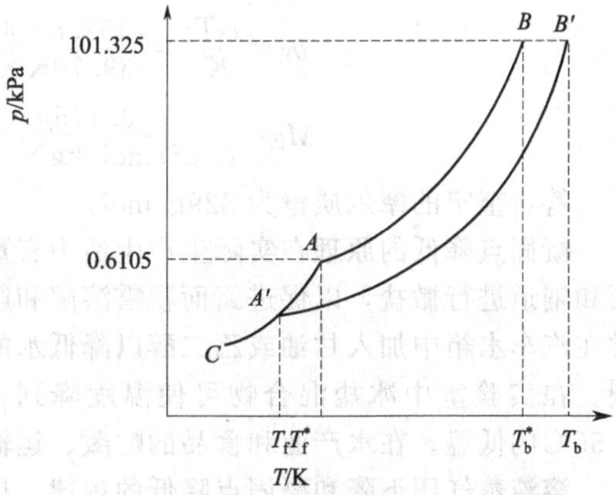

图 1-1　稀溶液的沸点升高、凝固点降低的蒸气压曲线

T_b—溶液的沸点；T_b^*—溶剂的沸点；T_f—溶液的凝固点；T_f^*—溶剂的凝固点；AB—纯水的蒸气压曲线；A'B'—稀溶液的蒸气压曲线

由图 1-1 可以看出，溶液的沸点上升是由于溶液蒸气压下降的必然结果。拉乌尔总结出稀溶液的沸点升高 ΔT_b 和凝固点降低 ΔT_f 与溶液的质量摩尔浓度 m_B 成正比，与溶质的本性无关，即：

$$\Delta T_b=T_b-T_b^*=K_bb_B \tag{1-21}$$

$$\Delta T_f=T_f-T_f^*=K_fb_B \tag{1-22}$$

式中，T_b 为溶液的沸点；T_b^* 为溶剂的沸点；K_b 为溶剂的沸点升高常数；T_f 为溶液的沸点；T_f^* 为溶剂的沸点；K_f 为溶剂的凝固点降低常数。

当 $b_B=1mol/kg$ 时，$T_b=K_b$ 且 $T_f=K_f$，表示 1mol 溶质溶于 1kg 溶剂中所引起的沸点上升和凝固点降低的数值，此即 K_b 和 K_f 的物理意义。其中 K_b 和 K_f 为只与溶剂有关。不同的溶剂有不同的 K_b 及 K_f 值。现将常用溶剂的 K_b 及 K_f 值列于表 1-1。

表 1-1　常用溶剂的 K_b 及 K_f

溶剂	K_b(273K)	K_f(273K)
水	0.512	1.86
乙醇	1.22	—
苯	2.53	5.12
醋酸	3.07	3.9
氯仿	3.63	—
乙醚	2.02	—

溶液沸点升高或者凝固点降低与溶液的质量摩尔浓度成正比，利用这些关系式可以求算溶质的摩尔质量。

由于 $b_B=\frac{m_B/M_B}{m_A}=\frac{m_B}{M_Bm_A}$，代入沸点升高公式，则：

$$M_B=\frac{k_bm_B}{\Delta T_bm_A}$$

【例 1-8】 将 0.115g 奎宁溶解在 1.36g 樟脑中，其凝固点为 442.6K。试计算奎宁的摩尔质量。已知纯樟脑的凝固点为 452.8K，K_f 为 39.70K・kg/mol。

解： 通过凝固点下降计算溶液的质量摩尔浓度，最后求物质的摩尔质量。

$$\Delta T_f=K_fb_B$$

$$\Delta T_f=452.8-442.6=10.2\ (K)$$

$$b_B=\frac{\Delta T_f}{K_f}=\frac{(452.8-442.6)\ K}{39.70K\cdot kg/mol}=0.257mol/kg$$

$$M_B=\frac{0.115g}{0.257mol/kg\times 1.36g}\times\frac{1000g}{1kg}=329g/mol$$

答：奎宁的摩尔质量为 329g/mol。

凝固点降低的原理在实际生产生活中有重要的应用。雨雪冰冻灾害天气中，工人常对路面和辅道进行撒盐，以促进路面积雪溶解和解冻，防止因路滑而发生交通事故。北方的冬天常在汽车水箱中加入甘油或乙二醇以降低水的凝固点，避免因结冰引起体积膨大导致水箱破裂。在实验室中冰盐混合物可使温度降到－22℃，若用 $CaCl_2$ 和冰的混合物，可以获得－55℃的低温。在水产业和食品的贮藏、运输中，常用冰盐混合物作冷却剂。

溶液蒸气压下降和凝固点降低的规律，也可以解释植物耐寒性或者抗旱性。经科学家研究表明：当外界温度偏离于常温时，不论是升高或降低，在有机体细胞中都会强烈地发生可溶性物质主要是碳水化合物的形成，从而增加了细胞液的浓度。浓度越大，它的凝固点就越低，表现出耐寒性。另外，细胞液浓度越大，则蒸气压越小，蒸发过程就越慢。因此，在较高温度时，植物能保持一定的水分，表现出抗旱性。

（3）渗透压 日常生活中有许多现象，如地底下的水和养料会上升到数十米高的大树顶端；施过化肥的农作物需要立即浇水，否则化肥会将农作物“烧死”；因失水而发蔫的蔬菜、水果，浇上水后又可以重新复原；淡水鱼类和海水鱼类不能互换生活环境；人们在淡水中游泳时，如果时间过长，眼睛会红肿，并有疼痛的感觉。

物质从高浓度区域向低浓度区域的自动迁移过程称作扩散。若将水小心地加到浓的蔗糖溶液的液面上，蔗糖分子就从溶液层向水层扩散，水分子也从水层向溶液层扩散，直到溶液浓度均匀为止。如果用一种半透膜将 U 形管中的蔗糖溶液和纯水分开，如图 1-2 所示，半

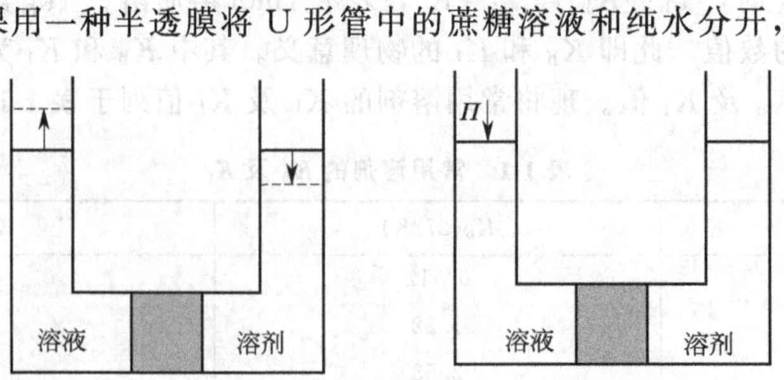

图 1-2 渗透压力

透膜是只允许溶剂（如水）分子透过而不允许溶质（蔗糖）分子透过的膜，动植物的细胞膜、毛细血管壁等都具有半透膜的性质。开始时蔗糖溶液和纯水的液面齐平，放置一段时间后，蔗糖溶液的液面升高；而纯水的液面降低，其原因是由于半透膜两侧单位体积内溶剂分子数不相等，单位时间内由纯溶剂扩散进入溶液中的溶剂分子数要比由溶液进入纯溶剂的溶剂分子数多，因此溶液一侧的液面逐渐增高。这种溶剂分子透过半透膜（semipermeable membrane），从纯溶剂向溶液或从稀溶液向浓溶液的净迁移，称为渗透现象或渗透（osmosis）。

产生渗透现象必须具备两个条件，一是要有半透膜的存在，二是膜两侧的溶液存在浓度差。渗透的方向，趋向于缩小溶液的浓度差，即溶剂分子从纯溶剂向溶液，或是从稀溶液向浓溶液中渗透。

溶液液面升高后，静水压力随之增加，使溶液中的溶剂分子加速通过半透膜，当静水压增大到一定程度后，单位时间内从膜两侧透过的溶剂分子数相等，达到渗透平衡。因此，为使渗透现象不发生，必须在溶液液面上施加一个额外的压力。国家标准规定：为维持只允许溶剂分子通过的膜所隔开的溶液与溶剂之间的渗透平衡而需要的超额压力称为渗透压力（osmotic pressure），用 Π 表示，单位 Pa 或 kPa。

若在溶液一侧施加大于渗透压的额外压力，则溶液中将有更多的溶剂分子通过半透膜进入溶剂一侧。这种使渗透作用逆向进行的过程称为反渗透现象。可以应用反渗透进行海水淡化和废水处理。

1886 年，荷兰化学家 Van't Hoff 总结出如下规律：非电解质稀溶液的渗透压与浓度和热力学温度成正比，它的比例常数是理想气体状态方程中的常数 R，称为范特霍夫定律。数学表达式为：

$$\Pi = c_B RT \tag{1-23}$$

式中，Π 为溶液的渗透压力单位 Pa 或 kPa；R 是气体常数，数值为 $8.314 J/(K \cdot mol)$；T 是绝对温度，单位是 K。

从范特霍夫定律可知：在一定温度下，稀溶液的渗透压只与溶液的物质浓度成正比，而与溶质的性质无关。例如，蔗糖溶液和葡萄糖溶液的浓度相同，它们的渗透压就相同，与溶质的性质无关。对于稀的水溶液来说，其物质的量浓度与质量摩尔浓度可以近似相等，即 $c_B \approx b_B$，则范特霍夫公式也可以表示为 $\Pi = b_B RT$。

通过测定溶液的渗透压，可以求算溶质的相对分子量，渗透压法主要用来测定高分子物质的相对分子量。此法比用凝固点降低法灵敏，而小分子溶质的分子量多用凝固点降低法来测定。

【例 1-9】 由实验测得人体血液的凝固点降低值 ΔT_f 是 0.56K，求在体温 37℃时的渗透压。

解：已知 $K_f = 1.86 K \cdot kg/mol$，体温为 $37 + 273.15 = 310.15$（K）。

由凝固点降低公式可知 $\Delta T_f = K_f b_B$ 则 $b_B = \frac{\Delta T_f}{K_f} = \frac{0.56}{1.86}$

由于溶液的浓度很稀，所以此时 $c_B \approx b_B$

$$\Pi = c_B RT = \frac{0.56}{1.86} \times 8.314 \times 310.15 = 776.35 \text{（kPa）}$$

答：体温 37℃时的渗透压为 776.35kPa。

由于渗透压是稀溶液的依数性之一，在一定温度下，对于任一稀溶液，其渗透压力与溶液的渗透浓度成正比，因此，医学上常用渗透浓度来比较渗透压力的大小。渗透压相等的两种溶液，称为等渗溶液；渗透压相对较低的称为低渗溶液；渗透压相对较高的称为高渗溶液。

医生在为病人大量输液时，只用9.0g/dm^{3}的NaCl溶液（即生理盐水）或50g/dm^{3}的葡萄糖溶液，就是由体液的渗透压所决定的。这两种溶液的渗透压和血浆总的渗透压基本相等，约为780kPa，是等渗溶液。

以红细胞为例，若将红细胞放置于4.0g/dm^{3}的NaCl溶液中，通过显微镜观察，会看到红细胞逐渐膨胀，最后破裂，释放出细胞内的血红蛋白，这种现象叫作“溶血”。这是由于红细胞内液的渗透压大于细胞外NaCl溶液的渗透压，于是细胞外NaCl溶液中的水分子向细胞内渗透，以致红细胞逐渐膨胀、破裂。这里红细胞内液是高渗溶液，细胞外NaCl溶液是低渗溶液。

若将红细胞放置于14.0g/dm^3 NaCl溶液中，通过显微镜观察，会看到红细胞逐渐皱缩，皱缩的红细胞互相聚结成团，在血管中会发生“栓塞”现象。这是由于红细胞内液的渗透压小于细胞外NaCl溶液的渗透压，于是细胞内液中的水分子向细胞外渗透，以致红细胞逐渐皱缩。这里红细胞内液是低渗溶液，细胞外NaCl溶液是高渗溶液。若将红细胞放置于9.0g/dm^{3}的NaCl溶液中，也就是生理盐水中，通过显微镜观察，会看到红细胞既不皱缩也不膨胀，维持原形。这时细胞内液和细胞外生理盐水是等渗溶液，细胞内外液渗透压力相等，处于渗透平衡。

通过以上有关稀溶液的一些性质的讨论，概括起来就是稀溶液定律：难挥发非电解质稀溶液的某些性质（蒸气压下降、沸点升高、凝固点降低和渗透压）与一定量的溶剂中所含溶质的物质的量成正比，而与溶质的本性无关。

应该指出，稀溶液的各项通性不适用于浓溶液。在浓溶液中，溶质浓度大，使溶质粒子间的相互影响大为增加，因此浓溶液中的情况比较复杂，使简单的依数性的定量关系不再适用。电解质溶液的蒸气压、沸点、凝固点和渗透压的变化比相同浓度的非电解质溶液都大。这是因为电解质在溶液中会解离产生正负离子，因此它所具有的总的粒子数就多。此时稀溶液的依数性取决于溶质分子、离子的总组成量度，稀溶液通性所指定的定量关系不再存在，必须加以校正。

1.3 胶 体

胶体是分散系的一种，其分散质微粒的直径在10^{-9}～10^{-7}m之间。胶体按其分散质微粒的组成不同可分为溶胶和高分子化合物溶液两类。由于人体的胆汁、血液和肠胃液等都是胶体，所以胶体知识在医药学和检验学上有重要意义。

1.3.1 胶体的性质

溶胶是直径为1～100nm的胶粒分散在分散介质中形成的多相系统，溶胶胶粒是由大量分子（或原子、离子）构成的聚集体。溶胶具有很大的界面和界面能，是热力学不稳定体系。溶胶的性质主要有光学性质、动力学性质和电学性质。

(1) 光学性质——丁达尔（Tyndall）现象 用一束聚光的光束照射置于暗处的溶胶，在与光束垂直的方向（侧面）观察，可见一束光锥通过溶胶，这种现象称为丁达尔现象。

当光的波长大于微粒的直径时，会发生明显的散射现象，每个微粒就成为一个发光点，从侧面可以看到一条光柱。可见光波长400～760nm，胶体颗粒为1～100nm，所以胶体有明显的散射现象。溶液颗粒小，不会产生散射现象，这样就可以根据丁达尔现象来区分胶体和真溶液。

(2) 动力学性质——布朗运动 在超显微镜下，观察溶胶粒子不断地做无规则的运动，这是英国植物学家布朗（Brown）在 1827 年观察花粉悬浮液时首先看到的，故称这种运动为布朗运动。

由于周围分散剂的分子从各个方向不断地撞击这些胶体粒子，而在每一瞬间受到的撞击力在各个方向又不相同，所以胶体粒子处于无秩序的运动状态。

(3) 电学性质——电泳现象　在外电场作用下，带电胶粒在介质中定向移动的现象称为电泳。从电泳的方向可以判断出胶粒所带的电荷：大多数氢氧化物溶胶向负极迁移，胶粒带正电，称为正溶胶；大多数金属硫化物、硅酸、金、银等溶胶向正极迁移，胶粒带负电，称为负溶胶。电泳技术在临床生化检验及研究中常用来分离和鉴定各种氨基酸、蛋白质、核酸等物质。

1.3.2 胶体的结构

胶体的性质与其内部的结构有关。根据大量实验事实，提出了扩散双电层结构。在胶体溶液中，胶体粒子一方面可以吸附某种离子，另一方面组成胶体粒子的分子本身又可以电离产生离子，这使得胶体粒子表面带有电荷。由于静电吸引作用，在它的周围必然分散着带有相反电荷的反离子，反离子受胶体的吸引有靠近胶体的趋势。同时由于离子的热运动，又有远离胶体的趋势。当这两种作用达到平衡时，一部分反离子紧紧吸附在胶体粒子表面，并在电泳时一起移动，这部分反离子和胶体表面的离子所形成的带电层叫吸附层；另一部分反离子分布在胶粒的周围，离胶粒近处较多，离胶粒远处较少，形成与吸附层电荷符号相反的另一个带电层，叫扩散层。这样在胶粒表面由电性相反的吸附层和扩散层称为双电层结构。

下面以 $Fe(OH)_3$ 溶胶和 As_2S_3 溶胶为例说明胶体粒子的结构及表示方法。

$\{[Fe_2O_3 \cdot xH_2O]_m \cdot nFeO^+ \cdot (n-x)Cl^-\}^{x+} \cdot xCl^-$

电位离子　反离子　反离子

胶核　吸附层　扩散层

胶粒

胶团

$\{[As_2S_3]_m \cdot nHS^- \cdot (n-x)H^+\}^{x+} \cdot xH^+$

电位离子　反离子　反离子

胶核　吸附层　扩散层

胶粒

胶团

这里需要说明的是 $Fe(OH)_3$ 的胶核，也可以写成 $Fe_2O_3 \cdot xH_2O$ 为胶核。m 代表胶核中含 $Fe_2O_3 \cdot xH_2O$ 的分子数，n 代表胶核吸附 FeO^+ 离子的数目，FeO^+ 称为电位离子。可知胶核表面带正电荷。溶液中部分 Cl^- 吸引在它的周围，$(n-x)$ 是吸附层中反离子 Cl^- 的数目，x 是扩散层中反离子的数目。胶核和吸附层的电位离子和反离子组成胶粒，胶粒和扩散层中的反离子构成胶团。整个胶团是电中性的。胶体带电是指的胶粒而言，比如 As_2S_3 胶粒带负电。在胶体中，胶粒是独立运动的单位。

利用胶体的结构的知识可以揭示电泳现象的本质。由于 As_2S_3 胶粒带有负电荷，当有外加电场存在时，带负电荷的胶粒向阳极移动，因此阳极附近的溶胶颜色逐渐变深，反离子向阴极移动，导致溶胶颜色逐渐变浅。而如果用 $Fe(OH)_3$ 溶胶做电泳实验，通电后，则带正电荷的胶粒向阴极移动，因此阴极附近的溶胶颜色逐渐变深，反离子向阳极移动，溶胶颜色逐渐变浅。

1.3.3 胶体的破坏

溶胶具有相对的稳定性，主要原因是溶剂化作用、胶粒带电及布朗运动的存在。

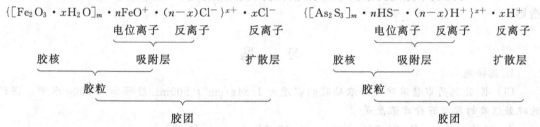

胶团双电层中的吸附离子和反离子都是溶剂化的，胶粒被溶剂化离子所包围，形成了一层溶剂化的保护膜。溶剂化膜既可以降低胶粒的表面能，又可以阻止胶粒之间的接触，从而

提高溶胶的稳定性。溶剂化膜越厚，溶胶就越稳定。同一溶胶的胶粒带有相同符号的电荷，由于同性相斥而不易合并成大颗粒而沉降。胶粒带电越多，斥力越大，溶胶越稳定。胶粒的布朗运动可克服重力作用，这也是溶胶保持相对稳定的主要原因之一。

当稳定因素受到破坏时，胶粒就会相互碰撞而聚集成大颗粒，从介质中析出，称为溶胶的聚沉现象。使溶胶聚沉可以利用电解质的聚沉作用、溶胶的相互聚沉和加热等方法。

(1) 加入少量电解质 电解质在溶液中电离产生的正负离子可以部分，甚至全部中和胶粒带的相反电荷，使胶粒间的斥力大大减少，甚至消失，因而向溶胶中加入少量电解质可以使胶粒迅速凝结而聚沉。电解质电离成的离子所带的电荷越多，它的聚沉能力就越强。溶胶对于电解质很敏感，加入少量就可以使其聚沉，若加入量过大，一部分的电解质离子会进入胶粒的吸附层，使胶粒再带电。

(2) 加入带相反电荷的溶胶 两种带相反电荷的溶胶，以适当的比例混合时，它们能相互吸引中和，从而发生聚沉。

(3) 加热 加热可使胶粒的运动速率加快，相互间碰撞沉降的机会增多，同时也削弱了胶粒的溶剂化作用，从而使溶胶微粒聚沉。

1.3.4 胶体的应用——溶胶在生物体内的作用

溶胶的保护作用在生理活动中起着重要的作用。如血液中的钙盐——磷酸钙的浓度比在水中的溶解度大得多，这是因为它们在血液中蛋白质的保护下，以胶态存在。如果蛋白质减少，这些胶态物质就容易沉降，因而形成肾或者其他器官的结石，如肠结石、肾结石等。再比如，钡餐中硫酸钡混有西黄耆胶，能均匀贴在胃肠壁上，形成薄膜，从而有利于 X 射线造影。

习　题

1. 选择题

(1) 将 98% 的市售浓硫酸（浓硫酸的密度为 $1.84g/cm^3$）500mL 缓慢加入 200g 水中，得到的硫酸溶液的质量百分比浓度是（　　）。

A. 49%　　B. 24.5%　　C. 19.6%　　D. 80.5%

(2) 浓度为 36.5%，密度为 $1.19g/cm^3$ 的浓盐酸，其物质的量浓度为（　　）。

A. $\dfrac{1000\times1.19\times36.5\%}{36.5}$　　B. $\dfrac{1000\times1.19\times36.5}{36.5\%}$

C. $\dfrac{1\times1.19\times36.5\%}{36.5}$　　D. $\dfrac{36.5\times1.19\times36.5\%}{1000}$

(3) 将 4.5g 某非电解质溶于 125g 水中（$K_f=1.86$），凝固点为 -0.37℃，则溶液的摩尔质量浓度为（　　）。

A. 80g/mol　　B. 90g/mol　　C. 160g/mol　　D. 180g/mol

2. 在 30℃ 时，把 8.0g CO_2、6.0g O_2 和未知量的 N_2 放入 $10dm^3$ 的容器中，总压力达 0.8MPa。试求：

(1) 容器中气体的总摩尔数为多少？　　(2) 每种气体的摩尔分数为多少？

(3) 每种气体的分压为多少？　　(4) 容器中氮气为多少克？

3. CO 和 CO_2 的混合密度为 $1.82g/dm^3$（在标准状况下）。问 CO 的重量百分数为多少？

4. 体积为 $8.2dm^3$ 的长颈瓶中，含有 4.0g 氢气，0.50mol 氧气和分压为 2atm 的氩气。这时的温度为 127℃。问：

(1) 此长颈瓶中混合气体的混合密度为多少？

(2) 此长颈瓶内的总压多大？

(3) 氢的摩尔分数为多少？

5. 当1.00g硫溶于20.0g萘时，溶液的凝固点比萘的凝固点低1.28K，求硫的摩尔质量。

6. 与人体血液具有相等渗透压的葡萄糖溶液，其凝固点降低值为0.543K，求此葡萄糖溶液的质量百分比浓度（密度为$1.085g/cm^3$）和血液的渗透压。

7. 已知30.00%的醋酸溶液在10℃和30℃的密度分别为$1.044g/cm^3$和$1.032g/cm^3$，这种醋酸溶液在两种温度下的物质的量浓度和质量摩尔浓度各为多少？

8. 由0.550g樟脑和0.045g有机溶质所组成的溶液的凝固点为157.0℃。若溶质中含93.46%的碳及6.54%的氢（质量百分比），试求溶质的分子式。（已知樟脑的熔点为178.4℃）

9. 现有25mg的未知有机物溶在1.00g的樟脑中，樟脑的熔点下降2.0K，问此未知有机物的分子量为多少？（樟脑$C_{10}H_{16}O$的$K_f=40$）

10. 今有两种溶液：一种为1.5g尿素溶在200g水内，另一种为42.72g未知物溶在1000g水内。这两种溶液在同一温度时结冰。问这个未知物的分子量为多少？

11. 某6g溶质，溶解于100g水中，冰点降低了1.02K，计算此溶质的分子量。

12. 乙二醇（CH_2OHCH_2OH）通常与水混合，在汽车水箱中作为抗冻液体。

(1) 如果要求溶液在−20℃才能结冻，问此水溶液的质量摩尔浓度为多少？

(2) 需多大体积的乙二醇（密度为$1.11g/cm^3$）加到$30dm^3$水中，才能配成（1）中所要求的浓度？

(3) 在1atm下，此溶液的沸点为多少？

第2章 化学热力学基础

热力学（thermodynamics）是研究热和其他形式能量之间相互转换规律的科学。应用热力学的基本原理研究化学现象以及与化学有关的物理现象的科学叫做化学热力学。它们的主要基础都是热力学第一定律和第二定律。

了解化学反应在一定条件下吸收或者放出多少能量，对研究生产实践或者人体代谢过程中能量的利用和消耗是十分重要的，而预言一个化学反应能否发生、进行的程度如何，更是人们十分关注的话题，化学热力学可以圆满解决这个问题。

例如，氧气和氢气是非常有用的气体，能否直接在 $H_2O(l)$ 中加入某种催化剂，使之在常温、常压下立即分解为 $H_2(g)$ 和 $O_2(g)$？如果可能岂不是既经济又方便？热力学计算表明，通常情况下，$H_2O(l)$ 不能直接分解为 $H_2(g)$ 和 $O_2(g)$，寻找这种催化剂是徒劳的。那种直到当代还有人宣称"加一点催化剂立即就可以使水变成可燃的石油"的天方夜谭，完全是唬人的谎言。又如，高炉炼铁的主要反应为

$$Fe_2O_3(s)+3CO(g) \longrightarrow 2Fe(s)+3CO_2(g)$$

但从高炉出来的气体中还有很多 $CO(g)$。一百多年前，人们曾经推测该反应进行得不完全，可能是因为 $CO(g)$ 与矿石接触时间不够的原因，所以为提高 $CO(g)$ 的利用率曾花费大量资金加高炉身，但事与愿违。通过热力学计算后人们才知道，高炉炼铁过程中，还原反应从理论上是不可能进行到底的，所以炉气中含有没有消耗完的 $CO(g)$ 是很正常的。还给了人们进行开发利用高炉煤气的启示。

化学热力学研究的对象是宏观的，大量质点的集合体。只需指导研究对象的始态和终态，不涉及物质的微观结构和反应机理。研究内容极其丰富，研究方法简明严谨。本章仅介绍一些初步的化学热力学的相关知识。

2.1 热力学第一定律

2.1.1 系统与环境

热力学中常把作为研究对象的物体或一部分空间人为地从其余部分中划分出来，称为系统（system）。热力学中研究的系统可以很大，如地球上的江河湖泊。系统也可以很小，如容纳在烧杯中的物质。系统之外、与系统密切相关、有相互作用的部分称为环境（surroundings）。根据系统与环境之间物质与能量交换情况的不同，可以将系统分为三类。

敞开系统（open system）系统与环境之间既有物质交换，又有能量交换。

封闭系统（closed system）系统与环境之间有能量交换，但没有物质交换。

隔离系统（也称孤立系统 isolated system）系统与环境之间既没有能量交换，也没有物质交换。

严格说来，隔离系统是不存在的，因为没有绝对不传热的物质，也没有完全能消除电场、磁场等影响的物质。因此，隔离系统是一种理想系统。在某些情况下，系统与环境之间

的相互作用极小，可以将系统近似看成隔离系统。例如在钢瓶中瞬间完成的化学反应，由于反应瞬间完成，来不及与环境交换能量，这时就可以将反应系统近似看成隔离系统。也可将研究的系统与有关的环境一起作为一个扩大的系统，这个扩大的系统也可以视为隔离系统。在热力学中，若不特别指明，所提到的系统都是封闭系统。

2.1.2　状态和状态函数

系统的状态（state）就是系统所有宏观性质的总和。所谓“宏观性质”是指温度（T）、压力（p）、体积（V）、物质的量（n）、密度等一系列物理、化学性质。也称为系统的热力学性质。这些物理量有了确定的值，系统就处在一定的热力学状态，简称为状态。即系统所有的性质一定时，系统的状态一定。其中任何一种性质发生变化，系统的状态就会改变。即系统的性质是系统状态的单值函数，因此又称为状态函数（state function）。

根据前面的叙述，要确定一个系统的状态，似乎需要确定系统的所有性质，其实不然。因为系统处于平衡态时，系统的状态函数之间往往存在一定的函数关系，因此，只需确定其中几个就可以了。例如理想气体的 p、V、n、T 之间满足理想气体状态方程 $pV=nRT$，指定其中的三个，第四个就可以通过气体状态方程来确定。经验告诉我们：对于组成不变的均相封闭系统，只要指定两个可独立变化的性质，系统的状态就确定了。

当外界条件变化时，系统的状态和状态函数也随之变化。在新的条件下，系统重新达到平衡态时，系统的状态和状态函数也随之确定。状态函数的变化量只与系统的始末态有关，而与如何从始态变化到末态无关。这是状态函数的重要特征之一，也是热力学中一个非常重要的原理。例如在 25℃，100kPa 下，将 10℃的水加热到 20℃，无论用什么方法把 10℃始态变化到 20℃的末态，状态函数温度的变化量 Δt 都是 10℃。

2.1.3　过程与途径

系统的状态变化称为过程（process）。完成这个过程的具体步骤称为途径（path）。对于同一变化可能有许多不同的途径。热力学中常见的过程有以下几种。

等温过程（isothermal process）系统始态与终态温度相同。

等压过程（isobaric process）始态与终态压力相同，且在整个变化过程中保持这个压力。在敞口密器中进行的反应，系统始终承受相同的大气压，可以看做等压过程。

等容过程（isochoric process）始态与终态体积相同，且在整个变化过程中保持这个体积。在密闭容器中进行的反应，可以看做等容过程。

2.1.4　热和功

当系统从一个状态变为另一个状态时，系统的能量也将发生变化（孤立系统除外）。热和功就是在变化过程中系统与环境之间能量交换或者传递的两种形式。

系统和环境之间由于温差的存在而传递的能量称为热。热是构成物质的大量微粒无规则运动的宏观表现，以符号 Q 表示。热力学规定：系统从环境吸热 Q 为正（$Q>0$），系统向环境放热 Q 为负（$Q<0$）。

除热以外，我们把其他各种被传递的能量都称为功。功是系统内部各质点作定向运动的结果，用符号 W 表示。热力学规定：系统对环境做功，W 为正（$W>0$），环境对系统做功，W 为负（$W<0$）。功有多种形式，对化学反应具有特殊研究意义的是，因系统体积变化反抗外力作用而做的体积功：$p\Delta V$。由于化学反应中的体积功一般不被利用，所以体积功又称为无用功。除体积功以外的其他功通常可以被利用，所以统称为有用功。如表面功、电功等。

值得注意的是，热和功既然都是过程发生时系统与环境所交换或传递的能量，因此，只在系统发生变化时才表现出来。它们不是系统固有的性质，我们不能说系统在某状态时含有多少热或多少功。所以，热和功数值的多少，不仅取决于系统的始态和终态，还随着系统变化的途径不同而不同。因此，热和功不是状态函数。热和功的单位为 J 或 kJ。

2.1.5 内能

内能使系统内部能量的总和，通常用符号“U”表示。它包括平动动能、分子之间吸引和排斥产生的势能、分子内部的振动能和转动能、电子及核的能量等等。由于人们对物质运动形式的认识永无穷尽，内能的绝对值是无法确定的。但可以肯定的是，处于一定状态的封闭系统必定有一个确定的内能值，即内能是状态函数。

2.1.6 热力学第一定律概述

热力学第一定律（the first law of thermodynamics）就是能量守恒与转化定律。热力学第一定律可用文字表述如下：自然界的一切物质都具有能量，能量有各种不同形式，并且能够从一种形式转化为另一种形式，在转化中，能量的总量保持不变。对于封闭系统，系统和环境之间只有热和功的交换。当系统发生了状态变化，若变化过程中从环境吸收的热量为 Q，对环境做的功为 W，按能量守恒定律，系统内能变化为：

$$\Delta U = Q - W \tag{2-1}$$

式(2-1) 是热力学第一定律的数学表达式。对于一微小变化过程，式(2-1) 又可以改写为

$$dU = \delta Q - \delta W \tag{2-2}$$

例如，系统在某一过程中吸收了 50kJ 的热，做了 30kJ 的功。即 $Q=+50\text{kJ}$，$W=+30\text{kJ}$，则系统的内能变化为：

$$\Delta U_{系} = Q - W = (+50) - (+30) = 20\ (\text{kJ})$$

这表示，在变化过程中系统净增加了 20kJ 的能量。在此同时，环境发生了什么变化？系统吸收了 50kJ 的热。意味着环境放出了 50kJ 的，即：$Q_{环}=-50\text{kJ}$。系统对环境做了 30kJ 的功，这功是加给环境的，所以对环境来说，意味着作了负功，即：$W_{环}=-30\text{kJ}$。则环境的内能变化为 $\Delta U_{环}=Q_{环}-W_{环}=(-50)-(-30)=-20\text{kJ}$ 这表示，变化过程中环境减少了 20kJ 的能量。由此可见：若 $Q>W$，ΔU 为正值，表明系统内能的增加来自环境能量的减少；反之，为负值，表明系统的内能降低而环境获得能量。系统与环境的内能变化，其绝对值相等，符号相反。因此，第一定律也可表示为，在宇宙（系统＋环境）中的总能量是恒定不变的。

2.1.7 焓

(1) 等压反应热与焓变 已知热力学第一定律可表示为：

$$\Delta U = Q - W \text{ 或 } dU = \delta Q - \delta W$$

式中 W 包括体积功 $p\Delta V$ 和非体积功 W' 两项。对于化学反应来说，变化过程中除了可能做体积功外不做其他功，所以 $W'=0$。因此，热力学第一定律可写成：

$$\Delta U = Q - p_{环}\Delta V \tag{2-3}$$

通常，化学反应一般都是在敞口容器中与大气接触的情况下进行，生物也大都是在大气压条件下生存的。而大气压力变化比较微小，一定时间内可视为不变，所以反应可看作是在等压条件下进行的。因此上式也可以写成：

$$\Delta U = Q_p - p\Delta V \tag{2-4}$$

即
$$Q_p=\Delta U+p\Delta V$$

式中，Q_p 称为等压反应热，简称等压热。式(2-4) 表明，等压过程的反应热等于系统内能的变化与其所做体积功之和。等压条件下系统始态压力 p_1 和终态压力 p_2 都与外压 p 相等，即 $p_1=p_2=p$。所以式(2-4) 也可以表示为：

$$\begin{aligned}Q_p&=(U_2-U_1)+p(V_2-V_1)\\&=(U_2+pV_2)+(U_1+pV_1)\end{aligned}\qquad(2\text{-}5)$$

因为 U、p、V 都是状态函数，所以 $U+pV$ 也是状态函数。为了方便起见，热力学将这一复合状态函数定义为焓（enthalpy），用符号 H 来表示，即 $H\equiv U+pV$，将该式代入可得

$$Q_p=(U_2-U_1)+p(V_2-V_1)=H_2-H_1=\Delta H$$

此式表明，只作体积功时的等压反应热等于系统的焓变，或者是系统在等压过程中，吸收或放出的热全部用来改变系统的焓变。系统向环境放热，ΔH 为负值；系统从环境吸热，ΔH 为正值。

焓是状态函数，是系统本身的性质，系统状态一定，就具有一定的焓值；因为 U、p、V 都是广度性质，所以 H 也具有广度性质，因此具有加合性。焓的引入使处理问题更方便，尤其是化学变化和生物代谢过程一般都是在等压条件下进行的，因此定义焓比内能更有实用价值。焓没有明确的物理意义，可以这样理解：焓是系统具有的，由系统状态确定的，在等压条件下只做体积功的过程中以热的形式转换的一种能量。焓的绝对值无法求得，但实际应用中更有价值的是状态发生变化时的焓变（ΔH），因为在等压条件下，我们可以从系统与环境间交换的热量来衡量系统焓的变化。

(2) 等容反应热与内能变化　如果化学反应是在等容条件下进行的，则 $\Delta V=0$。那么热力学第一定律可以表示为：

$$Q_V=\Delta U\qquad(2\text{-}6)$$

式中，Q_V 称为等容反应热，简称等容热。式(2-6) 表明：系统在等容条件下吸收或放出的热全部用于内能的变化。若系统吸热，Q_V 和 ΔU 都为正值，则系统吸收的热用于内能的增加。若系统放热，Q_V 和 ΔU 都为负值，则系统放热给环境其内能减少。据此可知，虽然系统中 U 和 H 的绝对值都不知道，但在一定条件下，可从系统和环境间热量的交换来衡量。

2.2 热 化 学

研究化学反应中热效应的科学称为热化学。实际上热化学就是热力学第一定律在化学过程中的应用。化学反应过程中，系统吸收或放出多少热，与反应进行的程度有关，因此，下面有必要引入一个重要的概念。

2.2.1　反应进度

反应进度（extent of reaction）是描述反应进行程度的物理量。用符号 ξ 表示。对于任意的化学反应，通常将反应式书写成如下形式：

$$aA+bB\longrightarrow eE+dD$$

如果按照国家标准，其化学反应通常应写为：

$$-\nu_A A-\nu_B B\cdots=\cdots+\nu_E E+\nu_D D \text{ 即 } 0=\sum_B \nu_B B$$

其中，ν_B 是化学计量数，SI 单位为 1，ν_B 可以是整数，也可以是分数。对应于反应（2-1）所表示的反应方程式 $\nu_A=-a$、$\nu_B=-b$、$\nu_E=e$、$\nu_D=d$。对于反应物其值为负，对于生成物其值为正。

在反应开始时，各物质的量为 $n_B(0)$。随反应进行到时刻 t，反应物的量减少，生成物的量增加，此时各物质的量为 $n_B(t)$，显然各物质的量的增加或减少，均与其计量数有关。反应进度 ξ 定义为：

$$\xi=\frac{n_B(t)-n_B(0)}{\nu_B}=\frac{\Delta n_B}{\nu_B} \tag{2-7}$$

从式(2-7) 中可以看出，$\xi=1.0$(mol) 的物理意义是，有 a (mol) 的反应物 A 和 b (mol) 的反应物 B 参加反应完全消耗，可以生成 e (mol) 的产物 E 和 d (mol) 的产物 D。也就是按反应式中各物质的计量系数完成一次反应。

例如：合成氨反应：$3H_2+N_2 \longrightarrow 2NH_3$

反应进度 ξ=1.0mol，表示 3.0mol 的 H_2 和 1.0mol 的 N_2 完全反应，生成 2.0mol 的 NH_3，反应进度 ξ 与该反应在一定条件下达到平衡时的转化率没有关系。若将合成氨反应方程式写为：$\frac{3}{2}H_2+\frac{1}{2}N_2 \longrightarrow NH_3$

反应进度 ξ=1.0mol，表示 1.5mol 的 H_2 和 0.5mol 的 N_2 完全反应，生成 1.0mol 的 NH_3。所以，反应进度与反应方程式的写法有关，它是以方程式为单元来表示反应进行的程度。而且用反应系统中任意一种物质的量的变化来计算，所得的值均相等。因此，反应进度的数值必须对应于某一具体的反应式才有意义。

若某一反应当反应进度为 ξ 时的焓变为 $\Delta_r H$，则该反应的摩尔焓变 $\Delta_r H_m$ 就是：

$$\Delta_r H_m=\frac{\Delta_r H}{\xi} \tag{2-8}$$

$\Delta_r H_m$ 就是按照所给的反应式完全反应，其反应进度 ξ=1.0mol 时的焓变。在 Δ 和 H 之间的下标 m 为按指定的热化学反应式完全单位反应进度。$\Delta_r H_m$ 的 SI 单位是 kJ/mol。因为其数值与反应式的书写有关，所以，要计算一个化学反应的焓变（包括其他热力学函数的变化值)，必须明确写出反应方程式、物质及所处状态。

2.2.2 热力学的标准状态

化学反应热效应的数值随反应系统的温度、压力、溶液的浓度、物质的聚集状态不同而变化。有些热力学函数（如 H、U）的绝对值无法知道，只能测得它们的改变值（如 ΔH、ΔU 等)。为了便于比较，热力学规定了各种物质的标准状态，简称标准态。在标准状态下，系统的热力学函数 H 和 U 的改变量用 $\Delta H^\ominus$ 和 $\Delta U^\ominus$ 等表示，标准态的符号为“$\ominus$”。标准态的压力用 p 表示，我国国家标准选择标准压力 $p^\ominus$=100kPa。标准态的温度可以是任意的温度，但是通常采用的是 T=298K 为参考温度。下面列出各类物质的标准态。

(1) 气体的标准态 是气体在指定的温度 T，压力为 $p^\ominus$ 时的状态。在气体混合物中，各物质的分压力均为 $p^\ominus$。

(2) 液体的标准态 是在指定的温度 T，压力为 $p^\ominus$ 时的纯液体。

(3) 固体的标准态 是在指定的温度 T，压力为 $p^\ominus$ 时的纯固体。若有不同的形态，则选择最稳定的形态作为标准态（例如碳有石墨、金刚石等多种形态，以石墨为标准态)。

(4) 溶液中溶质的标准态 是在指定的温度 T，压力为 $p^\ominus$，质量摩尔浓度为 $b^\ominus$ 时的溶质的状态。标准质量摩尔浓度 $b^\ominus$=1mol/kg。

由于压力对液体、固体和溶液的体积影响很小，故通常可忽略不计；在很稀的水溶液中，质量摩尔浓度与物质的量浓度数值相差很小，可用物质的量的标准浓度 $c^\ominus$=1mol/dm^3 代替标准质量摩尔浓度 $b^\ominus$。

标准态的热力学函数称为标准热力学函数。$\Delta U^\ominus$ (298K) 表示 298K 的标准热力学能变，$\Delta U^{\ominus}$（500K）表示 500K 的标准热力学能变。通常在 298K 时，可以不标明温度。

ΔU 在广义上表示任一系统的热力学能变。在化学热力学中，为了区别于其他过程的，则在"Δ"的右下脚标上"r"字样，写成 $\Delta_r U$，表示"化学反应的热力学能变"。$\Delta_r U_m$ 则表示该化学反应在反应进度为 1mol 时的热力学能变。即：

$$\Delta_r U_m = \frac{\Delta_r U}{\xi} \tag{2-9}$$

标准态下进行的反应，当反应进度为 1mol 时，系统的热力学能变要写作"$\Delta_r U_m^{\ominus}$"。表示"反应的标准摩尔热力学能变"。

本章还要陆续介绍一些新的热力学函数，会经常标上"r"、"m"、"$^{\ominus}$"等字样，来表达相应的含义。

2.2.3　热化学方程式

表示化学反应与反应热关系的方程式称为热化学方程式。如 298K 标准状态下：

$$2H_2(g) + O_2(g) = H_2O(l) \qquad \Delta_r H_m^{\ominus} = -571.66\text{kJ/mol}$$

上式表明，系统在标准状态下，反应进度为 1mol 时，放热 571.66kJ。

书写热化学方程式应注意以下几点。

① 写出该反应的方程式。方程式写法不同，则其热效应也不同。

② 必须注明反应物与产物的聚集状态。聚集状态不同，反应的热效应不同。用 s、l、g 来分别表示固态、液态、气态。固体物质若有几种不同的晶型，也要标明，如 C（石墨）、C（金刚石）等，参与反应的物质若是水溶液，用 aq 来表示。

③ 要注明反应物与产物的温度和压力，若 $T=298\text{K}$、$p=p^{\ominus}$，则可省略。

④ 化学反应大多数在等压条件下进行的，通常所提到的反应热，如不加说明，都是指等压反应热。可用 $\Delta_r H_m$ 表示，"＋"表示系统吸热，"－"表示系统放热。

2.2.4　化学反应热效应的计算

(1) Hess 定律　1840 年，瑞士籍俄国化学家 Hess 从分析大量热效应实验出发，提出了一条重要定律："热化学反应，不论是一步完成还是分几步完成，其热效应都是一样的。"或"总反应的热效应只与反应的始终态有关，而与变化的途径无关。"这就是 Hess 热加合定律，简称 Hess 定律。Hess 定律的提出虽早于热力学第一定律，但它是热力学第一定律的必然结论。

Hess 定律是热化学的一条基本定律，对于一个不做非体积功的系统，在等压条件下 $Q_p=\Delta H$，等容条件下 $Q_V=\Delta U$，而 H 和 U 都是状态函数，所以反应的热效应仅决定于反应的始态和终态，与反应途径无关。

利用 Hess 定律可以计算一些实验难以测定的化学反应的反应热。

【例 2-1】　试求反应　$C(石墨) + \frac{1}{2}O_2(g) = CO(g)$　①

的标准摩尔焓变。

已知在 298K，100kPa 下

$$C(石墨) + O_2(g) = CO_2(g) \qquad \Delta_r H_m^{\ominus} = -393.5\text{kJ/mol} \quad ②$$

$$CO + \frac{1}{2}O_2(g) = CO_2(g) \qquad \Delta_r H_m^{\ominus} = -283.0\text{kJ/mol} \quad ③$$

解： 根据 Hess 定律可知上面的三个反应有如下的关系：

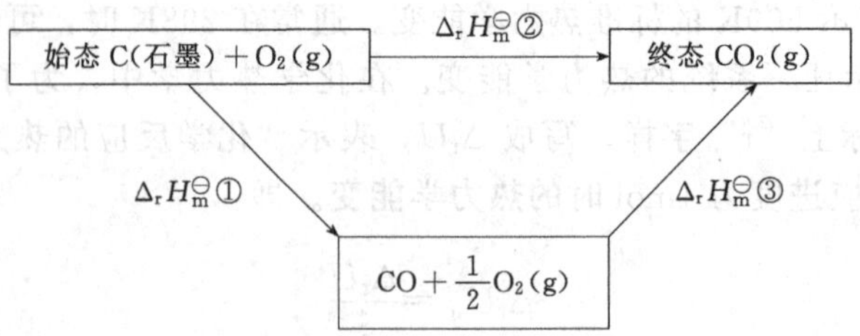

可以看出：$\Delta_r H_m^\ominus② = \Delta_r H_m^\ominus① + \Delta_r H_m^\ominus③$

则：

$$\Delta_r H_m^\ominus① = \Delta_r H_m^\ominus② - \Delta_r H_m^\ominus③$$
$$= -393.5\text{kJ/mol} - (-283.0\text{kJ/mol})$$
$$= -110.5\text{kJ/mol}$$

答：该反应的标准摩尔焓变为-110.5kJ/mol。

通过计算得知，根据 Hess 定律，可以建立数学方程，进而解出一些难以测定的化学反应的热效应。

【例 2-2】 已知 298K，100kPa 下

① $2C(石墨)+O_2(g) = 2CO(g)$ $\Delta_r H_m^\ominus① = -221.05\text{kJ/mol}$

② $3Fe(s)+2O_2(g) = Fe_3O_4(s)$ $\Delta_r H_m^\ominus② = -1118.4\text{kJ/mol}$

求下列反应在 298K 时的反应热 $\Delta_r H_m^\ominus③$。

$$Fe_3O_4(s)+4C(石墨) = 3Fe(s)+4CO(g)$$

解：③＝2×①－②

$$\Delta_r H_m^\ominus③ = 2\times\Delta_r H_m^\ominus① - \Delta_r H_m^\ominus②$$
$$= 2\times(-221.05\text{kJ/mol}) - (-1118.4\text{kJ/mol})$$
$$= 676.3\text{kJ/mol}$$

答：反应热 $\Delta_r H_m^\ominus③$为 676.3kJ/mol。

(2) 利用标准摩尔生成焓计算化学反应的热效应 热力学规定，在指定温度及标准状态下，由元素最稳定的单质生成 1mol 某物质时反应的焓变称为该物质的标准摩尔生成焓(molar enthalpy of formation)。用 $\Delta_f H_m^\ominus(T)$ 表示（右下标 “f” 表示 formation)，温度为 298K 时，T 可以省略。$\Delta_f H_m^\ominus$ 的单位 J/mol 或是 kJ/mol。

规定标明，在指定温度及标准状态下，元素的最稳定单质的标准摩尔生成焓为零，例如 $\Delta_f H_m^\ominus$ 的（H_2，g，298K)＝0，$\Delta_f H_m^\ominus$ 的（O_2，g，298K)＝0，但对于不同晶态的固体物质来说，只有最稳定单质的标准摩尔生成焓等于零。如 C（石墨）的 $\Delta_f H_m^\ominus=0$，但是 C（金刚石）的 $\Delta_f H_m^\ominus=1.895$kJ/mol。一些常见的化合物的标准摩尔生成焓见附录。

利用物质的标准摩尔生成焓可以方便地计算在标准状态下的化学反应的热效应。

对于任意一个化学反应：

$$aA+bB \longrightarrow eE+dD$$

都可以设计成如下的反应途径，把有关的稳定单质作为反应的始态，把反应的生成物作为终态，一种途径是由始态直接到终态，另一种途径是由始态的稳定单质变化为反应物，然后在变化为产物。

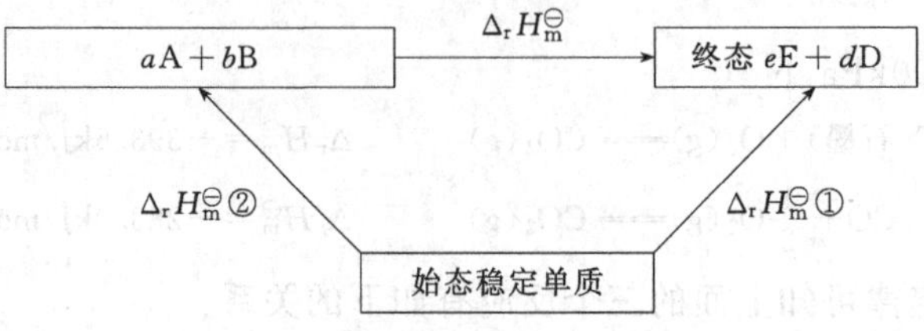

从图中可以看出：$\Delta_r H_m^\ominus①=\Delta_r H_m^\ominus+\Delta_r H_m^\ominus②$

则：　　　　　　　　$\Delta_r H_m^\ominus=\Delta_r H_m^\ominus①-\Delta_r H_m^\ominus②$

同理：

$$\Delta_f H_m^\ominus=[e\Delta_r H_m^\ominus(E)+d\Delta_r H_m^\ominus(D)]-[a\Delta_r H_m^\ominus(A)+b\Delta_r H_m^\ominus(B)]=\sum_B \nu_B\Delta_f H_m^\ominus(B)$$

式中，ν_B 为化学计量系数，对反应物取负值，生成物取正值。

用式上式计算反应热时要注意以下三点。

① 应用标准摩尔生成焓只能计算同一温度下的等压反应热。

② 必须指明各物质的物理状态。因为物质的相态不同，则标准摩尔生成焓也不同。例如，在 298K 时，$\Delta_f H_m^\ominus(H_2O,g)$ 和 $\Delta_f H_m^\ominus(H_2O,l)$ 的值是不同的。各种物质在 298K 下的 $\Delta_f H_m$ 值见附录或查阅有关热力学手册。

③ 由于焓是广度性质，所以上式中各 $\Delta_f H_m^\ominus$（产物）和 $\Delta_f H_m^\ominus$（反应物）必须乘以反应式中相应物质的化学计量数。

【例 2-3】 求在 298K，100kPa 时，下列反应的反应热：

$$4NH_3(g)+5O_2(g)=\!=\!=4NO(g)+6H_2O(g)$$

已知：$\Delta_f H_m^\ominus$ (kJ/mol)　　-46.11　　0　　90.25　　-241.82

解：因为 $\Delta_f H_m^\ominus=\sum_B \nu_B\Delta_f H_m^\ominus(B)$

$$=[4\times\Delta_f H_m^\ominus(NO)+6\times\Delta_f H_m^\ominus(H_2O)]+[(-4)\times\Delta_f H_m^\ominus(NH_3)+(-5)\times\Delta_f H_m^\ominus(O_2)]$$

$$=[4\times90.25\text{kJ/mol}+6\times(-241.82\text{kJ/mol})]+[(-4)\times(-46.11\text{kJ/mol})+0]$$

$$=-905.48\text{kJ/mol}$$

答：该反应的反应热为-905.48kJ/mol。

(3) 标准摩尔燃烧焓与化学反应热效应

① 标准摩尔燃烧焓　一般的有机化合物很难从单质合成，其标准摩尔生成焓也很难得到。但它们很容易燃烧或氧化，其燃烧热很容易由实验测得，因此可以利用某些燃烧反应的热效应来计算其他反应的热效应。标准摩尔燃烧热的概念就是为了方便这类计算而建立起来的。

1mol 标准态的某物质 B 完全燃烧（或完全氧化）生成标准态的指定稳定产物时的反应热称为该物质 B 的标准摩尔燃烧焓，（standard molar enthalpy of combustion），简称燃烧焓，以符号 $\Delta_c H_m^\ominus$ 表示，单位也是 kJ/mol，下标“c”指 combustion。在书写燃烧反应方程式的时候，应使物质 B 的化学计量系数为 1。这里“完全燃烧或完全氧化”是指将化合物中 C、H、S、N 以及 X（卤素）等元素氧化为 $CO_2(g)$、$H_2O(g)$、$SO_2(g)$、$N_2(g)$ 及 HX(g)。不仅有机物有标准燃烧焓，其他一些物质也有标准燃烧焓。目前多数手册给出的是 298K 的标准摩尔燃烧焓数据，因此今后凡不加说明，标准摩尔燃烧焓的温度均指 298K。

② 利用标准摩尔燃烧焓计算化学反应热　对于一个燃烧反应，从始态反应物燃烧开始，到终态得到稳定的燃烧产物结束，可以由两种不同的途径完成。一种途径是反应物直接燃烧转化为燃烧产物，另一种途径是反应物先转化为生成物，再燃烧变成燃烧产物，但是两种变化途径的焓变是相等的，参看下图：

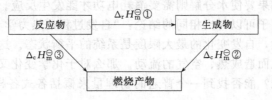

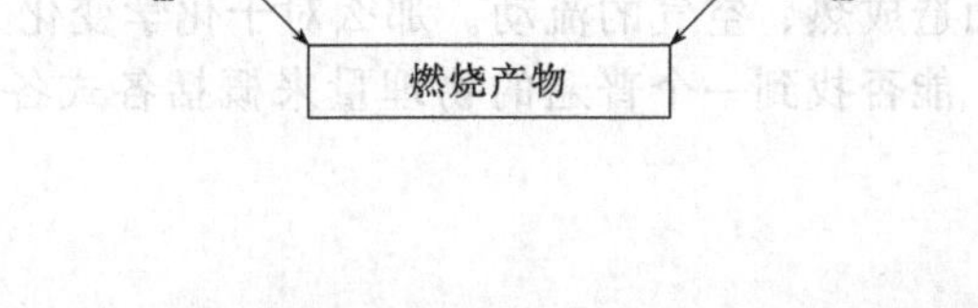

从图中可以看出：

$$\Delta_c H_m^\ominus ③ = \Delta_r H_m^\ominus ① + \Delta_c H_m^\ominus ②$$

则：

$$\Delta_r H_m^\ominus ① = \Delta_c H_m^\ominus ③ - \Delta_c H_m^\ominus ②$$

即：

$$\Delta_r H_m^\ominus = -\sum_B \nu_B \Delta_c H_m^\ominus(B)$$

式中，ν_B 为化学计量系数，对反应物取负值，生成物取正值。

注意：标准摩尔燃烧焓计算化学反应热的式子和标准摩尔生成焓计算反应热的式子有差别。上式有一负号。则标准摩尔反应焓变 $\Delta_r H_m^\ominus$ 为反应物的标准摩尔燃烧焓之和减去生成物的标准摩尔燃烧焓之和。

【例 2-4】 求下列反应的反应热：

$$CH_3OH(l) + \frac{1}{2}O_2(g) \longrightarrow HCHO(g) + H_2O(l)$$

已知：$\Delta_c H_m^\ominus$ (kJ/mol)　　-726.51　　0　　　-570.78　　0

解：因为 $\Delta_r H_m^\ominus = -\sum_B \nu_B \Delta_c H_m(B)$

$$= -\{[\Delta_c H_m^\ominus(HCHO) + \Delta_c H_m^\ominus(H_2O)]\} - [\Delta_c H_m^\ominus(CH_3OH) + \frac{1}{2}\Delta_c H_m^\ominus(O_2)]$$

$$= -\{[(-570.78)kJ/mol + 0]\} + [-726.51kJ/mol + 0]$$

$$= -155.73kJ/mol$$

答：该反应的反应热为 -155.73kJ/mol。

2.3 化学反应自发性

实践证明，自然界发生的一切变化都是遵循能量守恒原理。但是在不违背热力学第一定律的前提下，过程是否必然发生，若能发生，变化的方向和限度如何，热力学第一定律却不能给出明确的结论，要说明这些问题需用热力学第二定律。

2.3.1 自发过程

在一定的条件下，不需要任何外力的推动就能进行的过程称为自发过程（spontaneous process），自然界的许多过程都是自发过程。自发过程有一定的方向和限度，它们的逆过程是不能自动发生的。例如：两个温度不同的物体相接触，热就可以自动地从高温物体传递到低温物体，传递的动力是温度差，当两个物体的温度相等时，热就停止了传递，要想使热从低温物体传递给高温物体，需要使用制冷机才能实现。

气体总是自发地从高压区扩散到低压区，驱使空气扩散的动力是两区的压力差。空气扩散时两区的压力差等于零时为止——达到平衡状态。它的逆过程即由低压区扩散到高压区则是不能自动进行的，但不是这种逆过程不能进行，只要施加外力，如用抽气机也可以将空气从低压区送到高压区，其代价是环境对系统做功。

氢气和氧气经点火引发自动合成水，这是一个自发变化，其逆过程即水分解为氢气和氧气则不能自发进行，如果要使水分解则需要消耗电功才能发生反应。

分析前面的几个例子可以得出相同的结论："自发过程是热力学不可逆过程。"一切自发过程都有一定的方向性，自发变化的最大限度是系统的平衡状态。这些系统变化的动力分别是温度差、压力差，从而造成热、空气的流动。那么对于化学变化又是什么动力驱使氢气和氧气自动化合成水的呢？能否找到一个普遍的物理量来概括各式各样的"差值"，用来作为物理变化和化学变化自发进行的判据呢？答案是肯定的，这就是热力学第二定律。

2.3.2　焓变与自发反应

在研究自然现象的过程中，人们发现很多系统总是自发地释放出能量，使自身处于能量较低的状态，这就是能量降低原理，是一个不需要证明自发变化普遍遵守的原理。前面介绍的几个例子都可以用能量降低原理来解释。

人们的目的是找到一个物理量，用来作为化学变化能否自发进行的判据。热化学知识告诉人们，化学反应发生时总是伴有吸热或放热的现象，它标志着化学变化的系统能量的升高和降低。还启发人们，对等温等压下做有用功的反应系统的化学变化，是否可以用焓变（ΔH）的正负作为化学变化的判据。即系统的焓减少 $\Delta H<0$，化学反应将自发进行；$\Delta H>0$，化学反应是非自发的。可是经过研究表明，大多数的化学反应 $\Delta H<0$ 化学反应是自发的，但是有少数的化学反应 $\Delta H>0$ 也是自发的，例如，KNO_3 晶体在水中的溶解过程，便是由于离子水化的化学反应所引起的，这是一个吸热的自发过程。另外，还发现有的吸热反应在室温下虽不能自发进行，但在高温下却能自发进行，如碳酸钙的分解反应：

$$CaCO_3(s) \longrightarrow CaO(s) + CO_2(g) \qquad \Delta_r H_m^{\ominus} = 178.5\text{kJ/mol}$$

在室温下不能自发进行，但在 1123K 的标准态下或 0.01Pa 和 773K 时，该反应就能自发进行，而反应的 $\Delta_r H_m^{\ominus}$ 与 298K 的 $\Delta_r H_m^{\ominus}$ 基本相同。所以，单纯用 ΔH 是否小于零来判断化学反应的自发性是不完全的。

基于大多数化学反应 $\Delta H<0$ 能自发进行的时候，可以认为焓变（ΔH）对化学变化的方向起着重要作用。当 $\Delta H<0$ 时，焓变作为动力将推动化学反应正向进行。当 $\Delta H>0$ 时，焓变称为化学反应正向进行的阻力，这时焓变是逆反应的自发进行的重要因素，所以焓变只是化学反应向某一方向进行的动力因素之一。除焓变之外，一定还有另外的因素决定着化学变化的方向，这就是熵变。

2.3.3　熵变与化学反应方向

(1) 混乱度与熵　混乱度也称无序度，是指组成系统内部微观粒子的不规则或无序程度。对于物质的聚集状态而言，固体物质内部的粒子排布整齐，有序程度高，混乱度小。液体物质粒子可以自由移动，有序性差，混乱度较大。气体物质的粒子运动更激烈，有序性更低，混乱度更大。同一种物质构成的同一种聚集状态，温度越高混乱度越大。两种物质相混合，混合后比混合前混乱度增大。分子组成复杂的物质比组成简单的混乱度大。

一个自发变化的过程，总是使系统的混乱度增大，例如：室温下冰融化，系统从较整齐的冰的晶体状变成了较混乱的液态水的状态，此过程是自发的。又如前面提到的碳酸钙分解反应：

$$CaCO_3(s) = CaO(s) + CO_2(g)$$

这是一个吸热反应，即 $\Delta H<0$，但却能自发进行，其原因是系统混乱度增大了。因此可以看出，系统混乱度增大也是自发进行的推动力。热力学用函数熵（entropy）来描述系统的混乱度，熵用符号 S 表示。单位是 J/(mol·K)。系统的混乱度越低，有序程度越高，熵值越小。同一种物质处于气、液、固三态时，气态的熵值最大，固态的熵值最小。系统混乱度增大的过程即熵增过程。熵是系统本身的性质，是状态函数。系统状态一定，熵有确定值，状态变化时，其变化量（ΔS）只与始态和终态有关，而与变化的途径无关。

内能和焓的绝对值无法求得，但熵的绝对值是可以测定的，因为科学家根据一系列低温实验指出：在绝对零度（0K）时，任何纯物质完整晶体的熵等于零，记为 $S_0=0$。这就是热力学第三定律（the third law of thermodynamics）。以此为基准，可以求得物质在标准状态下，其他温度时的熵值，称为规定熵，如果将某纯物质的热力学温度从 0 升高到 T，则该过程的熵变化就是温度 T 时的该物质的规定熵，即 $\Delta S = S_{(T)} - S_0 = S_{(T)}$。

1mol 某物质在标准状态下的规定熵称为标准摩尔熵，简称标准熵。用符号 $S_{m(T)}$ 表示，单位为 J/(mol·K)。一些物质的 S_m 可以在附录中查到。

熵具有以下性质：

① 熵是广度性质，其变化值与系统中物质的量的多少有关；

② 同种物质的聚集状态不同，熵值不同，规律是 $S(s) < S(l) < S(g)$。同种物质温度越高，熵值越大；

③ 物质不同熵值也不同，同一种聚集状态的物质，组成分子的原子越多，系统的熵值越大。例如 $S(NaCl) < S(Na_2CO_3)$。

(2) 化学反应中标准摩尔熵变 $\Delta_r S_m^{\ominus}$ 的计算 对于一个化学反应来说，如果反应物和产物都处于标准状态，过程的熵变，称为该反应的标准熵变，用来 $\Delta_r S_m^{\ominus}$ 表示。可由生成物和反应物的标准摩尔熵来得到。

对于任意一个化学反应：

$$aA + bB \longrightarrow eE + dD$$

查表可知反应物和生成物的标准摩尔熵，然后根据状态函数的特点，化学变化的熵变等于生成物的标准熵之和减去反应物的标准熵之和，即

$$\Delta_r S_m^{\ominus} = [e\Delta_r S_m^{\ominus}(E) + d\Delta_r S_m^{\ominus}(D)] - [a\Delta_r S_m^{\ominus}(A) + b\Delta_r S_m^{\ominus}(B)] = \sum_B \nu_B S_m^{\ominus}(B)$$

式中，ν_B 为化学计量系数，对反应物取负值，生成物取正值。

一般由此式得到 $\Delta_r S_{m(298K)}^{\ominus}$。当温度改变时，物质的熵值虽然随着温度的变化而变化，但是因为生成物的熵增与反应物的熵增相差不多，可以抵消，所以化学反应的熵变和焓变一样，可以近似地认为不随温度变化。所以，$\Delta_r S_{m(298K)}^{\ominus} = \Delta_r S_{m(T)}^{\ominus}$。

【例 2-5】 在 298K 及 100kPa 下，计算臭氧自发变为氧气过程的熵变和焓变。

解：反应式及各物质的标准摩尔熵与标准摩尔生成焓如下：

$$2O_3(g) = 3O_2(g)$$

	$O_3(g)$	$O_2(g)$
已知：$S_m^{\ominus}$ [J/(mol·K)]	238.93	205.14
$\Delta_f H_m^{\ominus}$ (kJ/mol)	142.70	0

$$\begin{aligned}\Delta_r S_m^{\ominus} &= [3\times S_m^{\ominus}(O_2)] - [2\times S_m^{\ominus}(O_3)] \\ &= [3\times 205.14\text{J/(mol·K)}] - [2\times 238.93\text{J/(mol·K)}] \\ &= 137.56\text{J/(mol·K)}\end{aligned}$$

$$\begin{aligned}\Delta_r H_m^{\ominus} &= [3\times \Delta_f H_m^{\ominus}(O_2)] - [2\times \Delta_f H_m^{\ominus}(O_3)] \\ &= [3\times 0\text{kJ/mol}] - [2\times 142.7\text{kJ/mol}] \\ &= 285.4\text{kJ/mol}\end{aligned}$$

答：该反应过程的熵变为 137.56J/(mol·K)，焓变为 285.4kJ/mol。

【例 2-6】 已知如下反应的有关热力学数据，计算反应在 298K 时的熵变和焓变。

解：反应式及各物质的标准摩尔熵与标准摩尔生成焓如下：

$$2SO_2(g) + O_2(g) = 2SO_3(g)$$

	$SO_2(g)$	$O_2(g)$	$SO_3(g)$
已知：$S_m^{\ominus}$ [J/(mol·K)]	248.22	205.14	256.76
$\Delta_f H_m^{\ominus}$ (kJ/mol)	−296.83	0	−395.72

$$\begin{aligned}\Delta_r S_m^{\ominus} &= [2\times S_m^{\ominus}(SO_3)] - [2\times S_m^{\ominus}(SO_2) + S_m^{\ominus}(O_2)] \\ &= [2\times 256.76\text{J/(mol·K)}] - [2\times 248.22\text{J/(mol·K)} + 205.14\text{J/(mol·K)}] \\ &= -188.06\text{J/(mol·K)}\end{aligned}$$

$$\Delta_r H_m^{\ominus} = [2\times \Delta_f H_m^{\ominus}(SO_3)] - [2\times \Delta_f H_m^{\ominus}(SO_2) + \Delta_f H_m^{\ominus}(O_2)]$$

$=[2\times(-395.72)\text{kJ/mol}]-[2\times(-296.83)\text{kJ/mol}+0\text{kJ/mol}]$
$=-197.78\text{kJ/mol}$

答：该反应过程的熵变为-188.0J/(mol·K)，焓变为-197.78kJ/mol。

这两个反应在指定的条件下都是自发反应，而系统的熵变前者 $\Delta_r S_m^{\ominus}>0$，后者的 $\Delta_r S_m^{\ominus}<0$，这说明只用系统的熵变来判断变化的自发性是不全面的。但有理由确认系统熵变是影响反应自发性的一个重要因素，即 $\Delta_r S_m^{\ominus}>0$ 时，上边因素对反应的自发性起推动作用。而 $\Delta_r S_m^{\ominus}<0$ 时，上边因素对反应的自发性起阻碍作用。

由此可见，自发变化是由 ΔH 和 ΔS 两种动力因素即共同控制的，但是这两种状态函数都不能单独作为反应自发进行的判据。因此，寻找等温等压下综合的考虑系统焓变和熵变的统一判据，是下面要继续讨论的问题。

2.4　Gibbs 自由能变判据

2.4.1　Gibbs 自由能

(1) Gibbs 自由能的定义　1878 年美国著名物理学家 Gibbs 经过多年研究和严密的推导，提出了一个综合系统的焓变、熵变和温度的状态函数，称之为 Gibbs 自由能变，简称自由能变，用符号 G 表示。定义式为：

$$G=H-TS \tag{2-10}$$

由于 H、T、S 都是状态函数，所以它们的组合也是系统的状态函数，具有加和性。

等温等压下只做体积功的系统由始态变到终态，系统的 Gibbs 自由能的变化：

$$\Delta G=G_2-G_1=(H_2-T_2S_2)-(H_1-T_1S_1)$$
$$=(H_2-H_1)-T(S_2-S_1)$$

所以：

$$\Delta G=\Delta H-T\Delta S \tag{2-11}$$

对于标准状态下发生的化学反应有：

$$\Delta_r G_m^{\ominus}=\Delta_r H_m^{\ominus}-T\Delta_r S_m^{\ominus} \tag{2-12}$$

这就是著名的 Gibbs-Helmholtz（吉布斯·亥姆霍兹）公式，它将驱动自发变化的两个因素（焓变和熵变）定量地联系在了一起。Gibbs 自由能变是焓变、熵变两个因素及温度共同作用的结果，这个结果将决定化学反应的自发方向。

(2) Gibbs 自由能改变量（ΔG）的物理意义　通过前面的讨论，使我们进一步明确，化学反应自发进行的推动力由两个因素决定，即能量降低和混乱度增大。吉布斯-亥姆霍兹公式正是综合考虑了系统的焓变和熵变，将两个因素统一起来变成一个因素。所以 ΔG 可以作为判断化学反应自发进行的判据。

下面分几种情况进一步讨论 $\Delta G=\Delta H-T\Delta S$。

公式中各符号的意义如下。

① 如果 $\Delta H<0$（放热反应），同时 $\Delta S>0$（熵增加），则两种有利反应自发进行的推动力都存在，所以 $\Delta G<0$，在任意温度下，正反应均能自发进行。

② 如果 $\Delta H>0$（吸热反应），同时 $\Delta S<0$（熵减少），则 $\Delta G<0$，在任意温度下，正反应均不能自发进行，但其逆反应在任意温度下均能自发进行。

③ 如果 $\Delta H<0$，$\Delta S<0$（放热反应但是熵减少），则低温时，$|\Delta H|>|T\Delta S|$，$\Delta G<0$，正反应能自发进行；高温时，$|\Delta H|<|T\Delta S|$，$\Delta G>0$，正反应不能自发进行。

④ 如果 $\Delta H>0$，$\Delta S>0$（吸热反应但是熵增加），则低温时，$|\Delta H|>|T\Delta S|$，$\Delta G>0$，正反应不能自发进行；高温时，$|\Delta H|<|T\Delta S|$，$\Delta G<0$，正反应能自发进行。

根据上述讨论可以看出，放热反应不一定都能正向自发进行，吸热反应在一定条件下也可以自发进行。当 ΔH 与 ΔS 两种效应相互对立时，低温下，ΔH 效应为主，高温时 ΔS 效应为主。这就是为什么常温下放热反应往往能自发进行，而吸热反应不能自发的原因。

2.4.2 化学反应的标准摩尔吉布斯自由能 $\Delta_r G_m^\ominus$ 的计算

(1) 标准摩尔生成吉布斯自由能 $\Delta_f G_m^\ominus$ 在指定温度及标准状态下，由元素最稳定单质生成 1mol 处于标准状态下的化合物时的吉布斯自用能，称为该化合物的标准摩尔生成吉布斯自由能。用 $\Delta_f G_m^\ominus[T(K)]$ 表示，如果温度为 298K，可以简写为 $\Delta_f G_m^\ominus$。

显然，在指定温度标准状态下，元素最稳定单质的标准摩尔生成吉布斯自由能为零，一些常见物质的标准摩尔生成吉布斯自由能 $\Delta_f G_m^\ominus$ 数值可在附录中查找。

(2) 化学反应的标准摩尔吉布斯自由能 $\Delta_r G_m^\ominus$ 在 298K 及标准状态下，对下面的化学反应，若已经得知各物质的 $\Delta_f G_m^\ominus$，则计算如下。

对于任意一个反应：　　$aA + bB \longrightarrow eE + dD$

则：　　$\Delta_f G_m^\ominus(A)$　$\Delta_f G_m^\ominus(B)$　$\Delta_f G_m^\ominus(E)$　$\Delta_f G_m^\ominus(D)$

反应的标准摩尔吉布斯自由能为：

$$\Delta_r G_m^\ominus=[e\Delta_f G_m^\ominus(E)+d\Delta_f G_m^\ominus(D)]-[a\Delta_f G_m^\ominus(A)+b\Delta_f G_m^\ominus(B)]=\sum_B \nu_B \Delta_f G_m^\ominus(B)$$

式中，ν_B 为化学计量系数，对反应物取负值，生成物取正值。

【例 2-7】 考察 Zn 和 $CuSO_4$ 溶液的反应，在 298K 及 100kPa 下，让这个反应在烧杯中进行，计算反应的 $\Delta_r H^\ominus$、$\Delta_r S^\ominus$ 和 $\Delta_r G^\ominus$。

解：反应式和热力学数据为

	$Zn(s)$	$+Cu^{2+}(aq)$ ══	$Zn^{2+}(aq)$	$+Cu(s)$
$S_m^\ominus$ [J/(mol·K)]	41.63	−98.7	−106.48	33.15
$\Delta_f H_m^\ominus$ (kJ/mol)	0	64.39	−152.42	0

反应的熵变为：

$$\Delta_r S_m^\ominus=[(-106.48)+33.15]J/(mol \cdot K)-[41.63+(-98.7)]J/(mol \cdot K)$$
$$=-16.26J/(mol \cdot K)$$

$$\Delta_r H_m^\ominus=[(-152.42)+0]kJ/mol-[64.39+0]kJ/mol$$
$$=-216.81kJ/mol$$

$$\Delta_r G_m^\ominus=\Delta_r H_m-T\Delta_r S_m$$
$$=-216.81kJ/mol-298K\times[-16.26J/(mol \cdot K)\times10^{-3}]$$
$$=-211.96kJ/mol$$

答：该反应过程的熵变为 −16.26J/(mol·K)，焓变为 −216.81kJ/mol，Gibbs 自由能变为 −211.96kJ/mol。

(3) 吉布斯-亥姆霍兹公式的应用 必须指出，随着温度的升高，系统的状态函数 H、S、G 都将发生变化。但在大多数情况下，反应的受温度的影响很小，在温度变化不太大的范围内，可以认为它们与反应温度无关，即可以将 298K 时的焓变和熵变代入吉布斯-亥姆霍兹公式，计算其他温度 T(K) 时的 $\Delta_r G_m^\ominus(T)$，由 $\Delta_r G_m^\ominus(T)$ 判断在温度时反应的自发性，这时公式可以写成：

$$\Delta_r G_m^\ominus(T)\approx\Delta_r H_m^\ominus(298K)-T\Delta_r S_m^\ominus(298K) \tag{2-13}$$

【例 2-8】 计算反应 $2NaHCO_3(s) \longrightarrow Na_2CO_3(s)+CO_2(g)+H_2O(g)$ 的标准状态下 $NaHCO_3$ 的最低分解温度。

解：要使分解反应进行，则需 $\Delta_r G_m^\ominus<0$，即

$$2NaHCO_3(s) \longrightarrow Na_2CO_3(s) + CO_2(g) + H_2O(g)$$

$S_m^\ominus$ [J/(mol·K)]　　101.7　　134.98　　213.74　　188.83

$\Delta_f H_m^\ominus$ (kJ/mol)　　−950.81　　−1130.68　　−393.51　　−241.82

反应的熵变为

$\Delta_r S_m^\ominus = [134.98+213.74+188.83]\text{J/(mol·K)} - [2\times101.7]\text{J/(mol·K)}$
$= 334.15\text{J/(mol·K)}$

$\Delta_r H_m^\ominus = [(-1130.68)+(-393.51)+(-241.82)]\text{kJ/mol} - [2\times(-950.81)]\text{kJ/mol}$
$= 135.61\text{kJ/mol}$

因为 $\Delta_r H_m^\ominus > 0$，$\Delta_r S_m^\ominus > 0$，高温会导致 $\Delta_r G_m^\ominus(T) < 0$，所以：

$$T \geqslant \Delta_r H_m / \Delta_r S_m = \frac{135.61\times10^3\text{J/mol}}{334.15\text{J/(mol·K)}} = 405.84\text{K}$$

答：$NaHCO_3$ 的最低分解温度为 405.84K。

必须指出，对于等温等压下的化学反应，$\Delta_r G_m^\ominus$ 只能判断处于标准状态时的反应方向。如果反应处于任意状态时，不能用 $\Delta_r G_m^\ominus$ 来判断，必须计算 $\Delta_r G_m$ 才能判断反应方向，这将在下一章讨论。

习　　题

1. Hess 定律的内容是什么？

2. 在任意温度下，等温等压的反应自发进行的条件是什么？

3. 某系统中充有气体，吸收了 50kJ 的热，又对环境做了 29kJ 的功，计算系统的内能变化。

4. 298K 压力 100kPa 时，反应 $2KClO_3(s) \longrightarrow 2KCl(s) + 3O_2(g)$ 的等压热 $Q_p = -89\text{kJ}$，求反应系统的 $\Delta_r H_m$、$\Delta_r U_m$ 及体积功 W。

5. 已知：$Sn(s) + Cl_2(g) \longrightarrow SnCl_2(s)$　　$\Delta_r H_m^\ominus = -349.8\text{kJ/mol}$

$SnCl_2(s) + Cl_2(g) \longrightarrow SnCl_4(l)$　　$\Delta_r H_m^\ominus = -195.4\text{kJ/mol}$

试计算反应 $Sn(s) + 2Cl_2(g) \longrightarrow SnCl_4(l)$ 的 $\Delta_r H_m^\ominus$。

6. 298K 和 100kPa 时的稳定单质，下列陈述中正确的是（　）。

A. $S_m^\ominus$、$\Delta_f H_m^\ominus$ 和 $\Delta_f G_m^\ominus$ 均为零

B. $\Delta_f H_m^\ominus$ 和 $\Delta_f G_m^\ominus$ 为零，$S_m^\ominus$ 不为零

C. $S_m^\ominus$、$\Delta_f H_m^\ominus$ 和 $\Delta_f G_m^\ominus$ 均为零，$\Delta_f G_m^\ominus$ 不为零

D. $S_m^\ominus$ 和 $\Delta_f G_m^\ominus$ 均为零，$\Delta_f H_m^\ominus$ 不为零

7. 反应 $CaO(s) + H_2O(l) \xlongequal{} Ca(OH)_2(s)$ 在 298K 时自发进行，高温时其逆反应变为自发，这表明该反应是（　　）。

A. $\Delta_r H_m^\ominus > 0$，$\Delta_r S_m^\ominus > 0$

B. $\Delta_r H_m^\ominus > 0$，$\Delta_r S_m^\ominus < 0$

C. $\Delta_r H_m^\ominus < 0$，$\Delta_r S_m^\ominus > 0$

D. $\Delta_r H_m^\ominus < 0$，$\Delta_r S_m^\ominus < 0$

8. 下列说法是否正确？说明原因。

(1) 放热反应都是自发进行的。

(2) $\Delta S > 0$ 的反应都是自发进行的。

(3) 如果 ΔH 和 ΔS 都是正值，当温度升高时，ΔG 将减小。

(4) 某化学反应的 $\Delta_r G_m^\ominus < 0$，此反应不能发生。

9. 已知在 298K，标准状态下

$Fe_2O_3(s) + 3CO(g) \xlongequal{} 2Fe(s) + 3CO_2(g)$　　$\Delta_r H_m^\ominus = -24.80\text{kJ/mol}$

$3Fe_2O_3(s) + CO(g) \xlongequal{} 2Fe_3O_4(s) + CO_2(g)$　　$\Delta_r H_m^\ominus = -47.10\text{kJ/mol}$

$$Fe_3O_4(s)+CO(g)=\!=\!=3FeO(s)+CO_2(g) \qquad \Delta_r H_m^\ominus=19.40kJ/mol$$

求反应 $FeO(s)+CO(g)=\!=\!=Fe(s)+CO_2(g)$ 的 $\Delta_r H_m^\ominus$ 是多少？

10. 已知 $CO_2(g)$ 的 $\Delta_f H_m^\ominus=-393.51kJ/mol$，$H_2O(l)\Delta_f H_m^\ominus=-285.83kJ/mol$，测得苯的燃烧热为$-3267.54kJ/mol$，求苯的标准生成热。

11. 已知反应和相关的热力学数据，

	$MgCO_3(s)=\!=\!=$	$MgO(s)$ +	$CO_2(g)$
$S_m^\ominus$ [J/(mol·K)]	65.70	26.94	213.74
$\Delta_f H_m^\ominus$ (kJ/mol)	−1095.80	−601.70	−393.51
$\Delta_f G_m^\ominus$ (kJ/mol)	−1012.10	−569.43	−394.36

(1) 试求 298K，标准状态下该反应的 $\Delta_r S_m^\ominus$、$\Delta_r H_m^\ominus$、$\Delta_r G_m^\ominus$；

(2) 计算 1148K 时反应的 $\Delta_r G_m^\ominus$；

(3) 在 100kPa 压力下，$MgCO_3$ 分解的最低温度是多少？

12. 试判断下列过程体系的符号：

(1) 水变成水蒸气

(2) 气体等温膨胀

(3) 苯与甲苯相溶

(4) 固体表面吸附气体

(5) 渗透

13. 不用查表，预测下列反应的熵值是增加还是减小？

(1) $2CO(g)+O_2(g)=\!=\!=2CO_2(g)$

(2) $2O_3(g)=\!=\!=3O_2(g)$

(3) $2NH_3(g)=\!=\!=3H_2(g)+N_2(g)$

(4) $2Na(s)+Cl_2(g)=\!=\!=2NaCl(s)$

(5) $H_2(g)+I_2(s)=\!=\!=2HI(g)$

14. 1 抹泪水在其沸点 373K 是，恒压气化热为 2.26kJ/g，求 W，Q，ΔU，ΔH，ΔG。

15. 下列说法是否正确？若不正确应该如何改正？

(1) 放热反应都能自发进行。

(2) 熵值变大的反应都能自发进行。

(3) $\Delta_r G_m^\ominus<0$ 的反应都能自发进行。

(4) 稳定单质规定它的 $\Delta_f H_m^\ominus=0$，$\Delta_f G_m^\ominus=0$，$S_m^\ominus=0$。

(5) 生成物的分子数与反应物多，该反应的 $\Delta_r S_m^\ominus$ 必是正值。

16. 有如下几个反应，其 $\Delta_r H_m^\ominus$ 和 $\Delta_r S_m^\ominus$ 值，如下表所示。

反　应	$\Delta_r H_m^\ominus$(kJ/mol)	$\Delta_r S_m^\ominus$[J/(mol·K)]
(1)$N_2(g)+O_2(g)=\!=\!=2NO(g)$	181	25
(2)$Mg(s)+Cl_2(g)=\!=\!=MgCl_2(s)$	−642	−166
(3)$H_2(g)+S(s)=\!=\!=H_2S(g)$	−20	43

问，在标准态下，哪些反应在任何温度下都能自发进行？哪些只在高温或只在低温下自发进行？

17. 已知下列化学反应的反应热，求乙炔（C_2H_2，g）的生成热 $\Delta_f H_m^\ominus$。

反　应	$\Delta_r H_m^\ominus$/(kJ/mol)
(1) $C_2H_2(g)+\frac{5}{2}O_2(g)\longrightarrow 2CO_2(g)+H_2O(g)$	−1246.2
(2) $C(s)+2H_2O(g)\longrightarrow CO_2(g)+2H_2(g)$	90.9
(3) $2H_2O(g)\longrightarrow 2H_2(g)+O_2(g)$	483.6

18. 解释下列问题。

(1) 为什么摩尔反应热 $\Delta_r H$ 的单位与摩尔生成热 $\Delta_f H$ 的单位相同，皆为 kJ/mol？

(2) 热量和功是否为体系的性质？是否为状态函数？

19. 计算题：反应 $CaCO_3(s) \longrightarrow CaO(s) + CO_2(g)$

已知：	$CaCO_3(s) \longrightarrow$	$CaO(s)$	$+\ CO_2(g)$
$\Delta_f G_m^{\ominus}$ (kJ/mol)	−1128.0	−604.2	−394.4
$\Delta_f H_m^{\ominus}$ (kJ/mol)	−1206.9	−635.1	−393.5
$S_m^{\ominus}$ [J/(mol·K)]	92.9	39.7	213.6

求：(1) 计算 298K，1atm 下的 $\Delta_r G_m^{\ominus}$，说明在此条件下该反应能否自发进行？

(2) 上述条件下，逆反应的 $\Delta_r G_m^{\ominus}$ 为多少？

(3) 上述反应发生的最低温度应为多少？

20. 填空题：

(1) 一个正在进行的反应，随着反应的进行，反应物的自由能必然（　　），而生成物的自由能（　　），当达到（　　）时，宏观上反应就不再向一个方向进行了。

(2) 熵是一个（　　）性质的状态函数。标准熵规定为（　　），其单位是（　　），稳定单质的标准熵（　　）。

(3) 对于（　　）体系，自发过程熵一定是增加的。

(4) 热力学体系的（　　）过程，状态函数的变化一定为零。

(5) 对于放热，熵变（　　）的反应，一定是自发的。

第3章 化学动力学基础

研究化学反应涉及到两个方面的问题，反应的可能性和反应的现实性。应用化学热力学可以预测某一反应能否进行和进行的程度如何，但它不能告诉我们能自发进行的反应实际上是否在发生？速率多大？如何加快反应完成？如：CO和NO是汽车尾气中的有毒气体，热力学计算表明 $CO(g)+NO(g) = CO_2(g)+\frac{1}{2}N_2(g)$ 反应的 $\Delta_r G_m^{\ominus}=-344kJ/mol$，进行趋势很大，但因其反应速率很慢，要想利用这个反应治理或改善汽车尾气对环境的污染，需提高反应速率，否则很难付诸实施。因此，研制该反应的催化剂就成为当今人们非常感兴趣的课题。

研究化学反应速率及反应机理的科学称为化学动力学（chemical kinetics)。无论在理论上还是实践上，这门科学都具有十分重要的意义。

3.1 化学反应速率的概念

化学反应进行的速率差别很大，如火药爆炸、核反应、酸碱中和等反应瞬间即可完成；而钢铁的生锈、橡胶的老化要经过较长时间才能察觉；自然界中岩石的风化、煤或石油的形成，则需要长达几十万年甚至亿万年。在化学反应中，随着反应的进行，反应物浓度不断减小，生成物浓度不断增大。因此，化学反应速率是指在一定条件下，反应物转变为生成物的快慢程度。

化学反应速率（rate of a chemical reaction)：是指单位时间内反应物或生成物浓度改变量的正值，也可以用单位时间内反应物浓度的减少或生成物浓度的增加来表示。浓度单位通常用 mol/dm^3，时间单位根据反应的快慢用 h（小时）、min（分）、s（秒）表示，反应速率单位为：$mol/(dm^3 \cdot h)$、$mol/(dm^3 \cdot min)$、$mol/(dm^3 \cdot s)$。绝大多数化学反应进行中速率是不等的，因此在描述化学反应速率的时候，通常选用两种表示方法——平均速率和瞬时速率。

3.1.1 平均反应速率

平均反应速率是指在一定时间间隔内反应物浓度或生成物浓度变化的平均值。以下列反应为例：$2N_2O_5(g) \longrightarrow 4NO(g)+3O_2(g)$
其平均速率可以表示为：

$$\bar{v}_{N_2O_5}=-\frac{\Delta c(N_2O_5)}{\Delta t}=-\frac{c_2(N_2O_5)-c_1(N_2O_5)}{\Delta t} \tag{3-1}$$

因为反应物浓度随反应的进行不断减小，所以 $\Delta c_2(N_2O_5)$ 为负值，为保持反应速率为正值，故$\frac{\Delta c(N_2O_5)}{\Delta t}$前面需取负号；同样，平均速率也可以用生成物 NO_2 或 O_2 的浓度随时间的变化率来表示，这时，生成物浓度随时间的变化不是减小而是增加，故$\frac{\Delta c(NO_2)}{\Delta t}$、

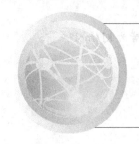

$\frac{\Delta c(O_2)}{\Delta t}$前面取正号。此外，由于用反应式中具有不同化学计量数的物质表示的反应速率，数值不同，使用不便，容易造成混乱，SI 单位制度建议用反应式中各物质前的化学计量数去除$\frac{\Delta c}{\Delta t}$，使得用反应式中任一物质表示的反应速率都是同一个值，即：

$$\bar{v}=-\frac{\Delta c(N_2O_5)}{2\Delta t}=\frac{\Delta c(NO_2)}{4\Delta t}=\frac{\Delta c(O_2)}{3\Delta t} \tag{3-2}$$

对于任意一个反应：

$$aA+bB \longrightarrow eE+dD$$

$$\bar{v}=-\frac{1}{a}\times\frac{\Delta c(A)}{\Delta t}=-\frac{1}{b}\times\frac{\Delta c(B)}{\Delta t}=\frac{1}{d}\times\frac{\Delta c(D)}{\Delta t}=\frac{1}{e}\times\frac{\Delta c(E)}{\Delta t} \tag{3-3}$$

也可以使用反应进度随时间变化率来定义反应速率的方法而获得。目前国际上已普遍采用。

表 3-1　N_2O_5 分解反应的反应速率（340K）

t/min	0	1	2	3	4
$[N_2O_5]/(mol/dm^3)$	0.160	0.113	0.008	0.056	0.040
$v/[mol/(dm^3\cdot min)]$	0.056	0.039	0.028	0.020	0.014

由表 3-1 可以看出，在反应刚开始时的浓度降低较快，随着反应的进行，其浓度降低越来越慢。所以计算 0～2min 之间的反应平均速率是：

$$\bar{v}_{0\sim2}=-\frac{c_2(0.08)-c_1(0.16)}{2-0}=0.04mol/(dm^3\cdot min)$$

但是在 2～4min 时间间隔中的平均速率就比上面的要小，其平均速率是：

$$\bar{v}_{2\sim4}=0.02mol/(dm^3\cdot min)$$

因此，如果想要更准确的表示反应的真实性，应该采用某一个定时间内的瞬时速率来表示。

3.1.2　瞬时速率

瞬时速率是指某一反应在某一时刻的真实速率，它等于时间间隔区域无限小时的平均速率的极限值。$v=\pm\lim\limits_{\Delta t\to0}\frac{\Delta c}{\Delta t}=\pm\frac{dc}{dt}$与平均速率一样，瞬时速率既可以用生成物也可以用反应物的浓度随时间的变化率来表示。其正负号的取法及计量数的处理与平均速率相同。对于上述分解反应则有：$v_{N_2O_5}=-\frac{dc(N_2O_5)}{dt}$。

与平均反应速率一样，瞬时反应速率也可以用生成物的浓度随时间的变化率来表示。其正负号的取法及计量数的处理与平均反应速率一样。则有：

$$v=-\frac{dc(N_2O_5)}{2dt}=\frac{dc(NO_2)}{4dt}=\frac{dc(O_2)}{3dt}$$

瞬时反应速率可以用作图法求得，仍以 N_2O_5 的分解为例。以一定时间间隔内测得的 N_2O_5 的浓度为纵坐标、所对应的时间 t 为横坐标作图可得如图 3-1 所示的 N_2O_5 的浓度变化曲线。对某给定时间 t 时的瞬时速率可于图 3-1 的曲线 t 处作一切线，则切线斜率的负值就是所求的瞬时速率。由图可知，当 $t=2$min 时的反应速

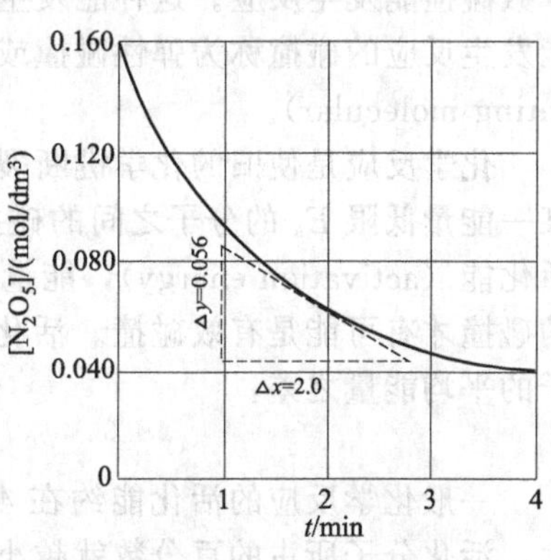

图 3-1　由 N_2O_5 的浓度变化曲线求瞬时速率

率为 0.028mol/(dm^3 · min)。

3.2 化学反应机理及速率理论介绍

3.2.1 基元反应和非基元反应

化学动力学的研究表明，我们所熟悉的很多反应并不是按化学反应方程式表示的那样一步直接完成的，而是经历一系列单一的步骤，然后才形成最终产物。因此，我们通常所写的化学反应式仅表示反应物和产物的计量关系，并不代表其微观过程。例如反应：

(1) $2NO + 2H_2 \longrightarrow N_2 + 2H_2O$

经研究，发现它实际上经过以下三步才完成：

(2) $2NO \longrightarrow N_2O_2$ （快）

(3) $N_2O_2 + H_2 \longrightarrow N_2O + H_2O$ （慢）

(4) $N_2O + H_2 \longrightarrow N_2 + H_2O$ （快）

我们把反应物分子通过碰撞一步直接转化成生成物的反应叫基元反应。所以反应（2）、（3）、（4）均为基元反应。属于基元反应的化学反应极少，绝大多数化学反应历程比较复杂，由多个基元反应组成，称为非基元反应，如反应（1）。

在由多个基元反应组成的总反应中，必有一个基元反应是最慢的，它决定着总反应的速度，称为定速步骤或速率控制步骤（rate-determining step）。

对于一个反应的反应速率进行控制，必须了解它的反应机理。通过对多步反应的研究，才能够使我们获得在分子层次上化学反应是如何发生的有关知识，进一步探讨在分子水平上化学反应速率的规律性。

3.2.2 化学反应速率理论及活化能

1918 年路易斯（G. N. Lewis）运用气体分子运动论的结果，提出反应速率的碰撞理论。该理论认为：分子必须碰撞才能发生反应。碰撞频率越高，反应速率越快。然而，并不是每次碰撞都能发生化学反应。根据气体分子运动论可知，在 101kPa 下，反应物分子的碰撞频率极大。直径为 10^{-10}m，质量为 10^{-23}g 的分子，在 300K 的温度下，经过计算在 1s 内，于空间为 1cm^3 内进行双分子气体反应，其碰撞次数高达 6×10^{27} 次。倘若每次碰撞都能引发化学反应发生，则所有化学反应都会瞬间完成，但事实并非如此。在亿万次碰撞当中，只有少数碰撞能发生反应。这种能发生反应的碰撞称为有效碰撞（effective collision）。大多数不能发生反应的碰撞称为弹性碰撞或无效碰撞，把能发生有效碰撞的分子成为活化分子（activating molecular）。

化学反应是使旧的化学键断裂并形成新的化学键的过程，只有能量足够大，达到或超过某一能量低限 E_a 的分子之间的碰撞，才有可能发生化学反应。碰撞理论中称 E_a 为反应的活化能（activation energy），能量高于或等于 E_a 的分子才是活化分子。可见只有活化分子的碰撞才有可能是有效碰撞。活化能的可定义为：活化分子的平均能量（E_m^*）与反应物分子的平均能量之差：

$$E_a = E_m^* - E_m \tag{3-4}$$

一般化学反应的活化能约在 40～400kJ/mol 之间。在一定的温度下，反应的活化能越大，活化分子所占的百分数就越小，反应越慢；反之，活化能越小，活化分子所占的百分数就越大，反应越快。

对一些反应，特别是结构较复杂分子之间的反应，考虑了能量因素后往往会发现反应速率计算值与实验值还是相差很大。这个事实说明，影响反应速率还有其他因素。碰撞时分子间的取向就是其中一个重要因素。

例如反应 $NO_2(g)+CO(g) \longrightarrow NO(g)+CO_2(g)$ 只有当 CO 中的 C 原子与 NO 中的 O 原子迎头相碰才有可能发生反应，而其他方位的碰撞都是无效碰撞。

碰撞与化学反应发生的关系如图 3-2 所示。

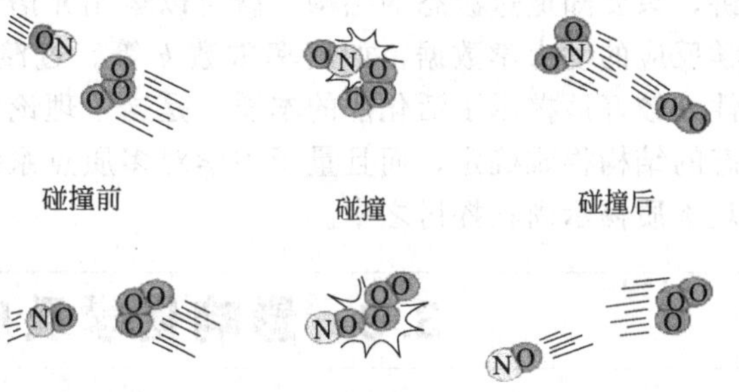

图 3-2　碰撞与化学反应发生的关系

所以有效碰撞有两层涵义：分子碰撞的取向要对头；分子的能量要大于反应的 E_a。这样发生的碰撞才有可能发生反应。

3.2.3　过渡态理论

碰撞理论比较直观，但限于处理理想气体双分子反应，且忽略了反应物的内部结构，过于简单。随着人们对于原子、分子内部结构认识的深入，20 世纪 30 年代，艾琳（H. Eyring）等人在量子力学和统计力学发展的基础上提出了过渡态理论（theory of transition state）。过渡态理论认为，反应物分子不是简单的碰撞就变成产物分子，而是先经过一个中间过渡状态，即反应物分子经碰撞先活化，形成一个高能量的活化配合物，然后才能变为生成物。始态与过渡态能量之差就是活化能。如：

$$\underset{\text{始态}}{\underset{\text{反应物}}{A+B\text{—}C}} \longrightarrow \underset{\text{过渡态}}{\underset{\text{活化配合物}}{A\cdots B\cdots C}} \longrightarrow \underset{\text{终态}}{\underset{\text{产物}}{A\text{—}B+C}}$$

当 A 与 BC 分子接近到一定程度时，分子所具有的动能转变为分子内的势能，使原有旧键 B—C 削弱，而新的 A—B 键逐渐形成。生成一个不稳定的［A…B…C］称为活化配合物，此时系统所处的状态称为过渡态（图 3-3）。

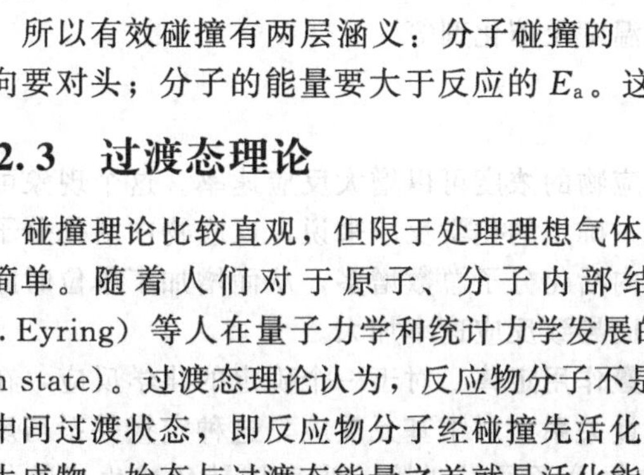

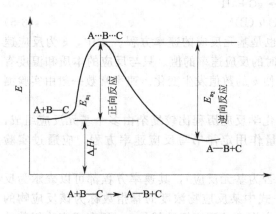

图 3-3　过渡态反应示意

反应物 A+BC 与产物 AB+C 都是能量低的稳定状态，过渡态活化配合物是能量高、不稳定的状态。过渡态的势能高于始态和终态，形成一个能垒，反应必须爬过该能垒才能进行。过渡态是反应历程中能量最高的点。

反应物吸收能量成为过渡态，反应的活化能就是翻越能垒所需要的能量。过渡态极不稳定，很容易分解成原来的反应物，也可能分解为生成物。其过程可以表示为：

$$\text{反应物} \rightleftharpoons \text{过渡态} \longrightarrow \text{产物}$$

图 3-3 还说明活化能与反应热之间存在着密切的关系。在上面讨论的反应热系统中，E_a 是正反应的活化能。E'_a 是逆反应的活化能，E_a 与 E'_a 之差就是化学反应的热效应 ΔH。$E_a-E'_a<0$，ΔH 为负值，正反应为放热反应，$E_a-E'_a>0$，ΔH 为正值，逆反应为吸热反应。

一般可以通过光能、热能、辐射能以及分子碰撞过程中获得的能量来满足反应对活化能的要求。活化能的大小与分子内部的结构有关，其数值可以通过键能来进行估算。从理论上讲，只要知道过渡态的结构，就可以运用光谱学数据以及量子力学和统计学的方法，计算化学反应的动力学数据，如速率常数 k 等。过渡态理论考虑了分子结构的特点和化学键的特性，较好地揭示了活化能的本质，是这个理论的成功之处。但是对于复杂的反应系统，过渡态的结构很难确定，而且量子力学对多质点系统的计算也是尚未解决的难题，对活化能的微观本质揭示尚在探讨之中。

3.3 影响化学反应速率的主要因素

化学反应速率的快慢，首先取决于反应物的内因。对于某一个具体的化学反应而言，反应速率与反应的外部环境有关，如浓度、反应温度及催化剂等。

3.3.1 浓度对化学反应速率的影响

大量实验事实表明，在一定温度下增加反应物的浓度可以增大反应速率。这个现象可以用碰撞理论进行解释。因为在等温情况下，对一确定的化学反应来说，反应物中活化分子百分数是一定的。增加反应物浓度时，单位体积内活化分子总数增多，从而增加了单位时间内在此体积中反应物分子的有效碰撞的频率，故而导致反应速率加大。

(1) 反应物浓度与反应速率的关系——质量作用定律 对于一个确定的化学反应，在温度一定时，反应物浓度与反应速率有确定的定量关系。对于基元反应，这种定量关系与反应式之间有内在的联系。所谓基元反应是指反应物分子通过碰撞一步直接转化成生成物的反应。基元反应的反应速率与反应物浓度之间的定量关系可以表述为：在一定温度下，基元反应的化学反应速率与反应物浓度以其化学计量系数为指数的幂的连乘积成正比。这就是质量作用定律。例如，基元反应：

$$a\mathrm{A}+b\mathrm{B} \longrightarrow g\mathrm{G}+h\mathrm{H}$$

$$v=kc(\mathrm{A})^{a}c(\mathrm{B})^{b} \tag{3-5}$$

式(3-5) 是质量作用定律的数学表达式，也是基元反应的速率方程。式中，k 为反应速率常数，其数值等于反应物浓度为 $1\mathrm{mol/dm^3}$ 时的反应速率的值。只与反应的本质和温度有关，与浓度无关。改变温度或使用催化剂，会使 k 的数值发生变化。速率常数一般由实验测定。后两项只与浓度有关。

属于基元反应的化学反应极少，绝大多数化学反应历程比较复杂由多个基元反应组成，称为非基元反应。非基元反应不能直接用质量作用定律书写反应速率方程，应通过实验确定。

(2) 反应级数 大多数化学反应（无论是否为基元反应），其速率方程都可以表示为反应物浓度某次幂的乘积，$v=kc(\mathrm{A})^{a}c(\mathrm{B})^{b}\cdots\cdots$式中某反应物浓度的幂指数称为该反应物的反应级数，如反应物 A 的反应级数就是 a，反应物 B 的反应级数就是 b。所有反应物级数的加和 $a+b+\cdots$ 称为该反应的反应级数。反应级数是重要的化学动力学参数，在研究反应机理或控制反应速率时往往需要测定。

【例 3-1】 下列化学反应 $NO_2(g)+O_3(g) \longrightarrow NO_3(g)+O_2(g)$

在 298K 时，测得的数据如下表

实验序号	c 起始/(mol/dm³)		最初生成 O_2 的速率 /[mol/(dm³·s)]
	NO_2	O_3	
1	5.0×10^{-5}	1.0×10^{-5}	0.022
2	5.0×10^{-5}	2.0×10^{-5}	0.044
3	2.5×10^{-5}	2.0×10^{-5}	0.022

（1）求反应速率的表示式

（2）求反应的级数

（3）求该反应的反应速率常数

解： 设速率方程为 $v=kc(NO_2)^a c(O_3)^b$

将 1 与 2 相比得 $\left(\frac{1.0\times10^{-5}}{2.0\times10^{-5}}\right)^b=\frac{0.022}{0.044}=\frac{1}{2}\quad b=1$

将 2 与 3 相比得 $\left(\frac{5.0\times10^{-5}}{2.5\times10^{-5}}\right)^a=\frac{0.044}{0.022}=\frac{2}{1}\quad a=1$

反应级数 $=a+b=2$（二级反应）

将 a、b 代入，求速率常数 k

$$0.044\text{mol}/(\text{dm}^3\cdot\text{s})=k\times(5.0\times10^{-5}\text{mol}/\text{dm}^3)\times(2.0\times10^{-5}\text{mol}/\text{dm}^3)$$

$$k=4.4\times10^7\text{mol}/(\text{dm}^3\cdot\text{s})$$

答：该反应的速率方程为 $v=k(NO_2)(O_3)$ 此反应为二级反应，k 为 $4.4\times10^7\text{mol}/(\text{dm}^3\cdot\text{s})$。

一般而言，基元反应中反应物的级数与其化学计量数相同，而非基元反应的反应级数是通过实验测定的。反应级数可以为整数、也可以是分数或零（表示反应速率与浓度无关）。

在不同级数的速率方程中，反应速率常数 k 的单位不一样。速率常数 k 的量纲取决于反应级数，见表 3-2 所列。

表 3-2　速率常数的单位

反应级数	k 的单位	反应级数	k 的单位
0	$\text{mol}/(\text{dm}^3\cdot\text{s})$	2	$\text{dm}^3/(\text{mol}\cdot\text{s})$
1	s^{-1}	3	$\text{dm}^6/(\text{mol}^2\cdot\text{s})$

凡是反应速率和浓度无关（即与反应物浓度的零次方成正比）的反应称为零级反应。已知的零级反应中最多的是表面上发生的多相反应。N_2O 在金粉表面热分解生成 N_2 和 O_2 是零级反应。酶的催化反应、光敏反应也往往是零级反应。

3.3.2　温度对化学反应速率的影响

阿累尼乌斯公式（S. Arrhenius）如下所述。

1889 年，瑞典化学家阿累尼乌斯根据实验结果提出了速率常数 k 与温度 T 之间的经验公式——阿累尼乌斯公式：

$$k=Ae^{-\frac{E_a}{RT}} \tag{3-6}$$

式中，R 是理想气体常数；E_a 是反应的活化能；T 是绝对温度；A 是常数，称为指前因子；e 为自然对数的底（e=2.718）。

指数 $-\frac{E_a}{RT}$ 的分子、分母都是能量单位，因此指数本身无量纲，A 的单位与 k 相同。一般情况下，A 和 E_a 在一定的温度区间内可以看成定值。

活化能的大小由反应的本性决定，与温度无关。上式为阿累尼乌斯公式的指数形式，其对数形式为：

$$\ln k=-\frac{E_a}{RT}+\ln A \tag{3-7}$$

若在温度 T_1 和 T_2 时，反应速率常数分别为 k_1 和 k_2，则：

$$\ln k_1=-\frac{E_a}{RT_1}+\ln A\qquad \ln k_2=-\frac{E_a}{RT_2}+\ln A$$

结合以上两式，得：

$$\ln\frac{k_2}{k_1}=\frac{E_a}{R}\left(\frac{1}{T_1}-\frac{1}{T_2}\right) \tag{3-8}$$

式(3-6)～式(3-8) 都称为阿累尼乌斯公式。在应用阿累尼乌斯公式时要注意所使用的各项单位要一致。

利用式(3-6) 或式(3-7) 可以根据不同温度下测得的 k 值求算反应的活化能；利用式(3-8) 可以从一个温度下的反应速率常数求另一温度下的反应速率常数等。

【例 3-2】 已知反应 $C_2H_5Cl(g) \longrightarrow C_2H_4(g)+HCl(g)$ 的 $A=1.6\times10^{14}\,s^{-1}$，$E_a=246.9kJ/mol$，求 700K 时的速率常数 k，并与 710K 和 800K 时的 k 做比较。

解： 根据式(3-7) $\ln k=-\frac{E_a}{RT}+\ln A$

当 $T=700K$ 时，将已知条件代入，得：

$$k=6.0\times10^{-5}(s^{-1})$$

用同样的方法可以算出 $T=710K$ 和 $T=800K$ 时的速率常数分别为 $1.1\times10^{-4}/s$ 和 $1.2\times10^{-2}/s$。

答：710K 和 800K 时速率常数分别为 $1.1\times10^{-4}/s$ 和 $1.2\times10^{-2}/s$。

可以看出当温度升高 10K 时，k 变成原来的 2 倍左右；升高 100K 时，k 变成原来的 200 倍左右。

【例 3-3】 现有一化学反应，$NO_2(g)+CO(g) = CO_2(g)+NO(g)$ 在 600K 时的速率常数为 $0.028dm^3/(mol\cdot s)$，在 650K 时的速率常数为 $0.220dm^3/(mol\cdot s)$，求此反应的活化能。

解： 将已知数据代入式(3-8) $\ln\frac{k_2}{k_1}=\frac{E_a}{R}\left(\frac{1}{T_1}-\frac{1}{T_2}\right)$，得：

$$\ln\frac{0.22}{0.028}=\frac{E_a}{8.314J/(mol\cdot K)}\left(\frac{1}{600}-\frac{1}{650}\right)$$

$$E_a=134000J/mol$$

$$E_a=134kJ/mol$$

答：此反应的活化能为 134kJ/mol。

温度对反应速率的影响是通过能量变化改变了活化分子百分数来实现的。

根据气体分子运动论计算，每当温度增加了 10K，碰撞次数仅增加了 2%。实际上速率一般是成倍地增加。其中最主要的原因时因为一些分子获得了能量成为活化分子，增加反应体系中活化分子百分数，有效碰撞次数增加，从而加快了反应速率。

3.3.3 催化剂对化学反应速率的影响

(1) 催化剂与催化作用 催化剂是影响化学反应速率的另一个重要因素。在现代化学工业生产中 80%～90%的反应过程都使用催化剂。例如，合成氨、石油裂解、药物合成等都使用催化剂。催化剂（catalyst）是一种只要少量存在就能显著改变反应速率，但不改变化学反应的平衡位置，而且在反应结束时，其自身的质量、组成和化学性质基本不变的物质。通常，能加快反应速率的催化剂称为正催化剂，简称为催化剂。催化剂对化学反应的作用称为催化作用（catalysis）。例如，合成氨生产中使用铁，硫酸生产中使用 V_2O_5，以及促进生物体化学反应的各种酶（如淀粉酶、蛋白酶、脂肪酶等）均为正催化剂；减慢金属腐蚀速率的缓蚀剂，防止橡胶老化的添加剂均为负催化剂。

催化剂为什么能加快反应速率？实验表明，其根本原因是由于催化剂能为反应提供另一条能量较低的途径，降低反应的活化能，从而增大活化分子和有效碰撞来实现反应速率加快的。

(2) 催化作用的特点

① 催化剂参加反应，并改变反应的历程，降低反应的活化能。

例如某反应非催化历程为：$A+B \longrightarrow AB$

而催化历程为：$A+B+K \longrightarrow [A\cdots B\cdots K] \longrightarrow AB+K$

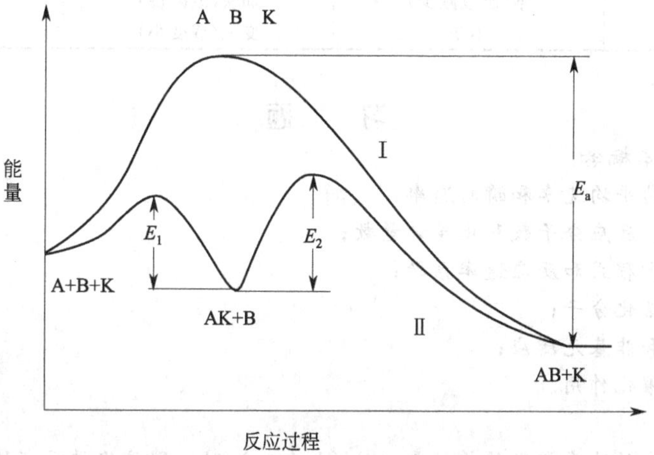

图 3-4　催化剂改变反应途径示意

式中，K 为催化剂，图 3-4 表示在上述两种历程中能量的变化情况。在非催化历程中活化能为 E_a，而在催化历程中，只有两个较低的活化能 E_1 和 E_2。

例如反应 $N_2O \longrightarrow N_2+\frac{1}{2}O_2$ 非催化历程活化能为 250kJ/mol，当用 Au 作为催化剂时活化能降为 120kJ/mol，反应速率提高很多。

② 催化剂不改变反应系统的热力学状态，不影响化学平衡。

从热力学观点来看，反应系统中反应物和生成物的状态不会因为使用催化剂反应改变，所以反应前后系统的吉布斯自由能的改变量是一致的，即“状态函数的变化与途径无关”。使用催化剂能缩短反应达到平衡的时间，加快反应速率，但是不能改变反应的平衡常数。而且催化剂只能改变反应的途径，不能改变反应的始态和终态，因此，热力学上非自发的反应，不能通过加入催化剂而改变反应进行的方向。

③ 催化剂具有一定的选择性。

每种催化剂都只能催化某一类或某几类反应，有的甚至只能催化某一反应。

④ 反应过程中催化剂本身会发生变化。

尽管反应前后催化剂的质量不变，但催化剂参与了化学反应，其某些物理性状，特别是表面性状会发生变化。工业生产中使用的催化剂须经常补充或“再生”。

(3) 催化作用的原理　改变了反应途径，大大降低了活化能，从而增加活化分子和有效碰撞来使反应速率大大加快。对于：$A+B = AB$。

催化剂为何不能改变反应的平衡常数?

因为，平衡常数只取决于反应体系的始态与终态（即反应总程式），此外还有温度。催化剂只是使达到平衡的速度大大加快。催化剂对正、逆反应速率的影响时等同的，所以不能改变反应的方向。

综上所述，浓度、温度、催化剂等外界条件对化学反应速率的影响可以归纳于表3-3中。

表 3-3　外界条件对反应速率的影响

各项 \ 影响因素	浓度增加(或减少)	温度升高(或降低)	催化剂(正)
活化能	不变	不变	降低
活化分子百分数	不变	增加(或减少)	增加
活化分子数	增加(或减少)	增加(或减少)	增加
有效碰撞次数	增加(或减少)	增加(或减少)	增加
反应速率	增加(或减少)	加快(或减慢)	加快
反应速率常数	不变	变大(或变小)	变大

习　题

1. 区分下列基本概念：

(1) 化学反应的平均速率和瞬时速率；

(2) 反应级数、反应分子数和化学计量数；

(3) 反应速率方程式和反应速率系数；

(4) 活化能和活化分子；

(5) 基元反应和非基元反应；

(6) 催化剂和催化作用。

2. 选择题

(1) 某化学反应的速率常数的单位是 $mol/(dm^3 \cdot s)$ 时，则该化学反应的级数是（　　）。

A. 3/2　　B. 1　　C. 1/2　　D. 0

(2) 对反应 $2X+3Y \longrightarrow 2Z$，下列速率表达式正确的是（　　）。

A. $\frac{dc(X)}{dt}=\frac{3dc(Y)}{2dt}$　　B. $\frac{dc(Z)}{dt}=\frac{2dc(X)}{3dt}$

C. $\frac{dc(Z)}{dt}=\frac{2dc(Y)}{3dt}$　　D. $\frac{dc(Y)}{dt}=\frac{2dc(X)}{2dt}$

(3) 对于一个给定条件下的反应，随着反应的进行（　　）。

A. 速率常数 k 变小　　B. 平衡常数 K 变大

C. 正反应速率降低　　D. 逆反应速率降低

(4) 对基元反应而言，下列叙述中正确的是（　　）。

A. 反应级数和反应分子数总是一致的　　B. 反应级数总是大于反应分子数

C. 反应级数总是小于反应分子数　　D. 反应级数不一定与反应分子数相一致

(5) 下列叙述中正确的是（　　）。

A. 非基元反应是由若干基元反应组成的

B. 凡速率方程式中各物质的浓度的指数等于方程式中其化学式前的系数时，此反应必为基元反应

C. 反应级数等于反应物在反应方程式中的系数和

D. 反应速率与反应物浓度的乘积成正比

(6) 下列论述正确的是（　　）。

A. 活化能的大小不一定能表示一个反应的快慢，但可以表示一个反应受温度的影响是显著还是不显著

B. 任意两个反应相比，速率常数 k 较大的反应，其反应速率必然大

C. 任意一个反应的半衰期（$t_{1/2}$）都与反应的浓度无关

D. 任意一种化学反应的速率都与反应物浓度的乘积成正比

3. 一个反应在相同温度下，不同的起始浓度的反应速率是否相同？速率常数是否相同？转

化率是否相同？平衡常数是否相同？

4. 一个反应在不同温度及相同的起始浓度时，速率是否相同？速率常数是否相同？反应级数是否相同？活化能是否相同？

5. 若正反应活化能能等于 15kJ/mol，逆反应是否等于 15kJ/mol？为什么？

6. 如何理解温度对反应速率的影响远远大于浓度的影响？

7. 对反应 $2A(g)+B(g) \longrightarrow 3C(g)$，已知 A、B 浓度（$mol/dm^3$）和反应初速 $v[mol/(dm^3 \cdot s)]$ 的数据如下：

项　目	$c(A)/(mol/dm^3)$	$c(B)/(mol/dm^3)$	$v/[mol/(dm^3 \cdot s)]$
(1)	0.20	0.30	2.0×10^{-4}
(2)	0.20	0.60	8.0×10^{-4}
(3)	0.10	0.60	8.0×10^{-4}

A 和 B 的反应级分别是__________和__________；反应的速率方程是__________。

8. 已知下列反应：$2ICl+H_2 \longrightarrow I_2+2HCl$，230℃速率常数为 $0.163dm^3/(mol \cdot s)$，240℃速率常数为 $0.348dm^3/(mol \cdot s)$，求 E_a 值和 A 值。

9. 判断下列说法是否正确。

(1) 非基元反应是由多个基元反应组成的。

(2) 在某反应的速率方程中，若反应物浓度的方次与反应返程总的计量系数相等，则反应一定是基元反应。

(3) 非基元反应中，反应速率是由最慢的反应步骤控制。

10. 反应 $N_2O_5(g) \longrightarrow N_2O_4(g)+\frac{1}{2}O_2(g)$ 在 298K 时的速率常数 $k_1=3.4\times10^{-5}/s$，在 328K 时的速率常数 $k_2=1.5\times10^{-3}/s$，求反应的活化能 E_a 和指前因子 A。

11. 若气体混合物体积缩小到原来的 1/3，下列反应的初速率变化为多少？

$$2SO_2+O_2 \longrightarrow 2SO_3$$

12. 某一个化学反应，当温度由 300K 升高到 310K 时，反应速率增加了一倍，试求这个反应的活化能。

13. 在抽空的刚性容器中，引入一定量纯 A 气体，发生如下反应：

$A(g) \longrightarrow B(g)+2C(g)$。设反应能进行完全，经恒温到 323K 时，开始计时，测定体系总压随时间的变化关系如下：

t/min	0	30	50	∞
$p_{总}$/ kPa	53.33	73.33	80.00	106.66

求该反应级数及速率常数。

14. 在人体内，被酵母催化的某生化反应的活化能为 39kJ/mol。当人发烧到 313K 时，此反应的速率常数增大到多少倍？

第4章 化学平衡

在研究化学反应的过程中，预测反应的方向和限度是至关重要的。如果一个反应根本不可能发生，采取任何加快反应速率的措施都是毫无意义的。只有对由反应物向生成物转化是可能的反应，才有可能改变或控制外界的条件，使其以一定的反应速率达到反应的最大限度——化学平衡。

4.1 标准平衡常数

化学反应不仅有一定的方向性，而且也有一定的限度。从化学热力学观点来看，化学平衡状态时封闭体系中各组分自发反应进行的最大程度，也是体系是稳定的状态。

化学平衡状态如下所述。

(1) 可逆反应和化学平衡 一个化学反应在同一条件下，可以从左向右进行，也可以从右向左进行，这种反应称为可逆反应（reversible reaction)。绝大多数化学反应都具有可逆性，只是可逆的程度有所不同而已。反应的可逆性和不彻底性是一般化学反应的普遍特征。由于正逆反应处于同一系统中，所以在密闭容器中进行的可逆反应不能进行到底，即反应物不能全部转化为生成物。

例如： $$H_2(g)+I_2(g) \rightleftharpoons 2HI(g)$$

在等温等压无非体积功时，可用化学反应的吉布斯自由能变 $\Delta_r G_m$ 来判断化学反应进行的方向。随着反应的进行，系统的吉布斯自由能在不断变化，直至最终系统的吉布斯自由能不再改变，这时化学反应达到最大限度，系统内物质的组成不再改变。我们认为系统达到了热力学平衡状态，简称化学平衡（chemical equilibrium)。

化学反应中，逆反应比较显著时，整个反应不能正向进行到底，但是反应进行的程度是有限的。当正向反应速率与逆向反应速率逐渐相等，反应物和生成物的浓度不再变化，此时，体系所处的状态称为化学平衡状态。这是一种动态平衡状态，实际上，正、逆反应都在进行，只不过它们的反应速率相等。如果条件改变，化学平衡状态被打破，平衡将会发生移动，直到达到一个新的平衡。

化学平衡状态有 4 个重要特征。

① 只有在恒温条件下，封闭体系中进行的可逆反应才能建立化学平衡，这是建立平衡的前提。

② 正、逆反应的速率相等，这是平衡建立的条件。

③ 平衡状态是封闭体系中可逆反应进行的最大限度，各物质的浓度都不再随时间改变，这是平衡建立的标志。

④ 化学平衡是有条件的动态平衡，如果体系的条件一旦改变，就会打破原来的平衡，而在新的条件下，建立新的平衡。因此，化学平衡是有条件的、相对的、暂时的动态平衡。

(2) 化学平衡常数 在一定温度下，可逆反应达到平衡时，产物浓度系数次方的乘积与反应物浓度系数次方的乘积之比是一个常数，称为平衡常数（equilibrium constant)，用 $K^{\ominus}$

来表示。

对于任意可逆反应：$aA+bB \longrightarrow eE+dD$

一定条件下达到平衡，则有
$$K=\frac{[E]^e[D]^d}{[A]^a[B]^b} \tag{4-1}$$

对同一反应，平衡常数可用浓度平衡常数 K_c 表示，也可用压力平衡常数 K_p 表示，但通常情况下两者并不相等。由于平衡常数表达式中各组分的浓度（或分压）都有单位，所以实验平衡常数是有单位的，实验平衡常数的单位取决于化学计量方程式中生成物与反应物的单位及相应的化学计量系数。

若 $a+b=e+d$，则 K_c，K_p 无单位；若 $a+b\neq e+d$，则 K_c，K_p 有单位。平衡常数还可以通过热力学方法计算，所得平衡常数称为热力学平衡常数。若各平衡浓度用标准浓度 $c^{\ominus}$（$c^{\ominus}=1\text{mol/dm}^3$）则所得平衡常数 K_c 就没有单位了，这就是 $K^{\ominus}$ 或 $K^{\ominus}(T)$ 表示的现在我国国公布的新标准，统称为标准平衡常数。对溶液中的反应，标准平衡常数可以表示为：
$$K_c^{\ominus}=\frac{([E]/c^{\ominus})^e([D]/c^{\ominus})^d}{([A]/c^{\ominus})^a([B]/c^{\ominus})^b} \tag{4-2}$$

若反应物或产物中有气体物质，则气体物质用 $p/p^{\ominus}$（$p^{\ominus}=100\text{kPa}$）代替浓度项。则上述式子表示为：
$$K_p^{\ominus}=\frac{(p_E/p^{\ominus})^e(p_D/p^{\ominus})^d}{(p_A/p^{\ominus})^a(p_B/p^{\ominus})^b} \tag{4-3}$$

若用 p_E、p_D、p_A、p_B 分别表示平衡时各物质的相对分压，可以简写为：
$$K_p^{\ominus}=\frac{(p_E)^e(p_D)^d}{(p_A)^a(p_B)^b} \tag{4-4}$$

(3) 标准平衡常数与实验平衡常数的关系

① $K^{\ominus}$ 与 K_c 的关系　在溶液中反应，$K^{\ominus}$ 与 K_c 数值相等，但 $K^{\ominus}$ 是单位 1 的量，而 K_c 则不一定没有单位。热力学中不使用 K_c，且 K_c 只能由于溶液中的反应，不可用于气体反应。由于 $c^{\ominus}=1\text{mol/dm}^3$，为了简单起见，$c^{\ominus}$ 在与 $K^{\ominus}$ 有关的数值计算中常常予以省略。

② $K^{\ominus}$ 与 K_p 的关系
$$K^{\ominus}=\frac{(p_E/p^{\ominus})^e(p_D/p^{\ominus})^d}{(p_A/p^{\ominus})^a(p_B/p^{\ominus})^b}=\frac{(p_E)^e(p_D)^d}{(p_A)^a(p_B)^b}\times(p^{\ominus})^{(a+b)-(d+e)}$$

令 $\Delta n=(a+b)-(d+e)$，

则
$$K^{\ominus}=K_p(p^{\ominus})^{\Delta n} \tag{4-5}$$

当 $\Delta n=0$ 时，$K^{\ominus}$ 与 K_p 在数值上相同，并且都没有量纲。当 $\Delta n\neq 0$ 时，$K^{\ominus}$ 与 K_p 在数值上和量纲上都不相同。必须指出，平衡常数与温度有关，与浓度或分压无关，并与反应是从正向开始还是从逆向开始进行无关。在一定温度下，不论起始浓度如何，也不管反应从哪个方向进行，只要温度一定，平衡常数也一定。平衡常数的数值反映了化学反应的本性，平衡常数愈大，化学反应进行得愈彻底。

(4) 使用标准平衡常数表达式的注意事项

① 在反应式中如果有纯固体和纯液体参加的可逆反应，纯固体和纯液体的浓度为定值，可以并入平衡常数（浓度为常数 1）可以不写。

例如：
$$CO_2(g)+C(s) \rightleftharpoons 2CO(g)$$
$$K^{\ominus}=\frac{[CO]^2}{[CO_2]}$$

② 稀溶液中进行的反应，如果反应方程式中有水出现，水的浓度不应写入平衡常数关系式中。例如：$2CrO_4^{2-}(aq)+2H^+(aq) \rightleftharpoons Cr_2O_7^{2-}(aq)+H_2O(l)$

$$K^{\ominus}=\frac{[Cr_2O_7^{2-}]}{[CrO_4^{2-}]^2[H^+]^2}$$

如果反应中有气相水或在非水溶液进行的反应有水生成（或有水参与），则水的浓度必写入平衡常数关系式中。

例如： $CH_4(g)+H_2O(g) \rightleftharpoons CO(g)+3H_2(g)$

$$K^{\ominus}=\frac{[CO][H_2]^3}{[CH_4][H_2O]}$$

非水溶剂反应：$CH_3COOH(l)+C_2H_5OH(l) \rightleftharpoons CH_3COOC_2H_5(l)+H_2O(l)$

$$K^{\ominus}=\frac{[CH_3COOC_2H_5][H_2O]}{[CH_3COOH][C_2H_5OH]}$$

③ 在给定温度下，对同一反应，化学平衡常数的表达式和数值决定于反应方程式的书写形式。例如：$A+B \rightleftharpoons C+D$

$$K^{\ominus}=\frac{[C][D]}{[A][B]}$$

$$nA+nB \rightleftharpoons nC+nD \qquad K_1^{\ominus}=\frac{[C]^n\ [D]^n}{[A]^n\ [B]^n}=K^{\ominus n}$$

$$C+D \rightleftharpoons A+B \qquad K_2^{\ominus}=\frac{[A]\ [B]}{[C]\ [D]}=1/K^{\ominus}$$

$$nC+nD \rightleftharpoons nA+nB \qquad K_3^{\ominus}=\frac{[A]^n\ [B]^n}{[C]^n\ [D]^n}=1/K^{\ominus n}$$

④ 多重平衡原则（multiple equilibrium） 如果某个反应可以表示为两个或多个反应的总和，则总反应的平衡常数等于各分步反应的平衡常数的乘积。

例如：

反应 1） $SO_2(g)+\frac{1}{2}O_2(g) \rightleftharpoons SO_3(g)$ $\qquad K_1^{\ominus}=\frac{(p_{SO_3})}{(p_{SO_2})(p_{O_2})^{\frac{1}{2}}}$

反应 2） $NO_2(g) \rightleftharpoons NO(g)+\frac{1}{2}O_2(g)$ $\qquad K_2^{\ominus}=\frac{(p_{NO})(p_{O_2})^{\frac{1}{2}}}{(p_{NO_2})}$

反应 3） $SO_2(g)+NO_2(g) \rightleftharpoons SO_3(g)+NO(g)$ $\qquad K_3^{\ominus}=\frac{(p_{NO})(p_{SO_3})}{(p_{NO_2})(p_{SO_2})}$

反应 1)＋反应 2)＝反应 3)

所以 $K_3^{\ominus}=K_2^{\ominus}\times K_1^{\ominus}$

多重平衡原则在化学方面很重要，很多化学反应的平衡常数较难测定，或不能从参考书中查到，则可利用多重平衡原则，根据已知的有关反应的平衡常数计算出来。

4.2 Gibbs 自由能变与化学平衡

化学平衡常数的大小可以表示化学反应进行的程度，热力学函数吉布斯自由能的变化也可以表示化学反应进行的程度，那么化学平衡常数与吉布斯自由能变之间的关系是什么样的？

4.2.1 Gibbs 自由能变与化学平衡常数的关系

(1) 化学反应等温式 前面已经讨论过，$\Delta_r G^{\ominus}$ 代表在温度 T 时，系统反应物和生成物都处于标准态时的自由能变，可作为标准态下反应自发性的判据。但是，在实际系统中，各物质常处于非标准态，所以用 $\Delta_r G^{\ominus}$ 作为反应自发性的判据是有限的。由于大多数反应在非标准态下进行，因此掌握非标准态化学反应的摩尔吉布斯自由能变 $\Delta_r G_m$ 的计算就显得尤为重要了。

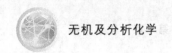

热力学证明，等温等压下，物质本性部分（$\Delta_r G_m^\ominus$）和物质浓度（或分压）部分共同贡献才是这个反应的吉布斯自由能变（$\Delta_r G_m$）。

对于任意一个化学反应：

$$aA+bB \longrightarrow eE+dD$$

$\Delta_r G_m$、$\Delta_r G_m^\ominus$ 及浓度的关系式是：

$$\Delta_r G_m = \Delta_r G_m^\ominus + RT\ln\frac{[E]^e[D]^d}{[A]^a[B]^b} \tag{4-6a}$$

如果是气相反应则有：

$$\Delta_r G_m = \Delta_r G_m^\ominus + RT\ln\frac{(p_E)^e(p_D)^d}{(p_A)^a(p_B)^b} \tag{4-6b}$$

式中的对数项中的相对浓度（或者相对分压）可以是任意态的，相对值的乘幂之比称为反应商，用符号 Q 表示。反应商 Q 的书写方法与标准平衡常数完全相同，不过浓度或分压项不是平衡状态而是任意状态。即：

$$Q=\frac{(E)^e(D)^d}{(A)^a(B)^b} \quad \text{或者}\ Q=\frac{(p_E)^e(p_D)^d}{(p_A)^a(p_B)^b}$$

则

$$\Delta_r G_m(T) = \Delta_r G_m^\ominus + RT\ln Q \tag{4-6c}$$

该式称为范特霍夫（J. H. Hoff）化学反应等温式。利用该式可以计算等温任意状态下化学反应的摩尔吉布斯自由能变 $\Delta_r G_m(T)$。

(2) 反应的标准摩尔吉布斯自由能变 $\Delta_r G_m^\ominus(T)$ 与标准平衡常数 $K^\ominus$ 的关系 在等温等压条件下，对于只做体积功的化学反应的动力是 $\Delta_r G_m$，当 $\Delta_r G_m<0$ 时，化学反应将自发进行。当反应到 $\Delta_r G_m=0$ 时，反应失去推动力，化学反应处于平衡状态，反应商（Q）等于平衡常数（$K^\ominus$）。

对于任意一个化学反应，因为：

$$\Delta_r G_m = \Delta_r G_m^\ominus + RT\ln Q$$

当达到平衡时，则 $\Delta_r G_m=0$，有：

$$0=\Delta_r G_m^\ominus + RT\ln K$$

所以

$$\Delta_r G_m^\ominus = -RT\ln K^\ominus \tag{4-7}$$

式(4-7) 说明平衡常数与标准摩尔吉布斯自由能变的关系，化学反应的标准摩尔吉布斯自由能变 $\Delta_r G_m^\ominus$ 数值越小，平衡常数 $K^\ominus$ 值越大，正反应进行的程度越大；反之，$\Delta_r G_m^\ominus$ 数值越大，$K^\ominus$ 值越小，逆反应进行的程度越大。

式(4-7) 代入式(4-6) 得：$\Delta_r G_m = -RT\ln K^\ominus + RT\ln Q$ (4-8)

或

$$\Delta_r G_m = RT\ln\frac{Q}{K^\ominus} \tag{4-9}$$

由式(4-8)、式(4-9) 可知，化学反应的正负，又决定于 Q 与 $K^\ominus$ 之间的比值。在一定温度下，$K^\ominus$ 为定值，只要知道体系中各组分的浓度或分压，就可以判断指定条件下反应进行的方向。

当 $Q<K^\ominus$ 时，$Q/K^\ominus<1$，$\Delta_r G_m^\ominus<0$，正反应自发进行；

当 $Q>K^\ominus$ 时，$Q/K^\ominus>1$，$\Delta_r G_m^\ominus>0$，逆反应自发进行；

当 $Q=K^\ominus$ 时，$Q/K^\ominus=1$，$\Delta_r G_m^\ominus=0$，反应处于平衡。

4.2.2 标准平衡常数的计算及应用

(1) 标准平衡常数的计算

*【例 4-1】 计算压力为 100kPa 时，反应 $CO(g)+H_2O(g) \rightleftharpoons CO_2(g)+H_2(g)$ 在

298K 及 850K 时的标准平衡常数 $K^{\ominus}$。

解：反应式及各物质的标准热力学数据如下：

	$CO(g)$ +	$H_2O(g)$ ⇌	$CO_2(g)$ +	$H_2(g)$
$\Delta_f H_m^{\ominus}$ (kJ/mol)	−110.53	−241.82	−393.51	0
$S_m^{\ominus}$ [J/(K·mol)]	197.67	188.83	231.74	130.68

反应的焓变：

$$\Delta_f H_m^{\ominus} = (-393.51+0)\text{kJ/mol} - [(-110.53)+(-241.82)]\text{kJ/mol} = -41.16\text{kJ/mol}$$

$$\Delta_r S_m^{\ominus} = (231.74+130.68)\text{J/(K·mol)} - (197.67+188.83)\text{J/(K·mol)} = -24.08\text{J/(K·mol)}$$

298K 时：

$$\Delta_r G_m^{\ominus}(298) = \Delta_r H_m^{\ominus} - T\Delta_r S_m^{\ominus} = (-41.15\times10^3)\text{J/mol} - [298\text{K}\times(-24.08)\text{J/(K·mol)}] = -33974\text{J/mol}$$

根据：$\Delta_r G_m^{\ominus} = -RT\ln K^{\ominus}$

则：$\ln K^{\ominus}(298) = -\Delta_r G_m^{\ominus}/(RT) = 33974(\text{J/mol})/[8.314\text{J/(K·mol)}\times298\text{K}] = 13.71$

$K^{\ominus}(298) = 9.00\times10^5$

850K 时：$\Delta_r G_m^{\ominus}(850) = \Delta_r H_m^{\ominus} - T\Delta_r S_m^{\ominus} = (-41.16\times10^3)\text{J/mol} - [850\text{K}\times(-24.08)\text{J/(K·mol)}] = -20692\text{J/mol}$

则：$\ln K^{\ominus}(850) = -\Delta_r G_m^{\ominus}/RT = 33974(\text{J/mol})/[8.314\text{J/(K·mol)}\times850\text{K}] = 4.81$

$K^{\ominus}(850) = 122.73$

答：298K 及 850K 时的标准平衡常数 $K^{\ominus}$ 分别 9.00×10^5 为和 122.73。

(2) 平衡常数的应用 利用平衡常数可以判断反应进行的方向，还可以计算平衡体系中反应物的转化率及平衡体系的组成等。

① 应用平衡常数判断反应进行的方向

【例 4-2】 已知反应 $2SO_2(g) + O_2(g) \rightleftharpoons 2SO_3(g)$ 在 1000K 时的 $K^{\ominus} = 3.45$，计算 SO_2、O_2、SO_3 分压分别为 20kPa、10kPa、100kPa 时混合气体的 $\Delta_r G_m^{\ominus}$，并判断反应进行的方向。

解：反应的反应商为：

$$Q = \frac{(p_{SO_2})^2}{(p_{SO_3})^2(p_{O_2})} = \frac{\left(\frac{100}{100}\right)^2}{\left(\frac{20}{100}\right)^2\left(\frac{10}{100}\right)} = 250$$

代入化学反应等温式中，得到：

$$\Delta_r G_m^{\ominus}(1000\text{K}) = RT\ln Q/K^{\ominus} = 8.314\text{J/(K·mol)}\times1000\text{K}\times\ln(250/3.45) = 35.6\text{kJ/mol}$$

$\Delta_r G_m^{\ominus}(1000\text{K}) > 0$，正反应不能自发进行，逆反应可以自发进行。

答：正反应不能自发进行，逆反应可以自发进行。

② 估计平衡转化率和平衡体系的组成 利用某一反应的标准平衡常数，可以从反应物的初始浓度计算达到平衡时的反应物及产物的浓度及反应物的转化率，某反应的转化率是指反应达到平衡时反应物已转化了的量（或浓度）占初始的量（或浓度）的百分率。

$$物质的转化率\ \alpha=\frac{某反应物已转化的量}{某反应物初始的量}\times 100\%$$

【例 4-3】 在 713K 时，下列反应 $H_2(g)+I_2(g)\rightleftharpoons 2HI(g)$ 的平衡常数 $K^{\ominus}=49.5$，已知 0.20mol 的 H_2 和 0.20mol I_2 置于 $10.0dm^{-3}$ 的容器中反应，求达到化学平衡时，三种物质的量及 I_2 的转化率。

解： 设平衡时 HI 的物质的量为 x　　$H_2(g)+I_2(g)\rightleftharpoons 2HI(g)$

初始浓度（mol/dm^3）　0.02　0.02　0

平衡浓度（mol/dm^3）　$0.02-x$　$0.02-x$　$2x$

$$\frac{[HI]^2}{[H_2][I_2]}=\frac{(2x)^2}{(0.02-x)\times(0.02-x)}=49.5$$

$$\frac{2x}{0.02-x}=7.04 \quad x=0.016mol/dm^3$$

平衡时 H_2 的物质的量浓度为：$0.02-0.016=0.004$（mol/dm^3）

平衡时 I_2 的物质的量浓度为：$0.02-0.016=0.004$（mol/dm^3）

平衡时 HI 的物质的量浓度为：$2\times0.016=0.032$（mol/dm^3）

碘的转化率：　$\alpha=\frac{0.016}{0.02}\times100\%=80\%$

答：三种物质的量浓度分别为 $0.004mol/dm^3$、$0.004mol/dm^3$ 和 $0.032mol/dm^3$，碘的转化率为 80%。

4.3 化学平衡的移动

可逆反应从一种条件下的平衡转变为另一种条件的平衡，叫做化学平衡的移动（shift of chemical equilibrium）。影响化学平衡移动的因素有浓度（或分压）、压力和温度。下面分别讨论它们对平衡移动的影响。

4.3.1 浓度对化学平衡的影响

在温度和压力不变的条件下，改变系统中物质的浓度（或压力），产生的影响集中表现为反应商的变化。根据化学反应等温式：$\Delta_r G_m=RT\ln\frac{Q}{K^{\ominus}}$。

$Q/K^{\ominus}$ 的变化，可使 $\Delta_r G_m$ 发生变化，影响化学平衡的移动。

例如气相反应：$3H_2(g)+N_2(g)\rightleftharpoons 2NH_3(g)$ 增加反应物的浓度（或分压）或减少产物的浓度（或分压），将使反应商变小，即 $Q<K^{\ominus}$ 时，$\Delta_r G_m<0$，平衡将向正反应方向移动。减少反应物的浓度（或分压）或增加产物的浓度（或分压），将使反应商变大，即 $Q>K^{\ominus}$ 时，$Q/K^{\ominus}>1$，$\Delta_r G_m^{\ominus}>0$，平衡将向逆反应方向移动。

【例 4-4】 在【例 4-3】中，如开始时 H_2 的浓度增大为原来的 3 倍，即增大为 0.60mol 的 H_2，其他条件不变，则 I_2 的转化率为多少？

解： 设平衡时 HI 的物质的量为 y　　$H_2(g)+I_2(g)\rightleftharpoons 2HI(g)$

初始浓度（mol/dm^3）　0.06　0.02　0

平衡浓度（mol/dm^3）　$0.06-y$　$0.02-y$　$2y$

因为温度未变，所以平衡常数仍为49.5。

$$\frac{[HI]^2}{[H_2][I_2]}=\frac{(2y)^2}{(0.06-y)\times(0.02-y)}=49.5$$

$$y=0.019\text{mol/dm}^3$$

平衡时 I_2 的物质的量浓度为：0.02－0.019＝0.001（mol/dm^3）

碘的转化率：　　$\alpha=\frac{0.019}{0.02}\times100\%=95\%$

答：碘的转化率为95％。

由以上计算可见，当 H_2 的浓度增加为原来的3倍后，I_2 的平衡转化率由80％提高到95％。这说明了在一定温度下，平衡常数没有变化，但若提高某一反应物的浓度，可以使平衡向着减少该反应物浓度的方向移动。在化工生产中，常利用这一原理来提高反应物的转化率。

4.3.2　压力对化学平衡的影响

(1) 体系总压力的改变对化学平衡的影响　由于压力对固体和液体的体积的影响极小，所以压力改变对固体和液体反应的平衡几乎没有影响。但对于有气体参与的化学反应，压力的改变可使平衡发生移动。例如等温情况下，下列两个反应都达到平衡。

反应1)　　$N_2(g)+3H_2(g)=\!=\!=2NH_3(g)$

反应2)　　$H_2(g)+Cl_2(g)=\!=\!=2HCl(g)$

改变系统的总压力，平衡是否发生移动及移动的方向可以由以下分析得到结论。

反应1）达到平衡时，各物质分压分别是 $p(N_2)$、$p(H_2)$ 和 $p(NH_3)$，平衡常数表达式为

$$K=\frac{(p_{NH_3})^2}{(p_{N_2})(p_{H_2})^3}$$

若将系统的总压增大1倍，各物质的分压也将增大1倍，即：

$$p'(N_2)=2p(N_2)、p'(H_2)=2p(H_2)、p'(NH_3)=2p(NH_3)$$

反应商为：

$$Q=\frac{(p'_{NH_3})^2}{(p'_{N_2})(p'_{H_2})^3}=\frac{[2(p_{NH_3})]^2}{[2(p_{N_2})][2(p_{H_2})]^3}=\frac{1}{4}\frac{(p_{NH_3})^2}{(p_{N_2})(p_{H_2})^3}=\frac{1}{4}$$

代入化学反应等温式：$\Delta_rG_m=RT\ln\frac{Q}{K}=RT\ln\frac{1}{4}<0$

所以对于反应1)，平衡向正反应方向移动。就是说，当增加体系总压时，平衡向气体物质的量减少的方向移动。

同理，当减小系统的总压时，平衡向气体物质的量增多的方向移动。对于反应1）来说，则平衡将向逆反应方向移动。

根据同样的方法还可以证明，体系总压的增减，不能改变反应2）的平衡，即不能使反应前后气体物质的量相等的化学反应发生平衡移动。

(2) 加入惰性气体对化学平衡移动的影响　所谓惰性气体就是指不与系统中的物质发生反应的气体，有等容和等总压两种情况。

① 总压保持不变的情况下，加入惰性气体，会使体系的体积增大，对各个气体组分来说相当于浓度降低，各气体的分压将等比例减小，因此，对反应物和产物气体物质的量不等的反应来说，此时平衡向气体物质的量增多的方向移动；对反应物和产物气体物质的量相等的反应来说，平衡仍然不发生移动。

② 总体积保持不变的情况下，加入惰性气体，虽然会使体系的总压增大，但各组分的分压不变，则平衡不移动。

【例 4-5】 等温情况下，对下列反应

1) $$CaCO_3(s) \longrightarrow CaO(s) + CO_2(g)$$

2) $$\frac{1}{2}N_2(g) + \frac{3}{2}H_2(g) \longrightarrow NH_3(g)$$

3) $$C(s) + H_2O(g) \longrightarrow CO(g) + H_2(g)$$

4) $$I_2(g) + H_2(g) \longrightarrow 2HI(g)$$

①增加体系的总压；②等压下加入惰性气体平衡将如何移动？

解： ① 增加体系的总压的时候

反应 1)：因为反应物气体物质的量少，所以平衡向逆反应方向移动。

反应 2)：因为产物气体物质的量少，所以平衡向正反应方向移动。

反应 3)：因为反应物气体物质的量少，所以平衡向逆反应方向移动。

反应 4)：因为反应物与产物气体物质的量相等，所以平衡不移动。

② 等压下加入惰性气体时

反应 1)：因为产物气体物质的量多，所以平衡向正反应方向移动。

反应 2)：因为反应物气体物质的量多，所以平衡向逆反应方向移动。

反应 3)：因为产物气体物质的量多，所以平衡向正反应方向移动。

反应 4)：因为反应物与产物气体物质的量相等，所以平衡不移动。

4.3.3 温度对化学平衡移动的影响

浓度与压力使平衡移动是因为改变了反应商（Q），导致反应的 $\Delta_r G_m$ 发生变化，而 $\Delta_r G_m^{\ominus}$ 和 $K^{\ominus}$ 不变。温度变化引起化学平衡移动的原因与前两者有着本质的区别，温度变化使 $\Delta_r G_m^{\ominus}$ 和 $K^{\ominus}$ 都发生了变化。

对已给定的反应，有 $\Delta_r G_m^{\ominus} = \Delta_r H_m^{\ominus} - T\Delta_r S_m^{\ominus}$

$$\Delta_r G_m^{\ominus} = -RT\ln K^{\ominus}$$

将两式合并，得：

$$\ln K^{\ominus} = \frac{-\Delta_r H_m^{\ominus}}{RT} + \frac{-\Delta_r S_m^{\ominus}}{R} \tag{4-10}$$

设该反应在温度为 T_1 时，平衡常数为 $K_1^{\ominus}$，在温度为 T_2 时，平衡常数为 $K_2^{\ominus}$，可有

$$\ln K_2^{\ominus} = \frac{-\Delta_r H_m^{\ominus}}{RT_2} + \frac{-\Delta_r S_m^{\ominus}}{R}$$

$$\ln K_1^{\ominus} = \frac{-\Delta_r H_m^{\ominus}}{RT_1} + \frac{-\Delta_r S_m^{\ominus}}{R}$$

因为 $\Delta_r H_m^{\ominus}$ 和 $\Delta_r S_m^{\ominus}$ 受温度变化影响较小，可以认为它们与温度无关，将两式相减得：

$$\ln \frac{K_2^{\ominus}}{K_1^{\ominus}} = \frac{\Delta_r H_m^{\ominus}}{R}\left(\frac{1}{T_1} - \frac{1}{T_2}\right) \tag{4-11}$$

式(4-11) 称为范特霍夫方程，它表明温度对平衡常数的影响。

由式(4-11) 可知，对放热反应 $\Delta_r H_m^{\ominus} < 0$，当升高温度，即 $T_2 > T_1$ 时，$K_2^{\ominus} < K_1^{\ominus}$，平衡常数随温度升高而减小，平衡向逆反应方向移动；降低反应温度，即时，$T_2 < T_1$ 时，$K_2^{\ominus} > K_1^{\ominus}$，平衡向正反应方向移动。同理，对吸热反应，升高温度使平衡常数增大，平衡向正反应方向移动；降低温度使平衡常数减小，平衡向逆反应方向移动。即升高温度平衡向吸热的方向移动，降低温度，平衡向放热方向移动。

4.3.4 勒夏特列原理

1887 年，在总结了大量实验事实的基础上，勒夏特列（Le Chatelier H L）定性得出平

衡移动的普遍规律——勒夏特列原理：加入改变平衡系统的条件之一，如温度、压力或浓度，平衡就向着减弱这个改变的方向移动。

勒夏特列原理对于所有的动态平衡（包括物理平衡）都是适用的。但是必须注意，其只能应用于已经达到平衡的体系，对于没有达到平衡的体系是不能使用的。

习　题

1. 已知下列反应：

① $\frac{1}{2}N_2(g)+\frac{3}{2}H_2(g) \longrightarrow NH_3(g)$

② $N_2(g)+3H_2(g) \longrightarrow 2NH_3(g)$

写出其标准平衡常数 $K^{\ominus}$ 的表达式，两者有何关系。

2. 利用化学等温式来说明化学平衡移动的方向。

3. 在密闭容器中进行如下反应：

$$2SO_2(g)+O_2(g) \longrightarrow 2SO_3(g)$$

SO_2 的起始浓度是 0.40mol/dm^3，而 O_2 的起始浓度是 1mol/dm^3，在某温度下，当 80％的 SO_2 转化为 SO_3 时反应达到平衡，求平衡时三种气体的浓度和平衡常数。

4. 下列反应：$CO(g)+H_2O(g) \longrightarrow CO_2(g)+H_2(g)$

在密闭容器中建立了平衡。温度为 751K 时，$K_c^{\ominus}=2.6$，试问：(1) 当 H_2O 和 CO 的起始浓度的比值为 1 时，CO 的转化率是多少？(2) 当 H_2O 和 CO 的起始浓度的比值为 4 时，CO 的转化率是多少？

5. 已知：

$FeO(s)+CO(g) \longrightarrow Fe(s)+CO_2(g)$ 在 1273K 时，$K^{\ominus}=0.5$，若起始浓度 $c(CO)=0.05$mol/dm^3，$c(CO_2)=0.01$mol/dm^3，则 (1) 反应物、产物的平衡浓度各是多少？

(2) CO 的转化率是多少？

(3) 增加 FeO 的量，对平衡有何影响？

6. 在 523K 及 100kPa 下，PCl_5 按下式分解：$PCl_5(g) \longrightarrow PCl_3(g)+Cl_2(g)$ 已知其分解百分数为 80％，求该反应的 $K^{\ominus}$ (523K) 是多少？

7. 已知 $\Delta_f G_m^{\ominus}(N_2O_4)=97.8$kJ/mol，$\Delta_f G_m^{\ominus}(NO_2)=51.8$kJ/mol，计算反应在 298K 时的平衡常数为多少？

8. 选择题

(1) 下面陈述正确的是（　　）。

A. 一定温度下，平衡常数和转化率都能代表反应进行的程度

B. 一定温度下，平衡常数能代表反应进行的程度

C. 一定温度下，转化率都能代表反应进行的程度

D. 一定温度下，平衡常数和转化率都不能代表反应进行的程度

(2) 对某一可逆反应，正反应和逆反应平衡常数之间的关系是（　　）。

A. 平衡常数之积等于 1

B. 平衡常数之商等于 1

C. 平衡常数之和等于 1

D. 平衡常数之差等于 1

(3) 在一定温度下，某气相反应 $3A_2+B_2 \longrightarrow 2C_2$ 达到平衡后，若加入“惰性气体”，下面陈述正确的是（　　）。

A. 总压不变，平衡向右移动

B. 总压不变，平衡向左移动

C. 总压增加（参加反应的各物质的分压不变），将使平衡发生移动

D. 总压增加（参加反应的各物质的分压不变），平衡将向右发生移动

(4) 在一定温度下，反应 $CaCO_3(s) \longrightarrow CaO(s) + CO_2(g)$ 处于平衡状态，若将 CaO 加倍，下面陈述正确的是（　　）。

A. 反应商 Q 加倍　　B. 反应商 Q 减半

C. $CaCO_3$ 的数量增加　　D. CO_2 的分压不变

(5) 某一温度时，当反应 $2SO_2(g) + O_2(g) \longrightarrow 2SO_3(g)$ 达平衡时，是指（　　）。

A. SO_2 不再发生反应　　B. 2mol SO_2 和 1mol O_2 反应，生成 2mol SO_3

C. SO_2，O_2，SO_3 浓度相等　　D. SO_2 和 O_2 生成 SO_3 的速度等于 SO_3 分解的速度

(6) 若一可逆反应 $2A(g) + 2B(g) \longrightarrow C(g) + 2D(g)$，$\Delta H < 0$，A，B 有最大转化率的条件是（　　）。

A. 高温高压　　B. 低温高压

C. 低温低压　　D. 高温低压

(7) 为了提高 CO 在反应 $CO + H_2O(g) \rightleftharpoons CO_2 + H_2$ 中的转化率，可以（　　）。

A. 增加 CO 的浓度　　B. 增加水蒸气的浓度

C. 按比例增加水蒸气和 CO 的浓度　　D. 三种办法都行

9. 状态函数的含义及特征是什么？P、V、T、ΔU、ΔH、S、G、W 中哪些是状态函数？哪些是属于广度性质？哪些属于强度性质？

10. 判断下列说法的对错，并解释原因。

(1) 任意一个可逆化学反应，当达到平衡时各反应物和生成物的浓度保持不变。

(2) 平衡常数是正、逆反应在平衡时刻的常数，不管是正反应或者逆反应平衡常数只有一个。

(3) 增加反应物浓度，反应的转化率提高。

(4) 一个反应如果是放热反应，当温度升高，有利于这个反应继续进行。

11. 当化学平衡发生移动时，反应的平衡常数是否一定改变？若化学平衡的平衡常数发生改变，平衡是否一定发生移动？

12. 写出下列各可逆反应的平衡常数 K_c 的表达式

(1) $2NaHCO_3(s) \rightleftharpoons Na_2CO_3(s) + CO_2(g) + H_2O(g)$

(2) $CO_2(s) \rightleftharpoons CO_2(g)$

(3) $(CH_3)_2CO(l) \rightleftharpoons (CH_3)_2CO(g)$

(4) $CS_2(l) + 3Cl_2(g) \rightleftharpoons CCl_4(l) + S_2Cl_2(l)$

(5) $2Na_2CO_3(s) + 5C(s) + 2N_2(g) \rightleftharpoons 4NaCN(s) + 3CO_2(g)$

13. 在 45℃ 时 $N_2O_4(g) \rightleftharpoons 2NO_2(g)$ 的平衡常数 $K_c = 0.0269$。如果 2.50×10^{-3} mol 的 NO_2 放入一个 0.35dm^3 的长颈瓶中，平衡时，NO_2 和 N_2O_4 的浓度各为多少？

14. 在一定温度下，一定量的 PCl_5 的气体体积为 1dm^3，此时 PCl_5 有 50% 解离为 PCl_3 和 Cl_2，用质量作用定律说明在下列情况下，解离度是增加还是减少？(此时压强为 1atm)

(1) 降低压强，使体积变为 2dm^3。

(2) 保持体积不变，加入 N_2，使压强为 2atm。

(3) 保持压强不变，加入 N_2 使体积为 2dm^3。

(4) 保持压强不变，加入 Cl_2 使体积变为 2dm^3。

(5) 保持压强不变，加入 PCl_3 使体积变为 2dm^3。

15. 求下列各反应的 $\Delta_r G_m^{\ominus}$ 和平衡常数 $K^{\ominus}$（所需数据，见附录部分）。

(1) $4I^-(aq) + O_2(g) + 4H^+ \rightleftharpoons 2H_2O(l) + 2I_2(g)$

(2) $CO(g) + 2H_2(g) \rightleftharpoons CH_3OH(l)$

(3) $3H_2(g) + SO_2(g) \rightleftharpoons H_2S(g) + 2H_2O(l)$

(4) $Ca(s) + CO_2(g) \rightleftharpoons CaO(s) + CO(l)$

第5章 物质结构基础

在物质世界中，物质的种类繁多，其性质各不相同。物质在不同条件下表现出来的各种性质，不论是物理性质还是化学性质，都与它们的结构有关。第 2 章中主要从宏观（大量分子、原子的聚集体）角度讨论了化学变化中质量、能量变化的关系，解释了为什么有的反应能自发进行而有的不能。从微观角度来看，化学变化的实质是物质的化学组成、结构发生了变化。在化学变化中，原子核并不发生变化，只是核外电子运动状态发生了改变。

分子是物质能独立存在并保持其化学特性的最小微粒。物质的化学性质主要决定于分子的性质，而分子的性质又是由分子的内部结构决定的。因此要深入理解化学反应中的能量变化，阐明化学反应的本质，了解物质的结构与性质的关系，预测新物质的合成等，首先必须了解物质的结构，特别是原子的电子层结构和分子结构的有关知识。本章将简要介绍有关物质结构的基础知识。

5.1 微观粒子的特性

自从 19 世纪初，英国化学家道尔顿提出物质的原子论学说以后，人们几乎认为原子是不可再分的。直到 1897 年，英国物理学家汤姆逊（Thomson）发现了电子，并确认电子是原子的组成部分。既然原子中含有电子，而原子又是电中性的，因此原子中除了带负电的电子外，必然还有带正电的部分。那么电子和带正电部分在原子中是如何分布的？1911 年，英国物理学家卢瑟福（Rutherford）在 α 粒子散射实验基础上建立了原子结构的“行星模型”，提出原子是由带正电荷的原子核和一定数目绕核高速运动的电子所组成。卢瑟福的“行星模型”为近代原子结构的研究奠定了基础，1913 年，年轻的丹麦物理学家玻尔（Bohr）在卢瑟福的原子结构模型的基础上，应用普朗克（Planck）的量子论和爱因斯坦（Einstein）的光子学说建立了玻尔原子结构模型，成功地解释了氢原子光谱，推动了原子结构理论的发展。但进一步研究发现玻尔原子结构模型仍然存在严重的缺陷，电子等微观粒子的运动状态只能用量子力学来描述。

5.1.1 核外电子运动的量子化特征

(1) Planck 量子论 1900 年，M. Planck 在研究黑体辐射时，首先发现微观世界的“量子”特性，提出了量子理论。该理论认为，一个原子不能连续地吸收或发射辐射能，只能按某一最小能量一份一份地或按此最小能量的倍数吸收或发射能量。这份不连续的最小能量单位称为“能的量子”，简称“能量子”或“量子”。这种能量变化的不连续性称为能量的量子化。

(2) Bohr 理论 根据普朗克的量子论、爱因斯坦的光子学说和卢瑟福的原子结构模型，玻尔提出原子结构理论，其基本要点如下。

① 核外电子只能在某些特定的圆形轨道上绕核运动，在这些轨道上运动的电子既不吸收能量，也不放出能量。

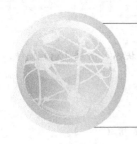

② 电子在不同轨道上运动时，其能量是不同的。电子在离核越远的轨道上运动时，其能量越高；而电子在离核越近的轨道上运动时，其能量越低。轨道的这些不同的能量状态称为能级，其中能量最低的状态称为基态，其余能量高于基态的状态称为激发态。原子轨道的能量是量子化的，根据量子化条件，推导出氢原子轨道的能量为：

$$E_n=-\frac{13.6}{n^2}\mathrm{eV} \tag{5-1}$$

式中，n 为量子数（quantum number），也称为能级，n 只能取 1，2，3，…正整数。当 $n=1$ 时，氢原子处于能量最低的状态——基态，其半径为 52.9pm，称为 Bohr 半径，用 a_0 表示。能量取负值，是因为把电子离核无穷远处的能量规定为 0。当 n 由小到大，氢原子轨道的能量由低到高。

③ 只有电子在能量不同的轨道之间跃迁时，原子才会吸收或放出能量。在正常情况下，原子中的电子尽可能处于能量最低的轨道上；当原子受到辐射、加热或通电激发时，电子获得能量后就跃迁到能量较高的轨道上。处于激发态跃迁到能量较低的轨道（E_1）时，原子就释放出能量，释放出光的频率与轨道能量间的关系为：

$$\nu=\frac{E_2-E_1}{h} \tag{5-2}$$

式中，h 为普朗克常量，$h=6.626\times10^{34}\mathrm{J\cdot s}$。

玻尔理论成功地解释了原子稳定存在的事实和氢原子光谱。

根据玻尔理论，氢原子在正常状态时，核外电子处于能量最低的基态，在该状态下运动的电子既不吸收能量，也不放出能量，电子的能量不会减少，因而不会落到原子核上，原子不会毁灭。

Bohr 理论成功地解释了氢原子的线状光谱，指出了核外电子运动的一个重要特征——能量的量子化，对于近代原子结构理论的发展作出了重大的贡献。但玻尔理论未能完全摆脱经典物理学的束缚，没有认识到电子运动的波动性，使电子在原子核外的运动采取了宏观物体的固定轨道，致使玻尔理论在解释多电子原子光谱和氢原子光谱在磁场中的分裂现象等问题时，遇到了难以解决的困难。Bohr 理论这些不足之处是由于 Bohr 还没有认识到电子等微观粒子运动的另一个重要的特性——波粒二象性。

(3) 微观粒子的波粒二象性　波粒二象性是微观粒子与宏观物质的又一重要区别。

人们对于微观粒子的波粒二象性的认识，主要借鉴于对光的本质的认识。1924 年，法国青年物理学家德布罗意（L. de. Broglie）在光具有波粒二象性的启发下，大胆预言电子等微观粒子也具有波粒二象性。把这种波称为物质波，并根据光的波粒二象性的关系式预言了物质波的波长 λ 与动量 p 的关系式是：

$$\lambda=\frac{h}{mv}=\frac{h}{p} \tag{5-3}$$

式中，m 为质量；v 为微观粒子的运动速率；h 为普朗克常量。

式(5-3) 左边是微观粒子的波长，表明微观粒子的波动性特征；右边是微观粒子的动量，表明微观粒子的粒子性，两者通过普朗克常量定量地联系在一起。式(5-3) 称为德布罗意关系式。

1927 年，美国物理学家戴维逊（C. J. Davisson）和革末（L. H. Germer）用电子束代替 X 射线在晶体上进行衍射实验，得到了与 X 射线衍射图像相似的衍射环纹图，如图 5-1 所示。根据电子衍射图计算得到的电子波长，与由德布罗意关系式计算得到的一致。电子衍射实验证实了德布罗意的预言，确认电子具有波动性。

后来还发现质子、中子、原子、分子等粒子流也能产生衍射现象，证明一切微观粒子都有波动性，波粒二象性是微观粒子运动的共同特征。

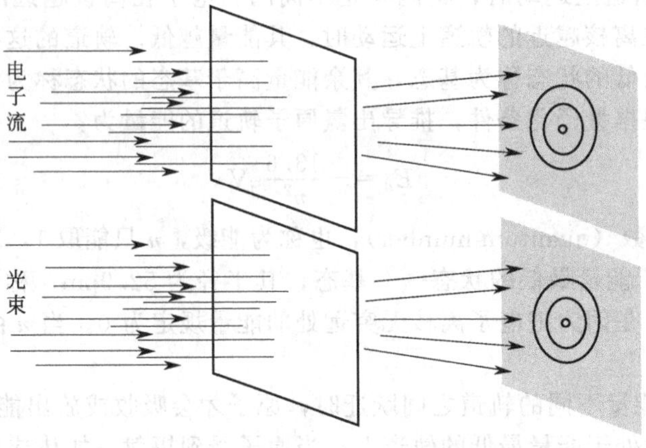

图 5-1　X 射线和电子的衍射图

(4) 测不准原理（Uncertainty principle）　对宏观物体我们可同时得出它的运动速度和位置。对具有波粒二象性的微观粒子，是否可以精确地测出它们的速度和位置呢？1927 年德国物理学家海森堡（Heisenberg）推出如下的测不准关系式：

$$\Delta x \cdot \Delta P_x \approx h \tag{5-4}$$

式中，Δx 表示粒子位置测不准值；ΔP_x 表示粒子动量的测不准值。式(5-4) 表明，具有波动性的微观粒子和宏观物体有着完全不同的运动特点，它不能同时有确定的位置和动量。它的坐标被确定得越准确，则相应的动量就越不准确；反之亦然。坐标不确定程度和动量不确定程度的乘积约为普朗克常数 h。

测不准原理表明，核外电子不可能沿着一条如波尔理论所指的类似的固定轨道运动。核外电子的运动规律，只能用统计的方法指出它在核外某处出现的可能性——概率的大小。对于测不准原理，不能错误地认为微观粒子运动是不可认识的。实际上，测不准原理反映了微观粒子的波动性，只是表明它不服从由宏观物体运动规律所总结出来的经典力学。这不等于没有规律，相反，它是对微观粒子的运动规律认识的进一步深化。

5.1.2　波函数和四个量子数

现已经明确了微观粒子的运动具有波粒二象性的特征，所以核外电子的运动状态不能用经典的牛顿力学来描述，而要用量子力学来描述，以电子在核外出现的概率密度、概率分布来描述电子运动的规律。

(1) 薛定谔方程　既然微观粒子具有波性，就可以用波函数 ψ 来电描述它的运动状态。1926 年，奥地利物理学家薛定谔（Schrödinger）从电子具有波粒二象性出发，通过与光的波动方程进行类比，首先提出描述电子运动状态的方程，称为薛定谔方程。

$$\frac{\partial^2 \psi}{\partial x^2}+\frac{\partial^2 \psi}{\partial y^2}+\frac{\partial^2 \psi}{\partial z^2}=-\frac{8\pi^2 m}{h^2}(E-V)\psi \tag{5-5}$$

式中，E 为微观粒子的总能量即势能和动能之和；V 为势能；m 为微观粒子的质量；h 是普朗克常数；x，y，z 为电子的空间直角坐标；ψ 为波函数，也称为原子轨道。

方程中包含了体现电子粒子性（如 m、E、V）和波动性（如 ψ）的两类物理量，符合微观粒子波粒二象性的特征。对薛定谔方程求解，一可以得到描述微观粒子运动状态的波函数的具体函数式；二可以求得每个波函数所表示的状态的能量。

有了薛定谔方程，原则上讲，任何体系的电子运动状态都可以求解了。这就是把该体系的势能 V 表达式找出，代入薛定谔方程中，求解方程即可得相应的波函数 ψ 以及相对应的能量E。但是遗憾的是，薛定谔方程是很难解的，至今只能精确求解单电子体系（如 H、He^{+}、Li^{2+}等）的薛定谔方程，稍复杂一些的体系只能近似求解。

(2) 波函数与电子云　解薛定谔方程得到的波函数不是一个数值，而是用来描述波的数学函数式$\psi(r, \theta, \phi)$，函数式中含有电子在核外空间位置的坐标(r, θ, ϕ)的变量。处于每一定态（即能量状态一定）的电子就有相应的波函数式。例如，氢原子处于基态（$E_1 = -2.179\times10^{-18}$J）时的波函数为：

$$\psi=\sqrt{\frac{1}{\pi a_0^3}}e^{\frac{-r}{a_0}}$$

那么波函数$\psi(r, \theta, \phi)$代表核外空间$p(r, \theta, \phi)$点的什么性质呢？其意义是不明确的，因此，ψ本身没有明确的物理意义。只能说，ψ是描述核外电子运动状态的数学表达式，电子运动规律受它控制。

但是，波函数ψ的绝对值的平方却有明确的物理意义。它代表核外空间某点电子出现的概率密度。量子力学原理指出：在空间某点(x, y, z)附近体积元dt内电子出现的概率dp为$dp=|\psi(x,y,z)|^2 d\tau$即$|\psi(x,y,z)|^2=\frac{dp}{d\tau}$。

所以$|\psi|^2$表示原子空间上某点附近单位微体积内出现的概率，称为概率密度。

如果要知道电子在核外运动的状态，只要把核外空间每点的坐标代入ψ函数中，可求得各点ψ值，该值平方后即为电子在该点上出现的概率密度，所以电子在核外运动状态也就掌握了。

若用点的疏密来表示$|\psi|^2$值的大小，可得到图 5-2 的基态氢原子的电子云图。因此电子云是$|\psi|^2$（概率密度）的形象化的描述。因而，人们也把$|\psi|^2$称为电子云，而把描述电子运动状态的ψ称为原子轨道。应该指出：原子轨道并不表示经典力学中的轨道。

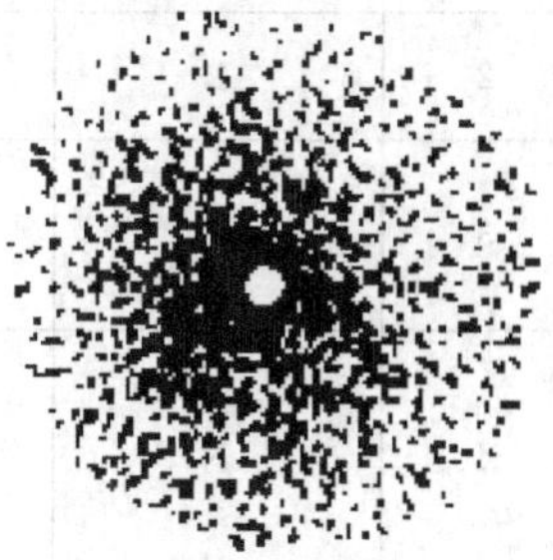

图 5-2　基态氢原子的电子云图

(3) 四个量子数　在解薛定谔方程时，为使求得的波函数$\psi(r, \theta, \phi)$和能量E具有一定的物理意义，因而在求解过程中必须引入n，l，m三个量子数。

① 主量子数n（principal quantum number）　主量子数n决定原子轨道的能量，n的取值为 1，2，3，4，…n越大，电子离核越远，能量越高。由于n只能取正整数，所以电子的能量是不连续的，或者说是量子化的。在同一原子内，具有相同主量子数的电子几乎在离核距离相同的空间内运动，可看作构成一个核外电子“层”。根据n=1，2，3，4，5，6，7 时，分别称为第一、二、三、四、五、六、七电子层，相应称为 K，L，M，N，O，P，Q 层。

在氢原子或类氢离子中，电子的能量仅由主量子数决定。

② 轨道角动量量子数l（orbital angular momentum quantum number）　轨道角动量量子数（过去称为角量子数），l决定原子轨道的形状。它的取值为 0，1，2，…，$n-1$，共n个。在光谱学中分别用 s，p，d，f，g，h 表示，即$l=0$用 s 表示，$l=1$用 p 表示，相应的为 s 亚层、p 亚层、d 亚层和 f 亚层。例如，当$n=1$时，l只可以取 0；当$n=4$时，l分别可以取 0，1，2，3。

在多电子原子中，它和主量子数n共同决定电子的能量。当n相同而l不同时，l值越大，电子的能量越高。当n和l相同时，电子的能量相同，因此称n和l相同的电子处于同一能级或同一电子亚层。

③ 磁量子数m（magnetic quantum number）　磁量子数m反映同一形状的轨道在空间

的不同伸展方向。它的取值为 0，±1，±2，…，± l。每一个 l 对应有 $2l+1$ 个不同的 m，因此有 $2l+1$ 种取向。

例如，当 $l=0$ 时，m 只能取 0，表明 s 亚层只有 1 个轨道；当 $l=1$ 时，m 可取 1，0，－1，表明 p 亚层有 3 个轨道。同理，可推知 d 亚层有 5 个轨道；f 亚层有 7 个轨道。n 和 l 都相同，但 m 不同的各原子轨道的能量相同，称为简并轨道或等价轨道。在外磁场作用下，简并轨道之间的能量也会稍有差别。

当一组合理的量子数 n，l，m 确定后，电子运动的波函数 ψ 也随之确定，该电子的能量、核外的概率分布也确定了。通常将原子中单电子波函数称为"原子轨道"，注意这只是沿袭的术语，而不是宏观物体运动所具有的那种轨道的概念。

④ 自旋角动量量子数 s_i（spin angular momentum quantum number） 自旋角动量量子数 s_i（过去称为自旋量子数 m_s）不是解薛定谔方程得到的，与 n，l，m 三个量子数无关。实验结果表明，电子在核外运动除取一定的空间运动状态外，本身也做自旋运动。电子的自旋方向只有"顺时针"和"逆时针"两种。电子自旋状态可用自旋量子数 $+\frac{1}{2}$ 和 $-\frac{1}{2}$ 或者用符号 ↑ 和 ↓ 来表示。

综上所述，n，l，m 三个量子数可以确定一个原子轨道，表示为 $\psi_{n,l,m}$。而 n，l，m，s_i 四个量子数可以确定电子的运动状态（表 5-1）。

表 5-1 电子层、电子亚层、原子轨道与量子数之间的关系

n	电子层	l	电子亚层	m	轨道数
1	K	0	1s	0	1
2	L	0 1	2s 2p	0 −1,0,+1	1 3
3	M	0 1 2	3s 3p 3d	0 −1,0,+1 −2,−1,0,+1,+2	1 3 5
4	N	0 1 2 3	4s 4p 4d 4f	0 −1,0,+1 −2,−1,0,+1,+2 −3,−2,−1,0,+1,+2,+3	1 3 5 7

5.1.3 原子轨道和电子云的图像

在处理化学问题时，用一个复杂的函数式来表示原子轨道是很不方便的，因此常把原子轨道的图形画出来，由图形直观地解决化学问题。

波函数 $\psi_{n,l,m}(r, \theta, \phi)$ 可以通过变量分离分解为 $R(r)$ 和 $Y(\theta, \phi)$ 的乘积，表示为：

$$\psi_{n,l,m}(r,\theta,\phi)=R(r)Y(\theta,\phi) \tag{5-6}$$

式中，波函数 $\psi_{n,l,m}(r, \theta, \phi)$ 即所谓的原子轨道分解为 $R(r)$ 只与离核半径有关，称为原子轨道的径向部分和 $Y(\theta, \phi)$ 只与角度有关，称为原子轨道的角度部分。

(1) 原子轨道的角度分布图 原子波函数角度分布图表示波函数的角度部分 $Y(\theta, \phi)$ 随角 θ 和 ϕ 变化的图形，如图 5-3 所示。

这种图的具体画法是：从坐标原点（原子核处）出发，引出不同角 θ，ϕ 角度的直线，使其长度等于该角下的 $Y(\theta, \phi)$，连接这些线段的端点，在空间构成的曲面即为波函数的角度分布图。曲面上每一点到原点的距离代表角 θ，ϕ 所对应角函数 $Y(\theta, \phi)$ 的大小。由于 $Y(\theta, \phi)$ 与主量子数 n 无关，所以当 l，m 相同时，波函数的角度分布图相同。除 s 轨道外，

p，d 轨道的角度分布图都有“＋”、“－”之分，分别表示角函数 $Y(\theta,\ \phi)$ 的正、负。这些正负号将对原子间能否成键以及成键的方向性起着重要的作用。

从图 5-3 中可以看出，s 轨道呈球形对称状。说明电子处于 s 轨道（$l=0$）时，核外空间各个方向运动特点是相同的。

p 轨道成中心反对称双球形各有一个正值区域和负值区域。因为角量子数 $l=1$ 时，磁量子数 m 可以取 0，＋1，－1 三个值，所以 p 轨道有三个伸展方向，分别是沿着 x，y，z 坐标轴的方向，记为 p_x，p_y，p_z。说明电子处于 p 轨道（$l=1$）时，占据 m 值不同的 p 轨道，在核外空间运动的方向特点是不同的。

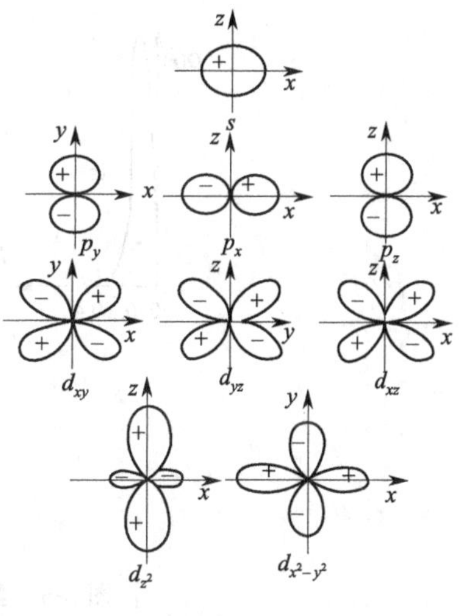

图 5-3　原子轨道的角度分布

d 轨道呈中心对称的花瓣形。由于 $l=2$ 时磁量子数，m 可以取 0，＋1，－1，＋2，－2 五个值，所以 d 轨道有五个伸展方向。其中 d_{xy}、d_{xz}、d_{yz} 三条轨道分别通过 xy、xz、yz 平面，其极大值分别在对应坐标轴的平分线上；$d_{x^2-y^2}$ 轨道通过 xy 平面，在 x 轴和 y 轴上有极大值；d_{z^2} 轨道通过 z 轴，在 z 轴上有极大值。

f 原子轨道角度分布图更为复杂，在此从略。

（2）电子云角度分布图　电子云角度分布图是表现 Y^2 值随 θ，ϕ 变化的图像。作图法与原子轨道角度分布图类似。不同的是以 Y^2 代替 Y。图 5-4 给出一些轨道的电子云角度分布图。该图表示在曲面上任一点到原点的距离代表这个角度上 Y^2 值的大小，也可以把它理解为在这个角度方向上电子出现的概率密度（即电子云）的相对大小。

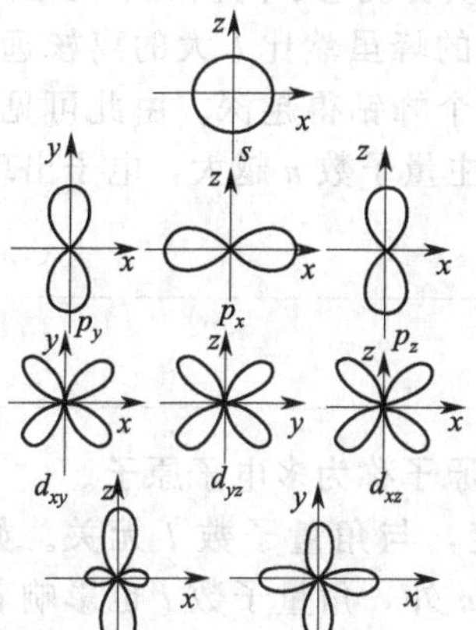

图 5-4　电子云的角度分布

比较图 5-3 和图 5-4 发现，两组图形有些相似，但是有两点区别：

① 除 s 轨道外，原子轨道角度分布图有正负号之分，而电子云角度分布图都是正值，因 Y 值平方后总是正值的；

② 电子云角度分布图比原子轨道角度分布图要“瘦”一些，因为 Y 值小于 1，Y^2 值将变得更小。

应该指出，波函数的角分布图是角函数 $Y(\theta,\ \phi)$ 随角变化的图形，而电子云的角分布图是概率密度的角函数 $Y_2(\theta,\ \phi)$ 随角 θ，ϕ 变化的图形，它们都不是原子轨道和电子云的实际图形。

（3）电子云径向分布图　电子云的角度分布图只能反映出电子在核外空间不同角度的概率密度的大小，并不反映电子出现的概率大小与离核远近的关系，通常用电子云的径向分布图来反映电子在核外空间出现的概率离核远近的变化。

一个离核距离为 r，厚度为 dr 的薄球壳层，以 r 为半径的球面面积为 $4pr^2dr$。根据电子在球壳内出现的概率：

$$dp=|\psi|^2 dt=|\psi|^2 4pr^2 dr=R^2(r)\ 4pr^2 dr$$

式中，R 为波函数的径向部分。令 $D(r)=R^2(r)4pr^2$，$D(r)$ 称为径向分布函数。以 $D(r)$ 对 r 作图即为电子云径向分布图。图 5-5 为氢原子一些轨道的电子云径向分布示意。

由图 5-5 可知以下几点。

① 1s 轨道在距核 52.9pm 处有极大值，说明基态氢原子的 1s 电子在离核半径 $r=$

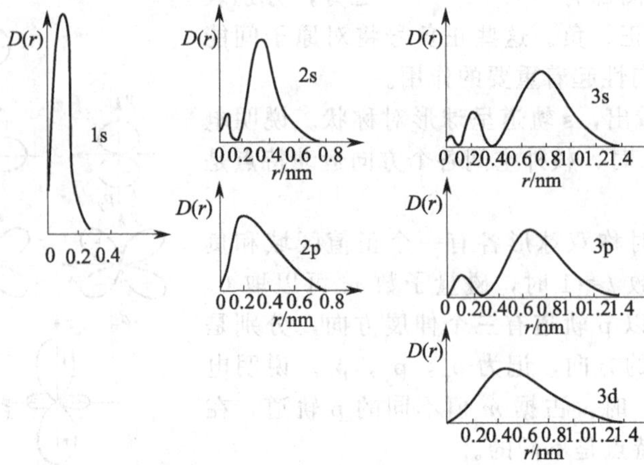

图 5-5　氢原子一些轨道的电子云径向分布示意

52.9pm 的一薄层球壳内出现的概率最大，球面外或球面内电子都有可能出现，但概率较小。52.9pm 恰好是波尔理论中基态氢原子的半径，与量子力学虽有相似之处，但有本质的区别。波尔理论中氢原子的电子只能在 $r=52.9\text{pm}$ 处运动，而量子力学则认为电子只是在 $r=52.9\text{pm}$ 的薄球壳层内出现的概率最大。

② 径向分布图中有 $n-l$ 个峰值，当 n 相同时，l 越小，极大值峰就越多。如 3d 轨道，$n=3$，$l=2$，其极大值峰为 1 个；3p 轨道，$n=3$，$l=1$，其极大值峰为 2 个。

③ 当 l 相同时，n 越大，径向分布曲线的最高峰离核越远，或者说电子离核的平均距离就越远；当 n 相同时，l 越小，峰的数目越多，l 小者离核最远的峰虽然比 l 大的离核远，但是 l 小的它的第一个峰离核的距离越近，即 l 越小的轨道的一个峰钻得越深。由此可见，核外电子是“分层”排布的说法虽然不够准确，但总的规律还是主量子数 n 越大，电子出现概率最大的区域离核越远。

5.2　多电子原子结构

除氢原子以外，其他元素原子的核外电子都多于一个，这些原子称为多电子原子。

在氢原子和类氢原子中，电子的能量只由主量子数 n 决定，与角量子数 l 无关。如 $E_{2s}=E_{2p}$，$E_{3s}=E_{3p}=E_{3d}$ 等。而在多电子原子中，除主量子数 n 外，角量子数 l 也影响着电子能量的高低。在多电子原子中，电子的能量除了与核电荷及距核的平均距离有关外，还必须考虑电子之间的相互排斥作用。

5.2.1　屏蔽效应和穿透效应

(1) 屏蔽效应　在多电子原子中，每个电子不仅受到原子核的吸引，而且还受到其他电子的排斥。要准确地确定电子之间的排斥作用是不可能的。通常采用一种称为中心力场模型的近似处理方法，它把多电子原子其余电子对指定的某电子的作用近似地看成部分地抵消掉原子核对此电子的吸引。即核电荷由原来的 Z 减少到 $Z-\sigma$，σ 称为屏蔽常数，剩余的核电荷称为有效核电荷，用 Z^* 表示：

$$Z^*=Z-\sigma$$

这种由核外其余电子抵消部分核电荷对指定电子的吸引作用称为屏蔽效应。

注：1930 年，美国理论化学家斯莱特（Slater）提出一个估算屏蔽常数的半经验的

规则。

① 将原子中的电子按 n 和 l 的递增顺序分成如下几组：

(1s),(2s,2p),(3s,3p),(3d)(4s,4p),(4d)(5s,5p),…

② 位于被屏蔽电子的各组电子，对被屏蔽电子的 $\sigma=0$。

③ 同一组内的电子，除 1s 组内两个电子间的 $\sigma=0.30$ 外，其余各组内电子间的 $\sigma=0.35$。

④ 被屏蔽电子为 ns，np 的电子时，主量子数为（$n-1$）的各组内电子对它的 $\sigma=0.85$，主量子数等于和小于（$n-2$）的各组内电子对它的 $\sigma=1.00$。

⑤ 被屏蔽电子为 nd 或 nf 的电子时，处在左面各组内的电子对它的 $\sigma=1.00$。

利用斯莱特规则，可以计算原子中其他原子对某个电子的屏蔽常数及原子核作用在该电子上的有效核电荷。

【例 5-1】 基态钾原子的电子层结构是 $1s^2 2s^2 2p^6 3s^2 3p^6 4s^1$，而不是 $1s^2 2s^2 2p^6 3s^2 3p^6 3d^1$。试利用有效核电荷说明之。

解： 若钾原子最后一个电子排布在 4s 轨道上，则原子核作用在该电子上的有效核电荷为：$Z^*(4s)=Z-\sigma=19-(10\times1.00+8\times0.85)=2.20$

若 K 原子的最后一个电子排布在 3d 轨道上，则原子核作用在该电子上的有效核电荷为：$Z^*(3d)=Z-\sigma=19-(1.00\times18)=1.00$

计算结果表明，原子核作用在 4s 电子上的有效核电荷比作用在 3d 电子上大，所以钾原子的最后一个电子应该填充在 4s 轨道上。

【例 5-2】 Sc（$Z=21$）核外电子排布式为 $1s^2 2s^2 2p^6 3s^2 3p^6 3d^1 4s^2$，试分别计算处于 3p 和 3d 轨道上电子的有效核电荷。

解：$Z^*(3p)=Z-\sigma=21-[(0.35\times7)+(0.85\times8)+(1.00\times2)]=9.75$

$$Z^*(3d)=Z-\sigma=21-18\times1.00=3$$

斯莱特经验规则对于 $n\leqslant4$ 的轨道准确性稍好，$n>4$ 误差就较大了。

σ 值除与主量子数有关外，也与角量子数有关。为什么 σ 值与 l 有关呢？这可以用穿透效应来解释。

对于角量子数 l 相同的原子轨道来说，随着主量子数 n 的增大，其概率的径向分布的主峰离核越远，原子核对电子的吸引力减弱，同时受到其他电子的屏蔽作用增大，σ 也就增大，其能量也越高。因此，n 不同，l 相同时各亚层的能级高低顺序为：

$$E_{1s}<E_{2s}<E_{3s}<\cdots$$

$$E_{2p}<E_{3p}<E_{4p}<\cdots$$

$$E_{3d}<E_{4d}<E_{5d}<\cdots$$

(2) 穿透效应 在多电子原子中，每个电子既被其他电子所屏蔽，同时也对别的电子起屏蔽作用。而决定这两者大小的因素，就是电子在空间出现的概率分布。一般来说，若电子在核附近出现的概率较大，就可以较好地避免其他电子对它的屏蔽，而受到较大有效核电荷的吸引，因而其能量较低；同时，它却可以对其他电子起屏蔽作用，使其他电子的能量升高。

从电子云径向分布图可以看出，n 值较大的电子在离核较远的地方出现概率大，但在较近的地方也有出现的概率。这种外层电子向内层穿透的效应叫做穿透效应。

这种穿透效应主要表现在穿入内层的小峰上，峰的数目也多［峰的数目为（$n-l$）］，穿透效应越大。如果穿透效应大，电子云深入内层，内层对它的屏蔽效应就变小，即值变小，值变大，能量降低。所以对多电子原子而言，n 相同时，l 不同的电子亚层，其能量高低的顺序为：$E_{ns}<E_{np}<E_{nd}<E_{nf}$

穿透效应不仅能解释 n 相同，l 不同时原子轨道能量的高低，还可以解释当 n，l 都不同时某些原子轨道发生的能级交错现象。

从图 5-6 可以看出，虽然 4s 的最大峰比 3d 的最大峰离核较远，但由于它有小峰钻到离核很近处，对降低轨道能量影响较大，有效地回避了其他电子对它的屏蔽。结果就是穿透效应增大对轨道能量的降低起作用，而这种作用超过了主量子数大对轨道能量的升高作用，因此多电子原子的 4s 轨道的能量低于 3d 轨道。

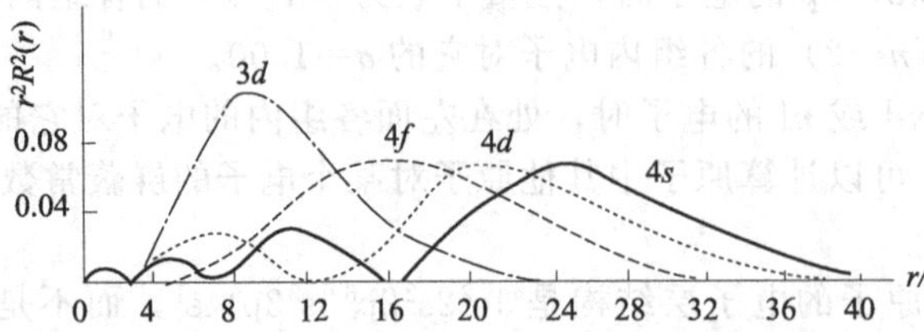

图 5-6　氢原子的 3d 和 4s 轨道的概率的径向分布

综上所述，屏蔽效应和穿透效应都是影响多电子原子中电子能量的重要因素，两者是相互联系的。穿透效应大的电子，必然对其他电子的屏蔽作用就大；反之，穿透效应小的电子，对其他电子的屏蔽作用就小。

在多电子原子中当 n 和 l 都不同的电子亚层，其能量高低的顺序为：

$n \geqslant 4$ 时，$E_{ns} < E_{(n-1)d} < E_{np}$

$n \geqslant 6$ 时，$E_{ns} < E_{(n-2)f} < E_{(n-1)d} < E_{np}$

有能级交错现象。

5.2.2　原子核外电子排布

原子核外电子排布见表 5-2 所列，它是根据光谱数据所确定的。人们从中总结出电子排布的基本遵守泡利不相容原理、能量最低原理和洪特规则。

(1) 泡利（Pauli）**不相容原理**　1925 年，奥地利物理学家泡利（Pauli）指出：在同一个原子中，不可能有两个或两个以上的电子具有相同的四个量子数 n，l，m，s_i，这就是泡利不相容原理。由泡利不相容原理，可知每一个原子轨道最多只能容纳两个电子，而且这两个电子的自旋必须相反。

(2) 能量最低原理　在符合泡利不相容原理的前提下，核外电子要尽可能排布在能量最低的轨道上。这个规律称为能量最低原理。原子能量的高低除取决于轨道能量外，还与电子间相互作用能有关。综合考虑这些因素后，我国化学家徐光宪提出用（$n+0.7l$）的数值来判断原子能量的高低。例如。K 原子的最后一个电子填充在 3d 还是 4s 轨道上使得原子能量较低呢？因为 $(3+0.7\times2)>(4+0.7\times0)$，所以电子填充在 4s 轨道。根据这一公式，可以推出随原子序数的增加，电子在轨道中填充的顺序为：

1s，2s，2p，3s，3p，4s，3d，4p，5s，4d，5p，6s，4f，5d，6p，7s，5f，…

图 5-7 是鲍林（Pauling）提出的电子填充顺序图。图中圆圈代表轨道。随原子序数的增加，电子也是按照该图能量从第到高的顺序填充的。

(3) 洪特（Hunt）**规则**　1925 年，德国物理学家洪德（Hund）总结出一条规律：电子在简并轨道（即 n，l 都相同的轨道）上排布时，应尽可能分占不同的轨道，且自旋相同，这条规律就称为洪特规则。

例如，$_6$C 按不相容原理和能量最低原理，电子排布式为 $1s^2 2s^2 2p^2$。根据洪特规则，2p 轨道上两个电子应该是 $\underline{\uparrow}\ \underline{\uparrow}\ \underline{\quad}$，而不是 $\underline{\uparrow\downarrow}\ \underline{\quad}\ \underline{\quad}$ 或 $\underline{\uparrow}\ \underline{\downarrow}\ \underline{\quad}$。因为这样的排布，原子的能量最低，状态最稳定。

表 5-2　元素基态核外电子构型

原子序数	元素	电子构型	原子序数	元素	电子构型	原子序数	元素	电子构型
1	H	$1s^{1}$	38	Sr	$[Kr]5s^{2}$	75	Re	$[Xe]4f^{14}5d^{5}6s^{2}$
2	He	$1s^{2}$	39	Y	$[Kr]4d^{1}5s^{2}$	76	Os	$[Xe]4f^{14}5d^{6}6s^{2}$
3	Li	$[He]2s^{1}$	40	Zr	$[Kr]4d^{2}5s^{2}$	77	Ir	$[Xe]4f^{14}5d^{7}6s^{2}$
4	Be	$[He]2s^{2}$	41	Nb	$[Kr]4d^{4}5s^{1}$	78	Pt	$[Xe]4f^{14}5d^{9}6s^{1}$
5	B	$[He]2s^{2}2p^{1}$	42	Mo	$[Kr]4d^{5}5s^{1}$	79	Au	$[Xe]4f^{14}5d^{10}6s^{1}$
6	C	$[He]2s^{2}2p^{2}$	43	Tc	$[Kr]4d^{5}5s^{2}$	80	Hg	$[Xe]4f^{14}5d^{10}6s^{2}$
7	N	$[He]2s^{2}2p^{3}$	44	Ru	$[Kr]4d^{7}5s^{1}$	81	Tl	$[Xe]4f^{1}5d^{10}6s^{2}6p^{1}$
8	O	$[He]2s^{2}2p^{4}$	45	Rh	$[Kr]4d^{8}5s^{1}$	82	Pb	$[Xe]4f^{1}5d^{10}6s^{2}6p^{2}$
9	F	$[He]2s^{2}2p^{5}$	46	Pd	$[Kr]4d^{10}$	83	Bi	$[Xe]4f^{1}5d^{10}6s^{2}6p^{3}$
10	Ne	$[He]2s^{2}2p^{6}$	47	Ag	$[Kr]4d^{10}5s^{1}$	84	Po	$[Xe]4f^{1}5d^{10}6s^{2}6p^{4}$
11	Na	$[Ne]3s^{1}$	48	Cd	$[Kr]4d^{10}5s^{2}$	85	At	$[Xe]4f^{1}5d^{10}6s^{2}6p^{5}$
12	Mg	$[Ne]3s^{2}$	49	In	$[Kr]4d^{10}5s^{2}5p^{1}$	86	Rn	$[Xe]4f^{1}5d^{10}6s^{2}6p^{6}$
13	Al	$[Ne]3s^{2}3p^{1}$	50	Sn	$[Kr]4d^{10}5s^{2}5p^{2}$	87	Fr	$[Rn]7s^{1}$
14	Si	$[Ne]3s^{2}3p^{2}$	51	Sb	$[Kr]4d^{10}5s^{2}5p^{3}$	88	Ra	$[Rn]7s^{2}$
15	P	$[Ne]3s^{2}3p^{3}$	52	Te	$[Kr]4d^{10}5s^{2}5p^{4}$	89	Ac	$[Rn]6d^{1}7s^{2}$
16	S	$[Ne]3s^{2}3p^{4}$	53	I	$[Kr]4d^{10}5s^{2}5p^{5}$	90	Th	$[Rn]6d^{2}7s^{2}$
17	Cl	$[Ne]3s^{2}3p^{5}$	54	Xe	$[Kr]4d^{10}5s^{2}5p^{6}$	91	Pa	$[Rn]5f^{2}6d^{1}7s^{2}$
18	Ar	$[Ne]3s^{2}3p^{6}$	55	Cs	$[Xe]6s^{1}$	92	U	$[Rn]5f^{3}6d^{1}7s^{2}$
19	K	$[Ar]4s^{1}$	56	Ba	$[Xe]6s^{2}$	93	Np	$[Rn]5f^{4}6d^{1}7s^{2}$
20	Ca	$[Ar]4s^{2}$	57	La	$[Xe]5d^{1}6s^{2}$	94	Pu	$[Rn]5f^{6}7s^{2}$
21	Sc	$[Ar]3d^{1}4s^{2}$	58	Ce	$[Xe]4f^{1}5d^{1}6s^{2}$	95	Am	$[Rn]5f^{7}7s^{2}$
22	Ti	$[Ar]3d^{2}4s^{2}$	59	Pr	$[Xe]4f^{3}6s^{2}$	96	Cm	$[Rn]5f^{7}6d^{1}7s^{2}$
23	V	$[Ar]3d^{3}4s^{2}$	60	Nd	$[Xe]4f^{4}6s^{2}$	97	Bk	$[Rn]5f^{9}7s^{2}$
24	Cr	$[Ar]3d^{5}4s^{1}$	61	Pm	$[Xe]4f^{5}6s^{2}$	98	Cf	$[Rn]5f^{10}7s^{2}$
25	Mn	$[Ar]3d^{5}4s^{2}$	62	Sm	$[Xe]4f^{6}6s^{2}$	99	Es	$[Rn]5f^{11}7s^{2}$
26	Fe	$[Ar]3d^{6}4s^{2}$	63	Eu	$[Xe]4f^{7}6s^{2}$	100	Fm	$[Rn]5f^{12}7s^{2}$
27	Co	$[Ar]3d^{7}4s^{2}$	64	Gd	$[Xe]4f^{7}5d^{1}6s^{2}$	101	Md	$[Rn]5f^{13}7s^{2}$
28	Ni	$[Ar]3d^{8}34s^{2}$	65	Tb	$[Xe]4f^{9}6s^{2}$	102	No	$[Rn]5f^{14}7s^{2}$
29	Cu	$[Ar]3d^{10}4s^{1}$	66	Dy	$[Xe]4f^{10}6s^{2}$	103	Lr	$[Rn]5f^{14}6d^{1}7s^{2}$
30	Zn	$[Ar]3d^{10}4s^{2}$	67	Ho	$[Xe]4f^{11}6s^{2}$	104	Rf	$[Rn]5f^{14}6d^{2}7s^{2}$
31	Ga	$[Ar]3d^{10}4s^{2}4p^{1}$	68	Er	$[Xe]4f^{12}6s^{2}$	105	Db	$[Rn]5f^{14}6d^{3}7s^{2}$
32	Ge	$[Ar]3d^{10}4s^{2}4p^{2}$	69	Tm	$[Xe]4f^{13}6s^{2}$	106	Sg	$[Rn]5f^{14}6d^{4}7s^{2}$
33	As	$[Ar]3d^{10}4s^{2}4p^{3}$	70	Yb	$[Xe]4f^{14}6s^{2}$	107	Bh	$[Rn]5f^{14}6d^{5}7s^{2}$
34	Se	$[Ar]3d^{10}4s^{2}4p^{4}$	71	Lu	$[Xe]4f^{14}5d^{1}6s^{2}$	108	Hs	$[Rn]5f^{14}6d^{6}7s^{2}$
35	Br	$[Ar]3d^{10}4s^{2}4p^{5}$	72	Hf	$[Xe]4f^{14}5d^{2}6s^{2}$	109	Mt	$[Rn]5f^{14}6d^{7}7s^{2}$
36	Kr	$[Ar]3d^{10}4s^{2}4p^{6}$	73	Ta	$[Xe]4f^{14}5d^{3}6s^{2}$	110	Uun	
37	Rb	$[Kr]5s^{1}$	74	W	$[Xe]4f^{14}5d^{4}6s^{2}$	111	Uuu	

作为洪特规则的补充，简并轨道处于全满（p^{6}，d^{10}，f^{14}）或半满（p^{3}，d^{5}，f^{7}）和全空（p^{0}，d^{0}，f^{0}）时的状态时，能量较低，比较稳定。

例如，基态$_{24}$Cr 的核外电子排布式是 $1s^{2}2s^{2}2p^{6}3s^{2}3p^{6}3d^{5}4s^{1}$，而不是 $1s^{2}2s^{2}2p^{6}3s^{2}3p^{6}3d^{4}4s^{2}$；基态 $_{29}$Cu 的核外电子排布式是 $1s^{2}2s^{2}2p^{6}3s^{2}3p^{6}3d^{10}4s^{1}$，而不是 $1s^{2}2s^{2}2p^{6}3s^{2}3p^{6}3d^{9}4s^{2}$。这是由于 3d 轨道全充满比较稳定的缘故。

根据泡利不相容原理、最低能量原理和洪德规则，基本上可以确定基态原子的电子组态。

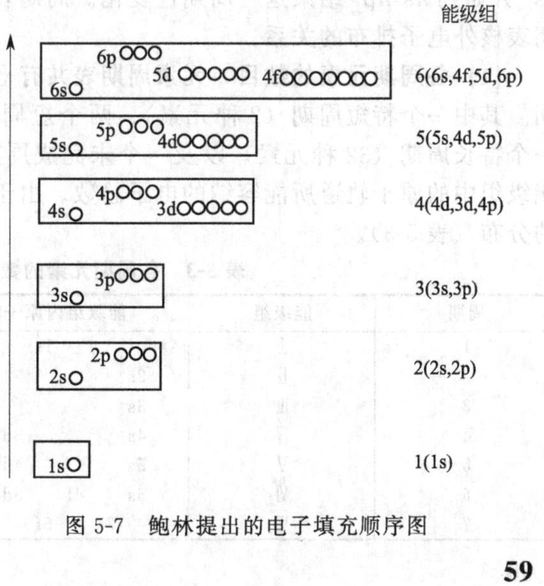

图 5-7　鲍林提出的电子填充顺序图

(4) 几点说明

① 必须指出，有些元素的原子核外电子排布比较特殊。如$_{44}$Ru，按照三原则推断为$1s^2 2s^2 2p^6 3s^2 3p^6 3d^{10} 4s^2 4p^6 4d^6 5s^2$，但是实验测得结果是：$1s^2 2s^2 2p^6 3s^2 3p^6 3d^{10} 4s^2 4p^6 4d^7 5s^1$。像这样排布“特殊”的元素还有Nb、Rh、Pd、W、Pt及La系和Ac系的一些元素。这说明用三原则来描述核外电子排布还是不充分的，除此之外，还有其他因素影响着电子的排布。

② 书写原子序数较大的原子核外电子排布式时，往往要写一大串，相当麻烦。而且内层电子在化学反应中基本不变，决定元素化学性质主要是原子的外层电子。所以为了简便，常用原子的价电子排布。所谓价电子排布就是：主族元素只写出最外层ns、np轨道的电子排布；副族元素只写出$(n-1)d$，ns轨道的电子排布。例如：K $4s^1$，Sc $3d^1 4s^2$，Cu$3d^{10} 4s^1$。

③ 也可以把电子排布已经达到稀有气体结构的内层，以稀有气体元素符号外加方括号表示，称为原子实表示法。如Na原子的电子构型$1s^2 2s^2 2p^6 3s^1$，可以表示为［Ne］$3s^1$。原子实以外的电子排布称为外层电子构型。

④ 虽然原子中电子是按近似能级图由低到高的书序填充的，但在书写原子的电子构型时，外层电子构型应按$(n-2)f$，$(n-1)d$，ns，np顺序书写。例如：

$_{22}$Ti电子构型［Ar］$3d^2 4s^2$　　$_{24}$Cr电子构型［Ar］$3d^5 4s^1$

$_{29}$Cu电子构型［Ar］$3d^{10} 4s^1$　　$_{64}$Gd电子构型［Xe］$4f^7 5d^1 6s^2$

$_{82}$Pb电子构型［Xe］$4f^{14} 5d^{10} 6s^2 6p^2$

⑤ 当原子失去电子成为阳离子时，其电子是按$np \to ns \to (n-1)d \to (n-2)f$的顺序失去电子的。如$Fe^{2+}$的电子构型为［Ar］$3d^6 4s^0$，而不是［Ar］$3d^4 4s^2$。原因是同一元素的阳离子比原子的有效核电荷多，造成基态阳离子的轨道能级与基态原子的轨道能级有所不同。

5.3 原子结构和元素周期律

5.3.1 核外电子排布和周期表的关系

元素周期律是指元素的性质随着电荷的递增而呈现周期性变化的规律。周期律产生的基础是随核电荷的递增，原子最外层电子排布呈现周期性变化，即最外层电子构型重复着从ns^1开始到$ns^2 np^6$结束这一周期性变化。周期表是周期律的表现形式。现从几个方面讨论周期表核外电子排布的关系。

(1) 各周期元素的数目　元素周期表共有七个横行，每一横行为一个周期，共有七个周期。其中一个特短周期（2种元素）、两个短周期（8种元素），两个长周期（18种元素），一个特长周期（32种元素）以及一个未完成周期。各周期所包含的元素的数目，等于相应能级组中的原子轨道所能容纳的电子总数。由于能级交错的存在，所以产生以上各长短周期的分布（表5-3）。

表5-3　各周期元素的数目与原子结构的关系

周期	能级组	能级组内原子轨道	元素数目	容纳电子总数
1	Ⅰ	1s	2	2
2	Ⅱ	2s 2p	8	8
3	Ⅲ	3s 3p	8	8
4	Ⅳ	4s 3d 4p	18	18
5	Ⅴ	5s 4d 5p	18	18
6	Ⅵ	6s 4f 5d 6p	32	32
7	Ⅶ	7s 5f 6d	26(未满)	未满

(2) 周期　元素在周期表中所处的位置与原子结构的关系为：周期数=电子层数。

因为每增加一个电子层，就开始一个新的周期。

第四、五、六周期，填充次外层 d 电子的元素各有 10 个，分别称为第一、第二、第三过渡元素。

第六周期还要向再次外层的 4f 轨道填充电子，f 轨道 7 重简并，可以容纳 14 个电子。致使第六周期比第五周期多了 14 个元素。这 14 个元素连同第 57 号元素镧称为镧系元素。同样，第七周期出现了锕系元素，镧系和锕系元素称为内过渡元素。

(3) 族和元素的分区　元素周期表共有 18 个纵行，分为 16 个族，除第 8，9，10 三个纵行为一个族外，其余 15 个纵行，每一个纵行为一个族，第 1 纵行和第 2 纵行分别为ⅠA 族和ⅡA 族，第 3～7 纵行分别为ⅡB～ⅦB 族，第 8～10 纵行为Ⅷ族，第 11 纵行和第 12 纵行分别为ⅠB 族和ⅡB 族，第 13～17 纵行分别为ⅢA～ⅦA 族，第 18 纵行为 0 族。其中，A 族由长周期元素和短周期元素组成，也称主族；B 族只由长周期元素组成，也称副族。

主族元素的族数=最外层电子数

副族元素的族数=(最外层电子数)+(次外层 d 电子数)(ⅠB、ⅡB、和Ⅷ除外)

在同一族元素中，虽然它们的电子层数不同，但有相同的价电子构型，因此有着相似的化学性质。

根据元素原子的价电子层结构特点将周期表中的元素分为 s 区、p 区、d 区、ds 区和 f 区五个区。

① s 区元素　s 区元素包括ⅠA 族和ⅡA 族元素，外层电子组态为 $ns^{1\sim2}$。这些元素（H 除外）的原子容易失去 1 个或 2 个电子，形成+1 价或+2 价阳离子，它们是活泼金属元素。

② p 区元素　p 区元素包括ⅢA～ⅦA 和 0 族元素，除 He 元素外，外层电子组态为 $ns^2np^{1\sim6}$，其中大部分是非金属元素。

③ d 区元素　d 区元素包括ⅢB～ⅦB 和Ⅷ族元素，外层电子组态为 $(n-1)d^{1\sim9}ns^{1\sim2}$，它们都是金属元素（少数例外，如 Cr$3d^54s^1$）。

④ ds 区元素　ds 区元素包括ⅠB 和ⅡB 族元素，外层电子组态为 $(n-1)d^{10}ns^{1\sim2}$，它们也都是金属元素（有例外）。

⑤ f 区元素　f 区元素包括镧系和锕系元素，外层电子组态为 $(n-2)f^{1\sim14}(n-1)d^{0\sim2}ns^2$。由于它们的最后一个电子填入外数第三层，而外面两层电子组态相近，因此所表现出来的性质非常相似，分别在与镧和锕一起占据周期表中同一个位置上，镧系与锕系都属于ⅢB 族。

5.3.2　原子结构和元素基本性质

元素的基本性质，如原子半径、电离能、电子亲合能和电负性等都与原子结构密切相关，因而也呈显著的周期性变化。

(1) 有效核电荷（Z^*）　元素的化学性质主要取决于原子最外层的电子。下面讨论原子核作用在最外层电子上的有效核电荷在周期表中的变化规律。

同一周期中不同主族的元素，在周期表中从左到右，随着核电荷的增加，最外层电子逐一增加。由于增加的电子都在同一层上，彼此间的屏蔽作用较小（$\sigma=0.35$），使原子核作用在最外层电子上的有效核电荷显著增大。每增加一个电子，有效核电荷增加 0.65。

同一周期中不同的副族元素，在周期表中从左到右，随着核电荷增加，次外层 d 轨道上的电子逐一增加。由于增加的电子都是排布在次外层上，而次外层电子对最外层电子的屏蔽作用较大（$\sigma=0.85$），因此原子核作用在最外层电子上的有效核电荷增加不大。每增加一个电子，有效核电荷仅增大 0.15。

随核电荷的增加，f 区元素增加的电子填充在（$n-2$）层的 f 轨道上。由于（$n-2$）层电子对最外层电子的屏蔽作用大（$\sigma=1.00$），故原子核作用在最外层电子上的有效核电荷几乎没有增加。

同一族元素，从上至下，相邻的两种元素之间增加了一个 8 电子或 18 电子的内层，每个内层电子对外层电子的屏蔽作用较大，因此原子核作用在最外层电子上的有效核电荷增加不多。

(2) 原子半径（r） 因为电子在核外各处都可能出现，只是概率大小不同而已，所以，单个原子来讲并不存在明确的界面。通常所说的原子半径，是根据相邻同种原子的核间距离的一半测出的。由于相邻原子间成键情况不同，可以给出不同类型的原子半径。原子半径又分为共价半径（covalent radius）、金属半径（metallic radius）和范德华半径（van der Waals radius）。

同种元素的原子以共价单键结合成分子或晶体时，相邻两个原子核间距离的一半称为共价半径。例如，Cl_2 中氯原子间是以共价单键相连，其核间距为 198.8pm，所以氯原子的共建半径为 99.4pm。在金属单质晶体中，两个相邻金属原子核间距离的一半称为金属半径。稀有气体分子为单原子分子，原子间的作用力是分子间力（范德华力，也称范德瓦耳斯力）。在稀有气体的单原子分子晶体中，两个同种原子核间距离的一半称为范德华半径。一般来说，共价半径比金属半径小，这是因为形成共价单键，轨道重叠程度较大；而范德华半径总是较大，因为分子间作用力较小，分子间距离较大。

在讨论原子半径的变化规律时，通常采用的是原子的共价半径，但稀有气体元素只能采用范德华半径。周期表中各元素的原子半径见表 5-4 所列。

表 5-4 原子半径（pm）

ⅠA																	0
H 37	ⅡA											ⅢA	ⅣA	ⅤA	ⅥA	ⅦA	He 122
Li 152	Be 111											B 82	C 77	N 70	O 66	F 64	Ne 160
Na 154	Mg 160	ⅢB	ⅣB	ⅤB	ⅥB	ⅦB	Ⅷ			ⅠB	ⅡB	Al 118	Si 117	P 110	S 104	Cl 99	Ar 191
K 227	Ca 197	Sc 161	Ti 145	V 132	Cr 125	Mn 124	Fe 124	Co 125	Ni 125	Cu 128	Zn 133	Ga 122	Ge 122	As 121	Se 117	Br 114	Kr 198
Rb 248	Sr 215	Y 181	Zr 160	Nb 143	Mo 136	Tc 136	Ru 133	Rh 135	Pd 138	Ag 144	Cd 149	In 163	Sn 141	Sb 141	Te 137	I 133	Xe 218
Cs 265	Ba 217	La	Hf 156	Ta 143	W 137	Re 137	Os 134	Ir 136	Pt 138	Au 144	Hg 160	Tl 170	Pb 175	Bi 155	Po 167	At	Rn

镧系	La	Ce	Pr	Nd	Pm	Sm	Eu	Gd	Td	Dy	Ho	Er	Tm	Yb	Lu
	188	183	183	182	181	180	204	180	178	177	077	176	175	194	173

注：表中数据采自“Lange's handbook of Chemistry”，11ed。金属原子为金属半径，非金属原子为共价半径（单键），稀有气体为范德华半径。

原子半径在周期表中的变化规律可归纳如下。

① 同一周期主族元素，从左到右，原子核作用在最外层电子上的有效核电荷显著增加，而电子层数相同，原子核对外层电子的引力逐渐增强，导致原子半径明显减小。

② 同一周期副族族元素，从左到右，由于原子核作用在最外层电子上的有效核电荷增

加不多，且电子层数相同，使得原子半径减小比较缓慢。但当次外层的 d 轨道全充满形成 18 电子组态时，原子半径突然增大。这是由于 $(n-1)$d 轨道全充满后对外层电子屏蔽作用较大，使得原子核作用在最外层电子上的有效核电荷数减小而引起的。

③ 同一主族的元素，从上到下，由于电子层数增加，原子核对外层电子引力减弱，使原子半径显著增大。

④ 同一副族元素，原子半径的变化趋势与主族元素相同，但原子半径增大的程度较小。

⑤ 第六周期的 f 区元素，从左到右，随着原子序数的增大，原子核作用在最外层电子上的有效核电荷增加很少，使原子半径减少的程度更小。镧系元素从镧到镥，原子半径只减小 11 pm。镧系元素的原子半径缓慢减小的这种现象称为镧系收缩（lanthanide contracion）。由于镧系收缩的影响，使得原子半径都相应缩小，形成了与它上面的第二过渡系元素原子半径相近的情况。电子层数增加了，半径却相近，显然价电子接受的有效核电荷明显增大了，金属性必然要小于上面的元素。ⅢB 族中的 La 因为没有受到“镧系收缩”的影响，所以 La 的半径（187.8pm）明显大于它上面的 Y（181pm）。

(3) 元素的电离能（ionization energy） 从原子中移去电子，必须吸收能量以克服原子核对它的吸引。元素的基态气态原子失去一个电子成为+1 价阳离子所吸收的能量称为元素的第一电离能，用符号 I_1 表示。+1 价气态阳离子再失去 1 个电子成为+2 价气态阳离子所吸收的能量称为该元素的第二电离能，用符号 I_2 表示。依此类推，还有第三电离能 I_3、第四电离能 I_4 等。由于+1 价阳离子对电子的吸引较中性原子为大，因此元素的第二电离能大于第一电离能。同理，元素的第三电离能大于第二电离能。以此类推，则有 $I_1<I_2<I_3<I_4<\cdots$。通常所说的电离能，指的就是第一电离能。表 5-5 列出了元素的第一电离能。

元素的电离能的大小反映了原子失去电子的难易程度。元素的电离能越小，原子越易失去电子，元素的金属性就越强；反之，元素的电离能越大，原子越难失去电子，元素的金属性就越弱。电离能与原子的有效核电荷、原子半径和原子的电子层结构有关。元素的第一电离能随原子序数的增大呈现出周期性变化，如图 5-8 所示。元素的第一电子电离能 I_1（kJ/mol）在表 5-5 中给出。

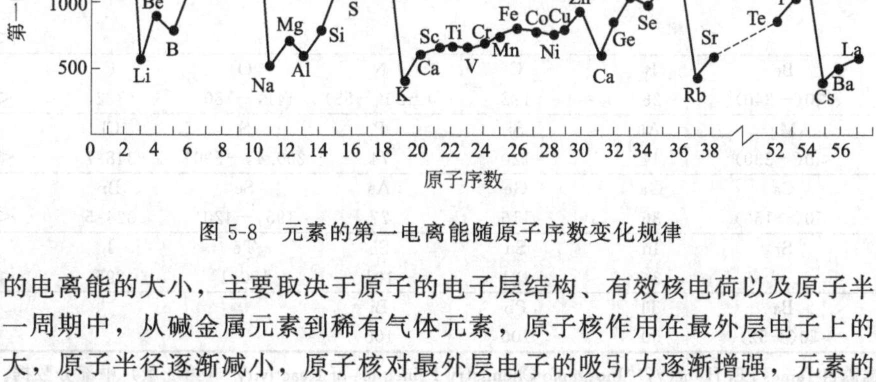

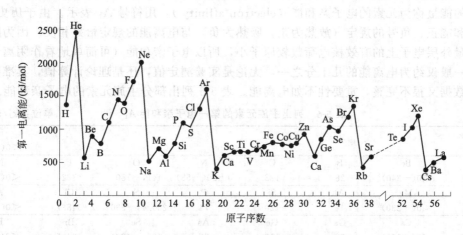

图 5-8 元素的第一电离能随原子序数变化规律

元素的电离能的大小，主要取决于原子的电子层结构、有效核电荷以及原子半径。

在同一周期中，从碱金属元素到稀有气体元素，原子核作用在最外层电子上的有效核电荷逐渐增大，原子半径逐渐减小，原子核对最外层电子的吸引力逐渐增强，元素的电离能呈增大趋势。长周期的副族元素，从左到右，由于增加的电子排在次外层的 d 轨道上，有效核

表 5-5 元素的第一电离能 I_1

Ⅰ A																	0
H 1312	Ⅱ A											Ⅲ A	Ⅳ A	Ⅴ A	Ⅵ A	Ⅶ A	He 2372
Li 520	Be 900											B 801	C 1086	N 1402	O 1314	F 1681	Ne 2081
Na 496	Mg 738	Ⅲ B	Ⅳ B	Ⅴ B	Ⅵ B	Ⅶ B		Ⅷ		Ⅰ B	Ⅱ B	Al 578	Si 787	P 1012	S 1000	Cl 1251	Ar 1521
K 419	Ca 590	Sc 631	Ti 658	V 650	Cr 653	Mn 717	Fe 759	Co 758	Ni 737	Cu 746	Zn 906	Ga 579	Ge 726	As 944	Se 941	Br 1140	Kr 1351
Rb 403	Sr 550	Y 616	Zr 660	Nb 664	Mo 685	Tc 702	Ru 711	Rh 720	Pd 805	Ag 731	Cd 868	In 588	Sn 709	Sb 832	Te 869	I 1008	Xe 1170
Cs 376	Ba 503	La 538	Hf 654	Ta 761	W 770	Re 760	Os 840	Ir 880	Pt 870	Au 890	Hg 1007	Tl 589	Pb 716	Bi 703	Po 812	At 912	Rn 1037

注：数据依照 Robert C. West，“CRC Handbook of Chemistry and Physics”，63ed 中的数据，乘以 96.484，将单位由电子伏特（eV）换算成 kJ/mol 所得。

电荷增加不多，原子半径减小缓慢，电离能增加不显著，且没有规律。0 族元素具有稳定的电子层结构，在同一周期中电离能最大。虽然同一周期元素的电离能呈现增大的趋势，但仍有起伏变化，如 N、P、As 和 Be、Mg 的电离能均比相邻的两元素大，这是由于 N、P、As 的电子层结构为半充满，而 Be、Mg 的电子层结构为全充满，它们都具有较稳定的结构，较难失去电子，因此电离能就较大。

主族元素，从上到下，原子核作用在最外层电子上的有效核电荷增加不多，而原子半径明显增大，致使原子核对外层电子的吸引力减弱，因此电离能减小。

(4) 元素的亲和能（*A*） 元素的基态气态原子获得一个电子形成负一价的气态阴离子所放出的能量称为元素的电子亲和能（electron affinity），用符号 A_1 表示。由于历史原因，电子亲和能正、负号的规定（放热为正，吸热为负）与电离能的规定恰好相反。因为阴离子作用在最外层电子上的有效核电荷数较原子小，所以电子亲和能（可简单地看作阴离子的电离能）一般仅约为电离能的几十分之一，无论是实验测定值，还是理论计算值，其准确度都较低，数据又很不完整，重要性不如电离能。表 5-6 列出部分主族元素的电子亲和能。

表 5-6 列出主族元素的第一电子亲和能 A_1 单位：kJ/mol

H 72.9							He <0(−21)
Li 59.8	Be <0(−240)	B 23	C 122	N 0±20(−58)	O 141，−780*	F 322	Ne <0(−29)
Na 48.4	Mg <0(−230)	Al 44	Si 120	P 74	S 200.4，−590*	Cl 348.7	Ar <0(−35)
K 48.4	Ca <0(−156)	Ga 36	Ge 116	As 77	Se 195，−420*	Br 324.5	Kr <0(−39)
Rb 46.9	Sr	In 34	Sn 121	Sb 101	Te 190.1	I 295	Xe <0(−40)
Cs 45.5	Ba <0(−52)	Tl 50	Pb 100	Bi 100			

注：数据源自 James . E. Huheey，“Inorganic Chemistry-Principles of Reactivity”（第 2 版）中部分数据。( ) 表示理论计算值，*表示第二电子亲和能。

由表 5-6 可以看出，一般元素的电子亲和能为正值，表示元素的原子在得到一个电子形成阴离子时放出能量；某些元素的电子亲和能为负值，表示元素的原子得到一个电子时要吸收能量，这说明这种元素的原子很难得到电子。除 N 元素外，非金属元素的电子亲和能均为正值，而金属元素的电子亲和能则为负值或较小的正值，说明非金属原子容易得到电子，而金属原子较难得到电子。

元素的电子亲和能反映了元素的原子得到电子的难易程度。元素的电子亲和能越大，表示元素原子得到电子的趋势越大，元素的非金属性也越强。影响元素的电子亲和能的主要因素有原子的有效核电荷数、原子半径和原子的电子层结构。

同一周期元素，从左到右，原子的有效核电荷增大，而原子半径减小，同时由于最外层的电子逐渐增多，原子易结合电子形成 8 电子稳定结构，因此元素的电子亲和能逐渐增大，至卤素原子达到最大值。ⅤA 族元素由于原子最外层电子组态为半充满稳定状态，因此电子亲和能较小；碱土金属元素由于原子半径大，且有 ns^2 全充满电子层结构，较难得到电子，因此电子亲和能为负值；稀有气体元素由于具有 2 或 8 电子稳定电子层结构，因此更难得到电子，亲子亲和能为最小。

同族的主族元素，从上到下，电子亲和能总的趋势是减小的。比较特殊的是 N 元素的电子亲和能为负值，是非金属元素中唯一的负值，这是由于 N 原子具有半充满电子层结构，同时其原子半径小，电子之间排斥力大，因此较难得到电子。另外，电子亲和能最大的是 Cl 元素，而不是 F 元素，这可能与 F 的原子半径小，得到的电子将会受到原有电子较强的排斥，导致克服电子间排斥作用所消耗的能量相对多一些。

(5) 元素的电负性（electronegativity）　元素的电负性是指元素的原子在分子中吸引电子能力的相对大小，即不同元素的原子在分子中对成键电子吸引力的相对大小，它较全面的反映了元素金属性和废金属性的强弱。1932 年是鲍林（Pauling）首先提出了元素电负性的概念（表 5-7）。它根据热化学数据和分子的键能提出了以下的经验关系式：

$$E(\text{A-B})=[E(\text{A-A})\times E(\text{B-B})]^{1/2}+96.5(\chi_A-\chi_B)^2$$

式中 E(A-B)、E(A-A) 和 E(B-B)，分别为分子 A-B、A-A 和 B-B 的键能，单位为 kJ/mol；χ_A，χ_B 分别为键合原子 A 和 B 的电负性；96.5 为换算因子。指定氟的电负性 $\chi_F=4.0$，这样可依次求出其他元素的电负性。

表 5-7　鲍林（Pauling）的元素电负性表

H 2.1																
Li 1.0	Be 1.5											B 2.0	C 2.5	N 3.0	O 3.5	F 4.0
Na 0.9	Mg 1.2											Al 1.5	Si 1.8	P 2.1	S 2.5	Cl 3.0
K 0.8	Ca 1.0	Sc 1.3	Ti 1.5	V 1.6	Cr 1.6	Mn 1.5	Fe 1.8	Co 1.9	Ni 1.9	Cu 1.9	Zn 1.6	Ga 1.6	Ge 1.8	As 2.0	Se 2.4	Br 2.8
Rb 0.8	Sr 1.0	Y 1.2	Zr 1.4	Nb 1.6	Mo 1.8	Te 1.9	Ru 2.2	Rh 2.2	Pd 2.2	Ag 1.9	Cd 1.7	In 1.7	Sn 1.8	Sb 1.9	Te 2.1	I 2.5
Cs 0.7	Ba 0.9	La 1.0	Hf 1.3	Ta 1.5	W 1.7	Re 1.9	Os 2.2	Ir 2.2	Pt 2.2	Au 2.4	Hg 1.9	Tl 1.8	Pb 1.8	Bi 1.9	Po 2.0	At 2.2
Fr 0.7	Ra 0.9	Ac 1.1														

由表中的数据可以看出以下几点。

① 非金属元素的电负性较大，而金属元素的电负性较小。电负性是判断元素是金属元

素或非金属元素的重要参数，电负性为 2 可以近似地作为金属元素和非金属元素的分界点。

② 一般说来，同一周期的元素的电负性从左向右随着核电荷数增加而增大；同一族的元素从上到下随着电子层的增加而减小。因此，电负性大的元素位于周期表的右上角，电负性小的元素位于周期表的左下角。

③ 电负性相差大的金属元素与非金属元素之间以离子键结合，形成离子型化合物；电负性相同或相近的非金属元素之间以共价键结合，形成共价化合物；电负性相同或相近的金属元素之间以金属键结合，形成金属或合金。

④ 同一元素的不同氧化态，电负性也不同。例如，Fe^{2+} 和 Fe^{3+} 的电负性分别为 1.7 和 1.8。因为出于高氧化态的铁吸引电子的能力比处于低氧化态的铁要强些。

5.4 价键理论

通常把分子内直接相邻的原子之间强烈的相互作用，称为化学键。化学键一般可以分为离子键、共价键和金属键。本章重点介绍分子结构的共价键理论。

5.4.1 离子键

(1) 离子键理论的基本要点 活泼的金属原子与活泼的非金属原子在一定条件下相互靠近时，可形成离子型化合物。离子型化学物是通过离子键结合而形成的。1916 年德国化学家柯赛尔（W. Kossel）根据稀有气体原子的电子层结构具有高度稳定性的事实，提出了离子键理论。

(2) 离子键的形成 离子键理论认为：当电负性相差较大的活泼金属元素的原子与活泼非金属元素的原子相互接近时，金属原子失去最外层电子形成稳定电子结构的带正电的离子；而非金属原子得到电子形成稳定电子结构的带负电的离子。正、负离子之间除了静电相互吸引外，还存在电子与电子、原子核与原子核之间的相互排斥作用。当正、负离子接近到一定距离时，吸引作用和排斥作用达到了平衡，系统的能量降到最低，正、负离子之间就形成了稳定的化学键。这种靠正、负离子间通过静电作用所形成的化学键称为离子键。

离子键的主要特征是没有方向性和没有饱和性。由于离子的电荷分布是球形对称的，它在空间各个方向与带相反电荷的离子的静电作用都是相同的，并不存在在某一方向上静电作用更大的问题。因此正、负离子可以从各个方向相互接近而形成离子键，所以离子键是没有方向性的。

在形成离子键时，只要空间条件允许，每一个离子可以吸引尽可能多的带相反电荷的离子，并不受离子本身所带电荷的限制，因此离子键是没有饱和性的。当然，这并不意味着一个离子周围排列的带相反电荷离子的数目可以是任意的。一个离子能吸引多少个与自己电荷相反的离子，决定于正、负离子的半径比 r^+/r^-，此比值越大，正离子吸引负离子的数目就越多。例如，在 NaCl 晶体中，每个 Na^+ 周围有 6 个 Cl，每个 Cl 周围也有 6 个 Na^+。

形成离子键的必要条件是相互化合的元素原子间的电负性差足够大。元素的电负性差越大，所形成的化学键中离子键成分就越大。一般说来，当两种元素的电负性差大于 1.7 时，它们之间形成离子键；当两种元素的电负性差小于 1.7 时，它们之间主要形成共价键。

5.4.2 离子的特征

离子的电荷数、离子的电子构型和离子半径是离子的三个重要特征，也是影响离子键强度的重要因素。

(1) 离子的电荷　从离子键的形成过程可知，正离子的电荷数就是相应原子失去的电子数；负离子的电荷数就是相应原子得到的电子数。离子电荷越高，对相反电荷的离子静电引力越强，因而化合物的熔点也高。如 CaO 的熔点（2590℃）比 KF 的（856℃）高。

(2) 离子的电子层构型　原子究竟能形成何种电子层构型的离子，除决定于原子本身的性质和电子层构型本身的稳定性之外，还与同它作用的其他原子或分子的性质有关。一般情况下，简单负离子（如 F^-、Cl^-、S^{2-} 等）的外层电子构型为 ns^2np^6，但简单正离子比较复杂，除 8 电子构型外，还有其他多种构型。离子的电子层构型有以下几种。

① 2 电子构型　离子只有 2 个电子，外层电子构型为 $1s^2$，如 Li^+、Be^{2+} 等。

② 8 电子构型　离子的最外电子层有 8 个电子，外层电子构型为 ns^2np^6，如 Na^+、Ca^{2+}、Al^{3+} 等。

③ 18 电子构型　离子的最外电子层有 18 个电子，外层电子构型为 $ns^2np^6nd^{10}$，如 Ag^+、Zn^{2+} 等。

④ 18+2 电子构型　离子的次外电子层有 18 个电子，最外电子层有 2 个电子，电子构型为 $(n-1)s^2(n-1)p^6(n-1)d^{10}ns^2$，如 Sn^{2+}、Pb^{2+}、Bi^{3+} 等。

⑤ 9～17 电子构型　离子的最外电子层有 9～17 个电子，外层电子组态为 $ns^2np^6nd^{1\sim9}$，如 Fe^{3+}、Cr^{3+} 等。大多数为副族元素的正离子。

(3) 离子半径　离子半径近似反映离子的相对大小。但与原子一样，单个离子也不存在明确的界面。所谓离子半径是根据离子晶体中正、负离子的核间距测出的，并假定阴、阳离子的平衡核间距为正、负离子的半径之和。离子半径可用 X 射线衍射法测定，如果已知一个离子的半径，就可求出另一个离子的半径。表 5-8 列出了一些常见单原子离子的离子半径。

表 5-8　一些元素的离子半径　　单位：pm

离子	离子半径	离子	离子半径	离子	离子半径
F^-	136	Ca^{2+}	99	Al^{3+}	50
Cl^-	181	Sr^{2+}	113	Sc^{2+}	81
Br^-	196	Ba^{2+}	135	Y^{3+}	93
I^-	216	Zn^{2+}	74	Ga^{3+}	62
Li^+	60	Cd^{2+}	97	In^{3+}	81
Na^+	95	Hg^{2+}	110	Tl^{3+}	95
K^+	133	Pb^{2+}	120	Fe^{3+}	64
Rb^+	148	Mn^{2+}	80	Cr^{3+}	64
Cs^+	169	Fe^{2+}	76	Si^{4+}	41
Cu^{2+}	96	O^{2-}	140	Ti^{4+}	68
Ag^+	126	S^{2-}	184	Zr^{4+}	79
Au^+	137	Se^{2-}	198	Ge^{4+}	53
Be^{2+}	31	Te^{2-}	221	Sn^{4+}	71
Mg^{2+}	65	Co^{2+}	74	Pb^{4+}	84

离子半径具有如下规律。

① 在主族元素中，同族电荷数相同的离子的半径，随离子的电子层数增加而增大。例如：

$r(Li^+)<r(Na^+)<r(K^+)<r(Rb^+)<r(Cs^+)$，

$r(F^-)<r(Cl^-)<r(Br^-)<r(I^-)$。

② 同一周期电子层结构相同的正离子的半径，随离子的电荷数的增加而减小；而阴离子的半径随离子的电荷数减小而增大。例如：

$r(Na^+)>r(Mg^{2+})>r(Al^{3+})$；

$r(F^-)<r(O^{2-})$。

③ 同一元素的阴离子半径大于原子半径；而阳离子半径小于原子半径，且阳离子的电荷数越多，半径越小。

例如，$r(F^-) > r(F)$；$r(Fe^{3+}) < r(Fe^{2+}) < r(Fe)$。

5.5 共价键理论

离子键理论能很好地说明离子化合物，如 NaCl、KI 等的形成和性质。但这一理论无法说明由相同原子组成的单质分子，如 H_2、N_2、Cl_2 等，也不能说明由不同非金属元素结合生产的无机化合物分子如 HCl、CO_2 等，以及大量有机化合物分子中形成化学键的本质。

1916 年，美国化学家路易斯提出了早期的共价键理论：分子中的每个原子都有达到稀有气体稳定结构的倾向，在非金属原子组成的分子中，原子达到稀有气体稳定结构是通过共用一对或几对电子来实现的。这种原子间通过共用电子对结合所形成的化学键称为共价键。早期的共价键理论初步揭示了共价键与离子键的区别，但是无法阐明共价键的本质。它不能解释为什么两个带负电荷的电子不相互排斥，反而配对使两个原子结合在一起；也不能解释在有些分子中，中心原子的最外层电子少于 8 个（如 BCl_3 等）或多于 8 个（如 PCl_5 等），不是稳定的稀有气体结构，但这些分子仍能稳定存在的事实。

1927 年，英国物理学家海特勒（Heitler）和德国物理学家伦敦（Londen）用量子力学处理 H_2 结构，才从理论上初步阐明了共价键的本质。1931 年美国化学家斯莱特和鲍林把这一成果推广到其他双原子分子中，发展成为了价键理论（valence bond theory），简称 VB 法或电子配对法。

5.5.1 价键理论的基本要点

① 自旋相反的未成对电子相互靠近时能互相配对，即发生原子轨道重叠，使核间电子概率密度增大，形成稳定的共价键。如 H_2 分子含有一个共价单键；氧原子最外层有两个未成对 2p 电子，如果两个氧原子的未成对电子自旋方向相反，则可形成共价双键的氧分子；氮原子最外层有三个未成对 2p 电子，因而 N_2 是以共价三键结合的。

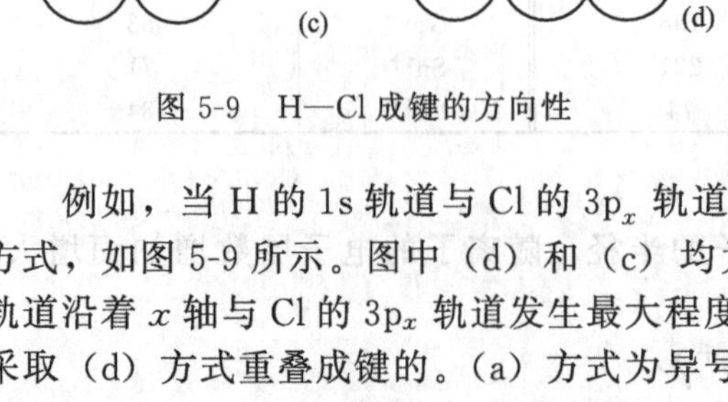

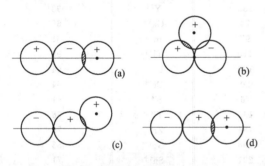

图 5-9 H—Cl 成键的方向性

② 原子轨道重叠时，总是沿着重叠最多的方向进行。重叠的越多，核间电子云密度越大，形成的共价键越稳固。共价键将尽可能沿着原子轨道最大重叠的方向形成，这就是原子轨道最大重叠原理。

③ 类似于机械波叠加，相位相同时相加，相位不同时相减，原子轨道重叠时，只有波函数同号（＋与＋或者－与－）才能有效叠加。

例如，当 H 的 1s 轨道与 Cl 的 $3p_x$ 轨道发生重叠形成 HCl 时，轨道有 4 种可能的重叠方式，如图 5-9 所示。图中（d）和（c）均为同号叠加是有效的。其中图 5-9（d）H 的 1s 轨道沿着 x 轴与 Cl 的 $3p_x$ 轨道发生最大程度的重叠，形成稳定的共价键。所以 HCl 分子是采取（d）方式重叠成键的。（a）方式为异号重叠，是无效的。（b）方式由于同号和异号两部分相互抵消，仍是无效的，不能成键。（c）方式不是轨道最大重叠方向。

5.5.2 共价键的特点

(1) 共价键的方向性 因为共价键只由不成对的电子形成，所以一个原子含有几个未成对电子，就能与其他原子的几个自旋相反的未成对电子配对形成共价键，即一个原子所形成的共价键的数目不是任意的，一般受未成对电子数目的限制，这就是共价键的饱和性。如果 A 和 B 各有一个未成对电子，且自旋相反，则可以互相配对形成共价单键；如果 A 和 B 各有两或三个未成对电子，且自旋相反，则可以形成共价双键或共价三键。如果 A 有两个未成对电子，而 B 只有一个未成对电子，若自旋相反，则一个 A 能与两个 B 结合形成 AB_2。

(2) 共价键的方向性 因为原子轨道（除 s 轨道外）在空间都有一定的取向，所以在形成共价键时，要使原子轨道达到最大重叠，只有沿着一定方向才能有利于成键。也就是说，除 s 轨道与 s 轨道的重叠没有方向性外，p，d，f 原子轨道只有沿着一定的方向才能发生最大程度的重叠。

5.5.3 共价键的类型

按原子轨道重叠方式的不同，共价键可以分为 σ 键和 π 键两种类型。

(1) σ 键 原子轨道沿键轴（两原子核间联线）方向以“头碰头”方式重叠所形成的共价键称为 σ 键。形成 σ 键时，原子轨道的重叠部分对于键轴呈圆柱形对称，沿键轴方向旋转任意角度，轨道的形状和符号均不改变。由于形成 σ 键时成键原子轨道沿键轴方向重叠，达到了最大程度的重叠，所以 σ 键键的键能大，稳定性高。若以 x 轴作为键轴，s-s，s-p_x，p_x-p_x 重叠形成 σ 键，如图 5-10(a) 所示。

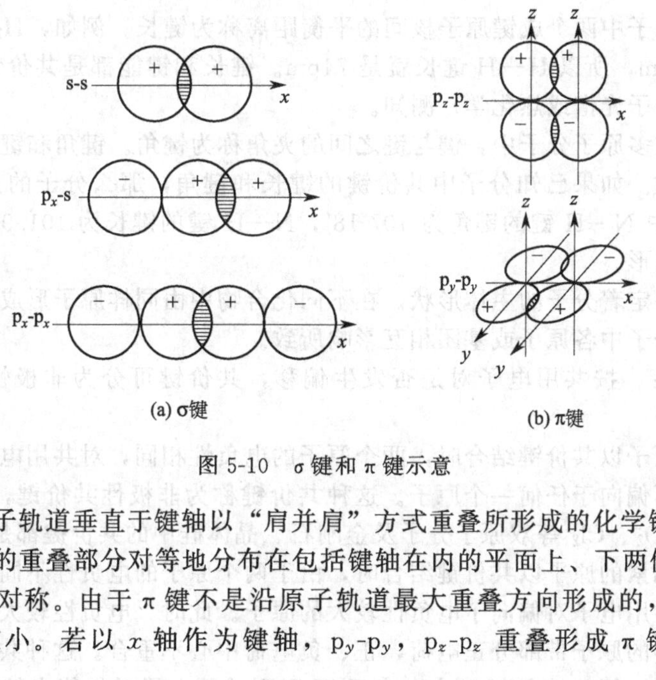

图 5-10 σ 键和 π 键示意

(2) π 键 原子轨道垂直于键轴以“肩并肩”方式重叠所形成的化学键称为 π 键。形成 π 键时，原子轨道的重叠部分对等地分布在包括键轴在内的平面上、下两侧，形状相同，符号相反，呈镜面反对称。由于 π 键不是沿原子轨道最大重叠方向形成的，因此重叠程度较小，所以键能也较小。若以 x 轴作为键轴，p_y-p_y，p_z-p_z 重叠形成 π 键，如图 5-10(b) 所示。

从原子轨道重叠程度来看，π 键的重叠程度要比 σ 键的重叠程度小，因此 π 键的键能要小于 σ 键的键能，所以 π 键的稳定性低于 σ 键，它是化学反应的积极参与者。

当两个原子形成共价单键时，原子轨道总是沿键轴方向达到最大程度的重叠，所以单键都是 σ 键；形成共价双键时，有一个 σ 键和一个 π 键；形成共价三键时，有一个 σ 键和两个 π 键。例如，基态 N 的外层电子构型为 $2s^2 2p^3$，有 3 个未成对电子，当两个 N 沿 x 轴接近时，一个 N 的 p_x 轨道与另一个 N 的 p_x 轨道头碰头重叠，形成一个 σ 键，而两个 N 垂直于 p_x 轨道的 p_y 轨道和 p_z 轨道只能垂直于键轴（x 轴）肩并肩重叠，形成两个互相垂直的 p_y-p_y，p_z-p_z π 键，如图 5-10 所示。

(3) 配位键 按共用电子提供的方式不同，又将共价键分为正常共价键和配位共价键两种类型。

5.5.4 键参数

键能、键长、键角和键的极性等是表征共价键性质的物理量称为共价键参数。

(1) 键能 在标准状态，298K下，将1mol基态理想双原子分子 A—B(g) 的化学键打开，两个中性气态原子A和原子B所需要的能量称为AB键的键能，单位为kJ/mol。键能越大，物质越稳定，欲将AB打开消耗能量就越大；键能越小，物质越不稳定，欲将AB打开消耗能量就越小，见表5-9所列。

表5-9 一些共价键的键长和键能

键	键长/pm	键能/(kJ/mol)	键	键长/pm	键能/(kJ/mol)
C—C	154	345.6	H—H	74	436
C=C	134	602	H—F	92	570
C=O	120	835.1	H—Cl	127	432
N—N	145	159	H—Br	141	366
N=N	125	418	H—I	161	298
N≡N	110	946			

(2) 键长 分子中两个成键原子核间的平衡距离称为键长。例如，H_2 分子中两个H原子的核间距为74pm，所以H—H键长就是74pm。键长和键能都是共价键的重要性质，可由实验（主要是分子光谱或热化学）测知。

(3) 键角 在多原子分子中，键与键之间的夹角称为键角。键角和键长是表征分子的几何构型的重要参数。如果已知分子中共价键的键长和键角，那么分子的几何构型也就确定了。例如，NH_3 中N—H键的键角为107°18′，N—H键的键长为101.9pm，因此 NH_3 的几何构型为三角锥形。

键长和键角决定着分子的主体形状。在不同化合物中由同样原子形成的键角不一定完全相同，这是由于分子中各原子或基团相互影响所致。

(4) 键的极性 按共用电子对是否发生偏移，共价键可分为非极性共价键和极性共价键。

当两个相同原子以共价键结合时，两个原子的电负性相同，对共用电子对的吸引能力相同，共用电子对不偏向于任何一个原子。这种共价键称为非极性共价键，简称为非极性键。例如，H_2、N_2、O_2、Cl_2 等双原子分子及金刚石、晶体硅中的共价键都是非极性键。

当两个不同元素的原子以共价键结合时，由于两个原子的电负性不同，对共用电子对的吸引能力不同，共用电子对偏向于电负性较大的原子。此时，电负性较大的原子带部分负电荷，而电负性较小的原子带部分正电荷，正、负电荷中心不重合。这种共价键称为极性共价键，简称为极性键。例如，在HCl中，由于Cl吸引共用电子对的能力较强，共用电子对偏向于Cl，因此H—Cl键是极性键。

共价键的极性与成键两原子的电负性差有关，电负性差越大，共价键的极性就越大。

5.6 杂化轨道理论

价键理论成功地解释了许多共价分子的形成，阐明了共价键的成键本质及其特点。但是分子结构中的不少实验事实它却无法解释。例如，甲烷分子按价键理论推断，C原子的电子排布为 $1s^2 2s^2 2p^2$，只有2个单电子，只能形成两个共价键，且键角应该为90°左右。但是实验测定，四个 C—H 键的键角均为 109.5°，理论和实验不符。水分子中，两个 O—H 键间的夹角是 104.5°；也不是 90°。为了解决这些矛盾，鲍林在 VB 法基础上，提出了杂化轨道理论，可以看成是 VB 法的补充和发展。

5.6.1　杂化轨道理论基本要点

原子在形成分子的过程中，在周围原子的影响下，将原有的原子轨道进一步线性组合成新的原子轨道。这种在一个原子中不同原子轨道的线性组合，称为原子轨道的杂化，杂化后得到的原子轨道称为杂化轨道。

轨道杂化理论的基本要点如下。

① 只有在形成分子的过程中，能量相近的原子轨道才能进行杂化，孤立原子不可能发生杂化，常见杂化类型的有 sp 杂化和 spd 杂化。

② 原子轨道经过杂化，可使成键能力增强。这是因为杂化后原子轨道沿一个方向更集中地分布，当与其他原子成键时，重叠部分增大，成键能力增强。

③ 杂化轨道的数目与参与杂化的原子轨道数目相同，但轨道在空间的伸展方向发生改变。

④ 中心原子采取的杂化类型决定了杂化轨道分布形状及所形成的分子的几何构型。

5.6.2　杂化轨道基本类型

(1) sp 杂化　由一个 *n*s 轨道和一个 *n*p 轨道参与的杂化称为 sp 杂化，所形成的两个杂化轨道称为 sp 杂化轨道。每个 sp 杂化轨道含有$\frac{1}{2}$的 s 成分和$\frac{1}{2}$的 p 成分，杂化轨道间的夹角为 180°，呈直线型。

以二氯化铍气态分子的结构为例，进行说明。基态 Be 的外层电子构型为 $2s^2$，没有未成对电子，似乎不能形成共价键。而杂化轨道理论认为，形成 $BeCl_2$ 时，Be 原子首先将一个 2s 电子激发到空的 2p 轨道上（电子激发所需要的能量可以从成键时释放出来的能量予以补偿而有余），再以一个 2s 原子轨道和一个 2p 原子轨道形成两个 sp 杂化轨道，而每个 sp 杂化轨道中各有一个未成对电子。Be 原子用两个 sp 杂化轨道分别与两个 Cl 含有未成对电子的 3p 轨道重叠，形成了两个 σ 键。由于 Be 的两个 sp 杂化轨道间的夹角是 180°，因此所形成的 $BeCl_2$ 的几何构型为直线形，sp 杂化轨道。

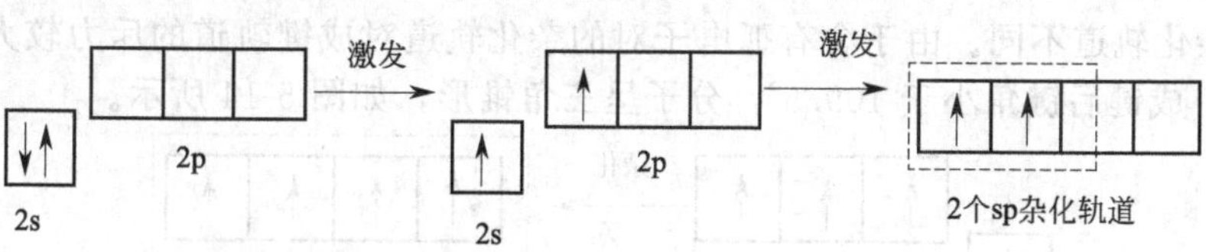

Be 原子轨道

$BeCl_2$ 分子形成示意如图 5-11 所示。

(2) sp^2 杂化　由一个 *n*s 轨道和两个 *n*p 轨道参与的杂化称为 sp^2 杂化，所形成的三个杂化轨道称为 sp^2 杂化轨道。每个 sp^2 杂化轨道含有$\frac{1}{3}$的 s 成分和$\frac{2}{3}$的 p 成分，杂化轨道间的夹角为 120°，呈平面正三角形。以 BF_3 气态分子的结构为例，进行说明。

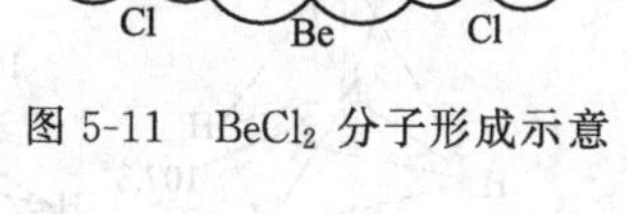

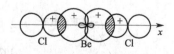

图 5-11　$BeCl_2$ 分子形成示意

基态 B 的外层电子构型为 $2s^2 2p^1$，形成 BF_3 时，在 F 的影响下，B 的一个 2s 电子先激发到 2p 的空轨道上去，然后经过杂化形成三个 sp^2 杂化轨道：

B 以三个 sp^2 杂化轨道与 F 的 2p 轨道重叠，形成 3 个等价的 s 键，所以 BF_3 分子的空间构型是平面三角形，如图 5-12 所示。

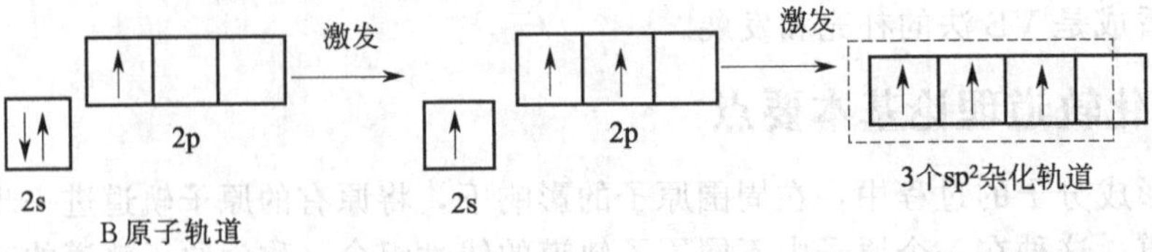

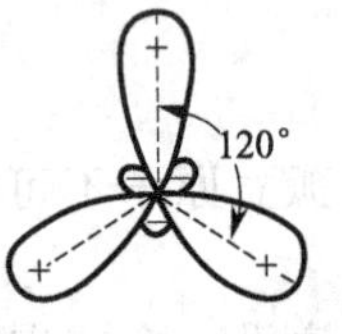

(a)

图 5-12　BF_3 的空间构型和 sp^2 杂化轨道

(3) sp^3 杂化　由一个 *n*s 轨道和三个 *n*p 轨道参与的杂化称为 sp^3 杂化，所形成的四个杂化轨道称为 sp^3 杂化轨道。每个 sp^3 杂化轨道含有 $\frac{1}{4}$ 的 s 成分和 $\frac{3}{4}$ 的 p 成分，杂化轨道间的夹角为 109.5°，呈正四面体。以 CH_4 气态分子的结构为例，进行说明。

基态 C 的外层电子构型为 $2s^2 2p^2$，形成 CH_4 时，在 H 的影响下，C 的一个 2s 电子先激发到 2p 的空轨道上去，然后经过杂化形成四个 sp^3 杂化轨道。

C 用四个 sp^3 杂化轨道分别与四个 H 的 1s 轨道重叠形成四个等价的 s 键。由于 C 的四个 sp^3 杂化轨道间的夹角为 109.5°，所以生成的 CH_4 的几何构型为正四面体。

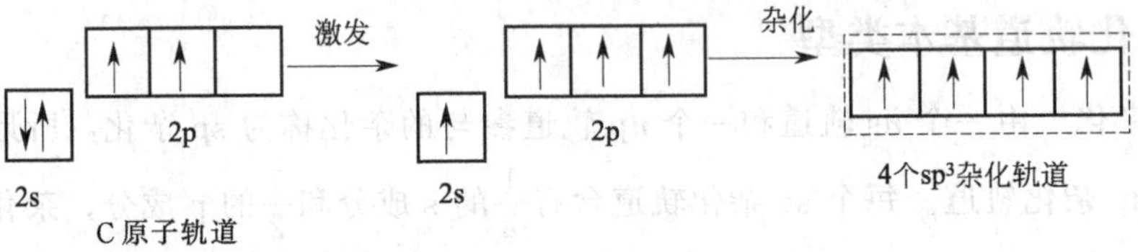

CH_4 分子结构如图 5-13 所示。

(4) 不等性杂化　参与杂化的每个原子轨道均有未成对的单电子，杂化后每个轨道的 sp 成分均相同的杂化称为等性杂化，所得的杂化轨道称为等性杂化轨道。当参与杂化的原子轨道不仅包含未成对的单电子原子轨道而且也包含成对电子的原子轨道时，这种杂化称为不等性杂化。

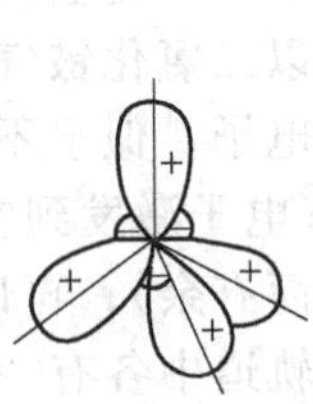

图 5-13　CH_4 分子结构

如基态 N 原子的外层电子构型为 $2s^2 2p^3$，形成 NH_3 分子时，在 H 原子的影响下，N 原子的 1 个 2s 轨道和 3 个 2p 轨道首先进行 sp^3 杂化。因为 2s 轨道上有一对孤电子对，因此，与其他 3 个只含有单电子的 sp^3 杂化轨道不同。由于含有孤电子对的杂化轨道对成键轨道的斥力较大，使成键轨道受到挤压，成键后键角小于 109.5°，分子呈三角锥形，如图 5-14 所示。

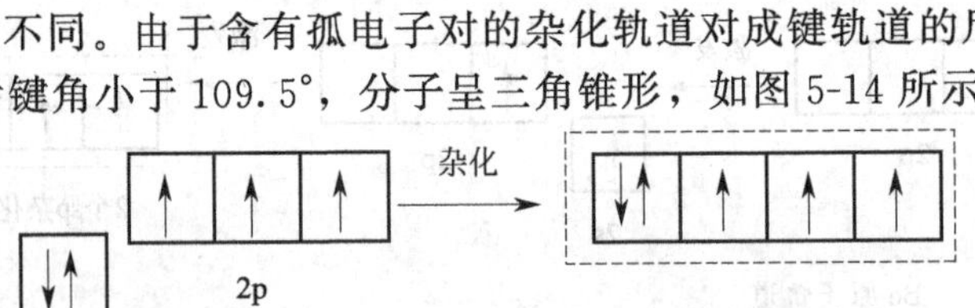

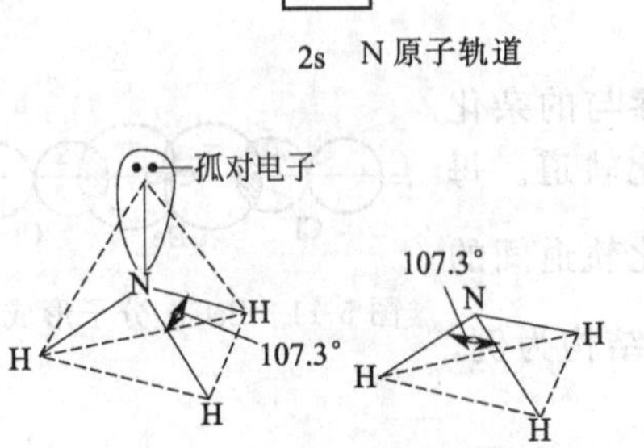

图 5-14　NH_3 分子的空间结构

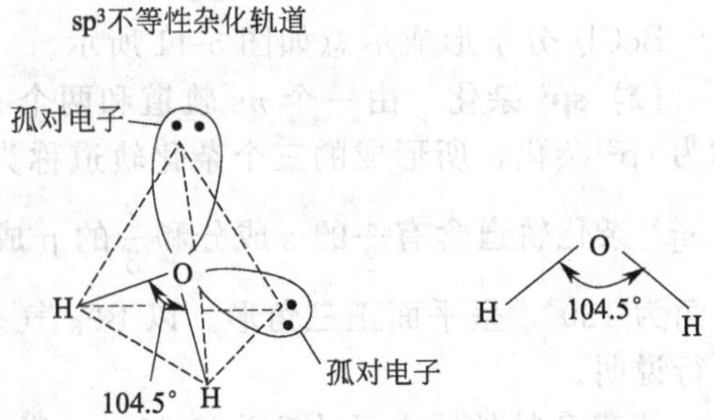

图 5-15　H_2O 分子的空间结构

H_2O分子中，O 原子也采取 sp^3 不等性杂化，其中 2 对孤电子对占据两个杂化轨道，另 2 个含有单电子的杂化轨道分别与 H 原子中的 1s 轨道重叠成键。H_2O 分子中有 2 对孤电子对，对成键的杂化轨道排斥作用更大，以致两个 O—H 键间夹角由 109.5°压缩成实际的 104.5°。因此，H_2O 分子的几何构型为 V 形，如图5-15所示。

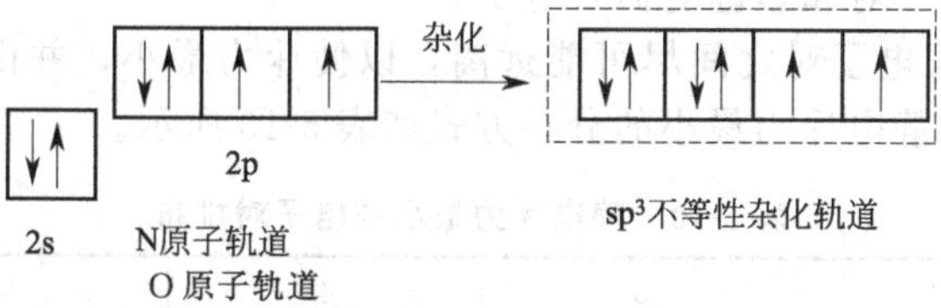

(5) sp^3d 杂化和 sp^3d^2 杂化 中心原子除了采用 sp 杂化类型外，还可以由 d、s、p 轨道线性组合得到的杂化轨道称 d-s-p 杂化轨道。

为了构成有效的杂化轨道，参与杂化的轨道的能量必须相差不多。对于周期表中 d 区元素，中心原子的 ns 和 np 轨道与 $(n-1)$d 轨道或 nd 轨道的能量相近，它们可以组合成 d-s-p 杂化轨道，也可以组合成 s-p-d 杂化型道。p 区元素没有 $(n-1)$d 轨道或 $(n-1)$d 轨道已填满，ns 和 np 与 nd 轨道能量比较接近，它们只能组合成 s-p-d 杂化轨道。d 轨道的主量子数不同，并不影响杂化轨道的几何构型。但有时为了表达出中心原子的电子组态，把 $(n-1)$d 轨道写在前面，nd 轨道写在后面。例如，d^2sp^3 杂化轨道表示由 $(n-1)$d、ns 和 np 轨道组合而成，而 sp^3d^2 杂化轨道则表示由 ns、np 和 nd 轨道组合而成。但在讨论几何构型时并不加以区别，而且在一般文献中也没有这种区别。

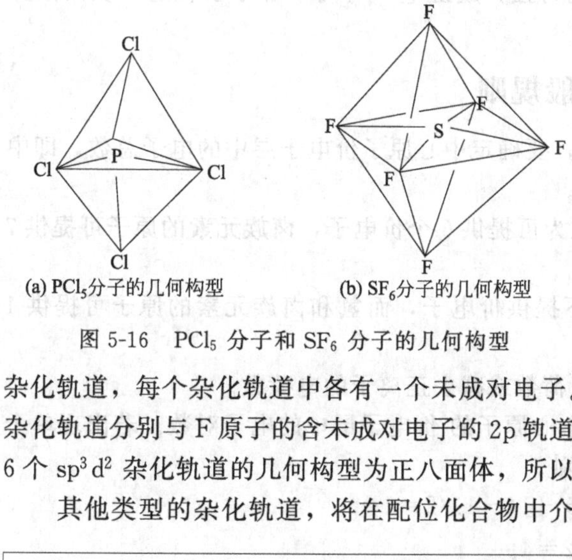

图 5-16 PCl_5 分子和 SF_6 分子的几何构型

PCl_5 属于 sp^3d 杂化。P 原子的 1 个 3s 电子激发到 3d 轨道，形成了 5 个 sp^3d 杂化轨道。这 5 个杂化轨道中 3 个杂化轨道互成 120°位于一个平面上，另外 2 个杂化轨道垂直于这个平面，所以 PCl_5 分子的空间构型为三角双锥型（图 5-16）。

SF_6 分子中 S 原子的一个 3s 电子和 1 个 3p 电子可激发至 3d 轨道，形成 6 个 sp^3d^2 杂化轨道，每个杂化轨道中各有一个未成对电子。S 原子用 6 个各有一个未成对电子的 sp^3d^2 杂化轨道分别与 F 原子的含未成对电子的 2p 轨道重叠，形成 6 个 S—F 键。由于 S 原子提供的 6 个 sp^3d^2 杂化轨道的几何构型为正八面体，所以 SF_6 分子的几何构型为正八面体。

其他类型的杂化轨道，将在配位化合物中介绍。

5.7 价层电子对互斥理论

杂化轨道理论能较满意地说明共价分子的空间构型，但是，一个分子的中心原子究竟采用哪种杂化，有时很难预言。1940 年美国的一位科学家西奇维克（N. V. Sidgwick）等提出，后经人发展起来了的价层电子对互斥理论（valence-shell electron-pair repulsion theory）简称 VSEPR 法。能准确而较简便的判断 AL_n 型共价分子或离子的空间构型。

5.7.1 价层电子对互斥理论的理论要点

价层电子对互斥理论认为："一个中心原子 A 与周围的原子或原子团（统称为配体）形

成了共价分子 AL_n 的价电子对（包括成键的电子对以及未成键的孤对电子），由于相互排斥作用而趋向极可能彼此远离，分子尽可能采取对称的结构”。所以。VSEPR 法仅需依据分子中成键电子对及孤对电子的数目便可定性判断和预测分子的空间构型。

① 多原子分子或多原子离子的几何构型取决于中心原子的价层电子对。中心原子的价层电子对是指 σ 成键电子对和非键的孤对电子。

② 中心原子的价层电子对之间尽可能远离，以使斥力最小，并由此决定了分子的几何构型。价层电子对间的静电斥力最小的分布方式如表 5-10 所示。

表 5-10 静电斥力最小的电子对排布

电子对数	2	3	4	5	6
电子对排布	直线	平面三角形	四面体	三角双锥	八面体

③ 中心原子若形成共价双键或共价三键，仍按共价单键处理。但由于双键或三键中成键电子多，电子云占据的空间大，相应的斥力也大。所以，斥力大小的顺序为：三键＞双键＞单键。

④ 价层电子对之间的斥力与价层电子对的类型有关，成键电子对因受两个原子核的吸引，电子云比较紧缩，而孤对电子只受到中心原子的吸引，电子云比较“肥大”，对邻近电子对的斥力较大。所以，价层电子对间斥力大小的顺序为：孤对电子-孤对电子＞孤对电子-成键电子对＞成键电子对-成键电子对。

⑤ 电负性大的配体吸引成键电子对的能力强，成键电子对离中心原子较远，从而减少了成键电子对的斥力，所以键角将相应减小。

5.7.2 判断共价分子空间构型的一般规则

(1) 确定中心原子价层电子对数 首先，要确定中心原子价电子层中的电子总数，即中心原子的价电子数和配体提供的电子数之和。

① 作中心原子时，氧族元素的原子被认为可提供 6 个价电子，卤族元素的原子可提供 7 个价电子。

② 作配体时，氧族元素的原子被认为不提供价电子，而氢和卤族元素的原子可提供 1 个价电子。

③ 若为复杂离子，则应加上负离子的电荷数或减去正离子的电荷数。

将确定的价层电子的总数除以 2，即为中心原子的 价电子层中的电子对数。若出现单个电子，仍作为 1 对电子处理。如 3.5 算做 4 对。

例如，NH_4^+ 中 N 的价层电子对数为 (5 ＋ 4－1)/2＝4；

SO_4^{2-} 中 S 的价层电子对数为 (6 ＋2)/2＝4。

(2) 根据中心原子价层电子对数，找出相应价层电子对构型和分子构型 这种分布方式可使电子对之间静电斥力最小。

5.7.3 VSEPR 法的应用

(1) 判断 CH_4 的几何构型 在 CH_4 中，C 有 4 个价电子，4 个 H 提供 4 个电子，C 的价层电子对为 4 对。由表 5-11 可知，C 的价层电子对的分布为正四面体，由于价层电子对全部是成键电子对，因此 CH_4 的几何构型为正四面体。

(2) 判断 ClO_3^- 的几何构型 在 ClO_3^- 中，Cl 有 7 个价电子，O 不提供电子，再加上是复杂阴离子带一个单位的负电荷，要加上这个电子，Cl 的价层电子对为 4 对。由表可知，

Cl 的价层电子对的分布为四面体，四面体的 3 个顶角被 3 个 O 占据，余下的一个顶角被孤对电子占据，因此 ClO_3^- 为三角锥形。

表 5-11　中心原子的价层电子对的分布和 AL_n 型共价分子或离子的几何构型

A 的价层电子对数	价层电子对构型	分子类型	成键电子对数	孤对电子数	分子构型	实　例
2	直线 	AL_2	2	0	直线	$HgCl_2$、CO_2
3	平面三角形 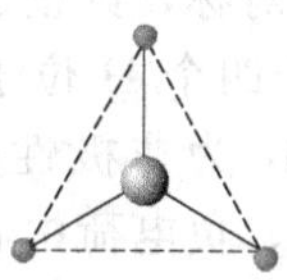	AL_3 AL_2	3 2	0 1	平面正三角形 角形	BF_3、NO_3^- $PbCl_2$、SO_2
4	四面体 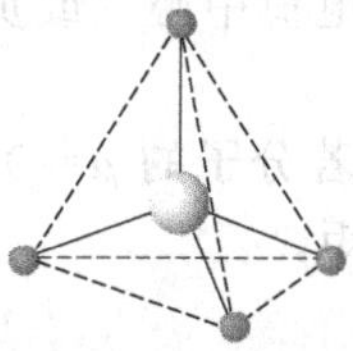	AL_4 AL_3 AL_2	4 3 2	0 1 2	正四面体 三角锥形 角形	SiF_4、SO_4^{2-} NH_3、H_3O^- H_2O、H_2S
5	三角双锥 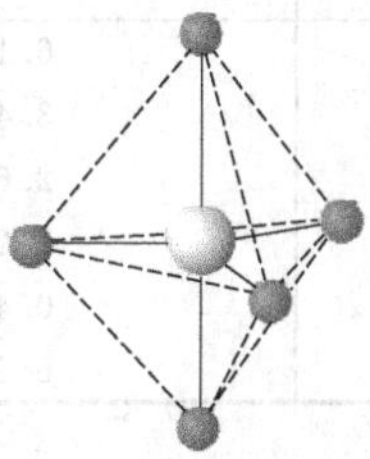	AL_5 AL_4 AL_3 AL_2	5 4 3 2	0 1 2 3	三角双锥 变形四面体 字形 直线	PCl_5、PF_5 SF_4、$TeCl_4$ ClF_3、BrF_3 I_3^-、XeF_2
6	八面体 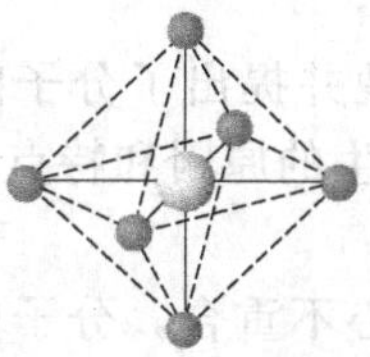	AL_6 AL_5 AL_4	6 5 4	0 1 2	正八面体 四方锥 平面正方形	SF_6、AlF_6^{3-} BrF_5、SbF_5^{2-} ICl_4^-、XeF_4

5.8　分子间作用力和氢键

分子间作用力较弱，为化学键键能的十分之一到几十分之一。分子间作用力主要影响物质的物理性质，如熔点、沸点、溶解度等。由于分子间作用力最早由荷兰物理学家范德华提出，因此也称范德华力。

分子间作用力除了与分子的结构有关外，也与分子的极性有关。

5.8.1　分子的极性

共价键有非极性键与极性键之分，由共价键形成的分子也有非极性分子与极性分子之分。

在任何一个分子中都可以找到一个正电荷中心和一个负电荷中心，根据两个电荷中心是否重合，可以把分子分为极性分子和非极性分子。正、负电荷中心重合的分子叫非极性分子(nonpolar molecule)；正、负电荷的中心不重合的分子叫极性分子（polar molecule)。

共价分子是由原子通过共价键结合而成的，显然分子的极性与共价键的极性有关。对于双原子分子，分子的极性与共价键的极性是一致的，如果共价键为极性键，则分子为极性分子；反之，如果共价键为非极性键，则分子为非极性分子。

在多原子分子中，分子的极性不仅与共价键的极性有关，还与分子的几何构型有关。如果分子中的共价键为极性键，但分子的几何构型是完全对称的，则正、负电荷中心重合，为非极性分子；如果分子中的共价键为极性键，且分子的几何构型不对称，则正、负电荷中心不重合，为极性分子。例如，CH_4 中的 C—H 键是极性键，但由于四个 H 位于正四面体的四个顶角上，整个分子的正、负电荷中心重合在一起，因此 CH_4 为非极性分子。又如，H_2O 中的 O—H 键为极性键，但由于两个 H 位于 O 的同一侧，正、负电荷中心不重合，因此 H_2O 为极性分子。

分子的极性常用偶极矩 μ 来衡量。定义为，极性分子等于正电荷中心（或负电荷中心）的电量 q 与正、负电荷中心间的距离 d 的乘积：$\mu=q\cdot d$。

式中，μ 是矢量，方向从正到负，单位为 C・m（库・米）。若分子的 $\mu=0$，为非极性分子，μ 越大，分子的极性越强。表 5-12 列出了一些物质的偶极矩。

表 5-12　一些物质的偶极矩

物　质	偶 极 矩	物　质	偶 极 矩
H_2	0	H_2O	6.16
N_2	0	HCl	3.43
CO_2	0	HBr	2.63
CS_2	0	HI	1.27
H_2S	3.66	CO	0.40
SO_2	5.33	HCN	6.99

5.8.2　分子间力

1873 年，荷兰物理学家范德华在研究气体性质时，首先发现并提出了分子间作用力的存在，因此后人常把分子间力称为范德华力。分子间作用力按产生的原因和特点可分为取向力、诱导力和色散力。

(1) 取向力 (orientation force)　极性分子的正、负电荷中心不重合，分子中存在永久偶极。极性分子相互接近时，极性分子的永久偶极间同极相斥、异极相吸（图 5-17)，在空间取向处于异极相邻而产生静电作用。这种由于取向而在极性分子的永久偶极间产生的静电作用力称为取向力。取向力的本质是静电作用，显然，极性分子的分子电偶极矩越大，取向力就越大。

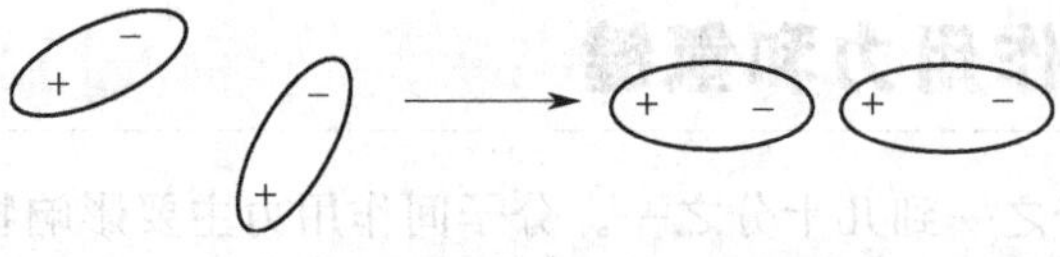

图 5-17　极性分子间的相互作用

(2) 诱导力 (induced force)　当极性分子与非极性分子相互接近时，极性分子就如同一个外电场，使非极性分子重合的正、负电荷中心发生相对位移而产生诱导偶极。这种极性分子的永久偶极与非极性分子的诱导偶极间产生的作用力称为诱导力。

诱导力的本质是静电引力，极性分子的偶极矩越大，非极性分子的变形性越大，产生的诱导力就越大。由于极性分子相互接近时，在永久偶极的相互影响下，每个极性分子的正、负电荷中心的距离被拉大，也将产生诱导偶极，因此诱导力也存在于极性分子之间。

(3) 色散力（dispersion force） 任何分子由于电子的运动和原子核的振动，常发生电子云和原子核间的瞬间相对位移，从而产生瞬间偶极。瞬间偶极之间的相互作用力称为色散力。虽然瞬间偶极存在时间极短，但是这种情况不断重复，因此色散力始终存在着。

由于在极性分子中也会产生瞬间偶极，因此不仅非极性分子之间存在色散力，而且非极性分子与极性分子之间、极性分子之间也存在色散力。一般说来，分子的相对分子质量越大，色散力就越大。

综上所述，在极性分子之间存在色散力、诱导力和取向力；在极性分子与非极性分子之间存在色散力和诱导力；在非极性分子之间只存在色散力。一把情况下，色散力是分子间最主要的的作用力，只有当分子的极性很大时（如 H_2O 分子之间），取向力才比较显著；而诱导力通常很小。

分子间力与化学键不同。分子间力的本质基本上是静电作用，因而它既无方向性，也无饱和性。分子间力是一种永远存在于分子间的作用力，随着分子间距离的增加，分子间力迅速减小，其作用力的大小约为每摩尔几到几百焦耳之间。

分子间作用力是决定物质熔点、沸点等物理性质的主要因素。例如，卤素分子（X_2）是非极性双原子分子，分子间只存在色散力。由于卤素分子的色散力随相对分子质量的增加而增大，它们的熔点、沸点也随相对分子质量的增大而升高，在常温下，F_2、Cl_2 是气体，Br_2 是液体，而 I_2 是固体。

5.8.3 氢键

按前面对分子间力的讨论，结构相似的同系列物质的熔点、沸点一般随相对分子质量的增加而升高，但在氢化物中唯有 NH_3、H_2O、HF 的熔点、沸点高于同族其他元素。如 H_2O 的熔、沸点比 H_2S、H_2Se 和 H_2Te 都要高。H_2O 还有很多反常的性质，这都说明 H_2O 分子间除了范德华力以外还存在另一种特殊的作用力——氢键（hydrogen bond）（图 5-18）。

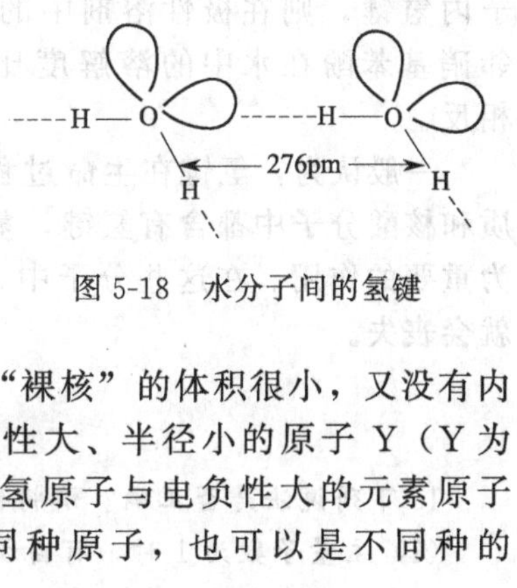

图 5-18 水分子间的氢键

当氢与电负性很大大、半径很小的原子 X（X 为 F，O，N）以共价键结合时，由于 X 吸引成键电子的能力大，共用电子对偏向于 X，使氢原子几乎变成了“裸核”。“裸核”的体积很小，又没有内层电子，不被其他原子的电子所排斥，还能与另一个电负性大、半径小的原子 Y（Y 为 F，O，N）中的孤对电子产生静电吸引作用。这种产生在氢原子与电负性大的元素原子的孤对电子之间的静电吸引力称为氢键。X、Y 可以是同种原子，也可以是不同种的原子。

(1) 氢键形成的条件

① 氢原子与电负性很大的原子 X 形成共价键。

② 有另一个电负性大、半径小且具有孤电子对的原子 Y。

氢键通常用 X—H···Y 表示，其中 X 和 Y 代表 F、O、N 等电负性大、半径小的非金属元素的原子，H···Y 之间的键称为氢键。氢键的键能一般在 40kJ/mol 以下，比化学键的键能小得多。

(2) 氢键的特点 氢键具有方向性和饱和性。氢键的方向性是指形成氢键 X—H ···Y 时，X、H、Y 尽可能在同一直线上，这样可使 X 与 Y 间距离最远，它们间的排斥力最小。氢键的饱和性是指一个 X—H 分子只能与一个 Y 形成氢键，当 X—H 分子与一个 Y 形成氢键 X—H···Y 后，如果再有一个 Y 接近时，则这个原子受到氢键 X—H···Y 上的 X、Y 的排斥力远大于H对它的吸引力，不可能形成第二个氢键。

(3) 氢键的种类 氢键可分为分子间氢键和分子内氢键两种类型。一个分子的X—H键与另一个分子中的Y形成的氢键称为分子间氢键。一个分子的X—H键与该分子内的Y形成的氢键称为分子内氢键。

(4) 氢键对物质性质的影响

① 氢键对化合物的沸点和熔点的影响 化合物生成分子间氢键，使分子间具有较强的结合力，将导致化合物的沸点和熔点升高。因此，形成分子间氢键的化合物的沸点和熔点都比没有形成氢键的同类化合物为高。

化合物生成分子内氢键，必然使形成分子间氢键的机会减少，因此与形成分子间氢键的化合物相比较，其沸点和熔点就会降低。例如，邻硝基苯酚的熔点为45℃，而间硝基苯酚和对硝基苯酚的熔点分别为96℃和114℃。这是因为固态的间硝基苯酚和对硝基苯酚中存在分子间氢键，熔融时必须破坏一部分分子间氢键，所以熔点较高。而固态的邻硝基苯酚存在分子内氢键，不能再形成分子间氢键，所以熔点较低。

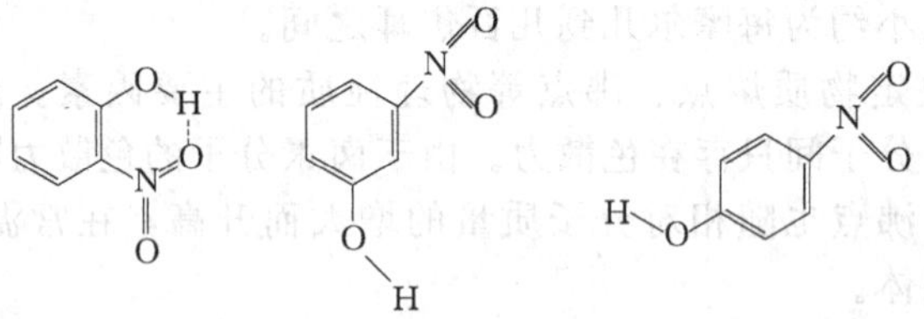

熔点 45℃ 96℃ 114℃

② 氢键对化合物的溶解度的影响 如果溶质分子与溶剂分子形成分子间氢键，则溶质在溶剂中的溶解度增大。例如，乙醇与水能任意互溶。如果溶质分子形成分子内氢键，则在极性溶剂中的溶解度减小，而在非极性溶剂中的溶解度增大。例如，邻硝基苯酚在水中的溶解度比对硝基苯酚在水中的溶解度小，而在苯中的溶解度则相反。

一般认为，氢键在生命过程中也具有非常重要的意义。与生命现象密切相关的蛋白质和核酸分子中都含有氢键，氢键在决定蛋白质和核酸等分子的结构和功能方面起着极为重要的作用。在这些分子中，一旦氢键被破坏，分子的空间结构就要改变，生物活性就会丧失。

习 题

1. 下列说法是否正确？请将错误的说法进行更正。

(1) 主量子数为1时，有自旋相反的两个原子轨道。

(2) 主量子数为3时，有3s，3p，3d，3f四个原子轨道。

(3) 在任一原子中，3p能级的能量总是比3s的能级能量高。

(4) 由径向分布函数图可见，当n值相同时，d的峰数>p的峰数>s的峰数。

(5) 氢原子的1s电子云图中，小黑点越密的地方，电子越多。

(6) p轨道的角度分布为"8"字形，表明电子沿"8"字形轨道运动。

(7) 一个原子中不可能存在两个运动状态完全相同的电子。

2. 选择题

(1) 下列原子中，第一电子亲和能最大的是（ ）。

A. O　B. S　C. F　D. Cl

(2) 某原子中，$n=4$，$l=2$的电子最多可有（ ）个。

A. 2　B. 6　C. 10　D. 14

(3) 合理的一组量子数（$n\ l\ m\ m_s$）是（　　）。

A. 3，0，−1，+1/2　　B. 3，1，2，+1/2

C. 3，1，−1，−1/2　　D. 3，1，−1，0

(4) 下列4种价电子构型的原子中，第一电离能最低的是（　　）。

A. ns^2np^3　　B. ns^2np^4　　C. ns^2np^5　　D. ns^2np^6

(5) 某元素的最外层只有一个角量子数 $l=0$ 的电子，则该元素不可能是（　　）。

A. s区元素　　B. p区元素　　C. d区元素　　D. ds区元素

(6) 下列离子中最外层 d 轨道达半满状态的是（　　）。

A. Cr^{3+}　　B. Fe^{3+}　　C. Co^{3+}　　D. Cu^{+}

3. 下列各组量子数，哪些是不合理的，为什么？

(1) $n=2$，$l=1$，$m=0$　　(2) $n=2$，$l=2$，$m=-1$

(3) $n=3$，$l=0$，$m=0$　　(4) $n=3$，$l=1$，$m=+1$

(5) $n=2$，$l=0$，$m=-1$　　(6) $n=2$，$l=3$，$m=+2$

4. 试将合理的量子数填入下表的空格处。

n	l	m	s_i	n	l	m	s_i
	2	0	$+\frac{1}{2}$	2	0		$+\frac{1}{2}$
2		+1	$-\frac{1}{2}$	1			$-\frac{1}{2}$
4	2	0					

5. 抑制某些元素的原子序数，填充下表空白：

原子序数	电子排布式	各层电子数	周期	族	区	金属还是非金属
11						
21						
53						
60						
80						

6. 填空题

(1) M^{3+} 离子 $3d$ 轨道上有3个电子，表示电子可能的运动状态的四个量子数是：________，该原子的核外电子排布是____________________，M属______周期，第______列的元素，它的名称是____________，符号是____________________。

(2) 第四周期第七个过渡元素是__________，其价电子排布构型为__________。

(3) 第一个出现5s分层的元素是__________。

(4) 当 $n=4$ 时，l 可能的值是__________。

(5) 当 $n=3$，$l=2$ 的轨道总是为__________。

(6) 当 $n=4$，$l=3$ 的轨道数目为__________。

(7) 当 $n=4$，$l=3$，$m=2$ 的轨道数目为__________。

7. 根据元素在周期表所处的位置，写出下表中各元素原子的价电子构型。

周　期	族	价电子构型	周　期	族	价电子构型
3	ⅡA		5	ⅢB	
4	ⅣB		6	ⅥA	

8. 某一元素的原子序数为24，问

(1) 该元素原子的电子总数是多少？

(2) 写出它的电子排布式和价电子构型。

(3) 它属于第几周期？第几族？主族还是副族？最高氧化物的化学式是什么？

9. 试比较下列各对原子或离子半径的大小（不查表）

Sc 和 Ca　　Sr 和 Ba　　K 和 Ag

Fe^{2+} 和 Fe^{3+}　　Pb 和 Pb^{2+}　　S 和 S^{2-}

10. 试比较下列各对原子电离能的高低（不查表）

O 和 N　　Al 和 Mg　　Sr 和 Rb

Cu 和 Zn　　Cs 和 Au　　Br 和 Kr

11. 试解释下列元素第一电离能的变化规律：

(1) $I(\mathrm{Li})<I(\mathrm{B})<I(\mathrm{Be})$；

(2) $I(\mathrm{C})<I(\mathrm{O})<I(\mathrm{N})$。

12. ⅥA 族元素中，O 元素的电子亲和能比 S 元素小；ⅦA 族元素中，F 元素的电子亲和能比 Cl 元素小。试解释上述反常现象。

13. 电子亲和能和电负性都表示原子吸引电子的能力，两者有何区别？

14. 指出下列叙述是否正确。

(1) 价层电子组态为 ns^1 的元素一定是碱金属元素；

(2) Ⅷ族元素的价层电子组态为 $(n-1)d^6ns^2$；

(3) 过渡元素的原子填充电子时是先填 3d 然后填 4s，所以失电子时也是先失 3d 电子后失 4s 电子；

(4) F 是最活泼的非金属元素，故其电子亲和能最大。

15. 指出下列元素的原子序数，并写出它们的核外电子排布：

(1) 第四个惰性气气体

(2) 常温下为液态的非金属

(3) 第七个过渡金属（第四周期）

(4) 第一个出现 5s 电子元素

(5) 4p 电子填充一半的元素

16. (1) 根据表中要求，填写表中其它各项

(2) 上表中 A、B、C、D 四种元素中哪几种是金属元素？金属性强弱如何？哪几种是非金属元素？非金属性如何？

元素	原子序数	电子层结构（用 s、p、d 表示）	未成对电子数	周期	族数（主副族）	区	外层电子结构	最高氧化数
A				三				+7
B							$5s^25p^5$	
C	19							
D			0	四		ds		

17. 用斯莱脱规则，计算下列电子的有效核电荷 Z^*

(1) Ca 原子的价电子

(2) Mn 原子的价电子

(3) Br 原子的价电子

18. 比较下列各对元素中，哪一个电离能大？

(1) Li 和 Cs　　(2) Li 和 F　　(3) Cs 和 F　　(4) F 和 I

19. 比较下列各对元素中，哪一个电子亲和能高？

(1) F 和 Cl　　(2) Cl 和 Br　　(3) O 和 S　　(4) S 和 Se

20. 什么是离子键和共价键？它们各有什么特点？

21. 共价键的类型有几种，各有什么特点？

22. 离子的构型有哪几种？说明下列离子属于哪种离子构型？

Al^{3+}、V^{3+}、Mn^{2+}、Fe^{3+}、Sn^{2+}、Sn^{4+}、Pb^{2+}、Cu^{2+}、Cu^{+}、Ni^{2+}、Cr^{3+}、O^{2-}、Ba^{2+}、Ag^{+}。

23. 什么是杂化轨道？杂化轨道理论的基本要点是什么？

24. 简要说明 s 键和 p 键的主要区别。

25. 键能与键解离能有何不同？

26. 为什么原子轨道杂化后，能提高其成键能力？

27. 中心原子的轨道杂化类型与空间构型有何对应关系？

28. 下列说法是否正确，为什么？

(1) 相同原子间的三键键能是单键键能的 3 倍。

(2) 对于多原子分子来说，其化学键的键能就等于它的解离能。

(3) 分子中的化学键为极性键，则分子为极性分子。

(4) 氢化物分子间均能形成氢键。

29. 选择填空题

(1) OF_2 的杂化类型为（ ）。

A. sp^2　B. sp　C. sp^3　D. p 轨道成键

(2) ClO_3^- 的几何构型是（ ）。

A. 三角锥形　B. V 形　C. 四面体形　D. 平面三角形

(3) 下列各组氟化物，全不是用杂化轨道成键的是（ ）。

A. HF，CaF_2，LiF　B. OF_2，BF_3，PF_5　C. LiF，SF_6，SiF_4　D. NF_3，BeF_2，AlF_3

(4) 按 VSEPR 理论，BrF_3 分子的几何构型为（ ）。

A. 平面三角形　B. 三角锥形　C. 三角双锥形　D. T 字形

(5) 按 VSEPR 理论，NO_2^- 的键角∠ONO 应是（ ）。

A. 大于 120°　B. 等于 120°　C. 介于 109.5 ～ 120°　D. 小于 109°

(6) 分子中有两种键角的是（ ）。

A. OCF_2　B. CH_3Cl　C. PCl_5　D. 都有

(7) 极性由小到大顺次排列的一组分子是（ ）。

A. CO_2，SCO　B. PF_5，PF_3　C. H_2S，H_2O　D. 都是

(8) 都能形成氢键的一组分子是（ ）。

A. NH_3，HNO_3，H_2S　B. H_2O，C_2H_2，CF_2H_2

C. H_3BO_3，HNO_3，HF　D. HCl，H_2O，CH_4

(9) 下列分子中相邻共价键的夹角最小的是（ ）。

A. BF_3　B. CCl_4　C. NH_3　D. H_2O

30. 下列说法是否正确？说明原因。

(1) 任何原子轨道都能有效地组合成分子轨道。

(2) 凡是中心原子采用 sp^3 杂化轨道成键的分子，其空间构型必定是正四面体。

(3) 非极性分子中一定不含极性键。

(4) 直线形分子一定是非极性分子。

(5) 非金属单质的分子之间只存在色散力。

31. 用价层电子对互斥理论预言下列分子或离子的尽可能准确的几何形状：

(1) PCl_3　(2) PCl_5　(3) SF_2　(4) SF_4　(5) SF_6　(6) ClF_3

(7) IF_4^-　(8) ICl_2^+　(9) PH_4^+　(10) CO_3^{2-}　(11) OF_2　(12) XeF_4

32. 试解释：

(1) NaCl和AgCl的阳离子都是+1价离子，为什么NaCl易溶于水，而AgCl难溶于水？

(2) 为什么碱土金属碳酸盐的热分解温度从$BeCO_3 \rightarrow BaCO_3$不断升高？

(3) 预测在室温下LiF是否溶于水，解释你的结论。

33. 判断下列各对化合物中，键的极性大小：

(1) ZnO和ZnS　(2) BCl_3和$InCl_3$　(3) HI和HCl　(4) H_2S和H_2Se

(5) NH_3和NF_3　(6) AsH_3和NH_3　(7) IBr和ICl　(8) H_2O和OF_2

第6章 化学定量分析基础

在对物质进行分析时，通常先进行定性分析，即物质是由哪些元素、离子和基团组成的；然后再进行定量分析，来确定个组成在物质中的含量。

6.1 滴定分析基础

6.1.1 基本概念和滴定分类

滴定分析法是化学中基本的分析方法，滴定分析法又称容量法。是将一种已知准确浓度的试剂溶液，滴加到被测物质的溶液中，直到所加的试剂与被测物质按化学计量定量反应为止，根据试剂溶液的浓度和消耗的体积，计算被测物质的含量。这种已知准确浓度的试剂溶液称为滴定液。

将滴定液从滴定管中加到被测物质溶液中的过程叫做滴定。

在滴定过程中，指示剂发生颜色变化的转变点称为滴定终点。

化学计量点是根据反应式中反应物的物质的量的关系从理论上求得。

(1) 滴定分析法对化学反应的要求

① 反应必须按方程式定量地完成，无副反应，通常要求在99.9%以上，这是定量计算的基础。

② 反应能够迅速地完成（有时可加热或用催化剂以加速反应）。

③ 共存物质不干扰主要反应，或用适当的方法消除其干扰。

④ 有比较简便的方法确定化学计量点（指示滴定终点）。

(2) 滴定分析法的分类 以化学反应为基础的分析方法，称为化学分析法，包括重量分析法和滴定分析法，滴定分析法按照所利用的化学反应类型不同，可分为下列四种。

酸碱滴定法，是以质子传递反应为基础的一种滴定分析法：

酸滴定碱 B^-：

$$H^+ + B^- \longrightarrow HB$$

沉淀滴定法，是以沉淀反应为基础的一种滴定分析法，如银量法：

$$Ag^+ + Cl^- \longrightarrow AgCl（白\downarrow）$$

络合滴定法，是以络合反应为基础的一种滴定分析法。如EDTA滴定法：

$$M + Y \longrightarrow MY$$

氧化还原滴定法，是以氧化还原反应为基础的一种滴定分析法。如 $KMnO_4$ 法：

$$MnO^{4-} + 5Fe^{2+} + 8H^+ \longrightarrow Mn^{2+} + 5Fe^{3+} + 4H_2O$$

(3) 滴定方式的种类

① 直接滴定法　用滴定液直接滴定待测物质，以达终点。

② 间接滴定法　直接滴定有困难时常采用以下两种间接滴定法来测定。

a. 置换滴定法　利用适当的试剂与被测物反应产生被测物的置换物，然后用滴定液滴定这个置换物。

如铜盐测定：

$$Cu^{2+}+2KI \longrightarrow Cu+2K^{+}+I_2$$

用 $Na_2S_2O_3$ 滴定液滴定、以淀粉指示液指示终点

b. 间接滴定法　某些待测组分不能直接与滴定剂反应，但可通过其他的化学反应，间接测定其含量。例如，溶液中 Ca^{2+} 几乎不发生氧化还原的反应，但利用它与 $C_2O_4^{2-}$ 作用形成 CaC_2O_4 沉淀，过滤洗净后，加入 H_2SO_4 使其溶解，用 $KMnO_4$ 标准溶液滴定 $C_2O_4^{2-}$，就可间接测定 Ca^{2+} 含量。

6.1.2　基准物质和标准溶液

标准溶液是指已知准确浓度的溶液。在滴定分析中，不论采用哪种滴定方式，都离不开标准溶液。因此在滴定中，必须正确配制标准溶液和准确地标定标准溶液的浓度。

(1) 基准物质 (standard substance)　基准物质是直接配制或标定标准溶液的物质（表6-1)。作为基准物质应具备下列条件：

表 6-1　常用的基准物质

名　　称	化　学　式	使用前的干燥条件
碳酸钠	Na_2CO_3	270～300℃干燥 2～2.5h
邻苯二甲酸氢钾	$KHC_8H_4O_4$	110～120℃干燥 1～2h
重铬酸钾	$K_2Cr_2O_7$	100～110℃干燥 3～4h
草酸钠	$Na_2C_2O_4$	130～140℃干燥 1～1.5h
氧化锌	ZnO	800～900℃干燥 2～3h
氯化钠	NaCl	500～650℃干燥 40～45min
硝酸银	$AgNO_3$	在浓硫酸干燥器中干燥至恒重

① 纯度高，一般要求在 99.9%以上，杂质总含量小于 0.1%；

② 组成与化学式相符，若有结晶水，其含量也应与化学式相符；

③ 性质稳定，在空气中不吸湿，加热干燥时不分解，不与空气中的二氧化碳、氧气等作用；

④ 具有较大的摩尔质量，以减少称量误差。

(2) 标准溶液的配制

① 直接配制法　在分析天平上准确称取一定量已干燥的基准物质，溶解后定量转移到已校正的容量瓶中，用蒸馏水稀释至刻度，充分摇匀。如应用分析天平准确称取 1.226g 基准 $K_2Cr_2O_7$，用水溶解，转移到 250mL 的容量瓶中，加水稀释至刻度线，就可以得到 0.01667mol/L 的 $K_2Cr_2O_7$ 溶液。

② 间接配制法　许多化学试剂不易提纯或组成不固定，不能直接配制成标准溶液。可先将它们配制成近似浓度的溶液，然后再用基准物质或已知准确浓度的标准溶液来标定该标准溶液的准确浓度，这种配制标准溶液方法称为间接配制法。如欲配制 0.01mol/L 的 NaOH 标准溶液，可先在普通天平上称取 0.4g NaOH，用水溶解后稀释至 1L，然后用基准物质如邻苯二甲酸氢钾来标定其准确浓度。

6.2　误差的基础知识

由于实验方法和实验设备的不完善、周围环境的影响以及人的观察力、测量程序等限制，实验观测值和真值之间，总是存在一定的差异。人们常用绝对误差、相对误差或有效数字来说明一个近似值的准确程度。为了评定实验数据的精确性或误差，认清误差的来源及其

影响，需要对实验的误差进行分析和讨论。由此可以判定哪些因素是影响实验精确度的主要方面，从而在以后实验中，进一步改进实验方案，缩小实验观测值和真值之间的差值，提高实验的精确性。

(1) 误差的基本概念 真值是待测物理量客观存在的确定值，也称理论值或定义值。误差是测量结果与真值之间的差。

(2) 误差的分类 根据误差的性质和产生的原因，一般分为三类。

① 系统误差 系统误差是指在测量和实验中未发觉或未确认的因素所引起的误差，在相同的观测条件下，对某量作一系列的观测，若误差出现的大小保持为常数，符号相同，或按一定的规律变化。即当实验条件一经确定，系统误差就获得一个客观上的恒定值。

当改变实验条件时，就能发现系统误差的变化规律。

系统误差产生的原因：测量仪器不良，如刻度不准，仪表零点未校正或标准表本身存在偏差等；周围环境的改变，如温度、压力、湿度等偏离校准值；实验人员的习惯和偏向，如读数偏高或偏低等引起的误差。针对仪器的缺点、外界条件变化影响的大小、个人的偏向，待分别加以校正后，系统误差是可以清除的。

系统误差对测量成果影响较大，且一般具有累积性，应尽可能消除或限制到最小程度，其常用的处理方法有：检校仪器，把系统误差降低到最小程度；加改正数，在观测结果中加入系统误差改正数，如尺长改正等；采用适当的观测方法，使系统误差相互抵消或减弱，如测水平角时采用盘左、盘右，在每个测回起始方向上改变度盘的配置等。

② 偶然误差 在相同的测量条件下，一测量值的观测中，所测数据仍在末一位或末两位数字上有差别，而且它们的绝对值和符号的变化，时而大时而小，时正时负，没有确定的规律，但从大量误差的总体来看，具有一定的统计规律，这类误差称为偶然误差或随机误差。随着测量次数的增加，随机误差的算术平均值趋近于零，所以多次测量结果的算数平均值将更接近于真值。

偶然误差具有如下特性。

a. 有限性 在一定的观测条件下，偶然误差的绝对值不会超过一定的限度。

b. 居中性 绝对值小的误差比绝对值大的误差出现的可能性大。

c. 对称性 绝对值相等的正误差与负误差出现的机会相等。

d. 抵消性 当观测次数无限增多时，偶然误差的算术平均值趋近于零。

③ 过失误差 过失误差是一种显然与事实不符的误差，它往往是由于实验人员粗心大意、过度疲劳和操作不正确等原因引起的。一般过失误差值大大超过系统误差或偶然误差。过失误差不属于误差范畴，不仅大大影内测量成果的可靠性，甚至造成返工。因此必须采取适当的方法和措施，杜绝错误发生。

(3) 误差的表示方法 反映测量结果与真实值接近程度的量，称为精度（亦称精确度）。它与误差大小相对应，测量的精度越高，其测量误差就越小。“精度”应包括精密度和准确度两层含义。

准确度是指测定值与真实值相符合的程度。它反映系统误差的影响精度，准确度高就表示系统误差小。

准确度的高低用误差的大小表示。误差越小，准确度越高；误差越大，准确度越低。在实际的分析工作中，常用测定结果的平均值与真实值接近的程度表征分析结果的准确度。误差可用绝对误差和相对误差来表示。

① 绝对误差（E_a） 绝对误差表示测定结果与真实值之差，即：

$$E_a = x - x_T \tag{6-1}$$

② 相对误差（E_r） 相对误差是指绝对误差在真实值中所占的百分率，即：

$$E_r=\frac{E_a}{x_T}\times 100\% \tag{6-2}$$

绝对误差和相对误差都有正负之分。误差为正，表示分析结果偏高；误差为负，表示分析结果偏低。

【例 6-1】 有一铜矿试样，经两次测定，得知铜质量分数为 24.87%、24.93%，而铜的实际质量分数为 25.05%。求分析结果的绝对误差和相对误差。

解：

$$\bar{x}=\left(\frac{24.87+24.93}{2}\right)\%=24.90\%$$

绝对误差： $E_a=\bar{x}-\mu=(24.90-25.05)\%=-0.15\%$

相对误差： $E_r=\frac{\bar{x}-\mu}{\mu}\times 100\%=\frac{-0.15\%}{25.05\%}=-0.6\%$

(4) 误差的应用

① 判断测定结果的准确度。测定结果的误差越小，准确度越高；误差越大，准确度越低。

② 绝对误差通常用于说明一些分析仪器测量的准确度。

常用仪器	绝对误差	称量误差或读数误差
分析天平	±0.0001g	±0.0002g
托盘天平	±0.1g	±0.2g
常量滴定管	±0.01mL	±0.02mL
25mL 量筒	±0.1mL	±0.2L

③ 通过绝对误差，可以对测定值进行校正。

校正值＝－绝对值误差＝真实值－测定值

真实值≈测定值＋校正值

校正后的测定值更接近于真实值，但并不是真实值，因为校正值本身也有误差。当系统误差较小时，可用测定平均值代替真实值。实际工作中，标准物质可作为相对真实值，来校正仪器和评价分析方法。

(5) 精密度 测量中所测得数值重现性的程度，称为精密度。它反映偶然误差的影响程度，精密度高就表示偶然误差小。

精密度的高低用偏差表示。偏差越小，精密度越高，表示测定数据的分散程度越小。在实际工作中，常用重复性和再现性表示不同情况下分析结果的精密度。

精密度可通过绝对偏差和相对偏差两种方法来表示。

① 绝对偏差和相对偏差 绝对偏差是指单次测定值（x_i）与平均值（$\bar{x}$）之差。

绝对偏差 $$d_i=x_i-\bar{x} \tag{6-3}$$

相对偏差是指绝对偏差在平均值中所占的百分率。

相对偏差 $$d_r=\frac{d_i}{\bar{x}}\times 100\% \tag{6-4}$$

绝对偏差和相对偏差有正负之分，它们都是表示单次测定值与平均值的偏离程度。为正时测量值偏高；为负时测量值偏低。

② 平均偏差和相对平均偏差 在平行测定中，各次测定的偏差有正有负，也可能为零。因此，为了衡量一组数据的精密度，通常用平均偏差 $\bar{d}$ 表示。

平均偏差（$\bar{d}$）：各单个偏差绝对值的平均值：

$$\overline{d}=\frac{1}{n}\sum_{i=1}^{n}|d_i| \tag{6-5}$$

相对平均偏差（$\overline{d}_r$）：平均偏差在平均值中所占的百分率：

$$\overline{d}_r=\frac{\overline{d}}{\overline{x}}\times 100\% \tag{6-6}$$

平均偏差和相对平均偏差小，说明测定结果的精密度高。平均偏差和相对平均偏差由于取了绝对值因而都是正值，平均偏差有与测量值相同的单位。

③ 标准偏差和相对标准偏差　为了更好地反映数据的精密度，偏差还可用标准偏差来表示。标准偏差是指单次测定值与算术平均值之间相符合的程度。在数理统计中，常用标准偏差来衡量数据的精密度。

有限次测量的标准偏差用 s 表示。

$$s=\sqrt{\frac{\sum_{i=1}^{n}(x_i-\overline{x})^2}{n-1}}=\sqrt{\frac{\sum_{i=1}^{n}d_i^2}{n-1}} \tag{6-7}$$

相对标准偏差：　$s_r=\frac{s}{\overline{x}}\times 100\%$

标准误差不是一个具体的误差，s 的大小只说明在一定条件下等精度测量集合所属的每一个观测值对其算术平均值的分散程度，如果 s 的值愈小则说明每一次测量值对其算术平均值分散度就小，测量的精度就高，反之精度就低。

【例 6-2】 某试样经分析测得锰的质量分数为 41.24%，41.27%，41.23%和 41.26%。求分析结果的平均偏差、相对平均偏差和标准偏差。

解：　$\overline{x}=\left(\frac{41.24+41.27+41.23+41.26}{4}\right)\%=41.25\%$

$x-\overline{x}$：-0.01　　0.02　　-0.02　　0.01

平均偏差　$\overline{d}=\frac{1}{4}(|-0.01|+|0.02|+|-0.02|+|0.01|)\%=0.015\%$

相对平均偏差　$\overline{d}_r=\frac{\overline{d}}{\overline{x}}\times 100\%=\frac{0.015}{41.25}\times 100\%=0.036\%$

标准偏差　$s=\left(\sqrt{\frac{\sum(x-\overline{x})^2}{n-1}}\right)\%=\sqrt{\frac{0.01^2+0.02^2+0.02^2+0.01^2}{4-1}}\%=0.018\%$

【例 6-3】 有甲乙两组测定数据如下。

甲组：10.3，9.8，9.6，10.2，10.1，10.4，10.0，9.7，10.2，9.7

乙组：10.0，10.1，9.3，10.2，9.9，9.8，10.5，9.8，10.3，9.9

计算各组数据的平均偏差和标准偏差。

解： 由测定数据可得

$\overline{d}_甲=0.24$　　$\overline{d}_乙=0.24$

$s_甲=0.28$　　$s_乙=0.33$

当用平均偏差表示精密度时，两组数据的 d 相同，但乙组数据中有个别数据偏差较大，两者的区别未能反映出来；当用标准偏差表示精密度时，由于 $s_甲$ 小于 $s_乙$，所以甲组比乙组数据的精密度好，数据分散程度小。

可见，当两组测定数据的平均偏差相同时，用平均偏差不能比较测定结果的精密度，但标准偏差却能解决问题。用标准偏差表示精密度比用平均偏差好，这是因为将单次测定结果的偏差经平方后，能将较大偏差对精密度的影响反映出来，可以更清楚地说明测定值的分散程度。

标准偏差和相对标准偏差均为正值，标准偏差有与测定值相同的单位。

由上述讨论可知，精密度和准确度具有不同的含义。那么准确度和精密度的关系怎样，即如何通过准确度和精密度来分析结果的好坏呢？可用下述打靶子例子来说明。如图 6-1 所示。

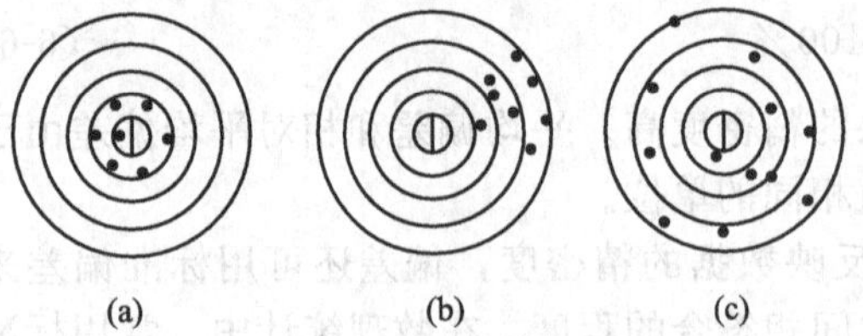
(a)　(b)　(c)

图 6-1　精密度和准确度的关系

图 6-1(a) 中表示精密度和准确度都很好，则精确度高；图 6-1(b) 表示精密度很好，但准确度却不高；图 6-1(c) 表示精密度与准确度都不好。在实际测量中没有像靶心那样明确的真值，而是设法去测定这个未知的真值。

学生在实验过程中，往往满足于实验数据的重现性，而忽略了数据测量值的准确程度。绝对真值是不可知的，人们只能订出一些国际标准作为测量仪表准确性的参考标准。随着人类认识运动的推移和发展，可以逐步逼近绝对真值。

由此可见，精密度是保证准确度的前提，如果一批分析结果的精密度差，那就谈不上准确度。但有时候精密度好，但准确度却不一定好。这是就应该考虑系统误差了。即在没有系统误差的情况下，精密度高则准确度一定高。

6.3　有效数字及其运算规则

在分析测试中，首先要记录一系列数据，然后通过计算得到测量值。那么该用几位有效数字来表示测量或计算结果，总是以一定位数的数字来表示。不是说一个数值中小数点后面位数越多越准确。实验中从测量仪表上所读数值的位数是有限的，而取决于测量仪表的精度，其最后一位数字往往是仪表精度所决定的估计数字。即一般应读到测量仪表最小刻度的十分之一位。数值准确度大小由有效数字位数来决定。

(1) 有效数字　有效数字是指测量时实际测量到的数字，在这个数据中，最后一位为可疑数字，其他数字为准确数字。有效数字不仅表明测得结果的大小，而且还反映测量的准确程度。因此保留几位有效数字是很重要的。

应当注意的是，数字中的“0”有两方面作用，一是和小数点一并起定位作用，而不是有效数字。即一个数据，其中除了起定位作用的“0”外，其他数都是有效数字。如 0.0037 只有两位有效数字；另外是和其他数字一样作为有效数字使用，如 370.0 则有四位有效数字。一般要求测试数据有效数字为 4 位。要注意有效数字不一定都是可靠数字。如测流体阻力所用的 U 形管压差计，最小刻度是 1mm，但我们可以读到 0.1mm，如 342.4mmHg。又如标准温度计最小刻度为 0.1℃，我们可以读到 0.01℃，如 15.16℃。此时有效数字为 4 位，而可靠数字只有三位，最后一位是不可靠的，称为可疑数字。记录测量数值时只保留一位可疑数字。

为了清楚地表示数值的精度，明确读出有效数字位数，常用指数的形式表示，即写成一个小数与相应 10 的整数幂的乘积。这种以 10 的整数幂来记数的方法称为科学记数法。

如　57200　有效数字为 4 位时，记为 5.720×10^{5}

有效数字为 3 位时，记为 5.72×10^{5}

有效数字为 2 位时，记为 5.7×10^{5}

0.00748　有效数字为 4 位时，记为 7.480×10^{-3}

有效数字为 3 位时，记为 7.48×10^{-3}

有效数字为 2 位时，记为 7.4×10^{-3}

(2) 有效数字修约规则　在数据进行计算时，由于得到的数据准确度不同，因此运算时应按照一定的运算规则合理的保留有效数字的位数。依照国家标准采用“四舍六入五留双”办法。当有效数字位数确定后，其余数字一律舍弃。即末位有效数字后边第一位小于5，则舍弃不计；大于5则在前一位数上增1；当尾数等于5时，而后面的数为0或5为末尾数，则前一位为奇数，则进1为偶数，前一位为偶数，则舍弃不计。当5后面还有非零的任何数时，无论5前面是偶数还是奇数都进位。如：保留4位有效数字

$$3.71729 \rightarrow 3.717$$
$$5.14285 \rightarrow 5.143$$
$$7.62356 \rightarrow 7.624$$
$$9.37650 \rightarrow 9.376$$
$$8.56852 \rightarrow 8.569$$

(3) 有效数字运算规则

① 在加减计算中，各数所保留的位数，应与各数中小数点后位数最少的为依据。例如将24.65、0.0082、1.632三个数字相加时，由于每个数据最后一位都有±1的绝对误差，在上述数据中，24.65的绝对误差最大（±0.01），即小数点后第二位为不定值，为了使计算只保留一位不定值，所以各数值及计算结果都取到小数点后第二位。

$$24.65+0.01+1.63=26.29$$

因此，在加减运算时，保留小数点后的位数决定于数据中绝对误差最大的那个数，即小数点后位数最少的那个数字。

② 在乘除运算中，各数所保留的位数，以各数中有效数字位数最少的那个数为准；其结果的有效数字位数亦应与原来各数中有效数字最少的那个数相同。例如：

$$0.0121\times25.64\times1.05782$$

由于0.0121只有三位有效数字，所以以它为准，将其它两个数修约到三位有效数字，应写成

$$0.0121\times25.6\times1.06=0.328$$

上例说明，虽然这三个数的乘积为0.3281823，但只应取其积为0.328。

如果第一个有效数字等于或大于8时，则有效数字可多保留一位。如8.65只有三位有效数字，由于接近于10.00，故可以认为它是四位有效数字。

③ 在对数计算中，所取对数位数应与真数有效数字位数相同。真数有几位有效数字，则其对数的尾数即应有几位有效数字。

【例 6-4】 设 $[H^+]=1.3\times10^{-3}$ mol/L，求该溶液的pH值。

解：

$$pH=-\lg[H^+]$$
$$=-\lg1.3\times10^{-3}=2.89$$

对于pH、pM、lg$K$等对数数值，其有效数字的位数仅取决于小数部分数字的位数，整数部分仅代表该数的方次。如pH值为9.25，其有效数字为两位，换算为氢离子的浓度为5.6×10^{-10}。

习　题

1. 是非题

(1) 使用已经锈蚀的砝码进行称量而引起的误差是随机误差。

(2) 随机误差在分析测定工作中是无法避免的。

(3) 随机误差影响测定结果的精密度。

(4) 如果精密度高则准确度一定高。

(5) 偏差是指测定结果与真实值之差。

(6) 多次测量结果的平均值就是真实值。

(7) 偏差是测定结果与真实值之间的差值。

(8) 过失误差是可以避免的，而系统误差是无法避免的。

2. 填空

(1) 在分析过程中，读取滴定管读数时，最后一位数字 n 次读数不一致，对分析结果引起的误差属于________误差。

(2) 标定 HCl 溶液用的 NaOH 标准溶液中吸收了 CO_2，对分析结果所引起的误差属于________误差。

(3) 移液管、容量瓶相对体积未校准，由此对分析结果引起的误差属于________误差。

(4) 在称量试样时，吸收了少量水分，对结果引起的误差是属于________误差。

(5) 在定量分析中，________误差影响测定结果的精密度；________误差影响测定结果的准确度。

(6) 偶然误差服从________规律，因此可采取________的措施减免偶然误差。

(7) 不加试样，按照试样分析步骤和条件平行进行的分析试验，称为________。通过它主要可以消除由试剂、蒸馏水及器皿引入的杂质造成的________。

(8) 误差表示分析结果的________；偏差表示分析结果的________。

(9) 多次分析结果的重现性愈好，则分析的精密度愈________。

(10) 用相同的方法对同一个试样平行测定多次，得到的 n 次测定结果相互接近的程度，称为________。测定值与真值之间接近的程度，称为________。

(11) 标准偏差和算术平均偏差相比，它的优点是能够反映________的影响，更好地表示测定结果的________。

(12) 以下二个数据，根据要求需保留三位有效数字：1.05499 修约为________；4.715 修约为________。

(13) 下列数据包括有效数字的位数为 0.003080________位；6.020×10^{-3}________位；1.60×10^{-5}________位；pH＝10.85________位；$pK_a=4.75$________位；0.0903mol/L________位。

3. 单选题

(1) 准确度和精密度的正确关系是（　　）。

A. 准确度不高，精密度一定不会高　　B. 准确度高，要求精密度也高

C. 精密度高，准确度一定高　　D. 两者没有关系

(2) 从精密度好就可判断分析结果准确度的前提是（　　）。

A. 偶然误差小　　B. 系统误差小　　C. 操作误差不存在　　D. 相对偏差小

(3) 下列说法正确的是（　　）。

A. 精密度高，准确度也一定高　　B. 准确度高，系统误差一定小

C. 增加测定次数，不一定能提高精密度　　D. 偶然误差大，精密度不一定差

(4) 以下是有关系统误差叙述，错误的是（　　）。

A. 误差可以估计其大小

B. 误差是可以测定的

C. 在同一条件下重复测定中，正负误差出现的机会相等

D. 它对分析结果影响比较恒定

(5) 准确度、精密度、系统误差、偶然误差之间的关系是（　　）。

A. 准确度高，精密度一定高　　B. 精密度高，不一定能保证准确度高

C. 系统误差小，准确度一般较高　　D. 偶然误差小，准确度一定高

(6) 测定精密度好，表示（　　）。

A. 系统误差小　　B. 偶然误差小　　C. 相对误差小　　D. 标准偏差小

(7) 在滴定分析中，导致系统误差出现的是（　　）。

A. 试样未经充分混匀　　B. 滴定管的读数读错

C. 滴定时有液滴溅出　　D. 砝码未经校正

(8) 下列叙述中错误的是（　　）。

A. 方法误差属于系统误差　　B. 系统误差具有单向性

C. 系统误差呈正态分布　　D. 系统误差又称可测误差

(9) 下列因素中，产生系统误差的是（　　）。

A. 称量时未关天平门　　B. 砝码稍有侵蚀

C. 滴定管末端有气泡　　D. 滴定管最后一位读数估计不准

(10) 下列情况所引起的误差中，不属于系统误差的是（　　）。

A. 移液管转移溶液后残留量稍有不同　　B. 称量时使用的砝码锈蚀

C. 天平的两臂不等长　　D. 试剂里含微量的被测组分

(11) 下列误差中，属于偶然误差的是（　　）。

A. 砝码未经校正　　B. 读取滴定管读数时，最后一位数字估计不准

C. 容量瓶和移液管不配套　　D. 重量分析中，沉淀有少量溶解损失

(12) 下述说法不正确的是（　　）。

A. 偶然误差是无法避免的　　B. 偶然误差具有随机性

C. 偶然误差的出现符合正态分布　　D. 偶然误差小，精密度不一定高

(13) 列叙述正确的是（　　）。

A. 溶液 pH 为 11.32，读数有四位有效数字

B. 0.0150g 试样的质量有 4 位有效数字

C. 测量数据的最后一位数字不是准确值

D. 从 50mL 滴定管中，可以准确放出 5.000mL 标准溶液

(14) 分析天平的称样误差约为 0.0002g，如使测量时相对误差达到 0.1%，试样至少应该称（　　）。

A. 0.1000g 以上　　B. 0.1000g 以下　　C. 0.2g 以上　　D. 0.2g 以下

(15) 精密度的高低用（　　）的大小表示。

A. 误差　　B. 相对误差　　C. 偏差　　D. 准确度

(16) 分析实验中由于试剂不纯而引起的误差叫（　　）。

A. 系统误差　　B. 过失误差　　C. 偶然误差　　D. 方法误差

(17) 配制一定摩尔浓度的 NaOH 溶液时，造成所配溶液浓度偏高的原因是（　　）。

A. 所用 NaOH 固体已经潮解

B. 向容量瓶倒水未至刻度线

C. 有少量的 NaOH 溶液残留在烧杯中

D. 用带游码的托盘天平称 NaOH 固体时误用“左码右物”

(18) 托盘天平读数误差在 2g 以内，分析样品应称至（　　）g 才能保证称样相对误差为 1%。

A. 100　　B. 200　　C. 150　　D. 50

(19) 滴定时，不慎从锥形瓶中溅失少许试液，是属于（　　）。

A. 系统误差　　B. 偶然误差　　C. 过失误差　　D. 方法误差

(20) 绝对偏差是指单项测定与（　　）的差值。

A. 真实值　　B. 测定次数　　C. 平均值　　D. 绝对误差

(21) 要求滴定分析时的相对误差为 0.2%，50mL 滴定管的读数误差约为 0.02mL，滴定时

所用液体体积至少要（　　）mL。

A. 15　　B. 10　　C. 5　　D. 20

(22) 如果要求分析结果达到0.1%的准确度，50mL滴定管读数误差约为0.02mL，滴定时所用液体的体积至少要（　　）mL。

A. 10　　B. 5　　C. 20　　D. 40

(23) pH 4.230有（　　）位有效数字。

A. 4　　B. 3　　C. 2　　D. 1

(24) 增加测定次数可以减少（　　）。

A. 系统误差　　B. 过失误差　　C. 操作误差　　D. 偶然误差

4. 有一铜矿试样，经两次测定，得知铜质量分数为24.87%，24.93%，而铜的实际质量分数为25.05%。求分析结果的绝对误差和相对误差。

5. 某试样经分析测得锰的质量分数为41.24%，41.27%，41.23%和41.26%。求分析结果的平均偏差、相对平均偏差和标准偏差。

6. 下列数据中各包含几位有效数字？

(1) 0.0376g；　(2) 1000.0m；　(3) 10000；　(4) 0.2180mol/L；

(5) 89kg；　(6) 1/6；　(7) π；　(8) pH=12.03；

(9) $\lg K^{\ominus}_{ZnY}=16.50$；　(10) $K^{\ominus}_{a,HAc}=1.75\times10^{-5}$；(11) 250mL容量瓶的容积。

第7章 酸碱平衡与酸碱滴定

酸和碱是两类重要的化学物质，在水溶液中，酸碱度是影响化学反应的重要因素。以酸碱反应为基础的酸碱滴定法是重要的化学分析方法，它具有反应速度快；反应过程简单，副反应少；滴定终点易判断，有多种指示剂终点等优点。本章讨论水溶液中的酸碱平衡及其影响因素；酸碱平衡体系中有关各组分的浓度计算；缓冲溶剂的性质、组成和应用；酸碱滴定法的基本原理；酸碱指示剂的选择；酸碱滴定法的应用。

7.1 酸碱质子理论概述

人们对酸和碱的认识是从它们的表观现象开始的，最初的认识是通过对物质的感性来区分的，认为酸是具有酸味的物质，碱是抵消酸性的物质。在18世纪后期，化学研究才使人们从物质的内在性质来认识酸碱。1884年，瑞典化学家S. A. Arrhenius第一次提出了酸碱电离理论。1923年，丹麦物理学家J. N. Bronsted和英国化学家T. M. Lowry各自独立提出了酸碱质子理论，更新了酸碱的含义，扩大了酸碱的范围。同年，美国化学家G. N. Lewis从化学反应过程中电子对的给予和接受提出了酸碱电子理论。为了克服Lewis酸碱理论中酸碱范围过于广泛、无法定量表达的不足，1963年美国化学家Pearson根据Lewis酸碱之间接受电子对的难易提出了软硬酸碱理论。本章主要以酸碱质子理论为基础介绍有关酸碱平衡和滴定分析。

7.1.1 酸碱质子理论的定义

酸碱质子理论认为：凡能给出质子的物质是酸，凡能接受质子的物质是碱。这种理论不仅适用于以水为溶剂的体系，而且也适用于非水溶剂体系。

当一种酸给出了质子之后，它的剩余部分就是碱。酸和碱之间的这种相互依存和转变的关系就称为酸碱共轭关系，相应的转变反应就是酸碱半反应：对应的酸和碱称为共轭酸碱对，即：

$$\text{酸} \rightleftharpoons H^+ + \text{碱}$$

例如

$$\begin{array}{ccc} \text{酸} & & \text{碱} \\ H_2CO_3 & \rightleftharpoons & HCO_3^- + H^+ \\ HCO_3^- & \rightleftharpoons & CO_3^{2-} + H^+ \\ NH_4^+ & \rightleftharpoons & NH_3 + H^+ \end{array}$$

这里，H_2CO_3 和 HCO_3^-，HCO_3^- 和 CO_3^{2-}，NH_4^+ 和 NH_3，就是共轭酸碱对，而 H_2CO_3 和 CO_3^{2-} 之间不能称为共轭酸碱对。

酸和碱可以是中性分子，也可以是正、负离子。有些物质在不同的共轭酸碱对中分别呈现酸或碱的性质，这类物质称为两性物质（amphoteric compound），如 NH_3、HCO_3^-、H_6Y^{2+} 等均为两性物质。

特别需要注意的是，按照酸碱质子理论，酸碱是相对的，有些物质在不同的场合下或溶剂中可以表现出不同的酸碱性，本章主要讨论的是水溶液中物质的酸碱性；其次，这种酸碱半反应是不能独立存在的，当一种酸给出质子后，必定有一种碱来接受质子。因此，酸碱反应实际上是两个共轭酸碱对共同作用的结果，实质就是质子的转移。另外，溶剂分子之间也能发生质子转移作用，称之为溶剂的质子自递反应。

从酸碱质子理论来看，酸碱反应的实质是两对共轭酸碱对之间传递和相互交换质子的过程，即，酸碱反应的实质是质子的转移。因此一个酸碱反应包含有两个酸碱半反应。例如，NH_3 与 HCl 之间的酸碱反应：

半反应 1　　$HCl(酸) \rightleftharpoons H^+ + Cl^-(碱)$

半反应 2　　$NH_3(碱) + H^+ \rightleftharpoons NH_4^+(酸)$

共轭

反应　　$NH_3(碱) + HCl(酸) \rightleftharpoons Cl^-(碱) + NH_4^+(酸)$

共轭

7.1.2 水的解离平衡（质子自递作用）

水分子具有两性作用，也就是说，一个水分子可以从另一个水分子中夺取质子而形成 H_3O^+ 和 OH^-，即：

$$H_2O(碱_1) + H_2O(酸_2) \rightleftharpoons H_3O^+(酸_1) + OH^-(碱_2)$$

即水分子之间存在质子的传递作用，称为水的质子自递作用。也可以认为就是水的解离，这个作用的平衡常数称为水的质子自递常数（autooprolysis constant）或水的解离平衡常数，通常也叫水的离子积，用 K_w 表示，即：

$$K_w = [H_3O^+][OH^-]$$

水合质子 H_3O^+ 也常常简写作 H^+，因此常简写为：

$$K_w = [H^+][OH^-]$$

在 298K 时约等于 10^{-14}。即 $K_w = 10^{-14}$，$pK_w = 14$

由于水的解离是吸热反应，故随温度的升高而增大（表 7-1）。

表 7-1　不同温度时的 K_w

温度/K	273	283	298	323	373
K_w	1.14×10^{-15}	2.92×10^{-15}	1.01×10^{-14}	5.47×10^{-14}	5.50×10^{-13}

任何物质的水溶液，无论是酸性、中性或碱性，都同时含有 H^+ 和 OH^-，只不过它们相对多少不同。由于 H^+ 和 OH^- 相互依存、相互制约的关系，可用 H^+ 和 OH^- 浓度表示溶液的酸碱性。对于 H^+ 浓度很小的溶液，直接用 H^+ 浓度表示其酸碱性很不方便。为简便起见，常用 pH 来表示溶液的酸碱性。pH 即 H^+ 浓度的负对数值

$$pH = -\lg[H^+] \tag{7-1}$$

298K 时，$[H^+] = [OH^-] = 10^{-7}\,mol/L$　　$pH = 7$　　溶液呈中性

$[H^+] > [OH^-]\ [H^+] > 10^{-7}\,mol/L$　　$pH < 7$　　溶液呈酸性

$[H^+] < [OH^-]\ [H^+] < 10^{-7}\,mol/L$　　$pH > 7$　　溶液呈碱性

pH 的应用范围为 0～14（溶液中 H^+ 浓度在 $1 \sim 10^{-14}\,mol/L$）。

也可用 pOH 表示为溶液的酸碱性，pOH 是 OH^- 浓度的负对数值。

$$[H^+]\cdot[OH^-] = 10^{-14}$$

$$pH + pOH = 14 \tag{7-2}$$

测定 pH 的方法很多，在实际工作中如果只需要知道溶液 pH 大致是多少，以便及时调节和

控制，常用酸碱指示剂和 pH 试纸来测定；如果需要准确测定溶液的 pH，则用酸度计来测量。

7.1.3　酸碱的强度及解离平衡

在溶液中酸碱的强度不仅取决于酸碱本身给出质子和接受质子能力的大小，还与溶剂接受和给予质子的能力有关。最常用的溶剂是水，在水溶液中，酸碱的强度通常用它们在水中的离解常数 K_a 或 K_b 的大小来衡量，如：

$$HAc + H_2O \rightleftharpoons H_3O^+ + Ac^-$$

通常为了书写方便，水合质子 H_3O^+ 简写为 H^+，上式可写为：

$$HAc \rightleftharpoons H^+ + Ac^-$$

注意：此时与 HAc 离解的半反应式在形式上完全相同，但意义不同。

$$K_a = \frac{[H^+][Ac^-]}{[HAc]}$$

同样，酸碱的平衡常数 K_a 和 K_b 也是温度的函数。显然，在相同温度下，K_a 越大，酸的解离程度越大，溶液中 H^+ 浓度越高，酸的强度越大；同样 K_b 越大，碱的强度越大。

对于共轭酸碱，其具有相互依存的关系。如 HAc- Ac^- 共轭酸碱对中

$$HAc \rightleftharpoons H^+ + Ac^-$$

$$K_a = \frac{[H^+][Ac^-]}{[HAc]}$$

$$Ac^- + H_2O \rightleftharpoons HAc + OH^-$$

$$K_b = \frac{[HAc][OH^-]}{[Ac^-]}$$

$$K_aK_b = \frac{[H^+][Ac^-]}{[HAc]} \cdot \frac{[HAc][OH^-]}{[Ac^-]}$$

$$= [H^+][OH^-] = K_w \qquad (7\text{-}3)$$

在水溶液中，共轭酸的 K_a 与其共轭碱的 K_b 的乘积为 K_w，只要知道酸或碱的离解常数，就能求出共轭碱或酸的离解常数。

【例 7-1】　已知 HAc 的 $K_a = 1.76 \times 10^{-5}$，求其共轭碱 Ac^- 的 K_b 值。

解：Ac^- 为 HAc 的共轭碱

$$K_b = K_w / K_a = 10^{-14} / (1.76 \times 10^{-5}) = 5.70 \times 10^{-10}$$

对于多元酸（碱）的分步解离，如

$$H_2CO_3 + H_2O \rightleftharpoons H_3O^+ + HCO_3^-$$

$$HCO_3^- + H_2O \rightleftharpoons H_3O^+ + CO_3^{2-}$$

其中，

$$K_{a_1}(H_2CO_3) \cdot K_{b_2}(CO_3^{2-}) = K_w$$

$$K_{a_2}(H_2CO_3) \cdot K_{b_1}(CO_3^{2-}) = K_w$$

7.1.4　酸碱平衡的移动

酸碱平衡和其它平衡一样，都是动态的平衡。当平衡条件发生改变，平衡就会被破坏并发生移动，直至建立新的平衡。

浓度对酸碱平衡的影响如下所述。

以酸 HA 在水中的解离平衡为例

$$HA \rightleftharpoons H^+ + A^-$$

达到平衡以后，如向溶液中加入 HA，使其浓度增大，根据化学平衡原理，平衡向右移动，即 H^+ 和 A^- 的浓度增大。但 HA 的解离度 α 不一定增大。解离度是指弱酸、碱溶液中，解离的分子数与分子总数的比。

$$\alpha = 已离解的分子总数/离解前的分子总数 \times 100\% \tag{7-4}$$

设 HA 的浓度为 c，则平衡时有：

$$c(HA) = c - c\alpha,\ c(H^+) = c(A^-) = c\alpha$$

$$K_a = \frac{[H^+][Ac^-]}{[HAc]} = \frac{c\alpha \cdot c\alpha}{c - c\alpha} = \frac{c\alpha^2}{1-\alpha} \tag{7-5}$$

对于弱酸，一般 α 很小，$1-\alpha \approx 1$ 则有：

$$K_a = c\alpha^2 \qquad \alpha = \sqrt{\frac{K_a}{c}} \tag{7-6}$$

式(7-6) 称为稀释定律。式(7-5) 和式(7-6) 同样适用于弱碱的离解，只是将 K_a 换成 K_b。

7.1.5 同离子效应和盐效应

弱酸或弱碱溶液中，如果加入其他物质，酸碱平衡也会发生移动。

(1) 同离子效应 在弱电解质溶液中加入含有与该弱电解质具有相同离子的强电解质，从而使弱电解质的解离平衡朝着生成弱电解质分子的方向移动，弱电解质的解离度降低的效应称为同离子效应。

在弱酸 HAc 水溶液中，加入少量 NaAc 固体，因 NaAc 在水中完全解离，使溶液中 Ac^- 的浓度增大，HAc 的质子转移平衡向左移动，从而降低了 HAc 的解离度。

同理，在氨水中加入少量固体 NH_4Cl 和 NaOH 有

$$NH_3 + H_2O \rightleftharpoons NH_4 + OH^-$$

则平衡向左移动，氨水的电离度较小。

【例 7-2】 在 0.10mol/L HAc 溶液中，加入少量 NaAc 晶体，使其浓度为 0.1mol/L NaAc（忽略体积变化），比较加入 NaAc 晶体前后浓度和 HAc 的电离度的变化。

解：(1) 加入 NaAc 晶体前，由式(7-6)

$$\alpha = \sqrt{\frac{K_a}{c}} = \sqrt{\frac{1.76 \times 10^{-5}}{0.10}} = 1.3\%$$

$$[H^+] = c\alpha = 0.10 \times 1.3\% = 1.3 \times 10^{-3}(\text{mol/L})$$

(2) 加入 NaAc 晶体后，设溶液中 H^+ 浓度为 $x$mol/L

$$HAc \rightleftharpoons H^+ + Ac^-$$

平衡浓度/(mol/L)

$$0.10 - x \qquad x \qquad 0.10 + x$$

$$K_a = \frac{[H^+][Ac^-]}{[HAc]} = \frac{x(0.10 + x)}{0.10 - x}$$

由于 HAc 的 α 很小，加 NaAc 后 α 变得更小，$0.10 + x \approx 0.10$，$0.10 - x \approx 0.10$，$K_a = \frac{0.10x}{0.10}$

即

$$[H^+] = 1.76 \times 10^{-5} \times 1.8 \times 10^{-5}(\text{mol/L})$$

(2) 盐效应 往弱电解质的溶液中加入与弱电解质没有相同离子的强电解质时，由于溶液中离子总浓度增大，离子间相互牵制作用增强，使得弱电解质解离的阴、阳离子结合形成分子的机会减小，从而使弱电解质分子浓度减小，离子浓度相应增大，解离度增大，这种效应称为盐效应。如在 HAc 溶液中加入不含相同离子的易溶物质，如 NaCl，由于溶液中离子强度增大，使离子间相互作用增强，H^+ 和 Ac^- 结合成 HAc 分子的机会减小，平衡向离解的方向移动，HAc 的电离度增大，这种作用称为盐效应。

同离子效应和盐效应是两种完全相反的作用，在发生同离子效应同时，总伴随着盐效应，但同离子效应往往比盐效应大得多，一般情况下主要考虑同离子效应，可以忽略盐效应。

7.2 质子条件式与酸碱溶液的pH计算

7.2.1 质子条件式

根据酸碱质子理论，酸碱反应的实质是质子的转移，当酸碱反应达到平衡时，酸失去质子的数量必然与碱得到质子的数量相等，这种相等关系式称为质子条件式（proton balance equation），又称为质子平衡方程，用PBE表示。由质子条件式，可得到溶液中 H^+ 浓度与有关组分浓度的关系式。

根据酸碱反应得失质子相等关系可以直接写出质子条件式。首先，从酸碱平衡系统中选取质子参考水准（又称为零水准），它们是溶液中大量存在并参与质子转移的物质，通常是起始酸碱组分，包括溶剂分子。其次，根据质子参考水准判断得失质子的产物及其得失质子的量。最后，根据得失质子的量相等的原则，得质子产物的物质的量浓度之和等于失质子产物的物质的量浓度之和，写出质子条件式。注意，质子条件式中不应出现质子参考水准本身和与质子转移无关的组分，对于得失质子产物在质子条件式中其浓度前应乘以相应的得失质子数。

【例7-3】 写出 $H_2C_2O_4$ 水溶液的质子条件式

解：零水准选 $H_2C_2O_4$ 和 H_2O

得失质子情况为：

$$H_2C_2O_4 \longrightarrow HC_2O_4^- + H^+$$

$$H_2C_2O_4 \longrightarrow C_2O_4^{2-} + 2H^+$$

$$H_3O^+ \xleftarrow{+H} H_2O \xrightarrow{-H} OH^-$$

质子条件式：

$$[H^+] = [HC_2O_4^-] + 2[C_2O_4^{2-}] + [OH^-]$$

【例7-4】 写出 NH_4NaHPO_4 水溶液的质子条件式

解：选 NH_4^+，HPO_4^{2-}，H_2O 为零水准，则它们的质子转移情况如下

$$NH_4^+ + H_2O \rightleftharpoons NH_3 + H_3O^+$$

$$HPO_4^{2-} + H_2O \rightleftharpoons PO_4^{3-} + H_3O^+$$

$$HPO_4^{2-} + H_2O \rightleftharpoons OH^- + H_2PO_4^-$$

$$HPO_4^{2-} + 2H_2O \rightleftharpoons 2OH^- + H_3PO_4$$

故质子条件式为：

$$c(H^+) + c(H_2PO_4^-) + 2c(H_3PO_4) = c(OH^-) + c(NH_3) + c(PO_4^{3-})$$

【例7-5】 写出 $NaHCO_3$ 水溶液的质子条件式

得质子　　零水准　　失质子

$$HCO_3^- \longrightarrow CO_3^{2-}$$

$$H_2CO_3 \longleftarrow HCO_3^-$$

$$H_3O^+ \longleftarrow H_2O \longrightarrow OH^-$$

质子条件式：

$$[H^+] + [H_2CO_3] = [CO_3^{2-}] + [OH^-]$$

7.2.2 酸碱溶液pH的计算

除了用测量的方法来确定溶液的pH外，如果已知某酸的浓度及其 K_a，还可以用计算的方法求pH。酸的种类很多，如强酸、弱酸、一元酸、多元酸等。其推导pH公式的一般遵循以下过程：写出质子条件式；根据具体条件得到近似式和最简式；在具体计算中不需推

导，根据本书要求，要牢记最简式；在求溶液的 pH 时，可直接代入公式。

下面简要介绍各类酸的 pH 计算方法。

(1) 强酸、强碱　强酸、强碱在水中几乎全部离解，在一般情况下，酸度的计算比较简单。如 0.10mol/L HCl 溶液，其酸度（H^+ 浓度）是 0.10 mol/L，pH=1.00。但如果强酸或强碱溶液浓度小于 10^{-6} mol/L，求算溶液的酸度还必须考虑水的解离所提供的 H^+ 和 OH^-。因此要根据质子条件式推导出 pH 值计算公式。例如求浓度为 a 的 HCl 的 pH。

质子条件式为：$[H^+]=a+[OH^-]$，$[OH^-]=K_w/[H^+]$，则 $[H^+]=a+K_w/[H^+]$，当 $a\geqslant10^{-6}$mol/L 时，$[OH^-]\leqslant10^{-8}$，可忽略后一项，（前项不小于后项的 20 倍可忽略后项）。这样得 H^+ 浓度的最简式为 $[H^+]=a$。

【例 7-6】 求 10^{-4} mol/L 盐酸的 pH

解：用最简式：$[H^+]=10^{-4}$mol/L

因为 $[H^+]>10^{-6}$ mol/L

所以最简式即为所求。溶液的 pH=4。

若盐酸的浓度为 10^{-8}mol/L，讨论求其 pH。

解精确式得：pH=6.98，而不能用最简式。

(2) 一元弱酸、弱碱溶液　设一元弱酸 HB 的解离常数为 K_a，浓度为 c。以 HB 和 H_2O 为零水准，其质子条件式：$[H^+]=[B^-]+[OH^-]$。

$K_a\cdot c>20K_w$，一般忽略水的解离，则 $[H^+]=[B^-]$，因为 $K_a=\dfrac{[H^+][B^-]}{[HB]}$

所以 $[H^+]=K_a\dfrac{[HB]}{[B^-]}$ 这是计算一元弱酸溶液 H^+ 浓度的近似式。当 $c/K_a>500$ 时，已离解的酸极少，其自身解离可忽略，则 $[HB]=c$，则得到最简式：

$$[H^+]=\sqrt{cK_a} \tag{7-7}$$

即

$$pH=(pc+pK_a)/2$$

不满足 $c/K_a>500$ 时，把 $[HB]=c-[H^+]$ 带入，解一元二次方程得一元弱酸 HB 的 pH 公式。同理，可求得一元弱碱溶液中 OH^- 浓度的最简式：

$$[OH^-]=(cK_b)^{1/2} \tag{7-8}$$

即

$$pOH=(pc+pK_b)/2$$

【例 7-7】 计算下列溶液的 pH

① 0.10mol/L HAc；②0.10mol/L NH_4Cl。

解：① 已知 $K_a(HAc)=1.76\times10^{-5}$

$$c/K_a=0.10/(1.76\times10^{-5})=5.7\times10^3$$

所以，可用最简式(7-7) 计算

$$[H^+]=(cK_a)^{1/2}=(0.10\times1.76\times10^{-5})^{1/2}=1.3\times10^{-3}(mol/L)$$

$$pH=2.89$$

② 已知 $K_a(NH_4Cl)=5.64\times10^{-10}$

$$c/K_a=0.10/(5.64\times10^{-10})\gg500$$

$$[H^+]=(cK_a)^{1/2}=(0.10\times5.64\times10^{-10})^{1/2}=7.5\times10^{-6}(mol/L)$$

(3) 多元弱酸、多元弱碱溶液　多元弱酸、多元弱碱溶液在水溶液中是分级理解的，每一级都有相应的解离平衡。如 H_2S 在水溶液中有二级离解

$$H_2S \rightleftharpoons HS^- + H^+ \qquad K_{a_1}=9.1\times10^{-8}$$

$$HS^- \rightleftharpoons S^- + H^+ \qquad K_{a_2}=1.1\times10^{-12}$$

由 $K_{a_1}\gg K_{a_2}$，可以说明二级离解比一级离解困难得多。因此，在实际计算过程中，当

$c/K_{a_1}>500$ 时，可按一元弱酸作近似计算，即：

$$[H^+]=(cK_{a_1})^{1/2}$$

【例 7-8】 室温时，H_2CO_3 饱和溶液的浓度约为 0.040mol/L，计算溶液的 pH。

解：在碳酸溶液中存在如下平衡

$$H_2CO_3 \rightleftharpoons CO_2+H_2O \qquad K=[CO_2]/[H_2CO_3]=3.8\times10^2(25℃)$$

由 K 值可知水合 CO_2 是最主要的存在形式，占 99.7%以上，H_2CO_3 不到 3%，但通常用 H_2CO_3 表示这两种存在形式之和。

已知　$K_{a_1}=4.2\times10^{-7}$，$K_{a_2}=5.6\times10^{-11}$

$[H_2CO_3]K_{a_1}\approx cK_{a_1}\approx 20K_w$，$K_w$ 可忽略，

$$2K_{a_2}/(cK_{a_1})=2\times5.6\times10^{-11}/(0.04\times4.2\times10^{-7})<0.05,$$

又 $c/K_{a_1}=0.04/4.2\times10^{-7}\gg500$，故采用最简式计算，求得：

$$[H^+]=(cK_{a_1})^{1/2}=(0.040\times4.2\times10^{-7})^{1/2}=1.3\times10^{-4}\text{mol/L}$$

$$pH=3.89$$

对二元弱酸，如果 $K_{a_1}\gg K_{a_2}$，则其酸根离子浓度近似等于 K_{a_2}。

多元弱碱溶液 pH 的计算与此类似。

(4) 两性溶液　在溶液中及其酸性作用又起碱性作用的物质称为两性物质。两性物质如酸式盐（HA^-）既可从溶剂中获得质子转变为共轭酸 H_2A，也可失去质子转变为共轭碱 A^{2-}，即：

$$HA^-+H_2O \rightleftharpoons H_2A+OH^-$$

$$HA^- \rightleftharpoons H^++A^{2-}$$

两性物质溶液中酸碱平衡比较复杂，一般来说，当酸式盐浓度较高时，溶液的 H^+ 浓度可按下式做近似计算

$$[H^+]=(K_{a_1}K_{a_2})^{1/2}$$

【例 7-9】 计算 0.01mol/L $NaHCO_3$ 溶液的 pH。

解　已知 $c=0.01$mol/L，$K_{a_1}=4.2\times10^{-7}$，$K_{a_2}=5.6\times10^{-11}$。

由于 $c_1\gg K_{a_1}$，$c_1K_{a_1}\gg20K_w$，故可采用最简计算公式，有：

$$[H^+]=(K_{a_1}K_{a_2})^{1/2}=(4.2\times10^{-7}\times5.6\times10^{-11})^{1/2}=4.9\times10^{-9}\text{mol/L}$$

$$pH=8.31$$

对于 NH_4Ac 类弱酸弱碱盐，它在水中发生下列质子转移平衡。

$$NH_4Ac+H_2O \rightleftharpoons NH_3+H_3O^+$$

$$Ac^-+H_2O \rightleftharpoons HAc+OH^-$$

以 K_a 表示正离子酸（NH_4^+）的离解常数，K'_a 表示负离子碱（Ac^-）的共轭酸（HAc）的离解常数。这类两性物质的 H^+ 浓度可按类似于酸式盐的公式计算，即：

$$[H^+]=(K_aK'_a)^{1/2}$$

$$pH=(pK_a+pK'_a)/2 \tag{7-9}$$

【例 7-10】 计算 0.01mol/L $HCOONH_4$ 溶液的 pH。

解：已知 NH_4^+ $K'_a=1.77\times10^{-4}$　$pK'_a=3.75$

$$pH=(pK_a+pK'_a)/2=(9.25+3.75)/2=6.50$$

7.3 pH 对酸碱各组分平衡浓度的影响

在酸碱平衡体系中，溶液中同时存在多种不同形式的酸碱。当溶液 pH 发生变化时，各种存在形式的平衡浓度也随之发生变化，其分布情况可用其平衡浓度占总浓度（各存在形式

的平衡浓度之和）的分数来定量说明，即分布系数（distribution fraction），以 δ 表示。分布系数 δ 与 pH 的关系曲线称为分布曲线。

（1）一元弱酸弱碱溶液 一元酸仅有一级解离，其分布简单。以 HAc 为例，设总浓度为 c，在水溶液中以 HAc 和 Ac^- 两种形式存在，如以 δ_1，δ_0 分别表示 HAc 和 Ac^- 的分布系数，则

$$c=[HAc]+[Ac^-]$$

$$\delta_{HAc}=\frac{[HAc]}{c}=\frac{[HAc]}{[HAc]+[Ac^-]}=\frac{1}{1+\frac{K_a}{[H^+]}}=\frac{[H^+]}{[H^+]+K_a}$$

同理

$$\delta_{Ac^-}=\frac{[Ac^-]}{c}=\frac{[Ac^-]}{[HAc]+[Ac^-]}=\frac{1}{1+\frac{[H^+]}{K_a}}=\frac{K_a}{[H^+]+K_a}$$

显然

$$\delta_{Ac^-}=1-\delta_{HAc}$$

由上式可计算不同 pH 时 HAc 和 Ac^- 的分布系数。以 pH 为横坐标、各种存在形式的分布系数为纵坐标，得如图 7-1 所示的不同 pH 时 HAc 和 Ac^- 的分布系数。

从图 7-1 中可知，当 $pH=pK_a=4.75$ 时，$\delta_1=\delta_0=0.5$，即 HAc 和 Ac^- 各占一半；当 $pH>pK_a$ 时，$\delta_1>\delta_0$，溶液中 Ac^- 为主要存在形式；当 $pH<pK_a$ 时 $\delta_1<\delta_0$，溶液 HAc 中为主要存在形式。这种情况可以推广到其他一元酸。

（2）多元弱酸、多元弱碱溶液 多元酸溶液中酸碱组分较多，其分布要复杂一些。例如草酸，在水溶液中，它存在两级质子平衡，有 $H_2C_2O_4$，$HC_2O_4^-$ 和 $C_2O_4^{2-}$ 三种存在形式，设其总浓度为 c，δ_2，δ_1 和 δ_0 分别表示 $H_2C_2O_4$，$HC_2O_4^-$ 和 $C_2O_4^{2-}$ 的分布系数，则

总浓度 $c=[H_2C_2O_4]+[HC_2O_4^-]+[C_2O_4^{2-}]$

$$\delta_{H_2C_2O_4}=\frac{[H_2C_2O_4]}{c}=\frac{[H_2C_2O_4]}{1+\frac{[HC_2O_4^-]}{[H_2C_2O_4]}+\frac{[C_2O_4^{2-}]}{[H_2C_2O_4]}}=\frac{1}{1+\frac{K_{a_1}}{[H^+]}+\frac{K_{a_1}K_{a_2}}{[H^+]^2}}=\frac{[H^+]^2}{[H^+]^2+[H^+]K_{a_1}+K_{a_1}K_{a_2}}$$

$$\delta_{HC_2O_4^-}=\frac{[HC_2O_4^-]}{c}=\frac{[H^+]K_{a_1}}{[H^+]^2+[H^+]K_{a_1}+K_{a_1}K_{a_2}},\quad \delta_{C_2O_4^{2-}}=\frac{[C_2O_4^{2-}]}{c}=\frac{K_{a_1}K_{a_2}}{[H^+]^2+[H^+]K_{a_1}+K_{a_1}K_{a_2}}$$

则可得图 7-2 所示分布曲线。

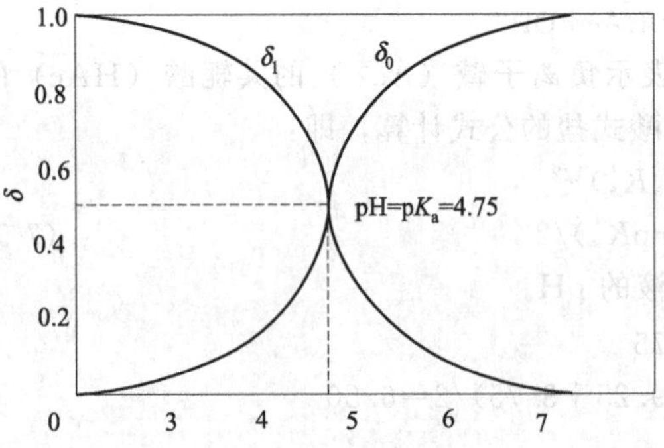

图 7-1 不同 pH 时 HAc 和 Ac^- 的分布系数

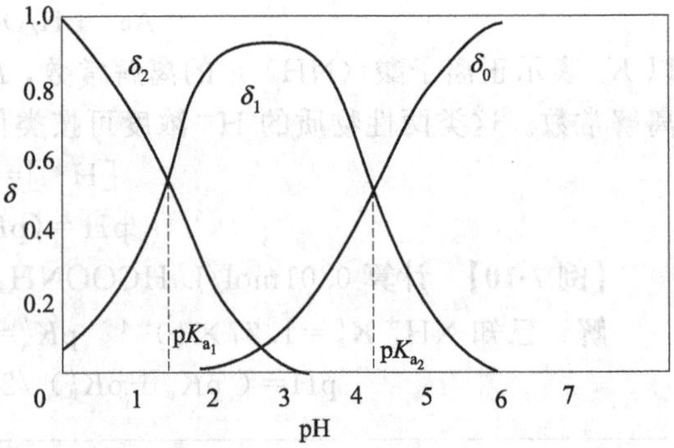

图 7-2 不同 pH 时 $H_2C_2O_4$，$HC_2O_4^-$ 和 $C_2O_4^{2-}$ 的分布系数

由以上讨论可知，分布系数 δ 只与酸碱的强度及溶液的 pH 有关，而与其分析浓度无

关。而对于三元酸，如 H_3PO_4，则情况更复杂一些，但同样可以采用以上方法处理。

7.4　缓冲溶液

7.4.1　缓冲溶液的缓冲原理

1900 年两位生物化学家弗鲁巴哈（Fernbach）和休伯特（Hubert）发现：在 1L 纯水中加入 1mL 0.01mol/L HCl 后，其 pH 值由 7.0 变为 5.0；而在 pH 值为 7.0 的肉汁培养液中，加入 1mL 0.01mol/L HCl 后，肉汁的 pH 值几乎没发生变化。这说明某些溶液对酸碱具有缓冲作用，因此我们便把"能够抵抗外加少量酸、碱或适量的稀释而保持系统的 pH 值基本不变的溶液"称为缓冲溶液。

缓冲溶液一般是由足够量的抗酸、抗碱成分混合而成，通常将抗酸和抗碱两种成分称为缓冲对。如在 HAc-NaAc 缓冲溶液中存在下列平衡：

$$HAc \rightleftharpoons H^+ + Ac^-$$

HAc 只能部分离解，而 NaAc 则能完全离解，使溶液中 Ac^- 浓度增大。由于同离子效应，抑制了 HAc 的解离，HAc 的浓度也较大。

当往 HAc-NaAc 缓冲溶液中加少量的强酸时，H^+ 和溶液中 Ac^- 结合成 HAc 分子，使上述平衡向左移动，结果溶液中 H^+ 浓度几乎没有升高，即溶液的 pH 几乎保持不变。

当加入少量强碱时，OH^- 就和溶液中的 H^+ 结合成水，使上述平衡向右移动，以补充 H^+ 的消耗，结果溶液中 H^+ 浓度几乎没有降低，pH 几乎不变。

当加少量水稀释时，溶液中 H^+ 浓度和其他离子浓度相应的降低，促使的离解平衡向右移动，给出 H^+ 来补充，达到新的平衡时，H^+ 浓度几乎保持不变。

弱碱及其共轭体系的缓冲作用也基本类似。组成缓冲溶液的体系通常是：弱酸及共轭碱，如 $HAc + Ac^-$；弱碱及共轭酸，如 $NH_3 + NH_4Cl$；多元酸相邻两级的共轭物质，如 $NaHCO_3 + Na_2CO_3$、$KH_2PO_4 + K_2HPO_4$。

7.4.2　缓冲溶液 pH 的计算

对于弱酸及其共轭碱，如 HAc-NaAc 组成的缓冲溶液，同理可导出浓度和的计算式，

$$HAc \rightleftharpoons H^+ + Ac^- \qquad K_a = [H^+][Ac^-]/[HAc]$$

HAc 离解度很小，体系中有 Ac^- 时，由于同离子效应，离解度变得更小。因此，达到平衡时，体系中 HAc 可近似看作未发生离解，其浓度用 $c_{酸}$ 表示，体系中 Ac^- 由 NaAc 离解所得，其浓度以 $c_{碱}$ 表示，则上式变为

$$[H^+] = K_a \frac{c_{酸}}{c_{碱}}, \quad pH = pK_a + \lg \frac{c_{碱}}{c_{酸}}$$

对于弱碱及其共轭酸组成的缓冲溶液，同理可导出 OH^- 浓度和 pOH 的计算式：

$$[OH^-] = K_b \frac{c_{碱}}{c_{酸}}, \quad pOH = pK_b + \lg \frac{c_{酸}}{c_{碱}}$$

【例 7-11】 已知 HAc 的 $K_a = 1.76 \times 10^{-5}$
求由浓度均为 0.5mol/L 的 HAc 和 NaAc 的混合溶液的 pH。

解： $pH = pK_a + \lg \frac{c_{碱}}{c_{酸}}$，$[HAc] = [Ac^-]$，$[H^+] = K_a = 1.76 \times 10^{-5}$

即：$$pH = 4.74$$

【例 7-12】 已知 NH_3 的 $K_b = 1.77 \times 10^{-5}$，求由 0.2mol/L 的氨水与 0.1mol/L 的

NH_4Cl 组成的溶液的 pH。

解：因为$[OH]^- = K_b \frac{c_{碱}}{c_{酸}}$

$$[OH^-] = 1.77\times10^{-5}\times\frac{0.2}{0.1} = 3.54\times10^{-5};\ [H^+] = \frac{K_w}{[OH]^-} = \frac{1.0\times10^{-14}}{3.54\times10^{-5}} = 2.82\times10^{-10}$$

$$pH = 9.54$$

【例 7-13】 在 90.00mL 浓度均为 0.10mol/L HAc-NaCN 缓冲溶液中，分别加入：①10mL 0.010mol/L HCl 溶液，②10mL 0.010 mol/L NaOH 溶液，③10mL 水。试比较加入前后溶液的 pH 的变化。

解：加水前　$pH = pK_a + \lg\frac{c_{碱}}{c_{酸}} = 4.75 + \lg\frac{0.10}{0.10} = 4.75$

① 加 HCl 后溶液总体积为 100mL，HCl 离解的 H^+ 与溶液中 Ac^- 结合成 HAc，HAc 浓度略增大，Ac^- 浓度略有减小：

$$[HAc] = 0.10\times\frac{90}{100} + 0.01\times\frac{10}{100} = 0.091(mol\cdot L^{-1});$$

$$[Ac^-] = 0.10\times\frac{90}{100} - 0.01\times\frac{10}{100} = 0.089(mol\cdot L^{-1})$$

$$pH = pK_a + \lg\frac{c_{碱}}{c_{酸}} = 4.75 + \lg\frac{0.089}{0.091} = 4.74$$

② 加入 NaOH 后，HAc 和 OH^- 作用生成 Ac^- 和 H_2O，Ac^- 浓度略有上升，而 HAc 浓度稍有下降：

$$[Ac^-] = 0.10\times\frac{90}{100} + 0.01\times\frac{10}{100} = 0.091(mol\cdot L^{-1});$$

$$[HAc] = 0.10\times\frac{90}{100} - 0.01\times\frac{10}{100} = 0.089(mol\cdot L^{-1})$$

$$pH = pK_a + \lg\frac{c_{碱}}{c_{酸}} = 4.75 + \lg\frac{0.091}{0.089} = 4.76$$

③ 加 10mL H_2O，HAc 和 Ac^- 浓度改变相同

$$[HAc] = [Ac^-] = 0.10\times\frac{90}{100} = 0.090(mol/L)$$

$$pH = pK_a + \lg\frac{c_{碱}}{c_{酸}} = 4.75 + \lg\frac{0.090}{0.090} = 4.75$$

此例说明：外加少量强酸、强碱或适当稀释时，缓冲溶液的 pH 基本不变；缓冲溶液的 pH（或 pOH）与 pK_a（或 pK_b）和 $c_{酸}/c_{碱}$ 的比值有关，对某一确定的缓冲溶液，其 pK_a 和 pK_b 是一常数，若在一定范围内改变 $c_{酸}/c_{碱}$ 的比值，可配置不同 pH 的缓冲溶液；当 $c_{酸}/c_{碱} = 1$ 时，$pH = pK_a$ 或 $pOH = pK_b$。

7.4.3 缓冲容量和缓冲范围

当往缓冲溶液中加入少量强酸或强碱，或者将其稍加稀释时，溶液的 pH 几乎不发生变化。而当加入的强酸浓度接近于缓冲体系共轭碱的浓度，或加入的强碱浓度接近于缓冲体系中共轭酸的浓度时，缓冲溶液的缓冲能力即将消失。这说明，缓冲溶液的缓冲能力是有一定大小的。所谓缓冲容量就是指单位体积缓冲溶液的 pH 改变极小值所需的酸或碱的“物质的量”，用 β 表示。

$$\beta = dc_{碱}/dpH = dc_{酸}/dpH$$

缓冲容量的大小与缓冲溶液的总浓度及其组成部分有关。当缓冲溶液的总浓度一定时，缓冲组分的浓度比愈接近 1，则缓冲容量愈大。等于 1 时，缓冲容量最大，缓冲能力最强。通常缓冲溶液的两组分的浓度比控制在 0.1～10 较为合适，超出此范围则认为失去缓冲作用。由式(7-10) 和式(7-11) 可知，缓冲溶液的缓冲能力一般约在 $pH=pK_a\pm1$ 或 $pOH=pK_b\pm1$ 的范围内，这就是缓冲范围。不同缓冲对组成的缓冲溶液，由于 pK_a 或 pK_b 不同，他们的缓冲范围也不同。

7.4.4　缓冲溶液的选择与配制

分析化学中用于控制溶液酸度的缓冲溶液很多，通常根据实际情况选用不同的缓冲溶液。缓冲溶液的选择原则如下。

① 缓冲溶液对测量过程应没有干扰。

② 所需控制的 pH 值应在缓冲溶液的缓冲范围之内。如果缓冲溶液是由弱酸及其共轭碱组成的，则所选的弱酸的 pK_a 值应尽量与所需控制的 pH 值一致。

③ 缓冲溶液应有足够的缓冲容量以满足实际工作需要。为此，在配制缓冲溶液时，应尽量控制弱酸与共轭碱的浓度比接近于 1∶1，所用缓冲溶液的总浓度尽量大一些（一般可控制在 0.01～1mol/L 之间）。

④ 组成缓冲溶液的物质应廉价易得，避免污染环境。

如需配置 pH 在 5.0 左右的缓冲溶液，可选用 HAc-NaAc 缓冲体系，如需 pH=9.0 的缓冲溶液，可选用 NH_3-NH_4Cl 缓冲体系。然后计算出所选用的弱酸（或弱碱）及其共轭（或共轭酸）的量，或查阅有关的化学手册和专业书刊进行配置。

实际应用中，使用的缓冲溶液在缓冲容量允许的情况下还是稀一点的好。一般要求缓冲组分的浓度在 0.05～0.5mol/L。

【例 7-14】　欲配制 pH=7.00 的缓冲溶液，应选用 HCOOH-HCOONa、HAc-NaAc、NaH_2PO_4-Na_2HPO_4 和 NH_3-NH_4Cl 中的哪一缓冲对最合适？

解： 所选缓冲对 pK_a 应尽量靠近 7.00

已知：

$$pK_a(HCOOH)=3.75 \qquad pK_a(HAc)=4.75$$

$$pK_{a_2}(H_3PO_4)=7.20 \qquad pK_a(NH_4^+)=9.25$$

所以选择 NaH_2PO_4-Na_2HPO_4 为缓冲对最合适。

【例 7-15】　取 50.00mL 0.10mol/L 某一元弱酸溶液与 20.00mL 0.10mol/L NaOH 的溶液混合后，稀释到 100mL，则此溶液的 pH=5.25，求此一元弱酸的 pK_a。

解：

$$pH=pK_a+\lg\frac{c_{碱}}{c_{酸}}$$

$$pK_a=pH-\lg\frac{c_{碱}}{c_{酸}}=5.25-\lg\frac{0.10\times20.00}{0.10\times50.00-0.10\times20.00}=5.37$$

7.4.5　缓冲溶液的应用

溶液的酸度对许多化学反应和生物化学反应有着重要的影响，只有将溶液的 pH 控制在一定范围内，这些反应才能顺利的进行。缓冲体系能维持化学和生物化学系统的 pH 稳定，在工农业、生物学、医学、化学等方面具有极为重要的意义。人体液（37℃）正常 pH 为 7.35～7.45。每人每天耗 O_2 600L，产生 CO_2 酸量约合 2L 浓 HCl，除呼出 CO_2 及肾排酸外，归功于血液的缓冲作用。在植物体内也有由有机酸及其共轭碱所组成的缓冲体系，保证植物正常的生理功能。在土壤中，由于含土壤腐殖质酸及其共轭碱类组成的复杂的缓冲体系，使其维持一定的 pH，以保证农作物的正常生长。

缓冲体系除了用作控制溶液的酸度，还可以作为标准的缓冲溶剂，用作酸度计的参比液。如25℃时，饱和酒石酸氢钾 pH＝3.56。

7.5 酸碱指示剂

7.5.1 酸碱指示剂的变色原理

酸碱指示剂（acid indicator）是一类在其特定的 pH 值范围内，随溶液 pH 值改变而变色的化合物，通常是有机弱酸或有机弱碱。在酸碱滴定中常用酸碱指示剂来表示滴定终点。

当溶液 pH 值发生变化时，指示剂可能失去质子由酸色成分变为碱色成分，也可能得到质子由碱色成分变为酸色成分；在转变过程中，由于指示剂本身结构的改变，从而引起溶液颜色的变化。指示剂的酸色成分或碱色成分是一对共轭酸碱。下面以最常用的甲基橙、酚酞为例来说明。

酚酞（phenol phthalein，缩写 PP）是一种有机弱酸，它在溶液中的电离平衡如下所示：

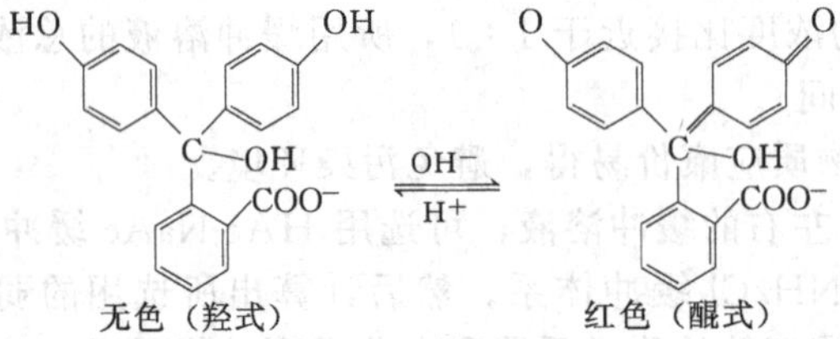

无色（羟式）　　　　红色（醌式）

在酸性溶液中，平衡向左移动，酚酞主要以羟式存在，溶液呈无色；在碱性溶液中，平衡向右移动，酚酞则主要以醌式存在，因此溶液呈红色。

由此可见，当溶液的 pH 发生变化时，由于指示剂结构的变化，颜色也随之发生变化，因而可通过酸碱指示剂颜色的变化来确定酸碱滴定的终点。

甲基橙（methyl orange，缩写 MO）是一种有机弱碱，也是一种双色指示剂，它在溶液中的离解平衡可用下式表示：

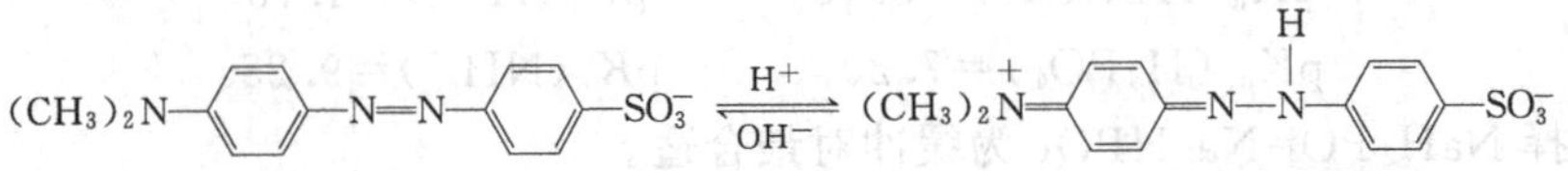

黄色（偶氮式）　　　　红色（醌式）

由平衡关系式可以看出：当溶液中［H^+］增大时，反应向右进行，此时甲基橙主要以醌式存在，溶液呈红色；当溶液中［H^+］降低，而［OH^-］增大时，反应向左进行，甲基橙主要以偶氮式存在，溶液呈黄色。

7.5.2 指示剂变色范围

指示剂颜色的改变源于溶液 pH 的变化，但并不是溶液的 pH 任意改变或稍有变化都能引起指示剂颜色的明显变化，指示剂的变色是在一定的 pH 范围内进行的。以 HIn 表示指示剂的酸式，In^- 表示指示剂的碱式，它们在水溶液中存在下列离解平衡：

$$HIn \rightleftharpoons H^+ + In^-$$

$$K_{In}=\frac{[H^+][In^-]}{[HIn]};\ [H^+]=K_{In}\frac{[HIn]}{[In^-]};\ pH=pK_{In}+\frac{[HIn]}{[In^-]}$$

式中，K_{In}为指示剂的离解常数。指示剂所指示的颜色由$\frac{[In^-]}{[HIn]}$决定。一定温度下 K_{In} 为常数，则$\frac{[In^-]}{[HIn]}$的变化取决于［H^+］。当［H^+］发生改变时，$\frac{[In^-]}{[HIn]}$也发生改变，溶液的颜色也逐渐改变。肉眼辨别颜色的能力有限，当$\frac{[In^-]}{[HIn]}<\frac{1}{10}$时，仅能看到指示剂酸色，当$\frac{[In^-]}{[HIn]}>10$时，仅能看到指示剂碱色；当$\frac{1}{10}<\frac{[In^-]}{[HIn]}<10$时，看到的是酸式和碱式的混合物。

因此，当溶液的pH由$pK_{HIn}-1$向$pK_{HIn}+1$逐渐改变时，理论上人眼可以看到指示剂由酸式色逐渐过渡到碱式色。这种理论上可以看到的引起指示剂颜色变化的pH间隔，我们称之为指示剂的理论变色范围。不同的指示剂，其pK_{HIn}不同，所以其变色范围也不相同。

当指示剂中酸式的浓度与碱式的浓度相同时（即$[HIn]=[In^-]$），溶液便显示指示剂酸式与碱式的混合色。即$pH=pK_{HIn}$这一点，我们称之为指示剂的理论变色点。例如，甲基红$pK_{HIn}=5.0$，所以甲基红的理论变色范围为pH=4.0～6.0。

理论上说，指示剂的变色范围都是2个pH单位，但实际的各种指示剂的变色范围并不都是2个pH单位（表7-2）。因为指示剂的变色范围不是根据pK_{HIn}计算出来的，而是依据人眼观察出来的。由于人眼对各种颜色的敏感程度不同，加上两种颜色之间的相互影响，因此实际观察到的各种指示剂的变色范围并不都是2个pH单位，而是略有上下。

表7-2 常用酸碱指示剂

指示剂	变色范围(pH)	颜色变化	pK_{HIn}	质量浓度/(g/L)	用量/(滴/10mL试液)
百里酚蓝	1.2～2.8	红～黄	1.7	1g/L的20%乙醇溶液	1～2
甲基黄	2.9～4.0	红～黄	3.3	1g/L的90%乙醇溶液	1
甲基橙	3.1～4.4	红～黄	3.4	0.5g/L的水溶液	1
溴酚蓝	3.0～4.6	黄～紫	4.1	1g/L的20%乙醇溶液或其钠盐水溶液	1
溴甲酚绿	4.0～5.6	黄～蓝	4.9	1g/L的20%乙醇溶液或其钠盐水溶液	1～3
甲基红	4.4～6.2	红～黄	5.0	1g/L的60%乙醇溶液或其钠盐水溶液	1
溴百里酚蓝	6.2～7.6	黄～蓝	7.3	1g/L的20%乙醇溶液或其钠盐水溶液	1
中性红	6.8～8.0	红～黄橙	7.4	1g/L的60%乙醇溶液	1
苯酚红	6.8～8.4	黄～红	8.0	1g/L的60%乙醇溶液或其钠盐水溶液	1
酚酞	8.0～10.0	无色～红	9.1	5g/L的90%乙醇溶液	1～3
百里酚蓝	8.0～9.6	黄～蓝	8.9	1g/L的20%乙醇溶液	1～4
百里酚酞	9.4～10.6	无色～蓝	10.0	1g/L的90%乙醇溶液	1～2

使用指示剂时应注意指示剂不宜过多，由于指示剂本身是弱酸或弱碱，多加会消耗滴定剂，引入滴定误差，同时指示剂加入过多还影响其变色范围。温度等因素也会影响指示剂的变色范围，在实际工作中应注意。

7.5.3 混合指示剂

由于指示剂具有一定的变色范围，因此只有当溶液pH值的改变超过一定数值，也就是说只有在酸碱滴定的化学计量点附近pH值发生突跃时，指示剂才能从一种颜色突然变为另一种颜色。但在某些酸碱滴定中，由于化学计量点附近pH值突跃小，使用单一指示剂确定终点无法达到所需要的准确度，这时可考虑采用混合指示剂（mixed indicator）。

混合指示剂是利用颜色之间的互补作用，使变色范围变窄，从而使终点时颜色变化敏锐。它的配制方法一般有两种：一种是由两种或多种指示剂混合而成。比如溴甲酚绿（$pK_{HIn}=4.9$）与甲基红（$pK_{HIn}=5.0$）指示剂，前者当pH<4.0时呈黄色（酸式色），pH>5.6时呈蓝色（碱式色）；后者当pH<4.4时呈红色（酸式色），pH>6.2时呈浅黄色（碱式色）。当它们按一定比例混合后，两种颜色混合在一起，酸式色便成为酒红色（即红稍带黄），碱式色便成为绿色。当pH=5.1，也就是溶液中酸式与碱式的浓度大致相同时，溴甲酚绿呈绿色而甲基红呈橙色，两种颜色互为互补色，从而使得溶液呈现浅灰色，因此变色十分敏锐。

另一种混合指示剂是在某种指示剂中加入一种惰性染料（其颜色不随溶液 pH 值的变化而变化），由于颜色互补使变色敏锐，但变色范围不变。

7.6 酸碱滴定的基本原理

酸碱滴定法是以酸碱反应为基础的滴定分析方法。在酸碱滴定中，滴定剂一般是强酸或强碱，如 HCl、H_2SO_4、NaOH 和 KOH 等。被测的是各种具有酸碱性或间接产生酸碱的物质，如 HNO_3、HAc、H_3PO_4、NaOH、Na_2CO_3 和 NH_3 等。在滴定时，重要的是要了解被测物质是否能够被准确滴定，滴定过程中溶液 pH 值的变化情况，选择何种指示剂来确定滴定的终点。

7.6.1 强碱（酸）滴定强酸（碱）

强酸、强碱在水溶液中完全解离，滴定的基本反应为

$$H^+ + OH^- \rlap{=}{=\!=} H_2O \qquad K_w = 10^{14}$$

以 0.1000mol/L NaOH 溶液滴定 20.00mL 0.1000mol/L HCl 溶液为例，来讨论滴定过程中溶液 pH 的变化、滴定曲线及指示剂的选择。

(1) 滴定开始前 溶液的 pH 取决于 HCl 的原始浓度

$$[H^+]=[HCl]=0.1000\text{mol/L}$$

$$pH=1.00$$

(2) 滴定开始到化学计量点前 溶液由剩余 HCl 和反应产物 NaCl 组成，溶液的 pH 取决于剩余的 HCl 的量。此时，H^+ 的浓度按下式计算：$[H^+]=[HCl_{剩余}]=\dfrac{[HCl]\times V_{HCl剩余}}{V_总}$

当滴入 NaOH 18.00mL 时，溶液中有 90% 的 HCl 被中和，总体积为 38.00mL，剩余 HCl 体积为 2mL，此时，H^+ 的浓度为：$[H^+]=0.1000\times\dfrac{2.00}{38.00}=5.3\times10^{-3}(\text{mol/L})$

同理，当 NaOH 滴入 19.98mL 时，剩余 HCl 体积为 0.02mL，H^+ 浓度为：

$$[H^+]=5.0\times10^{-5}\text{mol/L}$$

$$pH=4.30$$

(3) 计量点时 酸碱作用完全，溶液组成为 NaCl，此时 H^+ 来自于水的质子自递反应，其浓度

$$[H^+]=K^{1/2}=10^{-14/2}=10^{-7}$$

$$pH=7.00$$

(4) 计量点后 溶液组成为 NaCl 和过量的 NaOH，溶液呈碱性，其碱度取决于过量的 NaOH 时，OH^- 浓度可按下式计算：$[OH^-]=[NaOH_{过量}]=\dfrac{[NaOH]\times V_{NaOH过量}}{V_总}$

当滴入 20.02mL NaOH 时，NaOH 过量 0.02mL，即 0.1% 溶液总体积为 40.02mL，则

$$[OH^-]=0.1000\times\frac{0.02}{40.02}=5.0\times10^{-5}(\text{mol/L})$$

$$pOH=4.30 \qquad pH=9.70$$

用上述方法可逐一计算出滴定过程中溶液的 pH，结果列于表 7-3 中。以 NaOH 的加入量为横坐标、以 pH 为纵坐标，绘制如图 7-3 所示曲线，称为滴定曲线（titration curve）。

表 7-3　0.1000mol/L NaOH 溶液滴定 20.00mL 0.1000mol/L HCl 溶液的 pH 变化

NaOH 加入体积/mL	NaOH 加入(滴定分数)/%	剩余 HCl 体积/mL	过量 NaOH 体积/mL	pH
0.00	0.00	20.00		1.00
18.00	90.00	2.00		2.28
19.80	99.00	0.20		3.30
19.98	99.90	0.02		4.30 突跃范围
20.00	100.0	0.00		7.00 突跃范围
20.02	100.1		0.02	9.70 突跃范围
20.20	101.0		0.20	10.70
22.00	110.0		2.00	11.68
40.00	200.0		20.00	12.50

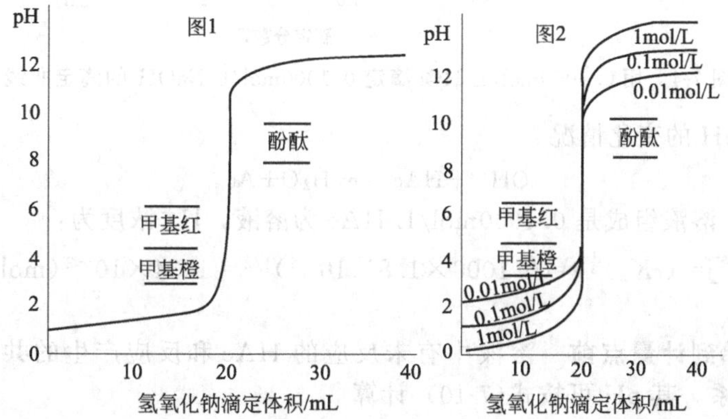

图 7-3　0.1000mol/L NaOH 溶液滴定 20.00mL 0.1000mol/L HCl 的滴定曲线

从表 7-3 可以看出，滴定开始时，pH 升高较慢。当加入 19.80mL NaOH 时，pH 只改变了 2.3 个 pH 单位；再加入 0.18mL NaOH 溶液，pH 就改变 1 个 pH 单位，变化速度加快了，继续滴加 0.02mL（约半滴，共加入 NaOH 20.00mL），达到化学计量点，此时，pH 迅速增至 7.00；再过量 0.02mL NaOH，pH 增至 9.70，此后过量的 NaOH 所引起的溶液 pH 的变化又越来越慢。

计量点前后滴入 NaOH 19.98mL 至 20.02mL，即加入 NaOH 的量有 99.9%到过量 0.1%，虽然只增加了 0.04mL NaOH（约 1 滴），却使溶液的 pH 由 4.30 突然上升到 9.70，增加了 5.4 个 pH 单位，溶液由酸性变为碱性。计量点前后的这一 pH 突变称为滴定突跃（titration jump）。计量点前后−0.1%～0.1%之间 pH 变化的范围称为滴定突跃范围。

根据化学计量点附近的 pH 突跃，可选择适当的酸碱指示剂。显然，最理想的指示剂应该恰好在计量点时变色，实际上凡在突跃范围（4.30～9.70）内变色的指示剂，都可用来正确指示终点，如甲基橙、甲基红、酚酞等。

如果滴定方向相反，即用 0.1000mol/L HCl 滴定 0.1000mol/L NaOH，其滴定曲线与 NaOH 滴定 HCl 的滴定曲线相对称，pH 变化相反。滴定曲线如图 7-4 虚线所示。

7.6.2　强碱（酸）滴定一元弱酸（碱）

滴定一元弱酸、弱碱，一般采用强碱或强酸。弱酸、弱碱在水溶液中存在离解平衡，所以以强碱滴定一元弱酸的基本反应为：

$$OH^- + HA \rightleftharpoons H_2O + A^-$$

现以 0.1000mol/L NaOH 滴定 20.00mL 0.1000mol/L HAc 为例，讨论强碱滴定一元

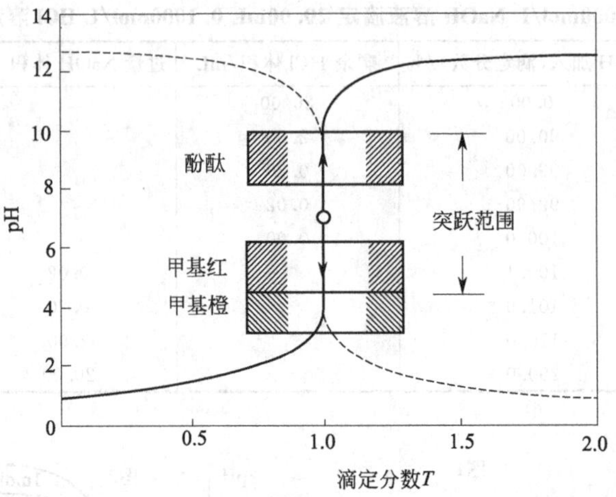

图 7-4　用 0.1000mol/L HCl 滴定 0.1000mol/L NaOH 的滴定曲线

弱酸过程中溶液 pH 的变化情况。

滴定反应为：　$OH^- + HAc \longrightarrow H_2O + Ac^-$

(1) 滴定前　溶液组成是 0.1000mol/L HAc 为溶液，H^+ 浓度为：

$$[H^+] = (cK_a)^{\frac{1}{2}} = (0.1000 \times 1.8 \times 10^{-5})^{1/2} = 1.34 \times 10^{-3}(\text{mol/L})$$

得 pH=2.87

(2) 滴定开始到计量点前　溶液中有未反应的 HAc 和反应产生的共轭碱 Ac^-，组成 $HAc\text{-}Ac^-$ 缓冲体系，其 pH 可按式(7-10) 计算

$$pH = pK_a + \lg \frac{c_{碱}}{c_{酸}}$$

当加入 NaOH 溶液 19.98mL 时，剩余的 HAc 为 0.02mL，此时有：

$[HAc] = 0.02 \times \dfrac{0.1000}{20.00+19.98} = 5.0 \times 10^{-5}(\text{mol/L})$；$[Ac^-] = 19.98 \times \dfrac{0.1000}{20.00+19.98} = 5.0 \times 10^{-2}(\text{mol/L})$；$pH = pK_a + \lg \dfrac{c_{碱}}{c_{酸}} = 4.75 + \lg \dfrac{5.0 \times 10^{-2}}{5.0 \times 10^{-5}} = 7.75$

(3) 计量点时　即加入的 NaOH 体积为 20.00mL，HAc 全部生成共轭碱 Ac^-，由式(7-7) 计算 OH^- 浓度

$$[OH^-] = (cK_b)^{\frac{1}{2}} = (cK_w/K_a)^{1/2} = [(0.1000/2) \times (10^{-14}/1.8 \times 10^{-5})]^{1/2}$$
$$= 5.3 \times 10^{-6}(\text{mol/L})$$

$$pOH = 5.28$$
$$pH = 8.72$$

(4) 计量点后　溶液组成为 Ac^- 和过量的 NaOH，由于 NaOH 抑制了 Ac^- 的离解，溶液的碱度由过量的 NaOH 决定，溶液的 pH 变化与强碱滴定强酸的情况相同。

$$[OH^-] = [NaOH_{过量}] = \frac{[NaOH] \times V_{NaOH过量}}{V_{总}}$$

当 NaOH 滴入 20.02mL 时，过量 0.02mL

$$[OH^-] = 0.1000 \frac{0.02}{20.00+20.02} = 5.0 \times 10^{-5}(\text{mol/L})$$

$$pOH = 4.30; pH = 9.70$$

由上述方法逐一计算出滴定过程中溶液的 pH，结果列于表 7-4 中，并绘制滴定曲线，如图 7-5 中所示该图中虚线为 0.1000mol/L NaOH 滴定 20.00mL 0.1000mol /L HCl 的前半部分。

表 7-4　0.1000mol/L NaOH 溶液滴定 20.00mol/L HAc 溶液的 pH 变化

加入 NaOH 体积/mL	加入 NaOH/%	剩余 HAc 体积/mL	过量 NaOH 体积/mL	pH
0.00	0.00	20.00		2.87
10.00	50.00	10.00		4.74
18.00	90.00	2.00		5.70
19.80	99.00	0.20		6.74
19.98	99.90	0.02		7.74 } 突跃范围
20.00	100.0	0.00		8.72 }
20.02	100.1			9.70
20.20	101.0		0.20	10.70
22.00	110.0		2.00	11.70
40.00	200.0		20.00	12.50

比较图 7-5 中实线与虚线，可以看出：滴定前，由于 HAc 是弱酸，溶液的 pH 比同浓度 HCl 的 pH 大。滴定开始后，pH 升高较快，这是因为反应产生的 Ac^- 抑制了 HAc 离解。随着滴定的进行，HAc 浓度不断降低，而 Ac^- 浓度逐渐增大，溶液中形成了 HAc-Ac^- 缓冲体系，故 pH 变化缓慢，滴定曲线较为平坦。接近计量点时，溶液中 HAc 浓度极小，溶液缓冲作用减弱，继续滴入 NaOH 溶液，溶液的 pH 变化速度加快，直到计量点时，由于 HAc 浓度急剧减小，使溶液 pH 发生突变。因溶液组成为 NaOH，计量点时 pH 不是 7.00，而是 8.72。计量点后，溶液的 pH 变化规律与滴定 HCl 时的情况相同，因而这一滴定过程的 pH 突跃范围为 7.74～9.70，比强碱滴定强酸时小得多，且落在碱性范围。这时可选碱性范围内的指示剂，如酚酞，百里酚酞或百里酚蓝等。在酸性范围内变色的指示剂如甲基橙，甲基红则不适用。

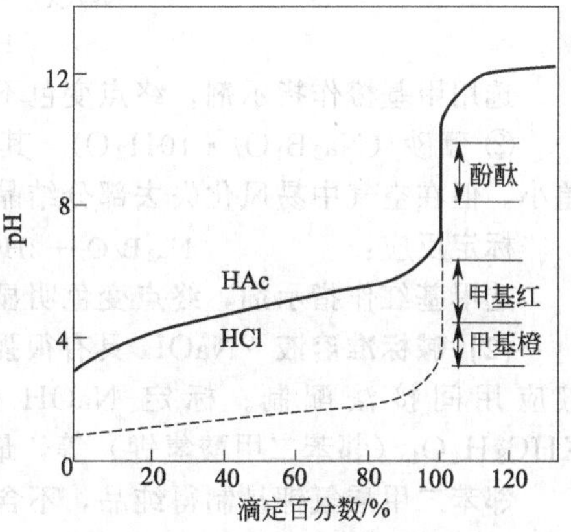

图 7-5　0.1000mol/LNaOH 溶液滴定 20.00mL 0.1000mol/LHCl 的滴定曲线

如用相同浓度的强碱滴定不同的一元弱酸，得到如图 7-6 所示的滴定曲线。由图 7-6 可知：K_a 越大，酸越强，滴定突跃范围越大；K_a 越小，酸越弱，滴定突跃范围越小。当 $K_a<10^{-9}$ 时已无明显的突跃，利用一般的酸碱指示剂已无法判断终点。

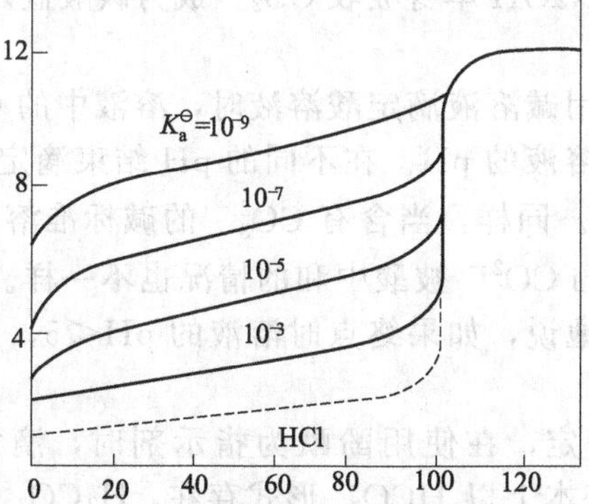

图 7-6　相同浓度的强碱滴定不同的一元弱酸的滴定曲线

因此，通常把 $cK_a \geqslant 10^{-8}$ 作为弱酸能被强碱准确滴定的判据。对于 $cK_a<10^{-8}$ 的弱酸，可采用其他方法进行测定。比如用仪器来检测滴定终点，利用适当的化学反应使弱酸强化，或在酸性比水更弱的非水介质中进行滴定等。

与强碱滴定弱酸的情形相同，弱碱被强酸准确滴定的判据为：

$$cK_b \geqslant 10^{-8}$$

对于多元酸（碱）和混合酸（碱）的滴定，由于比较复杂，本书不做介绍。

7.6.3 标准溶液的配置与标定

酸碱滴定法中常用的标准溶液是 HCl 和 NaOH 溶液，有时也用 H_2SO_4 和 KOH，HNO_3 具有氧化性，一般不用。标准溶液的浓度一般配成 0.1mol/L，有时也需要高至 1mol/L 和低至 0.1mol/L。实际工作中应根据需要配置合适浓度的标准溶液。

(1) 酸标准溶液 HCl 易挥发，HCl 标准溶液采取间接配置法配置，即先配成大致所需的浓度，然后用基准物质进行标定。

① 无水碳酸钠 其优点是易制得纯品。但由于 Na_2CO_3 易吸收空气中的水分，因此使用之前应在 180～200℃ 下干燥，然后密封于瓶内，保存在干燥器中备用。用时称量要快，以免吸收水分而引入误差。

标定反应：

$$Na_2CO_3 + 2HCl = 2NaCl + H_2CO_3$$

$$H_2CO_3 = CO_2 + H_2O$$

选用甲基橙作指示剂，终点变色不太敏锐。

② 硼砂（$Na_2B_4O_7 \cdot 10H_2O$） 其优点是易制得纯品，不易吸水，摩尔质量大，称量误差小。但在空气中易风化失去部分结晶水，因此应保存在相对湿度较大的恒湿器中。

标定反应： $$Na_2B_4O_7 + 2HCl + 5H_2O = 4H_3BO_3 + 2NaCl$$

选甲基红作指示剂，终点变色明显。

(2) 碱标准溶液 NaOH 具有很强的吸湿性易吸收空气中的 CO_2，因此 NaOH 标准溶液应用间接法配制。标定 NaOH 溶液的基准物质有 $H_2C_2O_4 \cdot 2H_2O$、KHC_2O_4、$KHC_8H_4O_4$（邻苯二甲酸氢钾）等，最常见的是 $KHC_8H_4O_4$。

邻苯二甲酸氢钾易制得纯品，不含结晶水，不吸潮，容易保存，摩尔质量大，是标定碱较理想的基准物质，其标定反应为：

$$C_6H_4COOHCOOK + NaOH = C_6H_4COONaCOOK + H_2O$$

邻苯二甲酸的 $pK_{a_2} = 5.41$，化学计量点的产物为二元弱碱，pH 约为 9.1，因此可选酚酞作指示剂。

7.6.4 CO_2 对酸碱滴定的影响

在酸碱滴定中，CO_2 的影响有时是不能忽略的。CO_2 的来源很多，例如，蒸馏水中溶有一定量的 CO_2，标准碱溶液和配制标准溶液的 NaOH 本身吸收 CO_2（成为碳酸盐），在滴定过程中溶液不断地吸收 CO_2 等。

在酸碱滴定中，CO_2 的影响是多方面的。当用碱溶液滴定酸溶液时，溶液中的 CO_2 会被碱溶液滴定，至于滴定多少则要取决于终点时溶液的 pH。在不同的 pH 结束滴定，CO_2 带来的误差不同（可由 H_2CO_3 的分布系数得知）。同样，当含有 CO_3^{2-} 的碱标准溶液用于滴定酸时，由于终点 pH 的不同，碱标准溶液中的 CO_3^{2-} 被酸中和的情况也不一样。显然，终点时溶液的 pH 越低，CO_2 的影响越小。一般地说，如果终点时溶液的 pH<5，则 CO_2 的影响是可以忽略的。

例如浓度同为 0.1mol/L 的酸碱进行相互滴定，在使用酚酞为指示剂时，滴定终点 pH=9.0，此时溶液中的 CO_2 所形成 H_2CO_3，基本上以 HCO_3^- 形式存在，H_2CO_3 作为一元酸被滴定。与此同时，碱标准溶液吸收 CO_2 所产生的 CO_3^{2-} 也被滴定生成 HCO_3^-。在这种情况下由于 CO_2 的影响所造成的误差约为±2%，是不可忽视的。

若以甲基橙为指示剂，滴定终点时 pH=4.0，此时以各种方式溶于水中的 CO_2 主要以

CO_2 气体分子（室温下 CO_2 饱和溶液的浓度约为 0.04mol/L）或 H_2CO_3 形式存在，只有约 4%作为一元酸参与滴定，因此所造成的误差可以忽略。在这种情况下，即使碱标准溶液吸收 CO_2 产生了 CO_3^{2-}，也基本上被中和为 CO_2 逸出，对滴定结果不产生影响。所以，滴定分析时，在保证终点误差在允许范围之内的前提下，应当尽量选用在酸性范围内变色的指示剂。

当强酸强碱的浓度变得更稀时，滴定突跃变小，若再用甲基橙作指示剂，也将产生较大的终点误差（若改用终点时 pH>5 的指示剂，只会增大溶液中 H_2CO_3 参加反应的比率，增大滴定误差）。此时，为了消除 CO_2 对酸碱滴定的影响，必要时可采用加热至沸的办法，除去 CO_2 后再进行滴定。

由于 CO_2 在水中的溶解速度相当快，所以 CO_2 的存在也影响到一些指示剂终点颜色的稳定性。如以酚酞作指示剂时，当滴至终点时，溶液已呈浅红色，但稍放置 0.5～1min 后，由于 CO_2 的进入，消耗了部分过量的 OH^-，溶液 pH 降低，溶液又退至无色。因此，当使用酚酞、溴百里酚蓝、酚红等指示剂时，滴定至溶液变色后，若 30s 内溶液颜色不退表明此时已达终点。

此外，在滴定分析过程，为进一步减少 CO_2 的进入，还应做到以下几点：使用加热煮沸后冷却至室温的蒸馏水；使用不含 CO_3^{2-} 的标准碱溶液；滴定时不要剧烈振荡锥形瓶。

7.6.5　酸碱滴定法的应用

酸碱滴定法在生产实际中应用极为广泛，许多酸、碱物质包括一些有机酸（或碱）物质均可用酸碱滴定法进行测定。对于一些极弱酸或极弱碱，部分也可在非水溶液中进行测定，也可用线性滴定法进行测定，有些非酸（碱）性物质，还可以用间接酸碱滴定法进行测定。

下面列举几种常用的酸碱滴定法及在某些方面的应用。

强酸强碱及 $cK_a \geqslant 10^{-8}$ 的弱酸和 $cK_b \geqslant 10^{-8}$ 的弱碱，均可用标准碱或酸直接滴定。

(1) 混合碱的分析

① 烧碱中 NaOH 和 Na_2CO_3 含量的测定　NaOH 俗称烧碱，在生产和储藏过程，常因吸收空气中的 CO_2 而产生部分 Na_2CO_3。对烧碱中 NaOH 和 Na_2CO_3 含量的测定可采用双指示剂法。

准确称取一定质量 m 的试样，溶于水后，先以酚酞为指示剂，用 HCl 标准溶液滴到终点，记下用去 HCl 溶液体积 V_1，这时 NaOH 全部被滴定，而 Na_2CO_3 只被滴定到 $NaHCO_3$。然后加入甲基橙指示剂，用 HCl 继续滴到溶液由黄色变为橙色，此时 $NaHCO_3$ 被滴至 Na_2CO_3，记下用去 HCl 溶液的体积 V_2。显然 V_2 是滴定 $NaHCO_3$ 所消耗的 HCl 溶液体积，而 Na_2CO_3 被滴定到 $NaHCO_3$ 和 $NaHCO_3$ 被滴定到 H_2CO_3 所消耗的 HCl 体积是相等的。滴定过程为

$$\left.\begin{array}{l}OH^-\\CO_3^{2-}\end{array}\right\}\xrightarrow[V_1]{H^+}\begin{array}{l}H_2O\\HCO_3^-\end{array}\xrightarrow[V_2]{H^+}\begin{array}{l}H_2O\\H_2O+CO_2\end{array}$$

酚酞终点　　甲基橙终点

NaOH 和 Na_2CO_3 的质量分数分别为：

$$w(NaOH)=[HCl]\times(V_1-V_2)\times M(NaOH)]/m$$

$$w(Na_2CO_3)=[HCl]\times V_2\times M(Na_2CO_3)]/m$$

② 纯碱中 Na_2CO_3 和 $NaHCO_3$ 含量的测定　其测定方法与烧碱中 NaOH 和 Na_2CO_3 含量的测定相类似，也可用双指示剂法。滴定过程为

$$\left.\begin{array}{l}CO_3^{2-}\\HCO_3^-\end{array}\right\}\xrightarrow[V_1]{H^+}\begin{array}{l}HCO_3^-\\HCO_3^-\end{array}\xrightarrow[V_2]{H^+}\begin{array}{l}H_2O+CO_2\\H_2O+CO_2\end{array}$$

酚酞终点　　甲基橙终点

$$w(Na_2CO_3)=\{[HCl]\times V_1\times M(Na_2CO_3)\}/m$$
$$w(NaHCO_3)=\{[HCl]\times(V_1-V_2)\times M(NaHCO_3)\}/m$$

双指示剂法不仅用于混合碱的定量分析，还可用于未知碱样的定性分析。某碱样可能含有 NaOH、Na_2CO_3、$NaHCO_3$ 或它们的混合物，设酚酞终点时用去 HCl 溶液 V_1（mL），继续滴至甲基橙终点时又用去 HCl 溶液 V_2（mL），则未知碱样的组成与 V_1，V_2 的关系见表 7-5。

表 7-5　V_1，V_2 的大小与未知碱样的组成

V_1 与 V_2 的关系	$V_1>V_2$ $V_2\neq0$	$V_1<V_2$ $V_1\neq0$	$V_1=V_2$	$V_1\neq0$ $V_2=0$	$V_2\neq0$ $V_1=0$
碱的组成	$OH^-+CO_3^{2-}$	$CO_3^{2-}+HCO_3^-$	CO_3^{2-}	OH^-	HCO_3^-

注意：混合碱中，NaOH 和 $NaHCO_3$ 不能共存。

【例 7-16】 称取含惰性杂质的混合碱（Na_2CO_3 和 NaOH 或 $NaHCO_3$ 和 Na_2CO_3 的混合物）试样 1.200g，溶于水后，用 0.5000mol/L 滴到酚酞终点，用去 30.00mL。然后加入甲基橙指示剂，用 HCl 继续滴到橙色出现，又用去 5.00mL。问试样由何种碱组成？各组分的质量分数是多少？

解：此题是用双指示剂法测定混合碱各组分的含量。

$V_1=30.00mL$　　　　$V_2=5.00mL$　　　　$V_1>V_2$

故混合碱试样由 Na_2CO_3 和 NaOH 组成

$$w(Na_2CO_3)=\{[HCl]\times V_1\times M(Na_2CO_3)\}/m=0.5000\times0.00500\times106.0/1.200=22.08\%$$
$$w(NaOH)=\{[HCl]\times(V_1-V_2)M(NaOH)\}/m$$
$$=0.5000\times(0.03000-0.00500)\times40.01/1.200$$
$$=41.68\%$$

(2) 铵盐中氮的测定

① 蒸馏法　加浓 NaOH 并加热，将 NH_3 蒸馏出来，用 H_3BO_3 溶液吸收，然后以甲基红与溴甲酚绿混合指示剂，用标准 H_2SO_4 滴定至灰色为终点。

② 甲醛法

$$4NH_4^++6HCHO=(CH_2)_6N_4H^++3H^++6H_2O\qquad K_a=7.1\times10^{-6}$$
$$w_N=[c_{NaOH}\times V_{NaOH}\times14.0)/m_s]\times10^{-3}$$

用酚酞为指示剂，终点为粉红色。如果试样中含有游离酸，事先用甲基红作指示剂，用 NaOH 中和。

(3) 极弱酸（碱）的测定　对于一些极弱的酸碱，可利用生成稳定的络合物可以使弱酸强化；也可以利用氧化还原法，使弱酸转变为强酸。此外，还可以在浓盐体系或非水介质中，对极弱酸碱进行测定。例如，硼酸为极弱酸，它在水溶液中的离解为：

$$B(OH)_3+2H_2O=H_3O^++B(OH)_4^-\qquad K_a=5.8\times10^{-10}$$

不能用 NaOH 进行准确滴定。如果于硼酸溶液中加入一些甘露醇，硼酸 $pK_a=9.24\rightarrow pK_a=4.26$，可准确滴定。$H_3PO_4$，$pK_{a_3}=12.36$，按二元酸被分步滴定。加入钙盐，由于生成 $Ca_3(PO_4)_2$ 沉淀，便可继续对 HPO_4^{3-} 准确滴定。

(4) 磷的测定　钢铁和矿石等试样中的磷有时也采用酸碱滴定法进行测定。在硝酸介质中，磷酸与钼酸铵反应，生成黄色磷钼酸铵沉淀：

$$PO_4^{3-}+MoO_4^{2-}+NH_4^++H^+\rightleftharpoons(NH_4)H[PMo_{12}O_{40}]\cdot H_2O\downarrow+H_2O$$

沉淀过滤之后，用水洗涤，然后将沉淀溶解于定量的且过量的 NaOH 标准溶液中，溶解反应为：

$$(NH_4)_2H[PMo_{12}O_{40}]\cdot H_2O+OH^-\longrightarrow PO_4^{3-}+MoO_4^{2-}+NH_3+H_2O$$

过量的 NaOH 再用硝酸标准溶液返滴定，至酚酞恰好退色为终点（pH≈8），这时，由下列三个反应发生：

$$OH^-（过剩的\ NaOH）+H^+ \rightleftharpoons H_2O$$

$$PO_4^{3-}+H^+ \rightleftharpoons HPO_4^{2-}$$

$$NH_3+H^+ \rightleftharpoons NH_4^+$$

由上述几步反应可看出，溶解 1mol 磷钼酸铵沉淀，消耗 27mol NaOH。用 HNO_3 返滴定至 pH≈8，沉淀溶解后所产生的 PO_4^{3-} 转变为 HPO_4^{2-}，需要消耗 1mol HNO_3；2mol NH_3 滴定至 NH_4^+ 时，消耗 2mol HNO_3。这时候 1mol 磷钼酸铵沉淀实际只能消耗 27－3＝24mol NaOH，因此，磷的化学计量数比为 1/24。试样中磷的含量为：

$$w_p=(c_{NaOH}\times V_{NaOH}-c_{HNO_3}\times V_{HNO_3})\times 1/24\times M_p/m_s\times 100\%$$

由于磷的化学计量数比小，本方法可用于微量磷的测定。

(5) 氟硅酸钾法测定硅　硅酸盐试样中 SiO_2 含量的测定，在实验室中过去都是采用重量法，虽然测定结果比较准确，但耗时太长。因此，目前生产上的例行分析多采用氟硅酸钾容量法。

试样用 KOH 熔融，使其转化为可溶性硅酸盐，如 K_2SiO_3 等；硅酸钾在钾盐存在与 HF 作用（或在强酸性溶液中加 KF，HF 有剧毒，必须在通风橱中操作），转化成微溶的氟硅酸钾（K_2SiF_6），其反应如下：

$$K_2SiO_3+HF \rightleftharpoons K_2SiF_3\downarrow +H_2O$$

由于沉淀的溶解度较大，还需加入固体 KCl 以降低其溶解度，过滤，用氯化钾-乙醇溶液洗涤沉淀，将沉淀放入原烧杯中，加入氯化钾-乙醇溶液，以 NaOH 中和游离至酚酞变红，再加入沸水，使氟硅酸钾水解而释放出 HF，其反应如下：

$$K_2SiF_3\downarrow +H_2O \rightleftharpoons H_2SiO_3+KF+HF$$

用 NaOH 标准溶液滴定释放出的 HF，以求得试样中 SiO_2 的含量。由反应式可知，1mol K_2SiF_6 释放出 4mol HF，即消耗 4mol NaOH，所以试样中 SiO_2 的计量数比为 1/4。试样中 SiO_2 的质量分数，

$$w_{SiO_2}=(c_{NaOH}\times V_{NaOH}\times 1/4\times M_{SiO_2})/m_s\times 100\%$$

习题

一、填空题

1. 根据酸碱质子理论，CO_3^{2-} 是________，其共轭________是________；$H_2PO_4^-$ 是________物质，它的共轭酸是________，共轭碱是________。

2. 已知 298K 时浓度为 0.010mol/L 的某一元弱酸的 pH 为 4.00，则该酸的解离常数为________，当把该酸溶液稀释后，其 pH 将变________，解离度将变________，其 K_a ________。

3. 0.10mol/L HAc 溶液中，浓度最大的物种是________，浓度最小的物种是________。加入少量的 $NH_4Ac(s)$ 后，HAc 的解离度将________，溶液的 pH 将________，H^+ 的浓度将________。

4. 相同体积相同浓度的 HAc 和 HCl 溶液中，所含的 $[H^+]$________；若用相同浓度的溶液分别完全中和这两种酸溶液时，所消耗的 NaOH 溶液的体积________，恰好中和时两溶液的 pH________，前者的 pH 比后者的 pH________。

二、选择题

1. 下列溶液中，pH 最小的是（　　）。

A. 0.010mol/L HCl　　　　B. 0.010mol/L H_2SO_4

C. 0.010mol/L HAc　　　　D. 0.010mol/L $H_2C_2O_4$

2. 0.25mol/L HAc溶液中 $[H^+]$ 为（　　）。

A. $\sqrt{\frac{K_a^{\ominus}}{0.25}}$ mol/L　　B. $\sqrt{\frac{0.25}{K_a^{\ominus}}}$ mol/L

C. $0.25K_a^{\ominus}$ mol/L　　D. $\sqrt{0.25K_a^{\ominus}}$ mol/L

3. pH=5.00 的强酸与 pH=13.00 的强碱溶液等体积混合，则混合溶液的 pH 为（　　）。

A. 9.00　　B. 8.00　　C. 12.70　　D. 5.00

4. 下列溶液的浓度均为 0.100mol/L，其中 $[OH^-]$ 最大的是（　　）。

A. NaAc　　B. Na_2CO_3　　C. Na_2S　　D. Na_3PO_4

5. 向 1.0L 0.10mol/L HAc 溶液中加入 1.0mL 0.010mol/L HCl 溶液，下列叙述正确的是（　　）。

A. HAc 解离度减小　　B. 溶液的 pH 为 3.02

C. K_a(HAc) 减小　　D. 溶液的 pH 为 2.30

6. 下列溶液中，pH 约等于 7.0 的是（　　）。

A. HCOONa　　B. NaAc　　C. NH_4Ac　　D. $(NH_4)_2SO_4$

7. 配制 pH=9.00 的缓冲溶液，最好应选用（　　）。

A. $NaHCO_3$-Na_2CO_3　　B. NaH_2PO_4-Na_2HPO_4

C. HAc-NaAc　　D. $NH_3 \cdot H_2O$-NH_4Cl

三、简答题

1. 写出下列酸的共轭碱：$H_2PO_4^-$，NH_4^+，HPO_4^{2-}，HCO_3^-，H_2O，苯酚，C_2H_5OH。

2. 写出下列碱的共轭酸：$H_2PO_4^-$，$HC_2O_4^-$，HPO_4^{2-}，HCO_3^-，H_2O。

3. 从下列物质中，找出共轭酸碱对：

HOAc，NH_4^+，F^-，$(CH_2)_6N_4H^+$，$H_2PO_4^-$，CN^-，OAc^-，HCO_3^-，H_3PO_4，$(CH_2)_6N_4$，NH_3，HCN，HF，CO_3^{2-}

4. HCl 要比 HOAc 强得多，在 1mol/L HCl 和 1mol/L HOAc 溶液中，哪一个的 $[H_3O^+]$ 较高？它们中和 NaOH 的能力哪一个较大？为什么？

5. 写出下列物质在水溶液中的质子条件：

(1) $NH_3 \cdot H_2O$；(2) $NaHCO_3$；(3) Na_2CO_3；(4) NH_4HCO_3；(5) $(NH_4)_2HPO_4$；(6) $NH_4H_2PO_4$。

6. 为什么弱酸及其共轭碱所组成的混合溶液具有控制溶液 pH 的能力？如果我们希望把溶液控制在强酸性（例如 pH<2）或强碱性（例如 pH>12）。应该怎么办？

7. 有三种缓冲溶液，它们的组成如下：

(1) 1.0mol/L HOAc+1.0mol/L NaOAc；

(2) 1.0mol/L HOAc+0.01mol/L NaOAc；

(3) 0.01mol/L HOAc+1.0mol/L NaOAc。

这三种缓冲溶液的缓冲能力（或缓冲容量）有什么不同？加入稍多的酸或稍多的碱时，哪种溶液的 pH 将发生较大的改变？哪种溶液仍具有较好的缓冲作用？

8. 欲配制 pH 为 3 左右的缓冲溶液，应选下列何种酸及其共轭碱（括号内为 pK_a）：

HOAc (4.74)，甲酸 (3.74)，一氯乙酸 (2.86)，二氯乙酸 (1.30)，苯酚 (9.95)。

9. 有人试图用酸碱滴定法来测定 NaAc 的含量，先加入一定量过量的标准盐酸溶液，然后用 NaOH 溶液返滴过量的 HCl，上述操作是否正确？试述其理。

四、计算题

1. 下列各种弱酸的 pK_a 已在括号内注明，求它们的共轭碱的 pK_b：

(1) HCN (9.21)；(2) HCOOH (3.4)；(3) 苯酚 (9.95)；(4) 苯甲酸 (4.21)。

2. 已知 H_3PO_4 的 $pK_{a_1}=2.12$，$pK_{a_2}=7.20$，$pK_{a_3}=12.36$。求其共轭碱 PO_4^{3-} 的 pK_{b_1}，

HPO_4^{2-} 的 pK_{b_2} 和 $H_2PO_4^-$ 的 pK_{b_3}。

3. 分别计算 H_2CO_3（$pK_{a_1}=6.38$，$K_{a_2}=10.25$）在 pH＝7.10、8.32 及 9.50 时，H_2CO_3，HCO_3^- 和 CO_3^{2-} 的分布系数 δ_2、δ_1 和 δ_0。

4. 一溶液含 1.28g/L 苯甲酸和 3.65g/L 苯甲酸钠，求其 pH。

5. 当下列溶液各加水稀释十倍时，其 pH 有何变化？计算变化前后的 pH。

(1) 0.10mol/L HCl；

(2) 0.10mol/L NaOH；

(3) 0.10mol/L HOAc；

(4) 0.10mol/L $NH_3\cdot H_2O$＋0.10mol/L NH_4Cl。

6. 欲配制 pH＝10.0 的缓冲溶液 1L。用了 16.0mol/L 氨水 420mL，需加 NH_4Cl 多少克？

7. 欲配制 500mL pH＝5.0 的缓冲溶液。用了 6mol/L HOAc 34mL，需加 $NaOAc\cdot 3H_2O$ 多少克？

8. 以 0.5000mol/L HNO_3 溶液滴定 0.5000mol/L $NH_3\cdot H_2O$ 溶液。试计算滴定分数为 0.50 及 1.00 时溶液的 pH。应选用何种指示剂？

9. (4.30) 含有 SO_3 的发烟硫酸试样 1.400g，溶于水，用 0.8060mol/L NaOH 溶液滴定时消耗 36.10mL。求试样中 SO_3 和 H_2SO_4 的含量（假设试样中不含其他杂质）。

10. 某一元弱酸与 36.12mL 0.100mol/L NaOH 正好作用完全。然后再加入 18.06mL 0.100mol/L HCl 溶液，测得溶液 pH＝4.92。试计算该弱酸的解离常数。

11. $NaHCO_3$ 1.008g 溶于适量水中，然后往此溶液中加入纯固体 NaOH 0.3200g，最后将溶液移入 250mL 容量瓶中。移取上述溶液 50.00mL，以 0.100mol/L HCl 溶液滴定。计算（1）以酚酞为指示剂滴定至终点时，消耗 HCl 溶液多少毫升？（2）继续加入甲基橙指示剂滴定至终点时，又消耗 HCl 溶液多少毫升？

12. 某学生标定一 NaOH 溶液。测得其浓度为 0.1026mol/L。但误将其暴露于空气中，致使其吸收了 CO_2。为测定 CO_2 的吸收量，取该碱液 25.00mL 用 0.1143mol/L HCl 滴定至酚酞终点计耗去 HCl 22.31mL。计算每升该碱液吸收了多少克 CO_2？

13. 将 pH＝2.53 的 HAc 溶液与 pH＝13.00 的 NaOH 溶液等体积混合后，溶液的 pH 是多少？

14. 标定 0.1mol/L NaOH 溶液的准确浓度，如选用邻苯二甲酸氢钾（$KHC_8H_4O_4$）作基准物质，今欲把所用 NaOH 溶液的体积控制在 25mL 左右，问应称取该基准物质多少克？

第8章 沉淀溶解平衡和沉淀分析法

存在固态难溶电解质与由它离解产生的离子之间的平衡，称为沉淀溶解平衡。与酸碱平衡体系不同，沉淀溶解平衡（precipitation dissolution equilibrium）是一种两相化学平衡，这两种反应的特征是都有固体的生成和消失。在化工生产和化学实验中，常利用沉淀反应来进行沉淀的溶解、生成、转化、分步沉淀等，另外沉淀反应在物质的制备、提纯、测定中也有广泛应用。

8.1 难溶电解质的溶度积

8.1.1 溶度积

一定温度下，当难溶强电解质，如 $BaSO_4$ 溶解于水中形成饱和溶液时，未溶解的固体物质和溶液中的离子之间存在如下沉淀-溶解平衡：

$$BaSO_4(s) \rightleftharpoons Ba^{2+}(aq) + SO_4^{2-}(aq)$$

其平衡常数为：

$$K_{sp} = [Ba^{2+}] \cdot [SO_4^{2-}]$$

式中，K_{sp} 称为 $BaSO_4$ 的溶度积常数，简称溶度积。

对于难溶电解质 A_mB_n，在水溶液中存在平衡

$$A_mB_n(s) = mA^{n+}(aq) + nB^{m-}(aq)$$

其溶度积为

$$K_{sp} = [A^{n+}]^m \cdot [B^{m-}]^n$$

表示在一定温度下，难溶电解质的饱和溶液中各离子浓度及其计量数为指数的乘积为一常数，它也是温度的函数。K_{sp} 的大小反映了难溶电解质的溶解状况。

8.1.2 溶度积与溶解度的相互换算

溶度积 K_{sp} 和溶解度 S 都可以表示难溶电解质的溶解状况，但二者概念不相同。溶度积 K_{sp} 是平衡常数的一种形式；溶解度是浓度的一种形式，表示一定温度下 1L 难溶电解质饱和溶液（saturated solution）中所含溶质的量。二者可相互换算。

【例 8-1】 已知 298K 时 Ag_2CrO_4 的溶解度为 4.3×10^{-2} g/L，求其 K_{sp}。

解： Ag_2CrO_4 的摩尔质量为 331.7g/mol，则

$$S = 4.3\times10^{-2}(g/L)/331.7(g/mol) = 1.3\times10^{-4}\ mol/L$$

$$[Ag^+] = 2S = 2.6\times10^{-4}\ mol/L$$

$$[CrO_4^{2-}] = S = 1.3\times10^{-4}\ mol/L$$

$$K_{sp}(Ag_2CrO_4) = [Ag^+]^2[CrO_4^{2-}] = 8.8\times10^{-12}$$

【例 8-2】 已知 298K 时 $Mg(OH)_2$ 的 $K_{sp} = 5.61\times10^{-12}$，求其溶解度 S。

解：

$$Mg(OH)_2\ (s) \rightleftharpoons Mg^{2+} + 2OH^-$$
$$\qquad\qquad\qquad S \qquad 2S$$

$$K_{sp} = [Mg^{2+}]\cdot[OH^-]^2 = S \times 4S^2 = 4S^3$$

$$S = 1.12 \times 10^{-4}\ mol/L$$

对于不同类型的难溶电解质不能根据它们的溶度积来比较溶解度的大小；对同一类型的难溶电解质，在同一温度下，其溶度积大者，溶解度也较大，反之亦然。AB 型和 AB_2 型难溶电解质的 $K_{sp}^{\ominus}$ 与 S 的数值关系如下。

AB 型（如 AgCl、$BaSO_4$）　　　　　$K_{sp} = S^2$

AB_2 型或 A_2B 型［如 $Mg(OH)_2$、Ag_2CrO_4］　　　　　$K_{sp} = 4S^3$

8.1.3　溶度积规则

在某难溶电解质溶液中，其离子浓度乘积称为离子积，用 Q 表示。如在 A_mB_n 溶液中，其离子积 $Q = [A^{n+}]^m \cdot [B^{m-}]^n$。显然，$Q$ 的表达式与 K_{sp} 相同，但 K_{sp} 表示的是难溶电解质处于沉淀溶解平衡时饱和溶液中离子浓度之积。一定温度下，某一难溶电解质溶液的 K_{sp} 为一常数；Q 表示任意状态下离子浓度之积。

(1) $Q < K_{sp}$　为不饱和溶液，无沉淀生成；若体系中已有沉淀存在，沉淀将会溶解，直至饱和，$Q = K_{sp}$。

(2) $Q = K_{sp}$　为饱和溶液，处于沉淀溶解平衡状态。

(3) $Q > K_{sp}$　为过饱和溶液，沉淀可从溶液中析出，直至饱和，$Q = K_{sp}$。

以上关系称为溶度积规则（solubility product principle），据此可以判断沉淀溶解平衡移动的方向，也可以通过控制有关离子的浓度，使沉淀产生或溶解。

8.2　沉淀的生成和溶解

8.2.1　沉淀的生成

根据溶度积规则，要从溶液中沉淀出某一离子，必须加入一种沉淀剂，使溶液中离子积 $Q > K_{sp}$，生成难溶物沉淀。当某一离子在溶液中的浓度小于 1.0×10^{-5} mol/L，即认为该离子沉淀完全。

【例 8-3】　取 20mL 0.0020mol/L Na_2SO_4 溶液加入到 10mL 0.020mol/L $BaCl_2$ 溶液中，是否产生沉淀？

解：两溶液混合后，各物质浓度分别为：

$$[Ba^{2+}] = 0.020 mol/L \times 10mL/(10mL + 20mL) = 0.0067 mol/L$$

$$[SO_4^{2-}] = 0.0020 mol/L \times 10mL/(10mL + 20mL) = 0.0013 mol/L$$

$$Q\ (B) = [Ba^{2+}]\cdot[SO_4^{2-}] = 0.0067 \times 0.0013 = 8.7 \times 10^{-6}$$

$$Q(B) > K_{sp,BaSO_4}\ (1.08 \times 10^{-10})$$

故溶液中有 $BaSO_4$ 沉淀产生。

【例 8-4】　室温下往含 Zn^{2+} 0.01mol/L 的酸性溶液中通入 H_2S 达到饱和，如果 Zn^{2+} 能完全沉淀为 ZnS，则沉淀完全时溶液中［H^+］应为多少？

解：Zn^{2+} 能完全沉淀为 ZnS，则溶液中 Zn^{2+} 的浓度小于 1.0×10^{-5} mol/L，根据溶度积原理：

$$[S^{2-}] = K_{sp,ZnS}/[Zn^{2+}] = 1.6 \times 10^{-24}/10^{-5} = 1.6 \times 10^{-19} (mol/L)$$

所以 $[H^+]=(K_{a_1}K_{a_2}/1.6\times10^{-19})=(1.4\times10^{-21}/1.6\times10^{-19})=8.75\times10^{-3}(mol/L)$
即 $[H^+]$ 应为 8.75×10^{-3}mol/L。

在实际工作中，为了使离子沉淀完全，需加入过量的沉淀剂。但是如果沉淀剂加入过多有时会发生其它的副反应，因此沉淀剂的量要适当，一般加过量 20%～25%的沉淀剂。

【例 8-5】 计算 298K 时 PbI_2 在 0.01mol/L KI 溶液中的溶解度。

解：设 PbI_2 在 0.01mol/L KI 溶液中的溶解度为 S mol/L，已知 $K_{sp,PbI_2}=8.49\times10^{-12}$，则：

$$PbI_2 \rightleftharpoons Pb^{2+} + 2I^-$$

平衡浓度/(mol/L)　　S　　$2S+0.01\approx0.01$

$$K_{sp}=[Pb^{2+}]\cdot[I^-]^2=S\times0.01^2$$

$$S=\frac{K_{sp}}{0.01^2}=\frac{8.49\times10^{-9}}{0.01^2}=8.49\times10^{-5}(mol/L)$$

已知 PbI_2 在水中的溶解度为 1.3×10^{-3}mol/L，而在 KI 溶液中，由于 $c(I^-)$ 增大，使 PbI_2 的沉淀溶解平衡向着生成 PbI_2 的方向移动，从而达到新的平衡后，PbI_2 的溶解度降低。像这种因为加入含有相同离子的易溶强电解质，使难溶电解质的溶解平衡发生移动，从而使其溶解度降低的作用，称为沉淀溶解平衡中的同离子效应。

若在难溶电解质饱和溶液中加入不含相同离子的强电解质，则其溶解度略有增大，这种作用称为盐效应。这是因为溶液中离子浓度增大，离子强度增加，阴阳离子间作用增强，从而减少了离子间相互结合生成沉淀的机会，使平衡向着沉淀溶解的方向移动，因而在达到新平衡时浓度略有增大。

要使溶液中某种离子沉淀出来，在选择和使用沉淀时应注意下面几个问题。

① 根据同离子效应，欲使沉淀完全，必须加入过量的沉淀剂。但沉淀剂的过量会使得盐效应增大，有时也会发生如配位反应等其他反应，反而使沉淀物溶解度增大，故沉淀剂不可过量太多，一般以过量 20%～50%为宜。

② 溶液中沉淀物的溶解度越小，沉淀越完全，故应选择沉淀物溶解度最小的沉淀剂，以使沉淀完全。如可以 AgCl、AgBr、AgI 的形式沉淀出来，其中 AgI 溶解度最小，故选择 KI 为沉淀剂使沉淀最完全。

③ 注意沉淀剂的解离度。因为沉淀是否完全取决于离子的浓度。如欲使 Mn^{2+} 沉淀为 $Mn(OH)_2$，选用 NaOH 为沉淀剂比用氨水的效果要好得多。此外还应注意沉淀剂的水解等问题。

④ 对于难溶的弱酸盐、氢氧化物、硫化物，可适当控制溶液 pH 值使其生成沉淀或沉淀完全。

8.2.2 分步沉淀

当溶液中同时有两种或两种以上离子与某一沉淀剂均会发生沉淀反应时，沉淀不是同时发生，而是按照溶度积规则，需要沉淀剂浓度小的离子，先生成沉淀；需要沉淀剂浓度大的离子，则后生成沉淀。按生成的难溶物质溶解度由小到大的次序进行先后沉淀的。这种溶液中几种离子先后沉淀的现象称为分步沉淀（fractional precipitation）。分步沉淀常用于离子之间的分离，其沉淀的先后次序可由下述方法进行判断：

离子沉淀的先后次序，取决于沉淀物的 K_{sp} 和被沉淀离子的浓度。对于同类型难溶电解质，当被沉淀离子的浓度相同或相近时，可直接由其 $K_{sp}^{\ominus}$ 的大小进行判断，生成难溶物 K_{sp} 小的先沉淀出来，K_{sp} 大的后沉淀。例如在含有等浓度 Cl^-、Br^-、I^- 的溶液中，慢慢加入 $AgNO_3$ 溶液，因为 $K_{sp}(AgI)<K_{sp}(AgBr)<K_{sp}(AgCl)$，生成 AgI 所需的 Ag^+ 浓度最小，故 AgI 最先析出，其后依次为 AgBr、AgCl。

浓度不同或不同类型时不能直接由 K_{sp} 的大小判断，需根据溶度积规则由计算结果判断。对于不同类型难溶电解质（如 AgCl、Ag_2CrO_4），或者溶液中离子浓度不同，则不能简单地根据 K_{sp} 大小来判断沉淀的次序，必须通过计算，根据生成不同难溶物时所需沉淀剂的浓度大小来确定。

利用分步沉淀的原理，可进行多种离子的分离。难溶物的 K_{sp} 相差越大，分离就越完全。

【例 8-6】 设溶液中 $[Cl^-]$ 和 $[CrO_4^{2-}]$ 各为 0.010mol/L，当慢慢滴加 $AgNO_3$ 溶液时，问 AgCl 和 Ag_2CrO_4 哪个先沉淀出来？Ag_2CrO_4 沉淀时，溶液中 $[Cl^-]$ 是多少？

解 AgCl 开始沉淀时，溶液中 $[Ag^+]$ 应为：

$$[Ag^+]=\frac{K_{sp,AgCl}}{[Cl^-]}=\frac{1.6\times10^{-10}}{0.01}=1.6\times10^{-8}(mol/L)$$

Ag_2CrO_4 开始沉淀时，溶液中 $[Ag^+]$ 应为：

$$[Ag^+]=\sqrt{\frac{K_{sp,Ag_2CrO_4}}{[CrO_4^-]}}=\sqrt{\frac{1.2\times10^{-12}}{0.010}}=1.1\times10^{-5}(mol/L)$$

AgCl 开始沉淀时，需要的 $[Ag^+]$ 低，故 AgCl 首先沉淀出来。

开始生成 Ag_2CrO_4 时的 $[Cl^-]$ 为：

$$[Cl^-]=\frac{K_{sp,AgCl}}{[Ag^+]}=\frac{1.6\times10^{-10}}{1.1\times10^{-5}}=1.5\times10^{-5}mol/L$$

从上例可见，第二种离子 CrO_4^{2-} 沉淀为 Ag_2CrO_4 时，$[Cl^-]\leqslant1.5\times10^{-5}$mol/L，这时的 Cl^- 可认为已基本被沉淀完全。

【例 8-7】 若溶液中含有 0.010mol/L 的 Fe^{3+} 和 0.010mol/L 的 Mg^{2+}，计算用形成氢氧化物的方法分离两种离子的 pH 应控制在什么范围？

解： 查表得：$K_{sp\,Fe(OH)_3}=4.0\times10^{-38}$，$K_{sp\,Mg(OH)_2}=1.8\times10^{-11}$

计算 $Fe(OH)_3$ 开始沉淀的所需 $[OH^-]$：

$$[OH^-]=\sqrt[3]{\frac{K_{sp,Fe(OH)_3}}{[Fe^{3+}]}}=\sqrt[3]{\frac{4.0\times10^{-38}}{0.010}}=1.58\times10^{-12}(mol/L)$$

$Mg(OH)_2$ 开始沉淀的所需 $[OH^-]$：

$$[OH^-]=\sqrt{\frac{K_{sp,Mg(OH)_2}}{[Mg^{2+}]}}=\sqrt{\frac{1.8\times10^{-11}}{0.010}}=4.24\times10^{-5}(mol/L)$$

需要 $[OH^-]$ 少的先沉淀，所以 $Fe(OH)_3$ 先沉淀。当 Fe^{3+} 沉淀完全时，$[Fe^{3+}]=1.0\times10^{-5}$mol/L，则有

$$[OH^-]=\sqrt[3]{\frac{K_{sp,Fe(OH)_3}}{[Fe^{3+}]}}=\sqrt[3]{\frac{4.0\times10^{-38}}{1.0\times10^{-5}}}=1.6\times10^{-11}(mol/L)$$

此时的 pH＝3.20

欲使 Mg^{2+} 离子不生成 $Mg(OH)_2$ 沉淀，则 $[OH^-]<4.24\times10^{-5}$mol/L，此时的 pH＝9.62

因此只要将 pH 控制在 3.20～9.62 之间，就能使 Fe^{3+} 沉淀完全，而 Mg^{2+} 沉淀又没有产生。

【例 8-8】 一种混合溶液中含有 3.0×10^{-2}mol/L Pb^{2+} 和 2.0×10^{-2}mol/L Cr^{3+}，若向其中逐滴加入浓氢氧化钠溶液（忽略体积变化），Pb^{2+} 与 Cr^{3+} 均可形成氢氧化物沉淀。问：①哪种离子先被沉淀？②若要分离这两种离子，溶液的 pH 值应控制在何范围？

分析：根据分步沉淀原理，对于不同类型且浓度也不同的离子，需通过分别计算 $Pb(OH)_2$ 和 $Cr(OH)_3$ 开始产生沉淀所需 OH^- 的最低浓度的大小判断沉淀的先后次序，然后再根据溶度积规则计算离子分离的 pH 值范围。计算时考虑先沉淀的离子应完全沉淀（离子浓度小于 10^{-5}），后沉淀的离子应不沉淀（离子浓度等于初始浓度），这是解题的关键。

解：① $Pb(OH)_2$开始沉淀所需最低 $[OH^-]$：

$$[OH^-]=\sqrt{\frac{K_{sp,Pb(OH)_2}}{[Pb^{2+}]}}=\sqrt{\frac{1.2\times10^{-15}}{0.030}}=2.0\times10^{-7}(mol/L)$$

当 $Cr(OH)_3$开始沉淀所需最低 $[OH^-]$：

$$[OH^-]=\sqrt[3]{\frac{K_{sp,Cr(OH)_3}}{[Cr^{3+}]}}=\sqrt[3]{\frac{6.0\times10^{-31}}{0.020}}=3.2\times10^{-10}(mol/L)$$

所以 Cr^{3+} 先沉淀，Pb^{2+} 后沉淀。

② 因为 Cr^{3+} 沉淀完全时，$[Cr^{3+}]\leqslant10^{-5}mol/L$，所以所需最低 $[OH^-]$ 为：

$$[OH^-]=\sqrt[3]{\frac{K_{sp,Cr(OH)_3}}{[Cr^{3+}]}}=\sqrt[3]{\frac{6.0\times10^{-31}}{0.00001}}=3.9\times10^{-9}(mol/L)$$

此时的 $pOH=-lg(3.9\times10^{-9})=8.4$，$pH=14-pOH=5.6$

因为 Pb^{2+} 不沉淀时，$[Pb^{2+}]=2.0\times10^{-2}mol/L$，所以所需控制最高 $[OH^-]$ 为：$2.0\times10^{-7}mol/L$。此时 $pOH=-lg(2.0\times10^{-7})=6.7$，$pH=14-pOH=7.3$

故要分离 Cr^{3+} 和 Pb^{2+}，溶液 pH 值应控制在 $5.6<pH<7.3$。

利用分步沉淀分离离子的原则是：先沉淀的离子应完全沉淀，其离子残留浓度应小于 $10^{-5}mol/L$，后沉淀的离子则不沉淀，其离子浓度应保持为初始浓度。

8.2.3 沉淀的溶解和转化

(1) 沉淀的溶解 根据溶度积规则，要使溶液中难溶电解质的沉淀溶解，必须使其离子积 $Q<K_{sp}$，即必须降低溶液中难溶电解质的某一离子的浓度。常用的沉淀溶解的方法：①可加入酸或碱，利用生成弱电解质降低离子浓度，使某些弱酸盐或氢氧化物等难溶物质溶解；②利用氧化还原反应，改变离子的氧化态，从而更有效地降低离子的浓度，使沉淀溶解；③加入配位剂，利用生成稳定的配合物降低金属离子浓度，使沉淀溶解。

① 生成弱电解质 常见的弱酸盐和氢氧化物沉淀都易溶于强酸，这是由于弱酸根和 OH^- 都能与 H^+ 结合成难电离的弱酸和水，从而降低了溶液中弱酸根及 OH 的浓度，使 $Q<K_{sp}$，沉淀溶解。例如，CaC_2O_4 沉淀溶于 HCl 的反应

$$CaC_2O_4(s)+H^+ \rightleftharpoons Ca^{2+}+HC_2O_4^-$$

溶液中存在两个平衡：

$$CaC_2O_4(s) \rightleftharpoons Ca^{2+}+C_2O_4^{2-} \qquad K_{sp}=[Ca^{2+}]\cdot[C_2O_4^{2-}]$$

$$H^++C_2O_4^{2-} \rightleftharpoons HC_2O_4^- \qquad 1/K_{a_2}=[HC_2O_4^-]/[H^+][C_2O_4^{2-}]$$

这种溶液中有两种平衡同时存在的竞争平衡，CaC_2O_4 沉淀溶于 HCl 的反应平衡常数 K 为：

$$K=[Ca^{2+}][HC_2O_4]/[H^+]=K_{sp}(CaC_2O_4)/K_{a_2}(H_2C_2O_4)$$

反应的实质是 Ca^{2+} 和 H^+ 争夺 $C_2O_4^{2-}$ 生成难溶物 CaC_2O_4 或弱酸 HC_2O_4。K 越大，反应向右进行程度越大，即 CaC_2O_4 溶解越完全。由上式可知，沉淀物 K_{sp} 越大，弱酸 K_a 越小，反应就越完全。

难溶草酸盐、碳酸盐、乙酸盐等都能溶于 HCl 等强酸，如：

$$AgAc(s)+H^+ \rightleftharpoons Ag^++HAc$$

$$CaCO_3(s)+2H^+ \longrightarrow Ca^{2+}+CO_2+H_2O$$

$CaCO_3$ 还能溶于比 H_2CO_3 强的 HAc 中，有：

$$CaCO_3(s)+2HAc \longrightarrow Ca^{2+}+2Ac^-+CO_2+H_2O$$

一些难溶氢氧化物如 $Mg(OH)_2$、$Mn(OH)_2$、$Fe(OH)_3$、$Al(OH)_3$ 等都能溶于强酸，如：

$$Mn(OH)_2(s)+2H^+ \longrightarrow Mn^{2+}+2H_2O$$

硫化物的溶解也可根据 K_{sp} 值来判断，但情况比较复杂。K_{sp} 值较大的 MnS、FeS、ZnS 等可溶于强酸，如：

$$FeS(s)+2H^+ \longrightarrow Fe^{2+}+H_2S$$

但 K_{sp} 很小的 CuS、HgS 等不溶于强酸。

【例 8-9】 某溶液含有 Fe^{2+} 和 Fe^{3+}，其浓度均为 0.050mol/dm³，要求 $Fe(OH)_3$ 完全沉淀不生成 $Fe(OH)_2$ 沉淀，需控制 pH 在什么范围？

解：计算 $Fe(OH)_3$ 开始沉淀时所需 $[OH^-]$

$$[OH^-]=\sqrt[3]{\frac{K_{sp,Fe(OH)_3}}{[Fe^{3+}]}}=\sqrt[3]{\frac{4.0\times10^{-38}}{0.050}}=2.0\times10^{-13}$$

此时 pOH＝13－lg2

$$pH=14-pOH=1+\lg2=1.3$$

计算 $Fe(OH)_2$ 开始沉淀时所需 $[OH^-]$

$$[OH^-]=\sqrt{\frac{K_{sp,Fe(OH)_2}}{[Fe^{2+}]}}=\sqrt{\frac{8\times10^{-16}}{0.050}}=1.26\times10^{-7}$$

此时 pOH＝7－lg1.26

$$pH=14-pOH=7+\lg1.26=7.1$$

所以 $Fe(OH)_3$ 先沉淀。

计算 $Fe(OH)_3$ 沉淀完全时所需 $[OH^-]$

$$[OH^-]=\sqrt[3]{\frac{K_{sp,Fe(OH)_3}}{[Fe^{3+}]}}=\sqrt[3]{\frac{4.0\times10^{-38}}{1.0\times10^{-5}}}=1.58\times10^{-11}$$

此时 pOH＝11－lg1.58

$$pH=14-pOH=1+\lg1.58=3.2$$

控制 pH 值在 3.2～7.1 之间可以使 $Fe(OH)_3$ 完全沉淀不生成 $Fe(OH)_2$ 沉淀。

② 利用氧化还原反应　由于有些沉淀溶度积太小，如 HgS、CuS 等，$[K_{sp,CuS}=6.3\times10^{-36}$，$K_{sp,HgS}=6.44\times10^{-53}]$，即使加入高浓度的 HCl 也不能有效地降低 S^{2-} 浓度，因此它们不溶于非氧化性强酸中。但是如果使用氧化性的强酸，如将 HNO_3 作为氧化剂，可以把溶液中的 S^{2-} 完全氧化成 S，大大降低 S^{2-} 离子浓度，使 $Q<K_{sp}$，沉淀 CuS 溶解。发生的反应如下：

$$3CuS+8HNO_3 \longrightarrow 3Cu(NO_3)_2+3S+2NO+4H_2O$$

③ 生成稳定的配合物　如 AgCl 溶于氨水中，有：

$$AgCl+2NH_3\cdot H_2O \longrightarrow Ag(NH_3)_2+Cl^-+2H_2O$$

溶解度极小的 HgS 不溶于热浓的 HNO_3，只溶于王水中，即：

$$3HgS+2HNO_3+12HCl \longrightarrow 3H_2[HgCl_4]+3S+2NO+4H_2O$$

这时溶液中既发生了氧化还原反应，又生成了配合物，因而大大降低了 Hg^{2+}、S^{2-} 的浓度，使 $Q<K_{sp}$，沉淀溶解。

(2) 沉淀的转化　有些沉淀既不溶于水也不溶于酸，也不能用配位溶解和氧化还原溶解的方法把它直接溶解。在含有沉淀的溶液中加入适当试剂，与某离子结合生成另一种更难溶的沉淀，把一种沉淀转化为另一种沉淀的过程称为沉淀的转化。例如，在含有 $PbSO_4$ 白色沉淀的溶液中加入 Na_2S 溶液，会发现沉淀变为黑色，这是生成了 PbS，即：

$$PbSO_4(s)+S^{2-} \longrightarrow PbS(s)+SO_4^{2-}$$

沉淀转化的原因是因为 PbS 的 K_{sp}（9.04×10^{-29}）比 $PbSO_4$ 的 K_{sp}（1.82×10^{-8}）小得多。此反应的平衡常数为：

$$K=[SO^{4-}]/[S^{2-}]=K_{sp,PbSO_4}/K_{sp,PbS}$$
$$=1.82\times10^{-8}/(9.04\times10^{-29})=2.0\times10^{20}$$

平衡常数如此之大，说明这个转化反应进行得很完全。

【**例 8-10**】 若在 1.0L Na_2CO_3 溶液中要使 0.010mol 的 $BaSO_4$ 转化为 $BaCO_3$，求 Na_2CO_3 的最初浓度为多少？

解：设 CO_3^{2-} 平衡时浓度为 x

$$BaSO_4 \sim CO_3^{2-} \sim BaCO_3 \sim SO_4^{2-}$$

平衡常数

$$K=\frac{K_{sp,BaSO_4}}{K_{sp,BaCO_3}}=\frac{[SO_4^{2-}]}{[CO_3^{2-}]}=\frac{1.1\times10^{-10}}{8.2\times10^{-9}}=\frac{0.01}{x}$$

$$x=0.745mol/L$$

Na_2CO_3的最初浓度为：0.745+0.01=0.755mol/L

这是溶解度小的沉淀转化为溶解度大的沉淀的例子，因为 $K<1$，可见要求溶解 0.010mol 的 $BaSO_4$ 所需的 Na_2CO_3 的量比此浓度大数十倍。

8.3 沉淀滴定法

8.3.1 沉淀滴定法对反应的要求

沉淀滴定法（precipitation titration）是利用沉淀反应进行滴定的方法。用于沉淀滴定的反应应具备以下条件：

① 生成的沉淀有固定的组成，而且溶解度要小；

② 沉淀反应要迅速，反应物之间有准确的计量关系；

③ 有合适的指示终点的方法；

④ 沉淀的吸附现象不至于引起显著的误差。

这些条件不易同时满足，故能用于沉淀滴定的反应不多。目前最常用的是生成难溶银盐的反应，如：

$$Ag^{+}+Cl^{-} \longrightarrow AgCl$$
$$Ag^{+}+SCN^{-} \longrightarrow AgSCN$$

利用生成难溶银盐的沉淀滴定法称为银量法（argentimetry），可用于测定 Cl^-、Br^-、I^-、CN^-、SCN^- 和 Ag^+ 等离子。银量法对于海、湖、井、矿盐和卤水以及电解液的分析和含氯有机物的测定，都有实际意义。本章仅介绍这类方法。

8.3.2 沉淀滴定法

(1) 莫尔（Mohr）法

① 基本原理及滴定条件　莫尔法是以 $AgNO_3$ 标准溶液为滴定剂，在中性或弱碱性（pH=6.5～10.5）介质中进行，以 K_2CrO_4 作指示剂，直接滴定 Cl^- 的方法。有关反应式为

$$Ag^+ + Cl^- = AgCl\text{（白色）} \qquad K_{sp} = 1.77\times10^{-10}$$
$$2Ag^+ + CrO_4^{2-} = Ag_2CrO_4\text{（砖红色）} \qquad K_{sp} = 1.12\times10^{-12}$$

因为 AgCl 的溶解度比 Ag_2CrO_4 小，根据分步沉淀原理，AgCl 先沉淀。当滴定至化学计量点时，过量一滴，Ag^+ 即与 CrO_4^{2-} 生成砖红色沉淀，指示到达终点。

为使 Ag_2CrO_4 沉淀恰好在计量点时产生，并使终点及时、明显，控制好 K_2CrO_4 溶液的浓度和溶液的酸度是两大关键。

a. K_2CrO_4 溶液浓度太大或太小，会使 Ag_2CrO_4 沉淀过早或过迟出现，影响终点判断。理论上，要求在化学计量点时，即在$[Ag^+]=[Cl^-]=1.33\times10^{-5}$ mol/L 时，Ag_2CrO_4 刚好开始沉淀，指示终点，此时

$$[CrO_4^{2-}]=K_{sp,Ag_2CrO_4}/[Ag^+]^2=0.063(\text{mol/L})$$

一般滴定终点时，K_2CrO_4 的浓度为 0.005mol/L 较宜。

b. 用 $AgNO_3$ 溶液滴定 Cl^- 时，反应需在中性或弱碱性介质（pH 为 6.5～10.5）中进行。

在酸性介质中，CrO_4^{2-} 与 H^+ 发生如下反应，从而影响 Ag_2CrO_4 沉淀的生成：

$$CrO_4^{2-} + 2H^+ \rightleftharpoons 2HCrO_4^- \rightleftharpoons Cr_2O_7^- + H_2O$$

在强碱性或氨性溶液中，滴定剂将发生其他反应，如

$$2Ag^+ + 2OH^- = Ag_2O\downarrow + H_2O$$
$$Ag^+ + 2NH_3 = Ag(NH_3)_2^+$$

因此，如果试液为酸性，应该先用 $Na_2B_4O_7\cdot10H_2O$、$NaHCO_3$、$CaCO_3$ 或 MgO 中和。若显强碱性，可先用稀硝酸中和至酚酞的红色刚好退去。

② 莫尔法应用时的注意事项

a. 滴定时必须剧烈摇动。因为在化学计量点前，Cl^- 还没有滴完，这一部分的 Cl^- 容易被 AgCl 沉淀吸附，使 Ag_2CrO_4 沉淀过早出现，终点提早到达。

b. 当 Cl^-（或 Br^-）共存时，测得的是它们的总量。

c. 不能测定 I^- 和 SCN^-，因为 AgI 或 AgSCN 沉淀强烈吸附 I^- 或 SCN^-，致使终点过早出现。

d. 莫尔法的选择性较差，凡能与 CrO_4^{2-} 或 Ag^+ 生成沉淀的阳、阴离子均干扰滴定。如 Ba^{2+}、Pb^{2+}、Hg^{2+} 等阳离子及 PO_4^{2-}、AsO_4^{3-}、S^{2-}、$C_2O_4^{2-}$ 等阴离子均干扰测定。

e. 莫尔法是 Ag^+ 滴定 Cl^- 而不能用 Cl^- 滴定 Ag^+，因为 Ag_2CrO_4 转化成 AgCl 很慢。如要用莫尔法测 Ag^+ 可利用返滴定法，即先加入过量的 NaCl 溶液，待 AgCl 沉淀后，再用 $AgNO_3$ 滴定溶液中剩余的 Cl^-。

(2) 佛尔哈德（Volhard）法

① 基本原理及滴定条件

a. 直接滴定法　测定 Ag^+。在含有 Ag^+ 的硝酸溶液中，以铁铵矾 $NH_4Fe(SO_4)_2\cdot12H_2O$ 作指示剂，用 NH_4SCN、KSCN 或 NaSCN 标准溶液进行滴定，先析出 AgSCN 白色沉淀，化学计量点后，稍微过量的 SCN^- 即与 Fe^{3+} 生成红色的 $[Fe(SCN)]^{2+}$，指示终点到达。

$$Ag^+ + SCN^- = AgSCN\text{(白色)} \qquad K_{sp} = 1.0\times10^{-22}$$
$$Fe^{3+} + SCN^- = Fe(SCN)^{2+}\text{(红色)} \qquad K_{sp} = 2.2\times10^{3}$$

滴定一般在硝酸溶液中进行，酸度控制在 0.1～1mol/L。酸度太低，Fe^{3+} 会发生水解而析出沉淀。Fe^{3+} 的浓度通常保持在 0.015mol/L。同时，滴定时要充分摇动溶液，使被 AgSCN 沉淀吸附的 Ag^+ 及时释放出来以减小误差。

b. 返滴定法　测定Cl^-、Br^-、I^-和SCN^-。在含有Cl^-的硝酸溶液中，加入一定量过量的$AgNO_3$标准溶液，使卤素离子或SCN^-生成银盐沉淀，然后以铁铵矾为指示剂，用NH_4SCN标准溶液滴定过量的$AgNO_3$。由于滴定是在硝酸介质中进行，许多弱酸盐如PO_4^{3-}、AsO_4^{3-}、S^{2-}等不干扰卤素滴定，因此这个方法的选择性较高。例如测定Cl^-时，其反应如下：

$$\underset{\text{待测}}{Cl^-} + \underset{\text{已知过量}}{Ag^+} = AgCl\downarrow$$

$$\underset{\text{剩余}}{Ag^+} + SCN^- = AgSCN\downarrow$$

$$\underset{\text{指示剂}}{Fe^{3+}} + SCN^- = \underset{\text{(红色)}}{[Fe(SCN)]^{2+}}$$

② 应该注意以下几点。

a. 用此法测Cl^-时，由于AgCl沉淀的溶解度比AgSCN的大。在临近化学计量点时，加入的NH_4SCN将和AgCl发生沉淀的转化反应：$AgCl + SCN^- = AgSCN + Cl^-$，如果剧烈摇动溶液，反应将不断向右进行，直至达到平衡。显然，到达终点时，将多消耗一部分NH_4SCN标准溶液。为了避免以上误差，通常采取以下两种措施：试液中加入过量的$AgNO_3$标准溶液后，将溶液煮沸使AgCl凝聚，滤去沉淀并以稀硝酸洗涤沉淀，再把洗涤液并入滤液中，然后用NH_4SCN返滴滤液中的$AgNO_3$；可在滴加NH_4SCN标准溶液前加入硝基苯并不断摇动，使AgCl进入硝基苯层中而不与滴定液接触。

b. 用返滴定法测定溴化物或碘化物时，由于AgBr和AgI的溶解度都比AgSCN小，不必把沉淀事先滤去或加硝基苯。但需指出，在测定碘化物时，指示剂应在加入过量$AgNO_3$后才能加入，否则将发生下列反应，产生误差。

$$2Fe^{3+} + 2I^- = 2Fe^{2+} + I_2$$

c. 反应当在酸性介质中进行。一般用硝酸来控制酸度，使$[H^+] = 0.2 \sim 1.0mol/L$，在中性或碱性介质中，$Fe^{3+}$将水解形成$Fe(OH)^{2+}$等深色配合物，影响终点观察。在碱性介质中，$Ag^+$会生成$Ag_2O$沉淀。

d. 该方法在硝酸介质中，许多阴离子PO_4^{2-}、AsO_4^{3-}等都不会与Ag^+生成沉淀，所以此法比莫尔法的选择性高，可用来测定Cl^-、Br^-、I^-、SCN^-等。

e. 强氧化剂、氮的低价氧化物、汞盐等能与SCN^-起反应，干扰测定，必须预先除去。

(3) Fajans（法扬斯）法　法扬斯法采用吸附指示剂来确定终点。吸附指示剂（adsorption indicators）是一些有机染料，它们的阴离子在溶液中容易被带正电荷的胶状沉淀所吸附，吸附后其结构发生变化而引起颜色变化，从而指示滴定终点的到达。例如荧光黄是一种有机弱酸，常用它的钠盐，在溶液中离解为Na^+和荧光黄阴离子In^-。用$AgNO_3$滴定Cl^-时，在计量点前，溶液中过量的Cl^-使AgCl胶粒带负电，不吸附In^-，溶液呈黄色，而在计量点后，AgCl胶粒因吸附而带正电，故而强烈吸附In^-，溶液由黄色变为粉红色，从而指示终点。

如果用NaCl标准溶液滴定Ag^+，颜色变化正好相反。常用吸附指示剂见表8-1所列。

表8-1　常用吸附指示剂

指示剂	被测离子	滴定剂	滴定条件
荧光黄	Cl^-,Br^-,I^-	$AgNO_3$	pH 7～10
二氯荧光黄	Cl^-,Br^-,I^-	$AgNO_3$	pH 4～10
曙红	Br^-,I^-,SCN^-	$AgNO_3$	pH 2～10
甲基紫	Ag^+	NaCl	pH 1.5～3.5

8.4　重量分析法

重量分析法（gravimetric analysis）是采用适当的方法，使被测组分与试样中的其他组分分离，转化为一定的称量形式，然后用称量的方法测定该组分的含量。重量分析法包括化学沉淀法、电解法、电气法、萃取法等。通常重量分析指的是化学沉淀法，以沉淀反应为基础，根据称量反应生成物的质量来测定物质含量。

8.4.1　重量分析法的特点

重量分析法是一种经典的分析方法。它直接用分析天平称量获得分析结果，不需要基准物质或标准试样作为参比，分析结果的准确度较高。通常分析天平称量的相对误差不超过 10.2mg，若称量形式为 0.1～0.2g，则重量分析法的相对误差为 0.1%～0.2%。缺点是程序长，费时多，不适于微量组分的测定，已逐渐为滴定法所代替。但是，目前硅、硫、磷、镍以及几种稀有元素的精确测定仍采用重量法。

8.4.2　重量分析法对沉淀的要求

重量分析法的一般先把试样经过适当步骤分解后，制成含被测组分的试液。加入适当的沉淀剂后，使被测组分以适当的沉淀形式析出。然后沉淀经过滤、洗涤、灼烧或烘干，得到称量形式。沉淀形式和称量形式可以相同，也可以不同。重量分析法是根据沉淀的质量来计算试样中被测组分的含量，要获得好的重量分析法结果，用于重量分析法的沉淀必须满足以下要求。

(1) 沉淀形式的要求

① 沉淀的溶解度要小，使被测组分能定量沉淀完全。

② 沉淀应是粗大的晶形沉淀，便于过滤、洗涤。

③ 沉淀经干燥或灼烧后，易于得到组成恒定、性质稳定的称量形式。

④ 沉淀的纯度要高，这样才能获得准确的结果。

(2) 称量形式的要求

① 化学组成要确定，符合一定的化学式，否则无法计算结果。

② 性质稳定，在称量过程中不与空气中的 H_2O、CO_2 或 O_2 作用。

③ 应有较大的摩尔质量，这样可增大称量形的质量，减少称量误差，提高测定的准确度。

8.4.3　重量分析结果的计算

重量分析法结果的计算比较简单，可由下式求得被测组分的质量分数。

$$w(\text{被})=\frac{m(\text{称})F}{m(\text{样})}\times 100\%$$

$$F=\frac{a\times \text{被测组分的摩尔质量}}{b\times \text{称量形式的摩尔质量}}$$

式中，m(称) 为称量形式的质量；m(样) 为样品的质量；F 为换算因子；a，b 是为了使分子和分母中所含主体元素的原子个数相等而需要乘的适当系数。

【例 8-11】 有一重为 0.5000g 的含镁试样，经处理后得到 $Mg_2P_2O_7$ 沉淀，烘干后称重为 0.3515g，求试样中 Mg 的质量和质量分数。

解：

计量关系式　$2Mg \sim Mg_2P_2O_7$

$$F=2Mg/Mg_2P_2O_7,\ m'=0.3515g$$

$$m=m'F=0.3515\times2\times24.31/222.55=0.07679(g)$$

$$w_{(Mg)}=m/m_s=0.07679/0.5000=15.36\%$$

【例 8-12】 称取试样 0.5000g，经一系列步骤处理后，得到纯 NaCl 和 KCl 共 0.1803g。将此混合氯化物溶于水后，加入 $AgNO_3$ 沉淀剂，得 AgCl 0.3904g，计算试样中 Na_2O 的质量分数。

分析：先求纯 NaCl 的质量，然后再根据纯 NaCl 质量求 Na_2O 的质量分数。

计量关系式　$Na_2O \sim NaCl$

解：设 NaCl 的质量为 xg，则 KCl 的质量为 $(0.1803-x)$g

所以
$$\frac{M_{AgCl}}{M_{NaCl}}\cdot x+\frac{M_{AgCl}}{M_{KCl}}(0.1803-x)=0.3904$$

$$\frac{143.35}{58.44}\cdot x+\frac{143.35}{74.55}(0.1803-x)=0.3904$$

解得：
$$x=0.08249g$$

$$w_{Na_2O}=\frac{\frac{M_{Na_2O}}{2M_{NaCl}}\cdot x}{m_s}=\frac{\frac{61.98}{2\times58.44}\times0.08249}{0.5000}\times100\%=8.75\%$$

习　题

1. 写出下列难溶电解质的溶度积常数表达式：

AgBr，Ag_2S，$Ca_3(PO_4)_2$，$MgNH_4AsO_4$

2. 根据难溶电解质在水中的溶解度，计算 K_{sp}。

(1) AgI 的溶解度为 1.08μg/500mL；

(2) $Mg(OH)_2$ 的溶解度为 6.53mg/1000mL。

3. 计算比较 $Mg(OH)_2$ 在纯水、0.1mol/L NH_4Cl 水溶液及 0.1mol/L 氨水中的溶解度？

4. 判断下列叙述是否正确？说明理由？

(1) CaF_2 在 pH=5 的溶液中的溶解度比在 pH=3 的溶液中的溶解度大；

(2) Ag_2CrO_4 的溶解度在 0.001mol/L $AgNO_3$ 的溶液中比在 0.001mol/L K_2CrO_4 溶液中小。

5. 25℃，在饱和的 $PbCl_2$ 溶液中 Pb^{2+} 的浓度为 3.74×10^{-5}mol/L，试估算其溶度积。

6. 根据溶度积原理，解释下列事实。

(1) HgS 难溶于硝酸但易溶于王水；

(2) $BaSO_4$ 在硝酸中的溶解度比在纯水中溶解度大；

(3) $BaSO_4$ 难溶于稀 HCl 中；

(4) Ag_2S 易溶于硝酸难溶于硫酸。

7. 10mol/L $MgCl_2$ 10mL 和 0.010mol/L 氨水 10mL 混合时，是否有 $Mg(OH)_2$ 沉淀产生？

8. 在 20mL，0.5mol/L $MgCl_2$ 溶液中加入等体积的 0.10mol/L 的 $NH_3\cdot H_2O$ 溶液，问有无 $Mg(OH)_2$ 生成？为了不使 $Mg(OH)_2$ 沉淀析出，至少应加入多少克 NH_4Cl 固体（设加入 NH_4Cl 固体后，溶液的体积不变）。

9. 废水中含 Cr^{3+} 的浓度为 0.01mol/L，加 NaOH 溶液使其生成 $Cr(OH)_3$ 沉淀，计算刚开始生成沉淀时，溶液的最低 OH^- 浓度应为多少？

10. 在含有 Pb^{2+} 杂质的 1.0mol/L Mg^{2+} 溶液中，通过计算说明能否用逐滴加入 NaOH 溶液的方法分离杂质 Pb^{2+}。应如何控制？

11. 某人计算 $M(OH)_3$ 沉淀在水中的溶解度时，不分析情况，即用公式 $K_{sp}=[M^{3+}][OH^-]^3$ 计算，已知 $K_{sp}=1\times10^{-32}$，求得溶解度为 4.4×10^{-9} mol/L。试问这种计算方法有无错误？为什么？

12. 某溶液中含 SO_4^{2-}、Fe^{3+}、Mg^{2+} 三种离子，今需分别测定其中的 Mg^{2+} 和 SO_4^{2-}，而使 Fe^{3+} 以 $Fe(OH)_3$ 形式沉淀分离除去。问测定 Mg^{2+} 和 SO_4^{2-} 时，应分别在什么酸度下进行为好？

13. Ni^{2+} 与丁二酮肟（DMG）在一定条件下形成丁二酮肟镍［$Ni(DMG)_2$］沉淀，然后可以采用两种方法测定：一是将沉淀洗涤、烘干，以 $Ni(DMG)_2$ 形式称重；二是将沉淀再灼烧成 NiO 的形式称重。采用哪一种方法较好？为什么？

14. 将固体 AgBr 和 AgCl 加入到 50.0mL 纯水中，不断搅拌使其达到平衡。计算溶液中 Ag^+ 的浓度。

第9章 氧化还原平衡与氧化还原滴定法

化学反应可以分为两大类：一类是在反应过程中，反应物之间没有发生电子的转移，如酸碱反应、沉淀反应和配位反应等；另一类是在反应过程中，反应物之间发生了电子的转移，这一类反应就是本章要讨论的氧化还原反应（redox reaction）。此类反应对于制备新物质、获取化学热能和电能、金属的腐蚀与防腐蚀都有重要的意义，而生命活动过程中的能量就是直接依靠营养物质的氧化而获得的。本章首先讨论有关氧化还原反应的基本知识，在此基础上，判断氧化还原反应进行的方向与程度，最后讨论氧化还原滴定法。

9.1 氧化还原反应的基本概念

9.1.1 氧化数

氧化数（oxidation number）是一个人为的概念，1970 年国际纯粹和应用化学联合会（IUPAC）定义氧化数是某元素一个原子的荷电数，这种荷电数可由假设把每个化学键中的电子指定给电负性更大的原子而求得。因此，氧化数是元素原子在化合状态时的表观电荷数（即原子所带的净电荷数）。它主要用于描述物质的氧化或还原状态，并用于氧化还原反应方程式的配平。

确定元素的氧化数可按如下一般规则。

① 在单质中元素的氧化数为零。例如，Cu、H_2、P_4、S_8 等，元素的氧化数为零。

② 在离子化合物中，元素的氧化数为该元素离子的电荷数。

③ 在共价化合物中，把两个原子共用的电子对指定给电负性较大的原子后，各原子所具有的形式电荷数即为它们的氧化数。例如，HCl 分子中 H 的氧化数为＋1，Cl 为－1。

④ 氧在化合物中的氧化数一般为－2；在过氧化物（如 H_2O_2、Na_2O_2 等）中为－1；在超氧化合物（如 KO_2）中为－1/2；在氟化物（如 OF_2）中为＋2。H 在化合物中的氧化数一般为＋1，仅在与活泼金属生成的离子型氢化物（如 NaH、CaH_2 等）中为－1。

⑤ 在中性分子中各元素的正负氧化数代数和为零；在复杂离子中各元素原子正负氧化数代数和等于离子电荷。

根据以上规则，可以确定化合物中某一元素的氧化数。例如，$KMnO_4$ 中锰的氧化数为＋7，$S_4O_6^{2-}$ 中硫的氧化数为＋2.5。

必须指出，在共价化合物中，判断元素原子的氧化数时，不要与共价数（某元素原子形成的共价键的数目）相混淆。例如，在 CH_4、CH_3Cl、CH_2Cl_2、$CHCl_3$ 和 CCl_4 中，碳的共价数为 4，但其氧化数分别为－4、－2、0、＋2 和＋4。氧化数有正负，而共价数无正负。此外，氧化数与化合价也有区别，化合价是表示原子间相互化合的一种性质，其值没有分数，而氧化数是一种表观电荷数，是人为规定的。例如，CrO_5 中 Cr 的氧化数为＋10，但化合价为＋6，其结构为 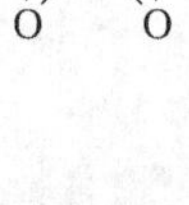 。

9.1.2　氧化与还原

人们对氧化还原反应的认识经历了一个过程。最初把一种物质同氧化合的反应称为氧化；把含氧的物质失去氧的反应称为还原。随着对化学反应的进一步研究，人们认识到还原反应实质是得电子的过程，氧化反应是失去电子的过程；氧化与还原应是存在于同一反应中并且同时发生的。根据氧化数的概念，凡化学反应中，反应前后元素的氧化数发生了变化的反应称为氧化还原反应。氧化数升高的过程称为氧化，氧化数降低的过程称为还原。事实上氧化与还原反应中一种元素的氧化数升高，必有另一元素的氧化数降低，且氧化数升高数与氧化数降低数相等。

在氧化还原反应中，元素的氧化数发生改变的实质是反应过程中这些原子有电子的得失（包括电子对的偏移）。氧化是失去电子的变化，还原是得到电子的变化。反应中失去电子、氧化数升高的物质是还原剂（reducing agent），得到电子、氧化数降低的物质是氧化剂（oxidizing agent）。

常用的氧化剂有活泼的非金属单质，如 O_2、Cl_2 和 Br_2 等；以及含氧化数较高的元素的化合物或离子，如 $KMnO_4$、$K_2Cr_2O_7$、HNO_3 和 H_2SO_4 等。

常用的还原剂有活泼的金属单质，如 Na、Mg、Al、Zn 和 Fe；以及含较低氧化数的元素的化合物或离子，如 H_2、KI、$SnCl_2$、H_2S、$H_2C_2O_4$ 等。

某些含有中间氧化数的物质，在反应时其氧化数可能升高，也可能降低。在不同的反应条件下，这些物质有时作氧化剂，有时又可作还原剂。例如：

$$H_2O_2+2Fe^{2+}+2H^+ \xlongequal{} 2Fe^{3+}+2H_2O$$（Fe^{2+} 作还原剂 Fe 的氧化数从＋2 变为＋3）

$$2Fe^{3+}+2I^- \xlongequal{} 2Fe^{2+}+I_2$$（Fe^{3+} 作氧化剂 Fe 的氧化数从＋3 变为＋2）

氧化数的升高和降低发生在同一物质内同一元素上的反应称为歧化反应，如 Cu^+ 在水溶液中的反应：

$$2Cu^+ \xlongequal{} Cu+Cu^{2+}$$

9.1.3　氧化还原半反应与氧化还原电对

任何一个氧化还原反应都可看作是两个“半反应”（half-reaction）之和，一个半反应失去电子，另一个半反应得到电子。例如，$Cu^{2+}+Zn \xlongequal{} Cu+Zn^{2+}$ 反应可看成下面两个半反应的结果：

$$Cu^{2+}+2e^- \xlongequal{} Cu \quad \text{还原反应（半反应）} \tag{1}$$

$$Zn^{2+}-2e^- \xlongequal{} Zn \quad \text{氧化反应（半反应）} \tag{2}$$

一个还原型物质（电子给体）和与它相对应的氧化型物质（电子受体）组成一个氧化还原电对，即：

$$\text{氧化型}+ne^-=\text{还原型}$$

或

$$Ox+ne^-=Red$$

式中，n 代表半反应中转移的电子数。每个氧化还原半反应都包含一个氧化还原电对，表示法为：氧化型/还原型（Ox/Red）。因此，式(1) 中电对为 Cu^{2+}/Cu 电对，式(2) 中电对为 Zn^{2+}/Zn 电对。

9.2 氧化还原反应方程式的配平

氧化还原反应往往比较复杂，反应方程式也较难配平。在配平时，首先要确定在反应条件（如温度、压力、介质的酸碱性等）下，氧化剂的还原产物和还原剂的氧化产物，然后再根据氧化剂和还原剂氧化数的变化相等的原则，或氧化剂和还原剂得失电子数相等的原则进行配平。氧化还原反应方程式配平方法有很多种，如氧化数法、离子-电子法。

9.2.1 氧化数法

反应中氧化剂元素氧化数降低值等于还原剂元素氧化数增加值，或反应中得失电子的总数相等。用此法配平氧化还原反应方程式的具体步骤如下：写出主要反应物与生成物；求出氧化剂与还原剂中氧化数的变化；以最小公倍数除以变化数，作为系数；配平氧化数无变化的原子数。

酸介中去氧加氢成水，增氧加水成氢；

碱介中去氧加水成羟，增氧加羟成水。

① 写出基本反应式，即写出反应物和它们的主要产物。例如，$KMnO_4$ 和 HCl 的反应

$$KMnO_4 + HCl = MnCl_2 + Cl_2$$

② 标出反应式中氧化数发生变化的元素（氧化剂、还原剂）的氧化数及其变化值。

$$2-7=-5$$

$$\overset{+7}{KMnO_4} + \overset{-1}{HCl} \longrightarrow \overset{+2}{MnCl_2} + \overset{0}{Cl_2}$$

$$2\times[0-(-1)]=+2$$

③ 按最小公倍数即“氧化剂氧化数降低总和等于还原剂氧化数升高总和”原则。在氧化剂和还原剂分子式前面乘以恰当的系数。

锰氧化数降低 $2-7=-5$

氯氧化数升高 $2\times[0-(-1)]=+2$

2 与 5 的最小公倍数为 10

④ 配平方程式中两边的 H 和 O。遵循酸介中去氧加氢成水，增氧加水成氢；碱介中去氧加水成羟，增氧加羟成水。即在酸性介质中 O 多的一边加 H^+，少的一边加 H_2O，在碱性介质中，O 多的一边加 H_2O。O 少的一边加 OH^-。在中性介质中，一边加 H_2O，另一边加 H^+ 或 OH^-。

$$2KMnO_4 + 16HCl = 2MnCl_2 + 2KCl + 5Cl_2 + 8H_2O$$

⑤ 检查方程式两边是否质量平衡，电荷平衡，得到平衡的化学反应方程式。

9.2.2 离子-电子法

离子-电子法根据氧化还原反应中氧化剂和还原剂得失电子的总数相等，反应前后各元素的原子总数相等的原则配平方程式。离子电子法是将水溶液中有关反应的离子作为配平对象，并且在配平过程中不是以个别元素氧化数改变为基础，而是以整个离子（包括复杂离子）得失电子为基础，因而它更能反映溶液中氧化还原反应的本质。

以酸性溶液 $KMnO_4$ 与 K_2SO_3 的反应为例，具体步骤如下。

① 写出两个半反应，即

还原半反应 $MnO_4^- + 5e^- = Mn^{2+}$

氧化半反应 $SO_4^{2-} + 2e^- = SO_3^{2-}$

② 分别配平两个半反应式中的 H 和 O。也要注意：酸介中去氧加氢成水，增氧加水成氢；碱介中去氧加水成羟，增氧加羟成水。此反应在酸性介质中进行反应，可以加 H^+ 或 H_2O

还原半反应 $MnO_4^- + 8H^+ + 5e^- = Mn^{2+} + 4H_2O$

氧化半反应 $SO_4^{2-} + 2H^+ + 2e^- = SO_3^{2-} + H_2O$

③ 根据“氧化剂得电子总和等于还原剂失电子总和”的原则，在两个半反应前面乘以适当的系数相减并约化。

$$\times 2)\ MnO_4^- + 8H^+ + 5e^- \longrightarrow Mn^{2+} + 4H_2O$$

$$-)\times 5)\ SO_4^{2-} + 2H + 2e^- \longrightarrow SO_3^{2-} + H_2O$$

$$2MnO_4^- + 5SO_3^{2-} + 6H^+ \longrightarrow 2Mn^{2+} + 5SO_4^{2-} + 3H_2O$$

④ 检查质量平衡及电荷平衡，然后将离子反应式改写为分子反应式，将箭头改为等号。

$$2KMnO_4 + 5K_2SO_3 + 3H_2SO_4 = 2MnSO_4 + 6K_2SO_4 + 3H_2O$$

离子电子法突出了化学计量数的变动是电子得失的结果，因此更能反映氧化还原反应的真实情况。值得注意的是，无论在配平的离子方程式或分子方程式中，都不应出现游离电子。

综上所述：氧化数法既可配平分子反应式，也可配平离子反应式，是一种常用的配平方程式的方法。离子-电子法除对用于氧化数难以配平的反应式比较方便之外，还可通过学习离子-电子法掌握书写半反应方程式的方法。

9.3　原电池与电极电势

9.3.1　原电池

原电池是利用自发的氧化还原反应产生电流的装置，它可使化学能转化为电能。最早由 A Volta 和 L Galvani 发明组装的，所以又称为 Volta 电池或 Galvani 电池。其中被普遍引用作为讨论原电池实例的是 Daniell 电池，即铜-锌原电池。

将锌片放入硫酸铜溶液中，会发现不断有红色铜沉积到锌片上，发生如下反应

$$Cu^{2+} + Zn = Cu + Zn^{2+}$$

Zn 和 Cu^{2+} 间发生了电子转移，Zn 失去电子溶解被氧化，是还原剂；Cu^{2+} 得到电子被还原，是氧化剂。由于反应中锌片和 $CuSO_4$ 溶液直接接触，所以电子直接从锌片转移给 Cu^{2+}，而得不到电流，化学能以热的形式与环境发生交换。

$$Zn + CuSO_4 = ZnSO_4 + Cu \qquad \Delta_r H_m^{\ominus} = -211.46\text{kJ/mol}$$

如果锌片和 $CuSO_4$ 溶液不直接接触，而是在图 9-1 的装置中进行反应，则可将化学能转变为电能，即可获得电流。

在甲乙两烧杯中分别放入 $ZnSO_4$ 和 $CuSO_4$ 溶液，在盛 $ZnSO_4$ 的烧杯中放入锌片，在盛 $CuSO_4$ 溶液的烧杯中放入 Cu 片。把两个烧杯中的溶液用一倒置的 U 形管连接起来。U 形管中装满用 KCl 饱和溶液和琼胶作成的冻胶。（为使溶液不致流出，常用琼脂与 KCl 饱和溶液制成胶冻。胶冻的组成大部分是水，离子可在其中自由移动）的倒置 U 形管作桥梁，称为盐桥（salt bridge）。此时串联在 Cu 极和 Zn 极间的检流计指针立即向一方偏转，说明导线中有电流通过。这个装置就是铜锌原电池。

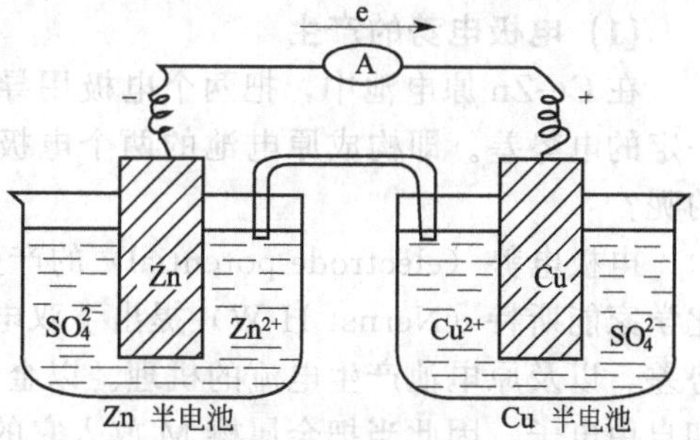

图 9-1　Cu-Zn 原电池

上述原电池由两个部分组成：一部分是 Cu 片和 $CuSO_4$ 溶液；另一部分是 Zn 片和 $ZnSO_4$ 溶液，这两个部分各称为半电池或电极，一般称为 Cu 电极和 Zn 电极，分别对应着 Cu^{2+}/Cu 电对和 Zn^{2+}/Zn 电对。在电极的金属和溶液界面上发生的反应（半反应）称为电极反应或半电池反应。

在原电池中，给出电子的电极为负极，发生氧化反应；接受电子的电极为正极，发生还原反应。将两个电极反应合并即得原电池的总反应，又称为电池反应。如铜-锌电池反应：

负极反应　　$Zn = Zn^{2+} + 2e^-$

正极反应　　$Cu^{2+} + 2e = Cu$

电池反应　　$Cu^{2+} + Zn = Cu + Zn^{2+}$

在 Cu-Zn 原电池中的电池反应和 Zn 置换 Cu^{2+} 的化学反应是一样的。只是在原电池装置中，氧化剂和还原剂不直接接触，氧化、还原反应同时分别在两个不同的区域内进行，电子不是直接从还原剂转移给氧化剂，而是经外电路传递，这正是原电池利用氧化还原反应能产生电流的原因所在。

为了书面表达方便，可以用电池符号表示原电池。如铜-锌原电池可以表示为

$$(-)Zn(s)|ZnSO_4(c_1)\parallel CuSO_4(c_2)|Cu(s)(+)$$

电池符号的书写须遵循以下规则：负极在左，正极在右；标明状态，溶液的浓度，气体的压力；相界面用“|”隔开，盐桥用“‖”隔开，不同液体之间可以用“,”隔开；惰性电极，电极不参加反应仅起导电作用的物质，可以用石墨、Pt 作电极，如 Fe^{2+}/Fe^{3+}、O_2/H_2O 等，惰性电极在电池符号中也要表示出来。

(－)负极|电解质溶液(c_1)‖电解质溶液(c_2)|正极(＋)

【例 9-1】 将下列氧化还原反应设计成原电池，并写出它的原电池符号。

① $Co(s) + Cl_2(100kPa) = Co^{2+}(1.0mol/L) + 2Cl^-(1.0mol/L)$

② $2Cr^{2+}(aq) + I_2 = 2Cr^{3+}(aq) + 2I^-(aq)$

解： ① 氧化反应（负极）　$Co = Co^{2+} + 2e^-$

还原反应（正极）　$Cl_2 + 2e^- = 2Cl^-$

故该反应的电池符号为：

$$(-)Co|Co^{2+}(1.0mol/L)\parallel Cl^-(1.0mol/L)|Cl_2(100kPa)|Pt(+)$$

② 氧化反应（负极）　$2Cr^{2+} = 2Cr^{3+} + 2e^-$

还原反应（正极）　$I_2 + 2e^- = 2I^-$

故该反应的电池符号为：

$$(-)Pt|Cr^{2+}(c_1),Cr^{3+}(c_2)\parallel I^-(c_3)|I_2|Pt(+)$$

9.3.2 电极电势

(1) 电极电势的产生

在 Cu-Zn 原电池中，把两个电极用导线连接后就有电流产生，可见两个电极之间存在一定的电势差。即构成原电池的两个电极的电势是不相等的。那么电极的电势是怎样产生的呢？

电极电势（electrode potential）的产生的微观机理是非常复杂的。早在 1889 年，德国化学家能斯特（Nernst H W）提出了双电层理论，可以用来说明金属和其盐溶液之间的电势差，以及原电池产生电流的机理。以金属电极为例，我们知道在金属晶体中存在金属离子和自由电子，因此当把金属棒 M 放入它的盐溶液中时，一方面金属 M 表面构成晶格的金属离子和极性大的水分子互相吸引，有一种使金属棒上留下电子而自身以水合离子的形式 $Mn^+(aq)$ 进入溶液的倾向，且金属离子越活泼，盐溶液越稀，这种倾向越大；另一方面，盐溶液中的水合金属离子 M^{n+} 又有一种从金属表面获得电子而沉积在金属表面的倾向。金属越不活泼，盐溶液越浓，这种倾向越大。这两种对立的倾向在某种条件下达到暂时的平衡。

$$M(s) = M^{n+}(aq) + ne^-$$

在某一给定浓度的溶液中，如果溶解倾向大于沉积倾向，达到平衡后金属表面将有一部分金属离子进入溶液，使金属表面带负电，而金属附近的溶液带正电［图 9-2(a)］；反之，如果沉积倾向大于溶解倾向，达到平衡后金属表面带正电，而金属附近的溶液带负电［图 9-2(b)］。不论是哪一种情况，在达到平衡后，金属与其盐溶液界面之间都会因带相反电荷而形成双电层结构，从而产生电势差。该电势差也称为电极的绝对电势，其大小和方向主要由金属的种类和溶液中离子浓度等决定。

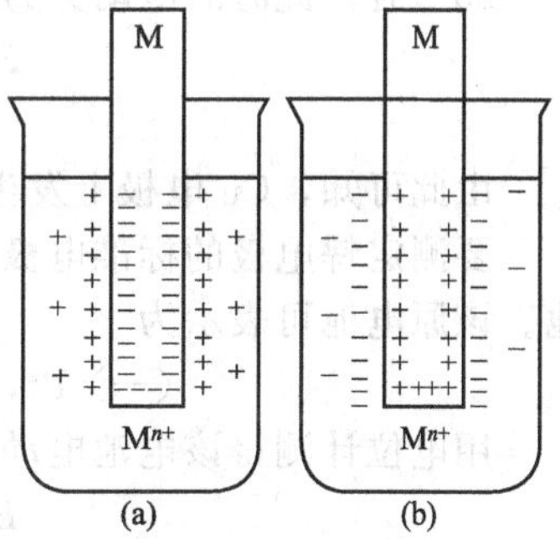

图 9-2 双电层示意

可以预料，氧化还原电对不同，对应的电解质溶液的浓度不同，它们的电极电势也就不同。因此，若将两种不同电极电势的氧化还原电对以原电池的方式连接起来，则在两极之间就有一定的电势差，因而产生电流。

(2) 原电池的电动势与电极电势 原电池的电动势(electromotive force)是电池中各个相界面上电势差的代数和。这些界面电势差主要有电极-溶液界面电势，即绝对电势，还有不同金属间的接触电势以及两种溶液间的液体接界电势。通常液体接界电势可用盐桥使其降至最小，以致可以忽略不计。接触电势一般也很小，常不加考虑。

目前还无法由实验测定单个电极的绝对电势，但可用电位计测定电池的电动势，并规定电动势 E 等于两个电极电势的相对差值，即：

$$E=\varphi_{+}-\varphi_{-}$$

(3) 标准电极电势 电极电势的绝对值是无法测量的，但是电池的电动势可以准确测定。因此选定某种电极作为标准，将待测电极和标准电极组成原电池，通过测定该电池的电动势，可以求出待测电极的电极电势。通常选定的是标准氢电极（standard hydrogen electrode)。

① 标准氢电极 标准氢电极的结构如图 9-3 所示。将镀有铂黑的铂片置于氢离子浓度为1.0mol/L中，然后不断地通入标准压力为 1.0×10^5 Pa 的纯氢气达到饱和，在这个电极上建立了如下平衡：

$$1/2H_2(g) \rightleftharpoons H^+(aq)+e^-$$

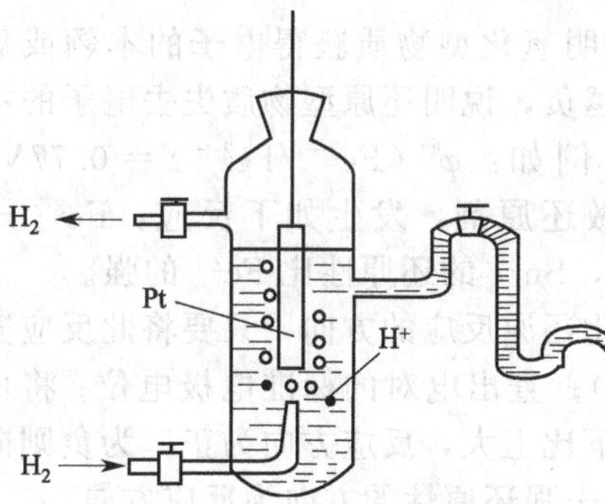

图 9-3 标准氢电极

这种状态下的电极电势即为氢电极的标准电极电势。

国际上规定标准氢电极在任何温度下电极电势的值为零，即有：

$$\varphi^{\ominus}(H^+/H_2)=0V$$

由于氢电极使用不方便，常用饱和甘汞电极来代替，它的标准电极电势是 $\varphi^{\ominus}=0.2415V$。

② 标准电极电势 如果参加电极反应的物质均处于标准态，这时的电极称标准电极，对应的电极电势称标准电极电势，用 $\varphi^{\ominus}$ 表示，SI 单位为 V。标准态是指组成电极的离子浓度为 1.0mol/L，气体分压为 1.0×10^5 Pa，液体或固体都是纯净物质。如果原电池的两个电极均为标准电极，此电池为标准电池，对应的电动势为标准电池电动势（standard electrode potential)，用 $E^{\ominus}$ 表示，即 $E^{\ominus}=\varphi_{+}^{\ominus}-\varphi_{-}^{\ominus}$。

在标准态下的各种电极与标准氢电极组成原电池，测得电池的电动势即可求出待测电极的标准电极电势。

例如，测定铜电极的标准电极电势，可将标准铜电极作为正极，与标准氢电极组成原电池。该电池可表示为：

$$(-)Pt,H_2(p^0)|H^+(1mol/L)\|Cu^{2+}(c)|Cu(+)$$

25℃时，此时的电动势为电池的标准电动势 $E^\ominus=0.3419V$。所以

$$E^\ominus=\varphi^\ominus(Cu^{2+}/Cu)-\varphi^\ominus(H^+/H_2)$$

$$\varphi^\ominus(Cu^{2+}/Cu)=0.3419V$$

由此可知，Cu电极上发生还原反应，所组成的电池是自发电池。

要测定锌电极的标准电极电势，同样可将标准锌电极作为正极，与标准氢电极组成原电池。该原电池可表示为

$$(-)\ Pt,H_2(p^0)|H^+(1mol/L)\|Zn^{2+}(c)|Zn(+)$$

用电位计测得该电池电动势 $E^0=-0.7618V$。

$$E^\ominus=\varphi^\ominus(Zn^{2+}/Zn)-\varphi^\ominus(H^+/H_2)$$

$$\varphi^\ominus(Zn^{2+}/Zn)=-0.7618V$$

锌电极实际上发生的是氧化反应，组成自发电池时，锌电极应为负极。用同样的方法可测得其他电对的标准电极电势。需要注意的是：如氢为负极，则该半电池的标准电极电势 $\varphi^\ominus$为正；如氢为正极，则该半电池的标准电极电势 $\varphi^\ominus$为负。半电池的标准电极电势可查数据表得到，见附表。在使用时须注意以下几点：

按照国际惯例，电池半反应一律用还原过程 $M^{n+}+ne^-$ ══ M 表示，因此电极电势是还原电势；半电池颠倒写，$\varphi^\ominus$符号不变；当半电池乘以或者除任何实数的时候 $\varphi^\ominus$不变，即无加和性，与数量无关；$\varphi^\ominus$不适用于高温、固体和浓溶液中以及非水溶液中；$\varphi^\ominus$为 298.15K 时的标准电极电势，但电极电势随温度的变化（温度系数）不大，所以，在室温下一般均可应用该表列值；根据介质不同，查不同的表（酸、碱）而有些和介质无关。

9.3.3 电极电势的应用

在氧化还原反应中，了解有关半反应的标准电极电势是很重要的，有许多应用。如判断氧化剂与还原剂的强弱；判别氧化还原反应进行的方向；选择合适的氧化剂或还原剂；求氧化还原反应的平衡常数等。

（1）判断氧化剂与还原剂的强弱 $\varphi^\ominus$数值越正，说明氧化型物质获得电子的本领或氧化能力越强，即氧化性自上而下依次增强；反之，数值越负，说明还原型物质失去电子的本领或还原能力越强，即自下而上还原性依次增强。例如：$\varphi^\ominus(Fe^{3+}/Fe^{2+})=0.77V$，$\varphi^\ominus(Sn^{4+}/Sn^{2+})=0.15V$，$Fe^{3+}$可以做氧化剂，$Sn^{2+}$做还原剂，发生如下反应：$Fe^{3+}+Sn^{2+}$══$Sn^{4+}+Fe^{2+}$。说明 Fe^{3+}比 Sn^{4+}有强的氧化性，Sn^{2+}的还原性比 Fe^{2+}的强。

（2）由可判别氧化还原反应的方向 要判断一个氧化还原反应的方向，只要将此反应安排成一个原电池。写出两个氧化还原反应电对（半电池）；查出电对的标准电极电位；将反应物还原剂所在电对排在上，氧化剂所在电对排在下，下比上大，反应方向为正，为负则向逆向进行（E为正，向正向进行）。其本质是：强氧化性＋强还原性的方向为反应方向。

热力学研究表明，在定温定压下，反应系统 Gibbs 自由能的变化值等于系统能做的最大有用功，$(\Delta_r G_m)_{T,p}=W_{max}$。原电池中，放电所做非膨胀功为电功，上式可写成：

$$(\Delta_r G_m)_{T,p}=-nEF$$

式中，n为电池的氧化还原反应式中传递的电子数，它实际上是两个半反应中电子的化学计量数 n_1 和 n_2 的最小公倍数；F是法拉第常数，其值为 96485 C/mol；E是电池的电动势，单位为 V。

当电池中所有物质都处于标准态时，电池的电动势就是标准电动势 $E^\ominus$，即

$$(\Delta_r G_m^\ominus)_{T,p}=-nE^\ominus F$$

这个关系式将热力学和电化学联系起来。

热力学可知 $\Delta G<0$　反应自发过程，反应能向正方向进行

$\Delta G=0$　平衡状态

$\Delta G>0$　非自发过程，反应能向逆方向进行

因此，$E>0$　电池反应正方向自发进行。

$E=0$　电池反应达到平衡状态。

$E<0$　电池反应逆方向自发进行。

通常，如果两个电对标准电极电势（$\varphi^{\ominus}$）相差 0.2V 左右时，浓度、酸碱度等因素对电极电势的影响很大，反应方向要根据实验条件确定。如果两个电对标准电极电势（$\varphi^{\ominus}$）相差大于 0.2V 时，就可直接通过 $E^{\ominus}=\varphi_{+}^{\ominus}-\varphi_{-}^{\ominus}$ 来推测，可忽略浓度的影响。如：$Sn(s)+Pb^{2+}(1mol/L) = Sn^{2+}(1mol/L)+Pb(s)$

$$E^{\ominus}=\varphi^{\ominus}_{(Pb^{2+}/Pb)}-\varphi^{\ominus}_{(Sn^{2+}/Sn)}=-0.1262-(-0.1375)>0$$

所以，正反应能自发进行。

(3) 选择氧化剂和还原剂　根据电对电极电势的大小，在特定的反应中选择合适的氧化剂或还原剂。如：一含有 Cl^-、Br^-、I^- 三种离子的混合溶液，欲使 I^- 氧化为 I_2，又不使 Cl^-、Br^- 氧化，在常用的氧化剂 $Fe_2(SO_4)_3$ 和 $KMnO_4$ 中，选择那一种能满足上述要求？已知：$\varphi^{\ominus}(I_2/I^-)=0.535V$，$\varphi^{\ominus}(Br_2/Br^-)=1.065V$，$\varphi^{\ominus}(Cl_2/Cl^-)=1.353V$，$\varphi^{\ominus}(Fe^{3+}/Fe^{2+})=0.77V$，$\varphi^{\ominus}(KMnO_4/Mn^{2+})=1.51V$。

根据电极电势大小，$KMnO_4$ 能把 Cl^-、Br^-、I^- 所有离子氧化为相应单质，而 Fe^{3+} 仅能氧化 I^- 为 I_2，因此选择 Fe^{3+} 为氧化剂。

(4) 求氧化还原反应的平衡常数　平衡常数表达了反应的完全程度。根据热力学的推导，在标准温度下，平衡常数可由下式求得：

若将 ΔG^0 与标准平衡常数 K^0 的关系式 $\Delta G^0=-RT\ln K^0$ 代入式 $\Delta G^0=-nE^{\ominus}F$，得：

$$E^{\ominus}=\frac{2.303RT}{nF}\lg K^{\ominus}$$

若电池反应是在 298K 进行，将 R、T 和 F 的值代入上式，得：

$$\lg K^{\ominus}=\frac{nE^{\ominus}}{0.0592}=\frac{n(\varphi_{+}^{\ominus}-\varphi_{-}^{\ominus})}{0.0592}$$

由此可见，氧化还原反应平衡常数 K 值的大小是直接由氧化剂和还原剂两个电对的标准电极电势之差决定的，差值越大，K 值就越大，反应也越完全。

【例 9-2】 计算反应 $2Fe^{3+}+Cu \rightleftharpoons 2Fe^{2+}+Cu^{2+}$ 的平衡常数。

解：依据正反应，设计一原电池、电对 Fe^{3+}/Fe^{2+} 作为正极，

Cu^{2+}/Cu 作负极，查表知 $\varphi^{\ominus}(Fe^{3+}/Fe^{2+})=+0.77V$

$$\varphi^{\ominus}(Cu^{2+}/Cu)=+0.35V$$

$$\lg K^{\ominus}=n(\varphi_{+}^{\ominus}-\varphi_{-}^{\ominus})/0.059$$

$$=2\times(0.77-0.35)/0.059=14.24$$

$$K=1.73\times10^{14}$$

9.4　影响电极电势的因素

9.4.1　Nernst 方程及其应用

电极电势的高低，不仅取决于电对的本质，还与反应温度、氧化型物质和还原型物质的

浓度、压力等有关。对于任何给定的电极，其电极电势与两种浓度及温度的关系遵循 Nernst（能斯特）方程。

对于一个任意给定的电极，其电极反应的通式为：

$$Ox + ne^- = Red$$

则有

$$\varphi = \varphi^{\ominus} + \frac{RT}{nF}\ln\frac{c(Ox)}{c(Red)}$$

式中，φ 是氧化型物质和还原型物质为任意浓度时电对的电极电势；$\varphi^{\ominus}$ 是电对的标准电极电势；R 是摩尔气体常量，为 8.314J/(mol·K)；n 是电极反应的电荷数；F 是 Faraday（法拉第）常数。此式称为 Nernst 方程，它反映了参加电极反应的各种物质的浓度以及温度对电极电势的影响。

298K 时，将各常数代入上式，并将自然对数换成常用对数，即得

$$\varphi = \varphi^{\ominus} + \frac{0.0592}{n}\lg\frac{c(Ox)}{c(Red)}$$

使用 Nernst 方程时，必须注意以下几点：

① 若电极反应中氧化型或还原型物质的计量数不是 1，Nernst 方程中氧化型或还原型浓度项要乘以与计量数相同的方次。

② 若电极反应中某物质是固体或液体，它们的浓度常认为是 1，因此则不写入 Nernst 方程中。如果是气体，则用该气体的分压代入公式。例如：

$$Zn^{2+} + 2e^- = Zn$$

$$\varphi(Zn^{2+}/Zn) = \varphi^{\ominus}(Zn^{2+}/Zn) + \frac{0.0592}{2}\lg[Zn^{2+}]$$

$$Br_2(l) + 2e^- = 2Br^-$$

$$\varphi(Br_2/Br^-) = \varphi^{\ominus}(Br_2/Br^-) + \frac{0.0592}{2}\lg\frac{1}{[Br^-]^2}$$

$$O_2 + 4H^+ + 4e^- = 2H_2O$$

$$\varphi(O_2/H_2O) = \varphi^{\ominus}(O_2/H_2O) + \frac{0.0592}{4}\lg\left[\frac{p(O_2)}{p^{\ominus}}\right][H^+]^4$$

③ 除氧化型、还原型的物质外，还有其他物质如 H^+、OH^-，则应把这些物质的浓度乘以相应的方次，表示在方程中。例如：

$$MnO_4^- + 8H^+ + 5e^- = Mn^{2+} + 4H_2O$$

$$\varphi(MnO_4^-/Mn^{2+}) = \varphi^{\ominus}(MnO_4^-/Mn^{2+}) + \frac{0.0592}{5}\lg\frac{[MnO_4^-][H^+]^8}{[Mn^{2+}]}$$

根据电极的组成，利用 Nernst 公式分别计算正负极的电极电势，可求原电池的电动势。

【例 9-3】 原电池的组成为 $(-)Zn|Zn^{2+}(0.001mol/L) \| Zn^{2+}(1.0mol/L)|Zn(+)$。计算 298 K 时，该原电池的电动势。

解：电极反应为

$$Zn^{2+} + 2e^- = Zn$$

$$\varphi_+ = \varphi(Zn^{2+}/Zn) = \varphi^{\ominus}(Zn^{2+}/Zn) = -0.762V$$

$$\varphi_- = \varphi(Zn^{2+}/Zn) = \varphi^{\ominus}(Zn^{2+}/Zn) + \frac{0.0592}{2}\lg[Zn^{2+}]$$

$$= -0.762 + \frac{0.0592}{2}\lg10^{-3} = -0.851(V)$$

电池的电动势：$E = \varphi_+ - \varphi_- = -0.762 - (-0.851) = 0.089$ (V)

9.4.2 影响电极电势的因素

(1) 浓度对电极电势的影响 对一个指定的电极来说，由式 Nernst 公式可以看出，氧化型物质的浓度越大，则 φ 值越大，即电对中氧化态物质的氧化性越强，而相应的还原态物质是弱还原剂；相反，还原型物质的浓度越大，则 φ 值越小，电对中的还原态物质是强还原剂，而相应的氧化态物质是弱氧化剂。电对中的氧化态或还原态物质的浓度或分压发生改变，使电极电势受到影响。

【例 9-4】 计算 298K 时电对 Fe^{3+}/Fe^{2+} 在下列情况下的电极电势：① $c[Fe^{3+}]=0.1mol/L$，$[Fe^{2+}]=1mol/L$；② $[Fe^{3+}]=1mol/L$，$[Fe^{2+}]=0.1mol/L$。

解：

$$Fe^{3+}+e^- \rightleftharpoons Fe^{2+}$$

$$\varphi^0(Fe^{3+}/Fe^{2+})=\varphi^0(Fe^{3+}/Fe^{2+})+0.0592\cdot\lg([Fe^{3+}]/[Fe^{2+}])$$

① $\varphi(Fe^{3+}/Fe^{2+})=\varphi^0(Fe^{3+}/Fe^{2+})+0.0592\cdot\lg(0.1/1)=0.712(V)$

② $\varphi(Fe^{3+}/Fe^{2+})=\varphi^0(Fe^{3+}/Fe^{2+})+0.0592\cdot\lg(1/0.1)=0.830(V)$

【例 9-5】 298K 时，判断下列两种情况下反应自发进行的方向。

① $Pb+Sn^{2+}(1mol/L) \rightleftharpoons Pb^{2+}(0.1mol/L)+Sn$

② $Pb+Sn^{2+}(0.1mol/L) \rightleftharpoons Pb^{2+}(1mol/L)+Sn$

解： ① $\varphi_+=\varphi(Sn^{2+}/Sn)=-0.138+\dfrac{0.0592}{2}\lg1=-0.138\ (V)$

$$\varphi_-=\varphi(Pb^{2+}/Pb)=-0.126+\frac{0.0592}{2}\lg0.1=-0.156\ (V)$$

因为 $\varphi_+>\varphi_-$，所以反应正向自发进行。

② $\varphi_+=\varphi(Sn^{2+}/Sn)=-0.138+\dfrac{0.0592}{2}\lg0.1=-0.168\ (V)$

$\varphi_-=\varphi(Pb^{2+}/Pb)=-0.126+\dfrac{0.0592}{2}\lg1=-0.126\ (V)$

因为 $\varphi_+<\varphi_-$，所以反应逆向进行。

例 9-5 说明，当氧化剂电对和还原剂电对的势。相差不大时，物质的浓度将对反应方向起决定作用。在非标准状态下，须用电对的电极电势值的相对大小来判断氧化还原反应的方向。

大多数氧化还原反应如果组成原电池，其电动势一般大于 0.2V，在这种情况下，浓度的变化虽然会影响电极电势，但不会使电动势值正负变号。

(2) 溶液酸碱性对电极电势的影响 许多物质的氧化还原能力与溶液的酸度有关，如酸性溶液中 Cr^{3+} 很稳定，而在碱性介质中 Cr(Ⅲ) 却很容易被氧化为 Cr (Ⅵ)。再如 NO_3^- 的氧化能力随酸度增大而增强，浓 HNO_3 是极强的氧化剂，而 KNO_3 水溶液则没有明显的氧化性，这些现象说明溶液的酸度对物质的氧化还原能力有影响。如果有 H^+ 或 OH^- 参加反应，由 Nernst 公式可知，改变介质的酸度，电极电势必随之改变，从而改变电对物质的氧化还原能力。

例如，在某一中性溶液中，$\varphi^\ominus(Cr_2O_7^{2-}/Cr^{3+})=0.26V$，$\varphi^\ominus(I_2/I^-)=0.54V$，在这种情况下，$I_2$ 的氧化能力要比 $Cr_2O_7^{2-}$ 强；Cr^{3+} 的还原能力比 I^- 强。而在酸性溶液中，情况则不同。

【例 9-6】 设 $c(Cr_2O_7^{2-})=c(Cr^{3+})=1mol/L$，计算 298K 时电对 $Cr_2O_7^{2-}/Cr^{3+}$ 分别在 1mol/L HCl 和中性溶液中的电极电势。

解： 电极反应为

$$Cr_2O_7^{2-}+6e^-+14H^+ = 2Cr^{3+}+7H_2O$$

$$\varphi(Cr_2O_7^{2-}/Cr^{3+})=\varphi^{\ominus}(Cr_2O_7^{2-}/Cr^{3+})+\frac{0.0592}{6}\lg\frac{[Cr_2O_7^{2-}]\cdot[H^+]^{14}}{[Cr^{3+}]^2}$$

$$=1.232+\frac{0.0592}{6}\lg c^{14}(H^+)$$

在 1mol/L HCl 溶液中，$c(H^+)=1mol/L$

$$\varphi(Cr_2O_7^{2-}/Cr^{3+})=1.232+\frac{0.0592}{6}\lg[H^+]^{14}=1.232(V)$$

在中性溶液中，$c(H^+)=10^{-7}mol/L$

$$\varphi(Cr_2O_7^{2-}/Cr^{3+})=1.232+\frac{0.0592}{6}\lg(10^{-7})^{14}=0.265\ (V)$$

可见，$K_2Cr_2O_7$（以及大多数含氧酸盐）作为氧化剂的氧化能力受溶液酸度的影响非常大，酸度越高，其氧化能力越强。

同样 MnO_4^- 的氧化能力也随 H^+ 浓度的增大而明显增大。因此，在实验室及工业生产中用来作氧化剂的盐类等物质，总是将它们溶于强酸性介质中制成溶液备用。

溶液的酸度不仅影响电对的电极电势的数值，还会影响氧化还原反应的产物，例如 MnO_4^- 作为氧化剂，在不同酸碱性溶液中的产物就不同，即：

$$2KMnO_4+5K_2SO_3+3H_2SO_4 \longrightarrow 2MnSO_4+6K_2SO_4+3H_2O\text{（酸性条件）}$$

$$2KMnO_4+K_2SO_3+2KOH \longrightarrow 2K_2MnO_4+K_2SO_4+H_2O\text{（碱性条件）}$$

$$2KMnO_4+3K_2SO_3+H_2O \longrightarrow 2MnO_2+3K_2SO_4+2KOH\text{（中性条件）}$$

溶液的酸度的改变还会影响反应进行的方向。

(3) 生成沉淀对电极电势的影响 在电对溶液中加入沉淀剂，当加入的沉淀剂与氧化型物质反应时，生成沉淀的 K_{sp} 值越小，则电极电势降低越多；如果加入的沉淀剂与还原型物质发生反应时，生成沉淀的 K_{sp} 值越小，则还原型物质的浓度降低得越多，电极电势值升高得越多。

如电对 Ag^+/Ag，电极反应为：

$$Ag^++e^- = Ag \qquad \varphi^{\ominus}(Ag^+/Ag)=0.799V$$

其中 Ag^+ 为一个中等强度的氧化剂。若在溶液中加入 NaCl，则生成 AgCl 沉淀，其反应式为：

$$Ag^++Cl^- = AgCl \qquad K_{sp}=1.8\times10^{-10}$$

达到平衡时，如果$[Cl^-]=1mol/L$，那么$[Ag^+]=K_{sp}/[Cl^-]=1.8\times10^{-10}mol/L$，则

$$\varphi(Ag^+/Ag)=\varphi^{\ominus}(Ag^+/Ag)+0.0592\lg[Ag^+]$$

$$=\varphi^{\ominus}(Ag^+/Ag)+0.0592\times\lg(1.8\times10^{-10})$$

$$=0.800+0.0592\lg1.8\times10^{-10}$$

$$=0.223(V)$$

计算所得的电极电势值是电对 AgCl/Ag 按电极反应 $AgCl+e^- = Ag+Cl^-$ 的标准电极电势，即 $\varphi^{\ominus}(AgCl/Ag)=0.222V$。与 $\varphi^{\ominus}(Ag^+/Ag)=0.799V$ 相比，电极电势降低了 0.577V。

由于生成难溶化合物会影响有关电对的电极电势，所以根据氧化还原反应的标准平衡常数与标准电池电动势间的定量关系，可以通过测定原电池电动势的方法来求算难溶电解质的溶度积常数。

(4) 生成配合物对电极电势的影响　参加电极反应的氧化型或还原型物质若生成配合物，其浓度发生变化，则电对的电极电势会明显改变。同理，如果电对的氧化型生成配合物，使氧化型的浓度降低，则电极电势变小；如果电对的还原型生成配合物，使还原型的浓度降低，则电极电势变大；如果电对的氧化型和还原型同时生成配合物时，电极电势的变化与氧化型和还原型的配合物的稳定常数有关。

【例 9-7】　计算在电对 Ag^+/Ag 溶液中加入 NH_3 后电对的电极电势。

解： 电极反应为

$$Ag^+ + e^- \rightleftharpoons Ag$$

加入 NH_3 后，与 Ag^+ 形成稳定的 $Ag(NH_3)^{2+}$ 配离子，即

$$Ag^+ + 2NH_3 \rightleftharpoons [Ag(NH_3)_2]^+$$

使溶液中的 Ag^+ 浓度大大降低。若平衡时溶液中的 $c(NH_3)=c([Ag(NH_3)_2]^+)=1.0mol/L$，则：

$$c(Ag^+)=\frac{c([Ag(NH_3)_2]^+)}{K_f^\ominus([Ag(NH_3)_2]^+)\cdot c^2(NH_3)}=\frac{1}{K_f^\ominus([Ag(NH_3)_2]^+)}$$

$$\varphi(Ag^+/Ag)=\varphi^\ominus(Ag^+/Ag)+\frac{0.0592}{1}\lg c(Ag^+)$$

$$=\varphi^\ominus(Ag^+/Ag)+\frac{0.0592}{1}\lg\frac{1}{K_f^\ominus([Ag(NH_3)_2]^+)}$$

$$=0.800+0.0592\lg\frac{1}{1.7\times10^7}=0.372\ (V)$$

这就是电对 $[Ag(NH_3)_2]^+/Ag$ 按电极反应 $Ag^+ + 2NH_3 \rightleftharpoons [Ag(NH_3)_2]^+$ 的标准电极电势，即 $\varphi^\ominus([Ag(NH_3)_2]^+/Ag)=-0.372V$。

根据氧化还原反应的标准平衡常数与标准电池电动势间的定量关系，还可以通过测定原电池电动势的方法来求算配合物的稳定常数。

9.5 氧化还原滴定法

氧化还原滴定法（redox titration）是以氧化还原反应为基础的滴定分析法，它的应用范围十分广泛。该滴定法不仅可以测定许多具有氧化还原性质的金属离子、阴离子和有机化合物，而且某些非变价元素也可以通过与氧化剂或还原剂发生其他反应间接地进行测定。由于氧化还原反应机理复杂，许多反应的历程也不够清楚，还有许多反应速度慢，而且副反应又多，不能满足滴定分析的要求。能够用于氧化还原滴定分析的化学反应必须具备如下条件：滴定剂和被滴定物质对应的电对的条件电极电位差大于 0.40V，反应可以定量进行；有适当的方法或指示剂指示反应的终点；有足够快的反应速率。

通常根据所用氧化剂和还原剂，常用的氧化还原滴定法有高锰酸钾法、重铬酸钾法、碘量法等。

9.5.1 氧化还原滴定曲线

在氧化还原滴定过程中，随着滴定剂的加入，被测试液的特征变化是电极电势的变化，这种电极电势的变化情况可以用滴定曲线来描绘。各滴定点的电势可用实验方法测量，对于可逆氧化还原体系，也可从理论上进行计算，与实际测得值可以较好地吻合。

以 1.0mol/L 硫酸中，用 0.1000mol/L $Ce(SO_4)_2$ 溶液滴定 20.00mL 0.1000mol/L $FeSO_4$ 溶液为例，计算不同滴定阶段时的电势，绘制滴定曲线。滴定反应为

$$Ce^{4+} + Fe^{2+} \rightleftharpoons Ce^{3+} + Fe^{3+}$$

其中各半反应和标准电极电势为：

$$Fe^{3+}+e^{-}\rightleftharpoons Fe^{2+} \qquad \varphi^{\ominus}(Fe^{3+}/Fe^{2+})=0.68V$$

$$Ce^{4+}+e^{-}\rightleftharpoons Ce^{3+} \qquad \varphi^{\ominus}(Ce^{4+}/Ce^{3+})=1.44V$$

(1) 滴定前 对于Fe^{2+}溶液，由于空气中氧的作用会有痕量的Fe^{3+}存在，组成Fe^{3+}/Fe^{2+}电对，但由于Fe^{3+}的浓度不知道，所以溶液的电势无从求得。不过这对滴定曲线的绘制无关紧要。

(2) 滴定开始至计量点前 滴定开始后，溶液中存在Ce^{4+}/Ce^{3+}和Fe^{3+}/Fe^{2+}两个电对。在任一滴定点，这两个电对的电极电势相等，溶液的电势等于其中任一电对的电极电势，即$\varphi(Fe^{3+}/Fe^{2+})=\varphi(Ce^{4+}/Ce^{3+})$ 在化学计量点前，溶液中Ce^{4+}浓度很小，且不容易直接计算，而溶液中Fe^{3+}和Fe^{2+}的浓度容易求出，故在化学计量点前用Fe^{3+}/Fe^{2+}电对计算溶液中各平衡点的电势。

$$\varphi(Fe^{3+}/Fe^{2+})=\varphi^{\ominus}(Fe^{3+}/Fe^{2+})+0.0592\lg\frac{[Fe^{3+}]}{[Fe^{2+}]}$$

为计算方便，用滴定的百分数代替浓度比。例如，当加入 2.00mL Ce^{4+}溶液时，有10% Fe^{3+}反应，剩余 90%的Fe^{2+}，则：

$$\frac{[Fe^{3+}]}{[Fe^{2+}]}=\frac{1}{9}$$

$$\varphi(Fe^{3+}/Fe^{2+})=\varphi^{\ominus\prime}(Fe^{3+}/Fe^{2+})+0.0592\lg\frac{[Fe^{3+}]}{[Fe^{2+}]}$$

$$=0.68+0.0592\lg\frac{1}{9}=0.62\ (V)$$

当加入 19.98mL Ce^{4+}时，有 99.9% Fe^{2+}反应，剩余 0.1%的Fe^{2+}，则：

$$\frac{[Fe^{3+}]}{[Fe^{2+}]}=\frac{99.9}{0.1}$$

$$\varphi(Fe^{3+}/Fe^{2+})=\varphi^{\ominus}(Fe^{3+}/Fe^{2+})+0.0592\lg\frac{[Fe^{3+}]}{[Fe^{2+}]}$$

$$=0.68+0.0592\lg\frac{99.9}{0.1}=0.86\ (V)$$

(3) 计量点时 滴入 0.1000mol/L Ce^{4+}溶液 20.00mL 时，反应正好达到化学计量点。此时，Ce^{4+}和Fe^{2+}均定量地转化为Ce^{3+}和Fe^{3+}，所以Ce^{3+}和Fe^{3+}的浓度是知道的，但无法确切知道Ce^{4+}和Fe^{2+}的浓度，因而不可能根据某一电对计算φ，而要通过两个电对的浓度关系来计算。

计量点时的电势可分别表示成：

$$\varphi_{sp}=\varphi^{\ominus}(Fe^{3+}/Fe^{2+})+0.0592\lg\frac{[Fe^{3+}]}{[Fe^{2+}]}$$

$$\varphi_{sp}=\varphi^{\ominus}(Ce^{4+}/Ce^{3+})+0.0592\lg\frac{[Ce^{4+}]}{[Ce^{3+}]}$$

两式相加，得：

$$2\varphi_{sp}=\varphi^{\ominus}(Fe^{3+}/Fe^{2+})+\varphi^{\ominus}(Ce^{4+}/Ce^{3+})+0.0592\lg\frac{[Fe^{3+}][Ce^{4+}]}{[Fe^{2+}][Ce^{3+}]}$$

计量点时，$[Ce^{3+}]=[Fe^{3+}]$，$[Ce^{4+}]=[Fe^{2+}]$，上式中对数项为零，则：

$$\varphi_{sp}=\frac{\varphi^{\ominus}(Fe^{3+}/Fe^{2+})+\varphi^{\ominus}(Ce^{4+}/Ce^{3+})}{2}=\frac{1.44+0.68}{2}=1.06\ (V)$$

当两个电对得失电子数相等时，计量点时的电势是两个电对电极电势的算术平均值，而与反应物的浓度无关。

(4) 计量点后　由于 Fe^{2+} 已定量地氧化成 Fe^{3+}，$[Fe^{2+}]$ 很小且无法知道，而 Ce^{4+} 过量的百分数是已知的，从而可确定 $[Ce^{4+}]/[Ce^{3+}]$ 值，这样可根据电对 Ce^{4+}/Ce^{3+} 计算 φ。

例如，当加入 20.02mL Ce^{4+} 溶液，即 Ce^{4+} 过量 0.1%时，$[Ce^{4+}]/[Ce^{3+}]=0.1/100$，所以有：

$$\varphi(Ce^{4+}/Ce^{3+})=\varphi^{\ominus}(Ce^{4+}/Ce^{3+})+0.0592\lg\frac{[Ce^{4+}]}{[Ce^{3+}]}$$

$$=1.44+0.0592\lg\frac{0.1}{100}=1.26\ (V)$$

不同滴定点计算的电势值列于表 9-1，并绘成滴定曲线，如图 9-4 所示。从计量点前 Fe^{2+} 剩余 0.1%（0.02mL，半滴）到计量点后 Ce^{4+} 过量 0.10%，溶液的电势值由 0.86V 突增到 1.26V，改变了 0.40V，这个变化称为 Ce^{4+} 滴定 Fe^{2+} 的电势突跃。

表 9-1　1.0mol/L 硫酸中，用 0.1000mol/L $Ce(SO_4)_2$ 溶液滴定 20.00mL 0.1000mol/L $FeSO_4$ 溶液

滴入溶液/mL	滴入百分数/%	电势/V	滴入溶液/mL	滴入百分数/%	电势/V
2.00	10.0	0.62	19.98	99.9	0.86
			20.00	100.0	1.06 滴定突跃
10.00	50.0	0.68	20.02	100.1	1.26
18.00	90.0	0.74	22.00	101.0	1.38
			30.00	150.0	1.42
19.80	99.0	0.80	40.00	200.0	1.44

一般的可逆对称氧化还原反应：

$$n_2OX_1+n_1Red_2 \rightleftharpoons n_2Red_1+n_1Ox_2$$

其半反应和标准电极电势分别为：

$$Ox_1+n_1e^- \rightleftharpoons Red_1 \qquad \varphi_1^{\ominus}$$

$$Ox_2+n_2e^- \rightleftharpoons Red_2 \qquad \varphi_2^{\ominus}$$

计算化学计量点的通式为：

$$\varphi_{sp}=\frac{n_1\varphi_1^{\ominus}+n_2\varphi_2^{\ominus}}{n_1+n_2}$$

由于 $n_1\neq n_2$，滴定曲线在计量点前后是不对称的，φ_{sp} 并不是在滴定突跃的中央，而是偏向电子得失数较大的一方。

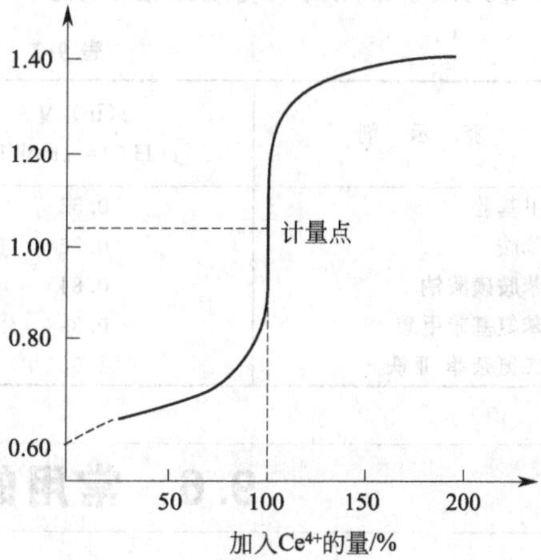

图 9-4　1.0mol/L 硫酸中，用 0.1000mol/L $Ce(SO_4)_2$ 溶液滴定 20.00mL 0.1000mol/L $FeSO_4$ 溶液

9.5.2　滴定指示剂

在氧化还原滴定中，除用电位法确定终点外，还经常使用一些在化学计量点附近颜色发生改变的物质来指示终点，这类物质称为氧化还原滴定指示剂。氧化还原滴定指示剂有以下几种类型。

(1) 自身指示剂　在氧化还原滴定中，有些标准溶液或被滴定物质本身有颜色，如果反应后变为无色或颜色很浅，则滴定时就无需另加指示剂。

例如，MnO_4^- 本身呈紫红色，在酸性溶液中用它滴定无色或浅色溶液时，它被还原为几乎无色的 Mn^{2+}，当滴定到计量点后，稍过量的 MnO_4^- 就可使溶液呈粉红色（此时 MnO_4^- 的浓度约为 2×10^{-6}mol/L），表示已经达到滴定终点。

(2) 显色指示剂 有些物质本身并不具有氧化还原性，但它能与滴定剂或被测物产生特殊的颜色，因而可以指示滴定终点，这类指示剂称为显色指示剂或专属指示剂。例如，在碘量法中，利用可溶性淀粉与 I_3^- 生成深蓝色的吸附化合物，以蓝色的出现或消失指示终点，可检出约 10^{-5}mol/L 的碘溶液。

(3) 氧化还原指示剂 氧化还原指示剂是本身具有氧化还原性质的有机化合物，其氧化态和还原态具有明显不同的颜色，在滴定过程中，因被氧化或还原而发生颜色变化以指示终点。如常用的二苯胺磺酸钠，还原态为无色，氧化态为紫红色。当用 $K_2Cr_2O_7$ 溶液滴定 Fe^{2+} 到化学计量点时，稍过量的 $K_2Cr_2O_7$ 即将二苯胺磺酸钠由无色的还原型氧化为红紫色的氧化型，指示终点的到达。

如果用 In(Ox) 和 In(Red) 分别表示指示剂的氧化型和还原型，氧化还原指示剂的半反应可用下式表示：

$$In(O)+ne^- \longrightarrow In(R)$$

其电极电势为：

$$\varphi=\varphi^{\ominus}_{In}+\frac{0.059}{n}\lg\frac{[In(O)]}{[In(R)]}$$

式中，φ(In) 为指示剂的电极电势。在滴定过程中，随着溶液电极电势的改变，指示剂的氧化型与还原型的浓度比也逐渐变化，溶液的颜色也发生变化。当 $c[In(O)]=c[In(R)]$ 时，溶液的电势称为指示剂的理论变色点，而指示剂由氧化态颜色转变为还原态颜色，或相反。溶液电极电势的变化范围称为氧化还原指示剂的变色范围，在理论上为$\varphi(In)\pm 0.0592/n$。表 9-2 列出了常用的氧化还原指示剂。

表 9-2 常用的氧化还原指示剂

指示剂	φ(In)/V [$c(H^+)$=1mol/L]	颜色变化	
		氧化态	还原态
亚甲基蓝	0.52	蓝	无色
二苯胺	0.76	紫	无色
二苯胺磺酸钠	0.84	红紫	无色
邻苯氨基苯甲酸	0.89	红紫	无色
邻二氮杂菲-亚铁	1.06	浅蓝	红

9.6 常用的氧化还原滴定方法

9.6.1 高锰酸钾法

高锰酸钾是一种强氧化剂。前面讲过在不同酸度的溶液中，它的氧化能力和还原产物不同。

在强酸性溶液中，MnO_4^- 被还原为 Mn^{2+}：

$$MnO_4^- +8H^+ +5e^- \longrightarrow Mn^{2+} +4H_2O \qquad \varphi^{\ominus}=1.51V$$

在中性或弱碱性溶液中，MnO_4^- 被还原为 MnO_2：

$$MnO_4^- +2H_2O+3e^- \longrightarrow MnO_2 +4OH^- \qquad \varphi^{\ominus}=0.59V$$

在强碱性溶液中，MnO_4^- 能被还原为 MnO_4^{2-}：

$$MnO_4^- +e^- \longrightarrow MnO_4^{2-} \qquad \varphi^{\ominus}=0.56V$$

由不同条件下的标准电极电势可知，在强酸性溶液中 $KMnO_4$ 的氧化能力强，因而一般都在强酸性条件下使用。但在测定某些有机物时，如甲醇、甲酸、甘油、酒石酸、葡萄糖等，在强碱性条件下反应速度更快，更适于滴定。

高锰酸钾法的优点是氧化能力强，可以采用直接、间接、返滴定等多种滴定方式，对多种有机物和无机物进行测定，应用非常广泛。另外，$KMnO_4$ 本身为紫红色，在滴定无色或浅色溶液时无需另加指示剂，其本身即可作为自身指示剂。其缺点是试剂中常含有少量的杂质，配制的标准溶液不太稳定，易与空气和水中的多种还原性物质发生反应，干扰严重，滴定的选择性差。

(1) 标准溶液的配制与标定

① $KMnO_4$ 标准溶液的配制　市售的 $KMnO_4$ 中常含有少量 MnO_2 和其他杂质，蒸馏水中常含有微量的还原性物质，它们可与 MnO_4^- 反应而析出 $MnO(OH)_2$ 沉淀。此外，$KMnO_4$ 还能自行分解，即：

$$4KMnO_4 + 2H_2O = 4MnO_2 + 4KOH + 3O_2$$

MnO_2 和 Mn^{2+} 又能促进 $KMnO_4$ 的分解，上述反应见光时速率更快。$KMnO_4$ 标液不能直接配制，只能间接配制，常采用下列措施：称取略多于理论计算量的固体 $KMnO_4$，溶解于一定体积的蒸馏水中，加热煮沸，保持微沸约 1h，或在暗处放置 2～3 天。使溶液中可能含有的还原性物质完全氧化。冷却后用微孔玻璃漏斗过滤除去 $MnO(OH)_2$ 沉淀。过滤后的 $KMnO_4$ 溶液储存于棕色瓶中，置于暗处，避光保存。如需浓度较稀的 $KMnO_4$ 溶液，可用蒸馏水临时稀释和标定后使用，当不宜长期贮存。

② $KMnO_4$ 标准溶液的标定　标定 $KMnO_4$ 标准溶液的基准物质相当多，常用的有 $Na_2C_2O_4$，$H_2C_2O_4 \cdot 2H_2O$，As_2O_3 和纯铁丝等。最常用的是 $Na_2C_2O_4$，因为它易提纯，性质稳定，不含结晶水。在 105～110℃烘干 2h，置于干燥器中冷却后即可使用。在酸性溶液中，$KMnO_4$ 与 $Na_2C_2O_4$ 的反应如下：

$$2MnO_4^- + 5C_2O_4^{2-} + 16H^+ = 2Mn^{2+} + 10CO_2 + 8H_2O$$

为了使滴定反应能定量地较快进行，应注意以下条件。

a. 温度　室温下此反应缓慢。常将溶液加热到 75～85℃进行滴定。但温度不宜过高，温度超过 90℃，会使部分 $C_2O_4^{2-}$ 分解，低于 60℃反应速率太慢。

b. 酸度　为了保证滴定反应能正常进行，溶液必须保持一定的酸度。酸度太低，$KMnO_4$ 部分还原为 MnO_2；酸度太高，$H_2C_2O_4$ 分解。开始滴定时，溶液酸度为 0.5～1.0mol/L，滴定终点时溶液酸度为 0.2～0.5mol/L。

c. 滴定速度　该反应在室温下反应速率极慢。滴定开始时，第一滴 $KMnO_4$ 溶液滴入后，红色很难退去，这时需待红色消失后再滴加第二滴。由于反应中产生的 Mn^{2+} 对反应具有催化作用，几滴 $KMnO_4$ 加入后，反应明显加快，这时可适当加快滴定速度；否则，加入的 $KMnO_4$ 在热溶液中来不及与 $C_2O_4^{2-}$ 反应，而发生分解，如

$$4MnO_4^- + 12H^+ = 4Mn^{2+} + 5O_2 + 6H_2O$$

若在滴定前加入几滴 Mn^{2+}，如 $MnSO_4$ 溶液，滴定一开始反应速率就较快。

d. 终点判断　$KMnO_4$ 可作为自身指示剂，滴定至化学计量点时，$KMnO_4$ 微过量就可使溶液呈粉红色，若 30s 不退色，即可认为已到滴定终点。

(2) 应用实例

① 直接滴定法　用 $KMnO_4$ 直接滴定 Fe^{2+} 时，酸性介质常用硫酸与磷酸的混合酸，发生如下反应：

$$MnO_4^- + 5Fe^{2+} + 8H^+ = Mn^{2+} + 5Fe^{3+} + 4H_2O \quad (1)$$

若滴定反应中用 HCl 调节酸度则发生副反应：

$$2MnO_4^- + 10Cl^- + 16H^+ = 2Mn^{2+} + 5Cl_2 + 8H_2O \quad (2)$$

反应（1）加速反应（2）的进行，致使测定结果偏高。

这种由于一种氧化还原反应的发生而促进另一种氧化还原反应进行的现象称为诱导反应。诱导反应常给定量分析带来误差,应引起重视。

直接滴定法可用于 H_2O_2 的测定:

$$2MnO_4^- + 5H_2O_2 + 6H^+ = 2Mn^{2+} + 5O_2\uparrow + 8H_2O$$

② 间接滴定法 有些不具有氧化还原性的物质,也可用高锰酸钾法间接测定,如钙、铅、钡等元素。钙是构成植物细胞壁的重要元素,植物样品经灰化处理,然后制成含 Ca^{2+} 试液,再将 Ca^{2+} 与 $C_2O_4^{2-}$ 反应生成草酸钙沉淀,沉淀经过滤,洗涤后,溶于热的稀 H_2SO_4 中,释放出等量的 Ca^{2+} 与 $C_2O_4^{2-}$,然后用高锰酸钾标准溶液滴定。有关反应为:

$$Ca^{2+} + C_2O_4^{2-} = CaC_2O_4$$
$$CaC_2O_4 + 2H^+ = Ca^{2+} + H_2C_2O_4$$
$$2MnO_4^- + 5H_2C_2O_4 + 6H^+ = 2Mn^{2+} + 10CO_2 + 8H_2O$$

样品中钙的质量分数 $w(Ca) = 5c(KMnO_4) \cdot V(KMnO_4) \cdot M(Ca)/(2m)$

凡是能与 $C_2O_4^{2-}$ 定量的生成沉淀的金属离子,都可用间接法测定,如稀土元素的测定。

③ 返滴定法 有些物质不能用 $KMnO_4$ 溶液直接滴定,可以采用返滴定的方式。例如,在强碱性中过量的 $KMnO_4$ 能定量氧化甘油、甲醇、甲醛、甲酸、苯酚和葡萄糖等有机化合物。反应完毕将溶液酸化,用亚铁盐还原剂标准溶液滴定剩余的 MnO_4^-。根据已知过量的 $KMnO_4$ 和还原剂标准溶液的浓度和消耗的体积,即可计算出甲酸的含量。

可用于化学需氧量的测定(chemical oxygen demand, COD),COD 是度量水体受还原性物质(主要是有机物)污染程度的综合性指标。该法适用于地表水、饮用水和生活污水 COD 的测定。

9.6.2 重铬酸钾法

$K_2Cr_2O_7$ 在酸性条件下是一种强氧化剂,其半反应为:

$$Cr_2O_7^{2-} + 14H^+ + 6e = 2Cr^{3+} + 7H_2O \qquad \varphi^{\ominus} = 1.23V$$

由其标准电极电势可以看出,$K_2Cr_2O_7$ 氧化能力没有 $KMnO_4$ 强,测定对象没有 $KMnO_4$ 法广泛。但 $K_2Cr_2O_7$ 法具有以下特点。

① $K_2Cr_2O_7$ 易提纯,在 140~150℃ 干燥,可直接配制标准溶液。与 $KMnO_4$ 溶液不同,$K_2Cr_2O_7$ 标准溶液稳定,存放在密闭容器中可长期保存。

② $K_2Cr_2O_7$ 氧化性较弱,选择性高,在 HCl 浓度不太高时,$K_2Cr_2O_7$ 不氧化 Cl^-,因此可在盐酸介质中滴定,受其他还原性物质的干扰也较 $KMnO_4$ 法小。

③ 重铬酸钾法滴定需加入氧化还原指示剂,常用指示剂为二苯胺磺酸钠。这是因为 Cr^{3+} 呈绿色,终点时无法辨别出过量 $K_2Cr_2O_7$ 的黄色。

④ $K_2Cr_2O_7$ 滴定反应速率快,通常在常温下进行滴定即可。

应当指出,$K_2Cr_2O_7$ 和 Cr^{3+} 都是污染物,使用时应注意废液处理,以免污染环境。

应用实例如下。

$K_2Cr_2O_7$ 法最主要的应用是铁矿石(或钢铁)中全铁的测定,是公认的标准方法。其方法是:试样用浓热 H_2SO_4 分解,用 $SnCl_2$ 趁热将 Fe^{3+} 还原为 Fe^{2+},过量 $SnCl_2$ 用 $HgCl_2$ 氧化,再用水稀释,并加入 $H_2SO_4 + H_3PO_4$ 混酸,以二苯胺磺酸钠为指示剂,用 $K_2Cr_2O_7$ 标准溶液滴定至溶液由浅绿色(Fe^{2+})变为蓝紫色。滴定反应为

$$Cr_2O_7^{2-} + 6Fe^{2+} + 14H^+ = 2Cr^{3+} + 6Fe^{3+} + 7H_2O$$

故 $w(Fe) = 6c(K_2Cr_2O_7) \cdot V(K_2Cr_2O_7) \cdot M(Fe)/m$

加入 H_3PO_4 的主要作用:一是降低 Fe^{3+}/Fe^{2+} 电对的电极电势,使滴定突跃增大。这样二苯胺磺酸钠变色点的电势落在滴定的电势范围之内;二是与黄色的 Fe^{3+} 生成无色

$[Fe(HPO_4)_2]^-$配离子，有利于滴定终点的观察。

【例 9-8】 有一 $K_2Cr_2O_7$ 标准溶液的浓度为 0.01683mol/L，求其对 Fe 和 Fe_2O_3 的滴定度。称取铁矿样 0.28018，溶解于酸并将 Fe^{3+} 还原为 Fe^{2+}。然后用上述 $K_2Cr_2O_7$ 标准溶液滴定，用去 25.60mL。求试样中的含铁量，分别以 $w(Fe_2O_3)$ 和 $w(Fe)$ 表示。

解： 滴定反应为

$$Cr_2O_7^{2-} + 6Fe^{2+} + 14H^+ \xlongequal{\quad} 2Cr^{3+} + 6Fe^{3+} + 7H_2O$$

$$T(Fe/K_2Cr_2O_7) = \frac{m(Fe)}{V(K_2Cr_2O_7)} = \frac{6c(K_2Cr_2O_7) \cdot V(K_2Cr_2O_7) \cdot M(Fe)}{V(K_2Cr_2O_7)}$$

$$= \frac{6 \times 0.01683\text{mol/L} \times 0.001\text{L} \times 55.85\text{g/mol}}{1\text{mL}}$$

$$= 5.640 \times 10^{-3}\text{g/mL}$$

$$T(Fe_2O_3/K_2Cr_2O_7) = \frac{3c(K_2Cr_2O_7) \cdot V(K_2Cr_2O_7) \cdot M(Fe_2O_3)}{V(K_2Cr_2O_7)}$$

$$= \frac{3 \times 0.01683\text{mol/L} \times 0.001\text{L} \times 159.7\text{g/mol}}{1\text{mL}}$$

$$= 8.063 \times 10^{-3}\text{g/mL}$$

因此

$$w(Fe) = \frac{T(Fe/K_2Cr_2O_7) \cdot V}{m} = \frac{5.640 \times 10^{-3}\text{g/mL} \times 25.60\text{mL}}{0.2801\text{g}} = 51.56\%$$

若含铁量以 Fe_2O_3 表示，则

$$w(Fe_2O_3) = \frac{T(Fe_2O_3/K_2Cr_2O_7) \cdot V}{m} = \frac{8.063 \times 10^{-3}\text{g/mL} \times 25.60\text{mL}}{0.2801\text{g}}$$

$$= 73.72\%$$

9.6.3 碘量法

碘量法是利用 I_2 的氧化性及 I^- 的还原性所建立起来的氧化还原分析法。用 I_3^- 滴定时的基本反应为：

$$I_3^- + 2e \xlongequal{\quad} 3I^- \qquad \varphi^{\ominus} = 0.536\text{V}$$

固体 I_2 在水中溶解度小（0.00133mol/L），故通常将 I_2 溶于 KI 溶液，生成 I_3^-。为了简化和强调化学计量关系通常将 I_3^- 写成 I_2。I_2 是较弱的氧化剂，而 I^- 是中等强度的还原剂。因此，既可以用 I_2 的标准溶液滴定一些强还原剂，如 Sn(Ⅱ)、S^{2-}、As(Ⅲ)、维生素 C 等。这种方法称为直接碘量法（direct iodimetry）。又可利用 I^- 的还原作用，与氧化剂如 MnO_4^-、$Cr_2O_7^{2-}$、H_2O_2、ClO_4^-，Cu^{2+}、Fe^{3+} 等反应，定量析出 I_2，然后用 $Na_2S_2O_3$ 标准溶液滴定析出的 I_2，从而间接测定这些氧化剂，这种方法称为间接碘量法（indirect iodimetry）。在实际工作中尤以间接碘量法应用更为广泛。

碘量法采用淀粉作为指示剂，终点非常明显，I_2 浓度为 5×10^{-6}mol/L 时即显蓝色。用直接碘量法或间接碘量法滴定时，淀粉的加入时间是不同的，在直接碘量法中，淀粉可在滴定开始时就加入。计量点时，稍过量的 I_2 溶液就能使滴定溶液出现深蓝色。在间接碘量法中，到达计量点前，溶液中都有 I_2 存在，因此淀粉必须在接近计量点前再加入（可从 I_2 的黄色变浅判断），滴定至蓝色消失即为终点。若淀粉加入过早，则大量的 I_2 与淀粉生成蓝色包结物，这一部分的碘被淀粉分子包裹后不易与 $Na_2S_2O_3$ 起反应，造成测定误差。

(1) 直接碘量法 直接碘量法是以 I_2 作滴定剂，故又称为碘滴定法。其反应条件为酸性或中性。在碱性条件下 I_2 会发生歧化反应

$$3I_2 + 6OH^- \rightleftharpoons IO_3^- + 5I^- + 3H_2O$$

这样就会给测定带来误差。在酸性溶液中，只有少数还原能力强、不受 H^+ 浓度影响的物质才能发生定量反应。所以直接碘法的应用受到一定的限制，可测定如 Sn(Ⅱ)、Sb(Ⅲ)、As_2O_3、S^{2-}、SO_3^{2-}、维生素 C 等。

① I_2 标准溶液　升华的纯碘可直接配置成标准溶液。但通常是用市售的碘先配成近似浓度的碘溶液，再以 $Na_2S_2O_3$ 标液进行标定。由于碘几乎不溶于水，但能溶于 KI 溶液，故配制碘溶液时，应加入过量的 KI。

碘溶液应避免与橡皮等有机物接触，也要防止见光、受热，否则浓度将发生变化。

② 应用实例—维生素 C 的测定　维生素 C 又称抗坏血酸（$C_6H_8O_6$，摩尔质量为 171.62g/mol）。由于维生素 C 分子中的烯二醇基具有还原性，所以它能被 I_2 定量地氧化成二酮基，其反应为：

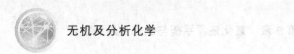

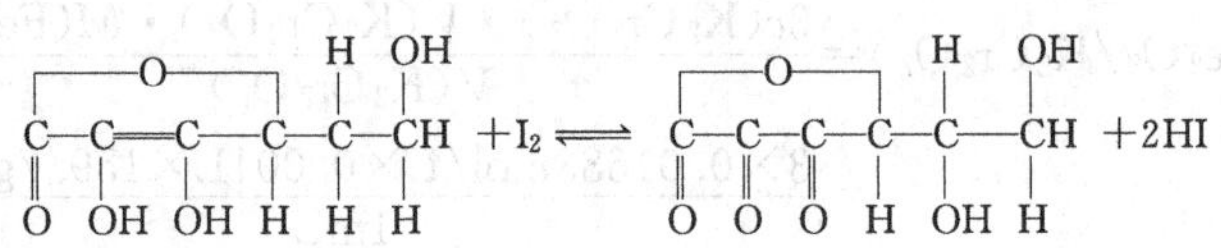

维生素 C 的半反应式为：

$$C_6H_6O_6 + 2H^+ + 2e^- \longrightarrow C_6H_8O_6 \qquad \varphi^{\ominus}_{C_6H_6O_6/C_6H_8O_6} = +0.18V$$

由于维生素 C 的还原性很强，在空气中极易被氧化，尤其在碱性介质中更甚，测定时应加入 HAc 使溶液呈现弱酸性，以减少维生素 C 的副反应。

维生素 C 含量的测定方法是：准确称取含维生素 C 试样，溶解在新煮沸且冷却的蒸馏水中，以 HAc 酸化，加入淀粉指示剂，迅速用 I_2 标准溶液滴定至终点（呈现稳定的蓝色）。

维生素 C 在空气中易被氧化，所以在 HAc 酸化后应立即滴定。由于蒸馏水中溶解有氧，因此蒸馏水必须事先煮沸，否则会使测定结果偏低。如果试液中有能被 I_2 直接氧化的物质存在，则对测定有干扰。

(2) 间接碘量法　I^- 为中等强度的还原剂，能被氧化剂（如 $K_2Cr_2O_7$、$KMnO_4$、H_2O_2、KIO_3 等）定量氧化而析出 I_2。

析出的 I_2 用还原剂 $Na_2S_2O_3$ 标准溶液滴定。间接碘量法又称为滴定碘法，有两个基本滴定反应：①被测物（氧化剂）与 I^- 反应定量地生成 I_2；②用 $Na_2S_2O_3$ 滴定析出的 I_2。即：

$$I_2 + 2S_2O_3^{2-} = 2I^- + S_4O_6^{2-}$$

在间接碘量法中，为了获得准确的分析结果，必须严格控制反应条件。

① 控制溶液的酸度　一般在弱酸性或中性条件下进行，因在强酸性溶液中，$Na_2S_2O_3$ 几乎分解，I^- 易被空气中氧所氧化，其反应为：

$$S_2O_3^{2-} + 2H^+ = SO_2 + S + H_2O$$

$$4I^- + 4H^+ + O_2 = 2I_2 + 2H_2O$$

在碱性条件下，$S_2O_3^{2-}$ 与 I_2 会发生如下副反应

$$S_2O_3^{2-} + 4I_2 + 10OH^- = 2SO_4^{2-} + 8I^- + 5H_2O$$

这种副反应影响滴定反应的定量关系。另外，在碱性溶液中 I_2 也会发生歧化反应。

② 防止 I_2 的挥发和 I^- 的氧化　为防止 I_2 的挥发可加入过量的 KI（比理论量多 2～3 倍），并在室温下进行滴定。滴定速度要适当，不要剧烈摇动。滴定时最好使用碘瓶。

间接碘量法可以测定许多无机物和有机物，应用十分广泛。

(3) 硫代硫酸钠标准溶液的配制与标定

配制：含结晶水的 $Na_2S_2O_3 \cdot 5H_2O$ 常含 S、Na_2SO_3、Na_2SO_4 等少量杂质，容易风化

潮解，所以不能直接配制标准溶液，且溶液中若溶解有 O_2，CO_2 或有微生物时，$Na_2S_2O_3$ 会析出单质硫。

在配制 $Na_2S_2O_3$ 标准溶液时应采用新煮沸（除氧、杀菌）并冷却的蒸馏水，并加入少量 Na_2CO_3 使溶液呈弱碱性，以防止 $Na_2S_2O_3$ 的分解；光照会促进 $Na_2S_2O_3$ 的分解，因此应将溶液保存在棕色瓶中，置于暗处放置 8～12 天，待其浓度稳定后，再进行标定，但不宜长期保存。

标定：常用来标定 $Na_2S_2O_3$ 的基准物质有 $K_2Cr_2O_7$、$KBrO_3$ 和 KIO_3 等，常用 $K_2Cr_2O_7$。用 $K_2Cr_2O_7$ 标定 $Na_2S_2O_3$ 的反应式为：

$$Cr_2O_7^{2-}+6I^-+14H^+ = 2Cr^{3+}+3I_2+7H_2O$$

$$I_2+2S_2O_3^{2-} = 2I^-+S_4O_6^{2-}$$

为防止 I^- 的氧化，基准物质与 KI 反应时，酸度应控制在 0.2～0.4mol/L 之间，且加入 KI 的量应超过理论用量的 5 倍，以保证反应完全进行。

应用实例：铜合金中 Cu 含量的测定——间接碘量法。

将铜合金（黄铜或青铜）试样溶于 $HCl+H_2O_2$ 溶液中，加热分解除去 H_2O_2。在弱酸性溶液中，Cu^{2+} 与过量 KI 作用，定量释出 I_2。释出的 I_2 再用 $Na_2S_2O_3$ 标准滴定溶液滴定之。反应如下：

$$Cu+2HCl+H_2O_2 \longrightarrow CuCl_2+2H_2O$$

$$2Cu^{2+}+4I^- \longrightarrow 2CuI\downarrow+I_2$$

$$I_2+2S_2O_3^{2-} \longrightarrow 2I^-+S_4O_6^{2-}$$

加入过量 KI，Cu^{2+} 的还原可趋于完全。由于 CuI 沉淀强烈地吸附 I_2，使测定结果偏低。故在滴定近终点时，应加入适量 KSCN，使 CuI($K_{sp}=1.1\times10^{-12}$) 转化为溶解度更小的 CuSCN($K_{sp}=4.8\times10^{-15}$)，转化过程中释放出 I_2。

$$CuI+SCN^- \longrightarrow CuSCN\downarrow+I^-$$

测定过程中要注意以下两点。

SCN^- 只能在近终点时加入，否则会直接还原 Cu^{2+}，使结果偏低。

溶液的 pH 应控制在 3.3～4.0 范围。若 pH＜4，则 Cu^{2+} 离子水解使反应不完全，结果偏低；酸度过高，则 I^- 被空气氧化为 I_2（Cu^{2+} 离子催化此反应），使结果偏高。

习　题

1. 指出下列各物质中画线元素的氧化数：

NaH　$\underline{H}_3N$　$Ba\underline{O}_2$　$K\underline{O}_2$　$O\underline{F}_2$　$\underline{I}_2O_5$　$K_2\underline{Pt}Cl_6$　$\underline{Cr}O_4^{2-}$　$\underline{Mn}_2O_7$　$K_2\underline{Mn}O_4$　$\underline{S}_4O_6^{2-}$

2. 已知有如下反应：

① $2Fe^{3+}+2I^- = 2Fe^{2+}+I_2$

② $2Fe^{2+}+Br_2 = 2Fe^{3+}+2Br^-$

③ $2Fe(CN)_6^{4-}+I_2 = 2Fe(CN)_6^{3-}+2I^-$，试判断氧化性强弱顺序正确的是（　）。

(A) $Fe^{3+}>Br_2>I_2>Fe(CN)_6^{3-}$

(B) $Br_2>I_2>Fe^{3+}>Fe(CN)_6^{3-}$

(C) $Br_2>Fe^{3+}>I_2>Fe(CN)_6^{3-}$

(D) $Fe(CN)_6^{3-}>Fe^{3+}>Br_2>I_2$

3. 用氧化数法配平氧化还原反应式：

(1) $SO_2+KMnO_4+H_2O \longrightarrow K_2SO_4+MnSO_4+H_2SO_4$

(2) $K_2SO_3+K_2Cr_2O_7+H_2SO_4$（稀）$\longrightarrow K_2SO_4+Cr_2(SO_4)_3+H_2O$

(3) $Cu+HNO_3$（浓）$\longrightarrow Cu(NO_3)+NO_2+H_2O$

(4) $Cl_2+KOH \longrightarrow KClO+KCl+H_2O$

(5) $I_2+H_2S \longrightarrow I^- + S$

4. 用离子-电子法配平氧化还原反应式：

(1) $KMnO_4+K_2SO_3 \longrightarrow MnSO_4+K_2SO_4$ （酸性）

(2) $Cl_2+NaOH \longrightarrow NaCl+NaClO_3$

(3) $PbO_2+Cl^- \longrightarrow PbCl_2+Cl_2$ （酸性）

(4) $SO_3^{2-}+Cl_2 \longrightarrow Cl^-+SO_4^{2-}$ （碱性）

(5) $H_2O_2+Cr^{3+} \longrightarrow CrO_4^{2-}+H_2O$ （碱性）

5. 对于下列氧化还原反应：①写出相应的半反应；②以这些氧化还原反应设计构成原电池，写出电池符号。

① $Ag^++Cu \longrightarrow Cu^{2+}+Ag$

② $Pb^{2+}+Cu+S^{2-} \longrightarrow Pb+CuS\downarrow$

6. 计算 298K 时下列原电池的电动势，指出正、负极，写出原电池的电池反应：

(1) $Ag|Ag^+(0.1mol/L) \parallel Cu^{2+}(0.01mol/L)|Cu$

(2) $Cu|Cu^{2+}(1mol/L) \parallel Zn^{2+}(0.001mol/L)|Zn$

(3) $Pb|Pb^{2+}(0.1mol/L) \parallel S^{2-}(0.1mol/L)|CuS|Cu$

(4) $Zn|Zn^{2+}(0.1mol/L) \parallel HAc(0.1mol/L)|H_2(100kPa)|Pt$

7. (1) 试根据标准电极电势，判断下列反应进行的方向：

$$MnO_4^-+Fe^{2+}+H^+ \longrightarrow Mn^{2+}+Fe^{3+}$$

(2) 将该氧化还原反应设计构成一个原电池，用电池符号表示该原电池的组成，计算其标准电动势。

(3) 当氢离子浓度为 10mol/L，其他各离子浓度均为 1.0mol/L 时，计算该电池的电动势。

8. 试写出下列电对的能斯特方程式：

(1) Fe^{3+}/Fe^{2+}　　(2) MnO_4^-/Mn^{2+} （酸性溶液）

(3) Cl_2/Cl^-　　(4) $Cr_2O_7^{2-}/Cr^{3+}$ （酸性溶液）

9. 有一原电池：$(-)Zn(s)|Zn^{2+} \parallel MnO_4^-, Mn^{2+}|Pt(+)$

若 pH=2.00，$c(MnO_4^-)=0.12mol/L$，$c(Mn^{2+})=0.001mol/L$，$c(Zn^{2+})=0.015mol/L$，$T=298K$。

(1) 计算两电极的电极电势；

(2) 计算该电池的电动势。

10. 根据标准电极电势的相对大小，从下列电对中选出最强的氧化剂和最强的还原剂，并排列出各氧化型物质的氧化性和各还原型物质的还原性强弱顺序。

$$MnO_4^-/Mn^{2+}、Sn^{4+}/Sn^{2+}、Fe^{2+}/Fe、I_2/I^-$$

11. 判断反应：$MnO_2(s)+4HCl \xlongequal{} MnCl_2+Cl_2+2H_2O$

在下列情况下反应进行的方向。

(1) 标准状态下；

(2) $c(HCl)=12mol/L$，其他为标准状态。

12. 计算铜锌原电池反应的标准平衡常数 (298K)

13. 已知

$$Cu^++e^- \rightleftharpoons Cu \qquad E^\ominus=0.521V$$

$$Cu^{2+}+e^- \rightleftharpoons Cu^+ \qquad E^\ominus=0.153V$$

(1) 计算反应 $Cu+Cu^{2+} \rightleftharpoons 2Cu^+$ 的标准平衡常数。

(2) 已知 $K_{sp}^\ominus(CuCl)=1.72\times10^{-7}$，试计算反应 $Cu+Cu^{2+}+2Cl^- \rightleftharpoons 2CuCl\downarrow$ 的标准平衡常数。

14. 填空题

(1) 标定硫代硫酸钠一般可选________作基准物，标定高锰酸钾溶液一般选用________作基准物。

(2) 氧化还原滴定中，采用的指示剂类型有________、________、________、________和________。

(3) 高锰酸钾标准溶液应采用________方法配制，重铬酸钾标准溶液采用________方法配制。

(4) 碘量法中使用的指示剂为________，高锰酸钾法中采用的指示剂一般为________。

(5) 氧化还原反应是基于________转移的反应，比较复杂，反应常是分步进行，需要一定时间才能完成。因此，氧化还原滴定时，要注意________速度与________速度相适应。

(6) 标定硫代硫酸钠常用的基准物为________，基准物先与________试剂反应生成________，再用硫代硫酸钠滴定。

(7) 碘在水中的溶解度小，挥发性强，所以配制碘标准溶液时，将一定量的碘溶于________溶液。

15. 单选题

(1) 下列有关氧化还原反应的叙述，哪个是不正确的（　　）。

A. 反应物之间有电子转移　　B. 反应物中的原子或离子有氧化数的变化

C. 反应物和生成物的反应系数一定要相等　　D. 电子转移的方向由电极电位的高低来决定

(2) 在用重铬酸钾标定硫代硫酸钠时，由于 KI 与重铬酸钾反应较慢，为了使反应能进行完全，下列哪种措施是不正确的（　　）。

A. 增加 KI 的量　　B. 适当增加酸度　　C. 使反应在较浓溶液中进行

D. 加热　　E. 溶液在暗处放置 5min

(3) 下列哪些物质可以用直接法配制标准溶液（　　）。

A. 重铬酸钾　　B. 高锰酸钾　　C. 碘　　D. 硫代硫酸钠

(4) 下列哪种溶液在读取滴定管读数时，读液面周边的最高点（　　）。

A. NaOH 标准溶液　　B. 硫代硫酸钠标准溶液　　C. 碘标准溶液　　D. 高锰酸钾标准溶液

(5) 配制 I_2 标准溶液时，正确的是（　　）。

A. 碘溶于浓碘化钾溶液中　　B. 碘直接溶于蒸馏水中

C. 碘溶解于水后，加碘化钾　　D. 碘能溶于酸性中

(6) 间接碘量法对植物油中碘价进行测定时，指示剂淀粉溶液应（　　）。

A. 滴定开始前加入　　B. 滴定一半时加入

C. 滴定近终点时加入　　D. 滴定终点加入

16. 如果在 25.00mL $CaCl_2$ 溶液中加入 40.00mL 0.1000mol/L $(NH_4)_2C_2O_4$ 溶液，待 CaC_2O_4 沉淀完全后，分离之，滤液以 0.02000mol/L $KMnO_4$ 溶液滴定，共耗去 $KMnO_4$ 溶液 15.00mL。计算在 250mL 该 $CaCl_2$ 溶液中 $CaCl_2$ 的含量为多少 g?

17. 用 KIO_3 作基准物标定 $Na_2S_2O_3$ 溶液。称取 0.1500g KIO_3 与过量 KI 作用，析出的碘用 $Na_2S_2O_3$ 溶液滴定，用去 24.00mL。求此 $Na_2S_2O_3$ 溶液的浓度。每毫升 $Na_2S_2O_3$ 溶液相当多少 g 碘?

18. 抗坏血酸（摩尔质量为 176.1g/mol）是一个还原剂，其电极反应为：

$$C_6H_6O_6 + 2H^+ + 2e^- \rightleftharpoons C_6H_8O_6$$

它能够被 I_2 氧化。如果 10.00mL 柠檬水果汁样品用 HAc 酸化，并加入 20.00mL 0.02500mol/L I_2 溶液，待反应完全后，过量的 I_2 用 10.00mL 的 0.01000mol/L $Na_2S_2O_3$ 溶液滴定，计算每毫升柠檬水果汁中抗坏血酸的质量。

第10章 配位平衡与配位滴定法

19世纪末期，德国化学家发现一系列令人难以回答的问题，氯化钴跟氨结合，会生成颜色各异、化学性质不同的物质。经分析它们的分子式分别是 $CoCl_3 \cdot 6NH_3$、$CoCl_3 \cdot 5NH_3$、$CoCl_3 \cdot 5NH_3 \cdot H_2O$、$CoCl_3 \cdot 4NH_3$。同是氯化钴，但它的性质不同，颜色也不一样。为了解释上述情况，化学家曾提出各种假说，但都未能成功。直到1893年，瑞士化学家维尔纳（A. Werner）发表的一篇研究分子加合物的论文，提出配位理论和内界、外界等概念。

配位化合物（coordination compound）简称配合物，也叫错合物、络合物，为一类具有特征化学结构的化合物，由中心原子或离子（统称中心原子）和围绕它的称为配位体（简称配体）的分子或离子，完全或部分由配位键结合形成。配位化合物不仅在生物体中具有重要意义，而且在化学分析、水的软化、医学、染料、催化合成、电镀、金属防腐、湿法冶金等方面都有着重要的应用。有关配合物的研究已发展成独立的化学分支学科——配位化学，成为无机化学与物理化学、有机化学、生物化学、固体物理和环境科学相互渗透、交叉的新兴学科。建立在配位反应基础上的滴定分析方法称为配位滴定法。

10.1 配位化合物的基本概念

10.1.1 配合物的组成

1893年，维尔纳提出配位理论学说，认为配合物中有一个金属离子或原子处于配合物的中央，称为中心离子（或形成体），在它周围按一定几何构型围绕着一些带负电荷的阴离子或中性分子，称为配位体（ligand），简称配体。中心离子和配位体构成了配合物的内界（inner），这是配合物的特征部分，在化学式中用方括号括起来。距中心离子较远的其他离子称为外界离子，构成配合物的外界（outer），在化学式中写在方括号之外。内界与外界构成配合物。

如 $[Co(NH_3)_6]Cl_3$，内界离子称为配离子，外界离子一般为简单离子。配离子与相反电荷的离子（外界），以离子键结合成电中性的配合物。如 $[Cu(NH_3)_4]SO_4$、$K_3[Fe(CN)_6]$等。若内界不带电荷，称为配合分子，如 $[Ni(CO)_4]$、$[Pt(NH_3)_2Cl_2]$ 等。配合物的组成可图示如下：

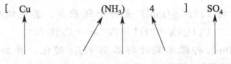

(1) 中心离子或中心原子 配合物内界中，中心离子或中心原子主要是一些过渡金属，如铁、钴、镍、铜、银、金、铝等金属元素的离子，但像硼、硅、磷等一些具有高氧化数的

非金属元素的离子也能作为中心离子,也有不带电荷的中性原子作形成体的,还有少数阴离子作中心离子等。

(2) 配位体和配位原子 配体中直接与中心离子结合的原子称为配位原子,如 F^-、OH^-、NH_3 等配体中的 F、N、O 原子是配位原子。配位原子主要是非金属 N、O、S、C 和卤素原子。

只有一个配位原子的配体称为单基(单齿)配体(unidentate ligand),如 NH_3、CN^- 等;含有两个或两个以上配位原子的配体称为多基(多齿)配体(multidentate ligand),如乙二胺 $NH_2—CH_2—CH_2—NH_2$(en)、草酸根等均为双基配体,乙二胺四乙酸(EDTA)是六基配体。常见的配体见表 10-1 所列。

表 10-1 常见的配体

类型	配位原子	实例
单齿配位	C	CO、C_2H_4、CNR(R 代表烃基)、CN^-
	N	NH_3、NO、NR_3、RNH_2、C_5H_5N(吡啶,py)NCS^-、NH_2^-、NO_2^-
	O	ROH、R_2O、H_2O、R_2SO、OH^-、$RCOO^-$、ONO^-、SO_4^{2-}、CO_3^{2-}
	P	PH_3、PR_3、PX_3(X 代表卤素)、PR_2^-
	S	R_2S、RSH、$S_2O_3^{2-}$
	X	F^-、Cl^-、Br^-、I^-
双齿	N	乙二胺(en)$H_2\ddot{N}—CH_2—CH_2—NH_2$,联吡啶(bipy)$\ddot{N}H_5C_5—C_5H_5\ddot{N}$
	O	草酸根 $C_2O_4^{2-}$、乙酰丙酮离子(acac$^-$) $\begin{bmatrix}\overset{\ddot{O}}{\underset{H_3C}{C}}\overset{}{=}\overset{}{\underset{H}{C}}\overset{}{=}\overset{\ddot{O}}{\underset{CH_3}{C}}\end{bmatrix}$
三齿	N	二乙基三胺(dien) $H_2\ddot{N}—CH_2—CH_2—\ddot{N}H—CH_2—CH_2—\ddot{N}H_2$
四齿	N,O	氨基三乙酸:$N\begin{matrix}—CH_2—COOH\\—CH_2—COOH\\—CH_2—COOH\end{matrix}$
五齿	N,O	乙二胺三乙酸根离子 $\begin{bmatrix}\overset{\ddot{O}}{\underset{O}{C}}—CH_2—\ddot{N}H—CH_2—CH_2—\ddot{N}\begin{bmatrix}—CH_2—C\overset{\ddot{O}}{\underset{O}{}}\end{bmatrix}_2\end{bmatrix}^{3-}$
六齿	N,O	乙二胺四乙酸根离子 $\begin{bmatrix}\begin{bmatrix}\overset{\ddot{O}}{\underset{O}{C}}—CH_2\end{bmatrix}_2\ddot{N}—CH_2—CH_2—\ddot{N}\begin{bmatrix}—CH_2—C\overset{\ddot{O}}{\underset{O}{}}\end{bmatrix}_2\end{bmatrix}^{4-}$

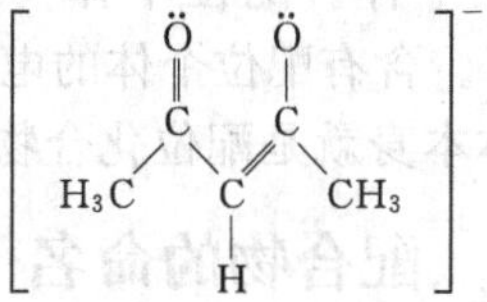

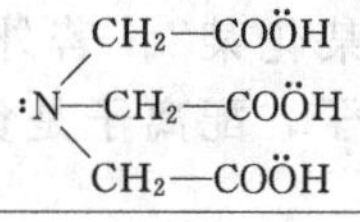

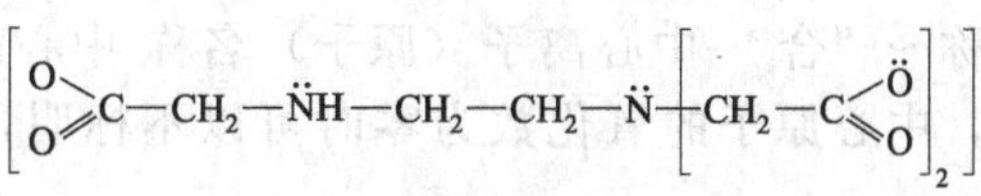

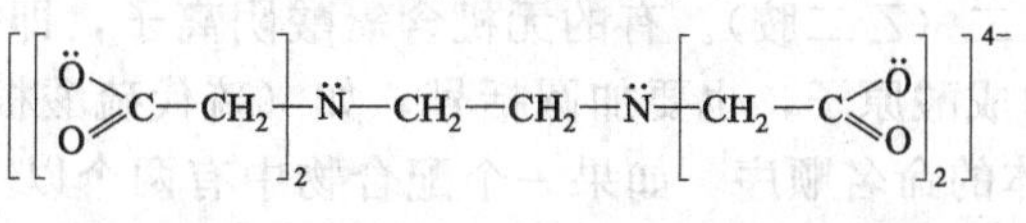

(3) 配位数 与中心离子或中心原子直接结合的配位原子的总数称为该中心离子的配位数(coordination number),它是配合物的重要特征之一。对于单齿配体,配位数等于配体的个数,如 $[Cu(NH_3)_4]^{2+}$ 中 Cu^{2+} 的配位数是 4;对多齿配体则不然,如 $[Pt(en)_2]^{2+}$ 中 Pt^{2+} 的配位数是 4 而不是 2。

中心离子常见的配位数为 2、4、6,也有为 3、5、8 等(表 10-2)。影响配位数大小的因素主要是中心离子的电荷和半径,同时,配体的电荷、半径及配合物形成时的外界条件也有一定影响。

表 10-2 不同价态金属离子的配位数

项目	数值		
中心离子电荷	+1	+2	+3
配位数	2(4)	4(6)	(4)6
实例	Ag^+ 2； Cu^+，Au^+ 2，4	Cu^{2+}，Zn^{2+}，Ni^{2+}，Co^{2+} 4，6； Fe^{2+}，Ca^{2+} 6	Al^{3+} 4，6； Fe^{3+}，Co^{3+}，Cr^{3+} 6

一般来说，中心离子电荷越多，吸引配体的能力越强，配位数就越大。例如，$[PtCl_4]^{2-}$ 中 Pt^{2+} 的配位数为 4，而 $[PtCl_6]^{2-}$ 中 Pt^{4+} 的配位数为 6。中心离子的半径越大，其周围可容纳配体的有效空间越大，配位数也越大。例如，Al^{3+} 的离子半径比 B^{3+} 大，$[AlF_6]^{3-}$ 中 Al^{3+} 的配位数为 6，而 BF_4^- 中 B^{3+} 的配位数为 4。

当配体电荷少、体积小时，配位数大。例如，F^- 离子半径比 Cl^- 小，它们与 Al^{3+} 形成的配离子分别是 $[AlF_6]^{3-}$ 和 $[AlCl_4]^-$。在形成配合物时，配体浓度、温度等也影响配位数。

(4) 配离子的电荷数 配离子的电荷数等于组成该配离子的中心离子电荷数与各配体电荷数的代数和。例如，配离子 $[Fe(CN)_6]^{3-}$ 的电荷数 $=(+3)+(-1)\times6=-3$，配离子 $[PtCl_4(NH_3)_2]$ 的电荷数 $=(+4)+(-1)\times4+0\times2=0$。

(5) 配位化合物的定义 由中心离子和一定数目的配体以配位键结合而形成的结构单元称为配位个体。配位个体一般为带电的离子，如 $[Cu(NH_3)_4]^{2+}$，也有电中性的，如 $Ni(CO)_4$。含有配位个体的电中性化合物即为配位化合物，如 $[Cu(NH_3)_4]SO_4$。电中性的配位个体本身就是配位化合物。

10.1.2 配合物的命名

配合物的命名方法遵循一般无机化合物的命名原则。若外界是简单负离子如 Cl^-、OH^- 等，则称作“某化某”；若外界是复杂负离子如 SO_4^{2-}、NO_3^- 等，则称作“某酸某”；若外界是正离子，配离子是负离子，则将配阴离子看成复杂酸根离子，称为“某酸某”。

(1) 内界的命名 配合物中内界配离子的命名方法一般依照如下顺序：配体数（中文数字）～配体名称～“合”-中心离子（原子）名称-中心离子（原子）氧化数（在括号内用罗马数字注明），中心原子的氧化数为零时可以不标明，若配体不止一种，不同配体之间以“·”分开。

① 带倍数词头的无机含氧酸阴离子配体和复杂有机配体命名时，要加圆括号，如三（磷酸根）、二（乙二胺）。有的无机含氧酸阴离子，即使不含有倍数词头，但含有一个以上直接相连的成酸原子，也要加圆括号，如（硫代硫酸根）。

② 配体的命名顺序　如果一个配合物中有两个以上的配体，则按以下原则命名。

a. 既有无机配体又有有机配体时，则无机配体在前，有机配体在后；如 $K[PtCl_3NH_3]$，三氯·一氨合铂（Ⅱ）酸钾。

b. 在无机配体和有机配体中既有离子又有分子时，离子在前，分子在后。

c. 同类配体的名称按配位原子元素符号的英文字母顺序排列，如 $[Co(NH_3)_5H_2O]Cl_3$，三氯化五氨·一水合钴（Ⅲ）。

d. 同类配体若配位原子也相同，则按配体含原子数由少到多的顺序排列，即将原子数少的配体排在前面，含原子数多的配体排在后面。

e. 若配体原子相同，配体中含原子数也相同，则按配体中在结构上与配位原子相连的原子的元素符号的英文字母顺序排列。例如，$[Pt(NH_2)(NO_2)(NH_3)_2]$一胺基·一硝基·二氨合铂（Ⅱ）。

（2）配合物的命名　理顺内界命名的关系后，再加上外界即可用一般无机化合物的命名原则进行命名。例如：

$[Ag(NH_3)_2]Cl$ 氯化二氨合银（Ⅰ）；$[Co(NH_3)_6]Br_3$ 三溴化六氨合钴（Ⅲ）；$[Co(NH_3)_5(ONO)]SO_4$硫酸一亚硝酸根·五氨合钴（Ⅲ）；$[Cr(NH_3)_2(en)_2](NO_3)_3$ 硝酸二氨·二（乙二胺）合铬（Ⅲ）；$Na_3[Ag(S_2O_3)_2]$ 二(硫代硫酸根）合银（Ⅰ）酸钠；$NH_4[Cr(NH_3)_2(NCS)_4]$ 四(异硫氰酸根)·二氨合铬（Ⅲ）酸铵；$K[PtCl_5(NH_3)]$ 五氯一氨合铂（Ⅳ）酸钾；$H_2[PtCl_6]$ 六氯合铂(Ⅳ）酸；$[Fe(CO)_5]$ 五羰基合铁；$[Pt(NH_3)_2Cl_2]$ 二氯·二氨合铂(Ⅱ)；$[Co(NH_3)_3(NO_2)_3]$ 三硝基·三氨合钴(Ⅲ)；$[Ni(CO)_4]$四羰基合镍。

有的配体在与不同的中心离子结合时，所用配位原子不同，命名时应加以区别。例如：$K_3[Fe(NCS)_6]$ 六（异硫氰酸根）合铁（Ⅲ）酸钾；$[CoCl(SCN)(en)_2]NO_3$ 硝酸-氯-（硫氰酸根)·二(乙二胺)合钴（Ⅲ)；$[Co(NO_2)_3(NH_3)_3]$ 三硝基·三氨合钴（Ⅲ）；$[Co(ONO)(NH_3)_5]SO_4$硫酸-亚硝酸根·五氨合钴（Ⅲ）。

某些常见配合物通常多用习惯名称。如 $[Cu(NH_3)_4]^{2+}$ 称铜氨配离子，$[Ag(NH_3)_2]^+$ 称银氨配离子，$K_3[Fe(CN)_6]$ 称铁氰化钾，$K_4[Fe(CNo)_6]$ 称亚铁氰化钾，$H_2[SiF_6]$ 称氟硅酸。有时也用俗名，如 $K_3[Fe(CN)_6]$ 称赤血盐，$K_4[Fe(CN)_6]$ 称黄血盐。

10.2　配合物的价键理论

把杂化轨道理论应用于配合物的结构与成键研究，就形成配合物的价键理论（valence bond theory)。1931 年鲍林首先将分子结构的价键理论应用于配合物，后经他人修正补充，逐步完善成配合物的现代价键理论。其实质是配体中配位原子的孤电子对向中心的空杂化轨道配位形成配位键。该理论概念简单明确，能解释许多配合物形成体的配位数、配离子的空间构型、磁性和稳定性等。

10.2.1　价键理论的基本要点

（1）中心离子的结构特点　配合物的中心离子或原子，其价电子层必须有空轨道（有时成单电子要先合并，以空出轨道)。在中心离子与配体的配位原子成键过程中，这些空的价电子层轨道以一定方式进行杂化，形成的杂化轨道具有一定的空间构型。

（2）配体的结构特点　作为配体的离子或分子，其中的配位原子具有孤对电子。

（3）配位键的形成　价键理论认为中心离子提供一组以一定方式进行杂化了的等价空轨道，配体中的配位原子提供孤对电子，进入这组杂化轨道，由此形成中心离子与配位原子之间的共价键称为配位键（s 键)。

10.2.2　中心离子轨道杂化的类型

在配合物的形成过程中，中心离子需提供一定数目的经杂化的能量相同的空的价轨道与配体形成配位键。中心离子所提供的空轨道的数目，由中心离子的配位数所决定，故中心离子空轨道的杂化类型与配位数有关。中心离子空轨道的杂化类型除了前面讲过的 sp、sp^2、sp^3 杂化外，能量相近的 $(n-1)d$、nd 轨道也能参与杂化。

（1）配位数为 2 的中心离子的杂化类型

讨论 $[Ag(NH_3)_2]^+$配离子的形成：

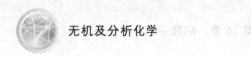

Ag^{+}（$4d^{10}$）

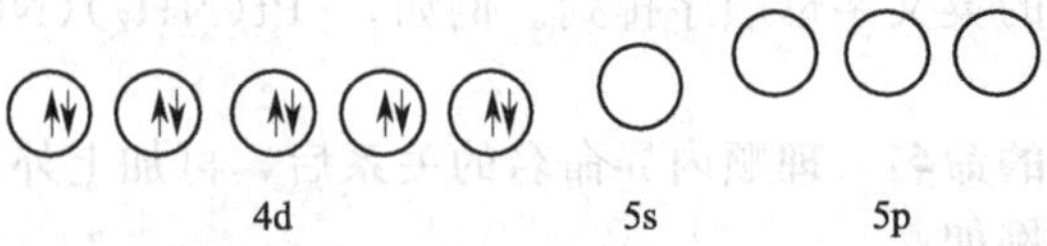

Ag^{+}和NH_3形成［$Ag(NH_3)_2$］$^{+}$配离子时，配位数为 2，Ag^{+}需提供二个空轨道。Ag^{+}外层能级相近的一个 5s 和一个 5p 轨道经杂化，形成二个等价的 sp 杂化轨道，容纳二个NH_3中二个配位 N 原子提供的二对孤对电子，形成二个配键（虚线内杂化轨道中的共用电子对由配位氮原子提供）：

［$Ag(NH_3)_2$］$^{+}$

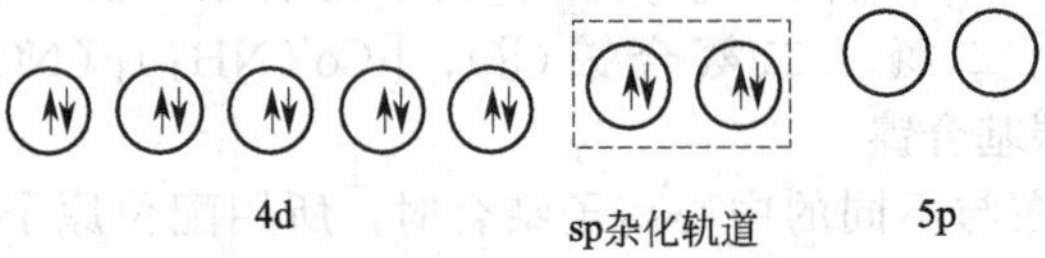

两个 sp 杂化轨道在空间成 180°，故［$Ag(NH_3)_2$］$^{+}$配离子的空间构型呈直线形。

（2）配位数为 4 的中心离子的杂化类型

① 讨论［$Ni(NH_3)_4$］$^{2+}$配离子的形成　Ni^{2+}离子的价电子层结构为：

Ni^{2+}（$3d^{8}$）

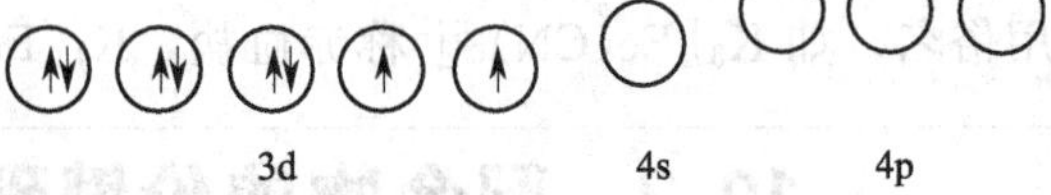

Ni^{2+}和NH_3形成［$Ni(NH_3)_4$］$^{2+}$配离子时，配位数为 4，Ni^{2+}需提供四个空轨道。Ni^{2+}外层能级相近的一个 4s 和三个 4p 轨道经杂化，形成四个等价的 sp^3 杂化轨道，容纳四个NH_3中四个配位 N 原子提供的四对孤对电子，形成四个配键：

［$Ni(NH_3)_4$］$^{2+}$

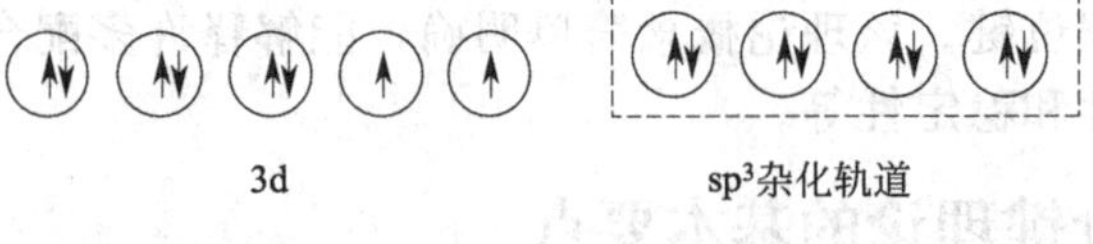

所以，［$Ni(NH_3)_4$］$^{2+}$配离子的空间构型是正四面体形。Ni^{2+}位于正四面体的中心，四个配位 N 原子位于正四面体的四个顶角。

② 讨论［$Ni(CN)_4$］$^{2-}$配离子的形成　当Ni^{2+}与四个CN^{-}结合为［$Ni(CN)_4$］$^{2-}$配离子时，配位数为 4，Ni^{2+}需提供四个空轨道，在配体CN^{-}离子的影响下，Ni^{2+}的 3d 电子发生归并，重新分布空出了一个 3d 轨道。此时Ni^{2+}采用外层能级相近的一个 3d、一个 4s 和二个 4p 轨道杂化，形成四个等价的 dsp^2 杂化轨道，容纳四个CN^{-}中四个配位 C 原子提供的四对孤对电子，形成四个配键。

［$Ni(CN)_4$］$^{2-}$

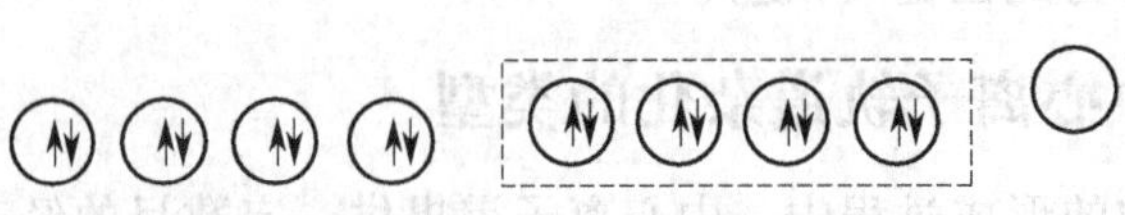

四个 dsp^2 杂化轨道位于同一个平面上，相互间夹角为 90°，各杂化轨道的方向是从平面正方形中心指向四个顶角。故［$Ni(CN)_4$］$^{2-}$配离子的空间构型呈平面正方形，Ni^{2+}位于平面正方形的中心，四个配位 C 原子位于四个顶角。

从上讨论可见，对于配位数为 4 的配离子，中心离子可以形成 sp^3 和 dsp^2 杂化两种不同的杂化类型。

(3) 配位数为 6 的中心离子的杂化类型

① 讨论 $[FeF_6]^{3-}$ 配离子的形成

Fe^{3+} 的价电子层结构为：

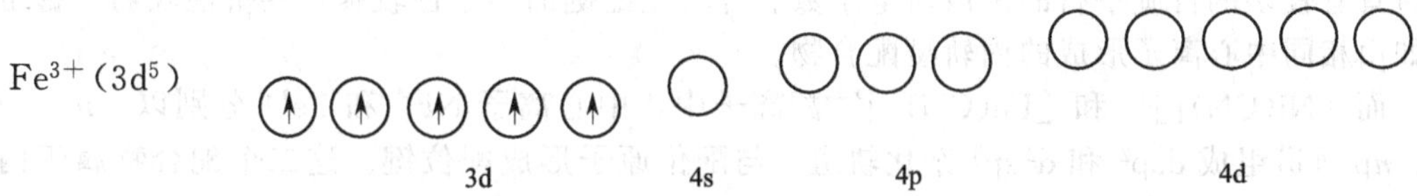

Fe^{3+} 和 F^- 形成 $[FeF_6]^{3-}$ 配离子时，配位数为 6，Fe^{3+} 需提供六个空轨道。Fe^{3+} 外层能级相近的一个 4s、三个 4p 和二个 4d 轨道经杂化，形成六个等价的 sp^3d^2 杂化轨道，容纳六个配体 F^- 提供的六对孤对电子，形成六个配键：六个 sp^3d^2 杂化轨道在空间是对称分布的，指向正八面体的六个顶角，各轨道间的夹角为 90°。所以 $[FeF_6]^{3-}$ 配离子的空间构型呈正八面体形。Fe^{3+} 位于正八面体的中心，六个 F^- 位于正八面体的六个顶角。

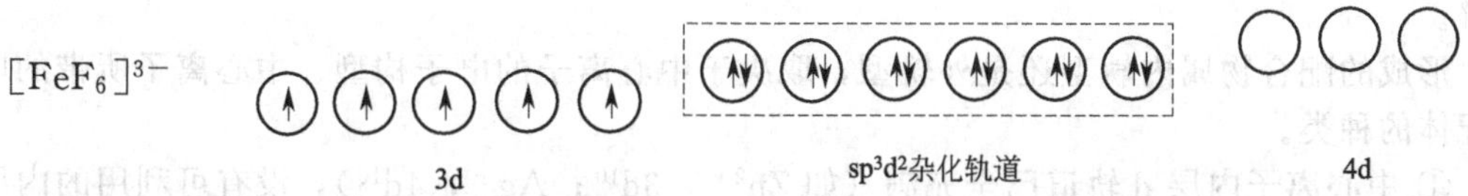

② 讨论 $[Fe(CN)_6]^{3-}$ 配离子的形成　在 Fe^{3+} 离子与 CN^- 结合形成 $[Fe(CN)_6]^{3-}$ 配离子时，配位数为 6。Fe^{3+} 在配体 CN^- 的影响下，其 3d 电子发生归并重新分布，空出了二个 3d 轨道，这二个 3d 轨道和一个 4s、三个 4p 轨道杂化，形成六个等价的 d^2sp^3 杂化轨道，容纳六个 CN^- 配体中的六个配位 C 原子所提供的六对孤对电子，形成六个配键：

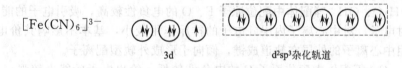

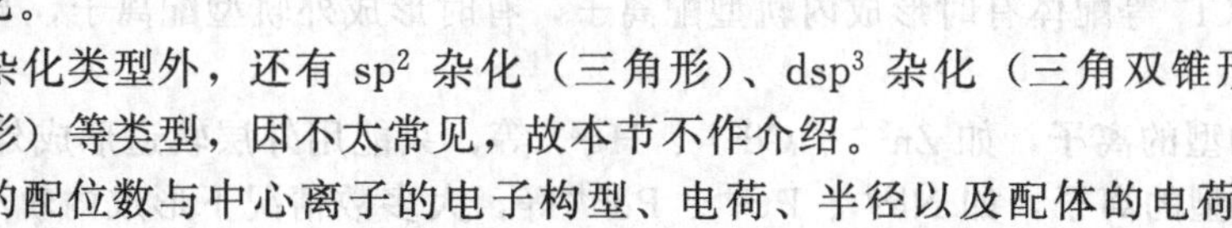

因此，$[Fe(CN)_6]^{3-}$ 配离子的空间构型呈正八面体构型。

可见，在配位数为 6 的配离子中，中心离子也可以采取二种不同杂化类型，即 sp^3d^2 杂化和 d^2sp^3 杂化。

除了上述杂化类型外，还有 sp^2 杂化（三角形）、dsp^3 杂化（三角双锥形）以及 d^2sp^2 杂化（四方锥形）等类型，因不太常见，故本节不作介绍。

中心离子的配位数与中心离子的电子构型、电荷、半径以及配体的电荷、半径都有关系，因此配位数不是任意的，各种中心离子都有其常见的特征配位数。

显然，价键理论较好地解释了配位键的形成、配离子的空间构型和中心离子的配位数。此外，它还能较好地解释配离子的磁性和稳定性。

10.2.3 外轨型配合物和内轨型配合物

在形成配合物时，中心离子若全部以外层空轨道（*n*s、*n*p、*n*d）参与杂化成键，这样的配键称为外轨配键，形成的配合物称为外轨（outer-orbital）型配合物。若中心离子的次外层 $(n-1)$d 轨道参与了杂化成键，这样的配键称为内轨配键，形成的配合物称为内轨（inner-orbital）型配合物。

$[Ni(NH_3)_4]^{2+}$ 和 $[FeF_6]^{3-}$ 配离子中，中心离子 Ni^{2+} 和 Fe^{3+} 分别以外层空轨道 *n*s、

np 和 ns、np、nd 轨道组成 sp^3 杂化轨道和 sp^3d^2 杂化轨道，与配位原子形成配位键。这二个配合物属于外轨型配合物。

外轨型配合物的特点是：在生成配合物前后中心离子的 d 电子分布未发生改变，未成对电子数保持不变，所以配合物中心离子的未成对电子数和自由离子中的未成对电子数相同。此时具有较多的自旋平行的未成对电子数。外轨型配键的离子性较强，共价性较弱，稳定性不如由相同中心离子形成的内轨型配合物。

而 $[Ni(CN)_4]^{2-}$ 和 $[Fe(CN)_6]^{3-}$ 配离子中，中心离子 Ni^{2+} 和 Fe^{3+} 分别以 $(n-1)d$、ns、np 轨道组成 dsp^2 和 d^2sp^3 杂化轨道，与配位原子形成配位键。这二个配合物属于内轨型配合物。

内轨型配合物的特点是：在配体的影响下，中心离子的 d 电子分布发生了变化，进行电子归并，空出内层的 d 轨道参与杂化成键。共用电子对深入到中心离子的内层 d 轨道，配合物中心离子的未成对电子数比自由离子的未成对电子数少，此时具有较少的自旋平行的未成对电子数。内轨型配合物采用内层 d 轨道成键，由于内层 d 轨道比外层 d 轨道能级低，故键的共价性较强，稳定性较由相同中心离子形成的外轨型配合物高，在水溶液中一般较难离解。

形成的配合物属内轨型还是外轨型，取决于中心离子的电子构型、中心离子所带的电荷和配体的种类。

① 中心离子内层 d 轨道已全充满（如 Zn^{2+}，$3d^{10}$；Ag^{+}，$4d^{10}$），没有可利用的内层空轨道，只能形成外轨型配离子。

② 中心离子本身具有空的内层 d 轨道（如 Cr^{3+}，$3d^3$），一般倾向于形成内轨型配离子。

③ 如果中心离子的内层 d 轨道未完全充满，则既可形成外轨型配离子，也可形成内轨型配离子，这时，配体是决定配合物类型的主要因素。

a. F^-、H_2O、OH^- 等配体中配位原子 F、O 的电负性较高，吸引电子的能力较强，不容易给出孤对电子，对中心离子内层 d 电子的排斥作用较小，基本不影响其价电子层构型，因而只能利用中心离子的外层空轨道成键，倾向于形成外轨型配离子。

b. CN^-、CO 等配体中配位原子 C 的电负性较低，给出电子的能力较强，其孤对电子对中心离子内层 d 电子的排斥作用较大，内层 d 电子容易发生重排（如 Fe^{3+}，$3d^5$；Ni^{2+}，$3d^8$）或激发（如 Cu^{2+}，$3d^9$），从而空出内层 d 轨道，倾向于形成内轨型配离子。

c. NH_3、Cl^- 等配体有时形成内轨型配离子，有时形成外轨型配离子，与中心离子的结构有关。

具有 d^{10} 构型的离子，如 Zn^{2+}、Cd^{2+}、Hg^{2+} 等，只能用外层轨道形成外轨型配合物。

具有 d^8 构型的离子，如 Ni^{2+}、Pt^{2+}、Pd^{2+} 等，大多数情况下形成内轨型配合物。

具有其他构型的离子，如 Fe^{2+}、Fe^{3+}、Co^{3+} 等，d 电子数为 4～9 个，既可形成内轨型，也可形成外轨型配合物，具体采用何种方式则与配体的性质有关。

中心离子的电荷增多，它对配位原子孤对电子的吸引力增强，有利于形成内轨型配合物。如 $[Co(NH_3)_6]^{2+}$ 为外轨型，而 $[Co(NH_3)_6]^{3+}$ 为内轨型配合物。

若配位原子的电负性较强（如 F、O 等作配位原子时），则较难给出孤对电子，对中心离子电子分布的影响较小，易形成外轨型配合物（如 $[FeF_6]^{3-}$、$[Fe(H_2O)_6]^{3+}$ 等）。若配位原子的电负性较弱（如 CN^- 中的 C 作配位原子时），则较易给出孤对电子，将影响中心离子的电子分布，使中心离子空出内层轨道，形成内轨型配合物｛如 $[Fe(CN)_6]^{3-}$、$[Co(CN)_6]^{3-}$ 等｝。所以 F^-、H_2O 等配体常生成外轨型配合物，CN^-、NO_2^- 等配体常生成内轨型配合物，而 NH_3、Cl^- 等配体则有时生成外轨型，有时生成内轨型配合物。

一般可以通过磁性的测定来确定配合物是内轨型还是外轨型。

配合物的磁性：磁性是物质在外磁场作用下表现出来的性质。如果物质中电子均已成对，电子自旋所产生的磁效应相互抵消，这种物质不存在磁矩，不被外磁场所吸引，但在外磁场作用下，产生诱导磁矩，其方向与外磁场方向相反，这种物质称为反磁性物质。而当物质中有未成对电子时，则总磁效应不能相互抵消，这种物质置于外磁场中时，内部未成对电子在自旋及绕核运动时产生的磁场受外磁场吸引，其方向与外磁场方向一致，使磁场增强，这种物质称为顺磁性物质。所以物质磁性的强弱与物质内部未成对电子数的多少有关。

物质的磁性强弱可以用磁矩（μ）来表示：$\mu=0$ 的物质，其中电子皆已成对，具有反磁性；$\mu>0$ 的物质，其中有未成对电子，具有顺磁性。

磁矩 μ 与物质中未成对电子数之间有近似关系

$$\mu=\sqrt{n(n+2)} \tag{10-1}$$

单位是玻尔磁子（B. M.），n 为未成对电子数。

物质的磁性可用磁天平进行测量。表 10-3 列出了部分过渡金属配合物的磁矩，按式(10-3) 计算得的理论值和实验值基本相符。

表 10-3　部分过渡金属配合物的磁矩

化　合　物	d 电子构型	未成对电子数	μ(实验值)	μ(理论值)
$[Ti(H_2O)_6]^{3+}$	d^1	1	1.73	1.73
$[V(H_2O)_6]^{3+}$	d^2	2	2.80	2.83
$[Cr(H_2O)_6]^{3+}$	d^3	3	3.88	3.87
$[Mn(CN)_6]^{3-}$	d^4	2	3.18	2.83
$[FeF_6]^{3-}$	d^5	5	5.90	5.92
$[Fe(CN)_6]^{3-}$	d^5	1	2.25	1.73
$[Fe(CN)_6]^{4-}$	d^6	0	0	0
$[CoF_6]^{3-}$	d^6	4	5.26	4.90
$[CoCl_4]^{2-}$	d^7	3	4.71	3.87
$[Ni(CN)_4]^{2-}$	d^8	0	0	0
$[Ni(NH_3)_4]^{2+}$	d^8	2	3.11	2.83
$[Cu(H_2O)_4]^{2+}$	d^9	1	1.91	1.73
$[Zn(NH_3)_4]^{2+}$	d^{10}	0	0	0

测定配合物的磁矩可以推断未成对电子的数目，从而了解中心离子的电子结构，判断其属外轨型还是内轨型配合物。

【例 10-1】 实验测得 $[Fe(H_2O)_6]^{2+}$ 和 $[Fe(CN)_6]^{4-}$ 配离子的磁矩 μ（实验）分别为 5.0 和 0B. M.，试据此推测配离子的空间构型，未成对电子数，中心离子轨道杂化类型，属内轨型还是外轨型配合物，比较其相对稳定性。

解： 中心离子 Fe^{2+} 的价电子层结构为 $3d^6 4s^0$，有 4 个未成对电子。

当形成 $[Fe(H_2O)_6]^{2+}$ 配离子后，配位数为 6，呈正八面体空间构型，按式(10-1)，$\mu=\sqrt{n(n+2)}=5.0$，可解得 $n=4.1$，取其最接近的整数，即为未成对电子数。故 $[Fe(H_2O)_6]^{2+}$ 配离子的未成对电子数为 4，其价电子层结构只能是：中心离子采取 sp^3d^2 杂化，属外轨型配合物。

$[Fe(H_2O)_6]^{2+}$

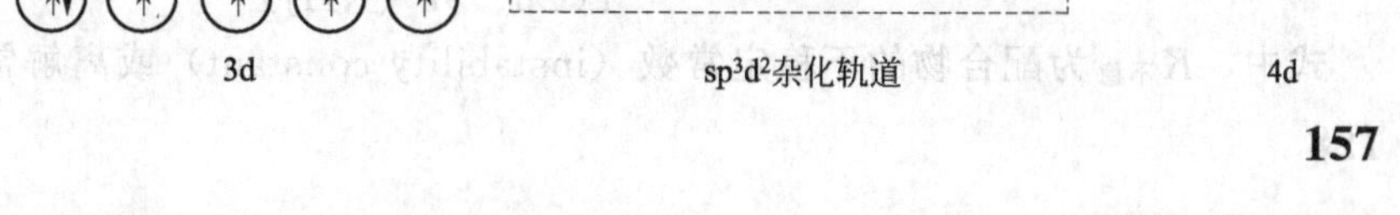

当形成 $[Fe(CN)_6]^{4-}$ 配离子后，配位数为 6，呈正八面体空间构型。按式(10-1)，$\mu=\sqrt{n(n+2)}=0$，可解得 $n=0$，没有未成对电子。故 $[Fe(CN)_6]^{4-}$ 配离子形成过程中，原 Fe^{2+} 中的 3d 电子分布发生了归并，六个电子占据了三个 3d 轨道，空出二个 3d 轨道，因此 Fe^{2+} 采用 d^2sp^3 杂化，属内轨型配合物。内轨型的 $[Fe(CN)_6]^{4-}$ 配离子的稳定性比外轨型的 $[Fe(H_2O)_6]^{2+}$ 配离子的稳定性要高。

$[Fe(CN)_6]^{4-}$

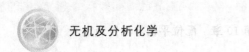

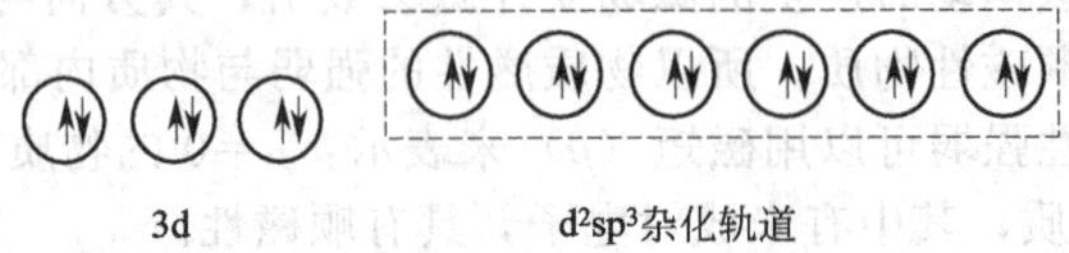

配合物的价键理论简单明了，不仅成功地说明了配合物的形成、空间构型、中心离子的配位数及配合物的稳定性，同时也较好地解释了配合物的磁性。但它只是一个定性的理论，不能定量或半定量地说明配合物的性质，也不能解释配合物的可见和紫外吸收光谱以及过渡金属配合物普遍具有特征颜色的现象，对磁矩的解释也有一定的局限性。其原因是该理论静止地机械地看待配合物中心离子与配体之间的关系，仅仅考虑了中心离子轨道的杂化，而未考虑到配体对中心离子的影响。因此，自 20 世纪 50 年代以来，价键理论已逐渐为配合物的晶体场理论、配位场理论和分子轨道理论所取代。这些理论本书未做介绍，可参考相应其他参考书。

10.3 配 位 平 衡

10.3.1 配位平衡常数

(1) 稳定常数 各种配离子在溶液中具有不同的稳定性，它们在溶液中能发生不同程度的离解。如 $[Cu(NH_3)_4]^{2+}$ 配离子在水溶液中，可在一定程度上离解为 Cu^{2+} 和 NH_3，同时，Cu^{2+} 和 NH_3 又会配合生成 $[Cu(NH_3)_4]^{2+}$。在一定温度下，体系会达到动态平衡，即：

$$Cu^{2+}+4NH_3 \rightleftharpoons [Cu(NH_3)_4]^{2+}$$

这种平衡称为配位平衡，其平衡常数可简写为：

$$K_{稳}=\frac{c([Cu(NH_3)_4]^{2+})}{c(Cu^{2+})c^4(NH_3)} \tag{10-2}$$

式中，$K_{稳}$ 称为配离子的稳定常数（stability constant)，其大小反映了配位反应完成的程度。$K_{稳}$ 值越大，说明配位反应进行得越完全，配离子离解的趋势越小，即配离子越稳定。

不同的配离子具有不同的稳定常数，对于同类型的配离子，可利用 $K_{稳}$ 值直接比较它们的稳定性。例如，$[Ag(NH_3)_2]^+$ 和 $[Ag(CN)_2]^-$ 的 $K_{稳}$ 值分别为 1.1×10^7 和 1.3×10^{21}，说明 $[Ag(CN)_2]^-$ 比 $[Ag(NH_3)_2]^+$ 稳定得多。不同类型的配离子则不能仅用 $K_{稳}$ 值进行比较。

(2) 不稳定常数 除了可用 $K_{稳}$ 表示配离子的稳定性外，也可以从配离子的离解程度来表示其稳定性。如 $[Cu(NH_3)_4]^{2+}$ 在水中的离解平衡为：

$$[Cu(NH_3)_4]^{2+} \rightleftharpoons Cu^{2+}+4NH_3$$

其平衡常数表示式为：

$$K_{不稳}=\frac{c\{[Cu(NH_3)_4]^{2+}\}}{c(Cu^{2+})c^4(NH_3)} \tag{10-3}$$

式中，$K_{不稳}$ 为配合物的不稳定常数（instability constant）或离解常数。$K_{不稳}$ 越大表示配离子越容易离解，即越不稳定。显然 $K_{稳}=1/K_{不稳}$。

(3) 逐级稳定常数　配离子的生成或离解一般是逐级进行的，因此在溶液中存在配位平衡，各级均有其对应的稳定常数。以 $[Cu(NH_3)_4]^{2+}$ 的形成为例，其逐级配位反应如下：

$$Cu^{2+}+NH_3 \rightleftharpoons [Cu(NH_3)]^{2+} \qquad K_1^{\ominus}=\frac{c([Cu(NH_3)]^{2+})}{c(Cu^{2+})\cdot c(NH_3)}=1.35\times10^4$$

$$[Cu(NH_3)]^{2+}+NH_3 \rightleftharpoons [Cu(NH_3)_2]^{2+} \qquad K_2^{\ominus}=\frac{c([Cu(NH_3)_2]^{2+})}{c([Cu(NH_3)]^{2+})\cdot c(NH_3)}=3.02\times10^3$$

$$[Cu(NH_3)_2]^{2+}+NH_3 \rightleftharpoons [Cu(NH_3)_3]^{2+} \qquad K_3^{\ominus}=\frac{c([Cu(NH_3)_3]^{2+})}{c([Cu(NH_3)_2]^{2+})\cdot c(NH_3)}=7.41\times10^2$$

$$[Cu(NH_3)_3]^{2+}+NH_3 \rightleftharpoons [Cu(NH_3)_4]^{2+} \qquad K_4^{\ominus}=\frac{c([Cu(NH_3)_4]^{2+})}{c([Cu(NH_3)_3]^{2+})\cdot c(NH_3)}=1.29\times10^2$$

式中，$K_1^{\ominus}$，$K_2^{\ominus}$，$K_3^{\ominus}$，$K_4^{\ominus}$ 称为配离子的逐级稳定常数（stepwise stability constant），配离子总的稳定常数等于逐级稳定常数之积，即有：

$$K_{稳}=K_1^{\ominus}\cdot K_2^{\ominus}\cdot K_3^{\ominus}\cdot K_4^{\ominus}=3.9\times10^{12}$$

配离子的逐级稳定常数相差不大，因此计算时必须考虑各级配离子的存在。但在实际工作中，生成配合物时，体系内常加入过量的配体（又称配位剂），配位平衡向着生成配合物的方向移动，配离子主要以最高配位数形式存在，其他低配位数的离子可以忽略不计。所以在有关计算中，除特殊情况外，一般都用总的稳定常数 $K_{稳}$ 进行计算。

(4) 累积稳定常数　将逐级稳定常数依次相乘，可得到各级累积稳定常数 $\beta_n^{\ominus}$（cumulative stability constant）如下：

$$M+L \rightleftharpoons ML \qquad \beta_1^{\ominus}=K_1^{\ominus}=\frac{c(ML)}{c(M)c(L)}$$

$$ML+L \rightleftharpoons ML_2 \qquad \beta_2^{\ominus}=K_1^{\ominus}K_2^{\ominus}=\frac{c(ML_2)}{c(M)c^2(L)}$$

$$\vdots$$

$$ML_{n-1}+L \rightleftharpoons ML_n \qquad \beta_n^{\ominus}=K_1^{\ominus}K_2^{\ominus}\cdots K_n^{\ominus}=\frac{c(ML_n)}{c(M)c^n(L)} \tag{10-4}$$

式中，M 为中心离子；L 为配体。

最后一级累积稳定常数就是配合物的总的稳定常数。

10.3.2　配位平衡的计算

【例 10-2】　分别计算①0.010mol/L 的 $[Ag(NH_3)_2]^+$ 和 0.010mol/L 的 NH_3 溶液；②含0.010mol/L 的 $[Ag(CN)_2]^-$ 和 0.010mol/L 的 CN^- 溶液中 Ag^+ 的 $c(Ag^+)$。{已知 $K_{稳}[Ag(NH_3)_2^+]=1.12\times10^7$，$K_{稳}[Ag(CN)_2^-]=1.3\times10^{21}$}。

解：因有过量配体，而且 $K_{稳}$ 很大，事实上平衡时离解的 Ag^+ 很少。

分别设①$c(Ag^+)=x$mol/L　　②$c(Ag^+)=y$mol/L

① 配位平衡　　$Ag^+ + 2NH_3 \rightleftharpoons Ag(NH_3)_2^+$

平衡浓度/(mol/L)　　x　　$0.010+2x\approx0.010$　　$0.010-x\approx0.010$

$$K_{稳}=\frac{c[Ag(NH_3)_2^+]}{[c(Ag^+)][c(NH_3)]^2}$$

$$1.12\times10^7=\frac{0.010\text{mol/L}}{[x\text{mol/L}][0.010\text{mol/L}]^2} \qquad x=8.9\times10^{-6}\text{mol/L}$$

② 据配位平衡　　$Ag^+ + 2CN^- \rightleftharpoons Ag(CN)_2^-$

平衡浓度/(mol/L)　　y　　$0.010+2x\approx0.010$　　$0.010-y\approx0.010$

根据　　$$K_{稳}=\frac{c[Ag(CN)_2^-]}{[c(Ag^+)][c(CN^-)]^2}$$

$$1.3\times10^{21}=\frac{0.010\text{mol/L}}{[y\text{mol/L}][0.010\text{mol/L}]^2}\qquad y=7.6\times10^{-20}\text{mol/L}$$

由于 $[Ag(CN)_2]^-$ 配离子比 $[Ag(NH_3)_2]^+$ 配离子的稳定性更大，溶液中游离 Ag^+ 更少。因此，配位数相同的同类型配离子，可根据 $K_{稳}$ 的值，直接比较其稳定性的大小。

【例 10-3】 将 0.020mol/L 的硫酸铜和 1.08mol/L 的氨水等体积混合，计算溶液中 $c(Cu^{2+})$。{已知 $K_{稳}[Cu(NH_3)_4^{2+}]=4.8\times10^{12}$}

解：由于 NH_3 大大过量，且 $[Cu(NH_3)_4]^{2+}$ 配离子的稳定常数很大，可设 Cu^{2+} 全部反应生成 $[Cu(NH_3)_4]^{2+}$。同时溶液混合后，体积增大一倍，浓度均减半，因此 $c[Cu(NH_3)_4]^{2+}=0.010\text{mol/L}$，剩余 $c(NH_3)=0.54\text{mol/L}-4\times0.010\text{mol/L}=0.50\text{mol/L}$。

设平衡时 $\qquad c(Cu^{2+})=x\text{mol/L}$

$$Cu(NH_3)_4^{2+}\rightleftharpoons Cu^{2+}+4NH_3$$

平衡浓度/(mol/L) $\qquad 0.010-x\approx0.010 \qquad x \qquad 0.50+4x\approx0.50$

$$\frac{1}{K_{稳}}=\frac{[c(Cu^{2+})][c(NH_3)]^4}{c[Cu(NH_3)_4^{2+}]}$$

$$\frac{1}{4.8\times10^{12}}=\frac{x\times0.5^4}{0.010}$$

$$x=3.3\times10^{-14}\text{mol/L}$$

可认为 Cu^{2+} 已完全转化为 $[Cu(NH_3)_4]^{2+}$ 配离子。

10.3.3 配位平衡的移动

在溶液中，配离子具有一定的离解稳定性，这种稳定性建立于一定条件下的配位离解平衡，若平衡条件发生改变，就可能使这种平衡发生移动，配离子的稳定性发生改变。加入酸、碱、沉淀剂、氧化剂、还原剂等均能引起配位平衡的移动。这涉及溶液中的配位平衡和其他化学平衡共同存在时的多重平衡问题。

(1) 配位平衡与酸碱平衡 对于配体是能接受质子的弱酸根，NH_3、OH^- 等的配离子体系，加入稍强的酸时，由于生成弱电解质，降低了配体浓度，导致配位平衡向配离子离解方向移动。如 $Fe(C_2O_4)^{3-}+6H^+\rightleftharpoons Fe^{3+}+3H_2C_2O_4$

$$[FeF_6]^{3-}\rightleftharpoons Fe^{3+}+6F^- \qquad ① \; K_1^\ominus=\frac{1}{K_f^\ominus}$$

$$6F^-+6H^+\rightleftharpoons 6HF \qquad ② \; K_2^\ominus=\frac{1}{(K_a^\ominus)^6}$$

$$[FeF_6]^{3-}+6H^+\rightleftharpoons Fe^{3+}+6HF \qquad ③$$

多重平衡式③＝①＋②

多重平衡常数 $\quad K_j^\ominus=\frac{c(Fe^{3+})c^6(HF)}{c([FeF_6]^{3-})c^6(H^+)}=K_1^\ominus K_2^\ominus=\frac{1}{K_f^\ominus(K_a^\ominus)^6}$

由 $K_j^\ominus$ 表示式可以看出，对于同类型的配离子，若 $K_f^\ominus$ 越小，$K_a^\ominus$ 越小，则 $K_j^\ominus$ 越大。这说明如果配离子稳定性越小，质子酸的稳定性越大，则平衡向右移动的趋势越大，配离子越容易被破坏。

【例 10-4】 50mL 0.2mol/L 的 $[Ag(NH_3)_2]^+$ 溶液与 50mL 0.6mol/L 的 HNO_3 等体积混合，求平衡体系中 $Ag(NH_3)_2^+$ 的剩余浓度。

解：两溶液等体积混合后

$$c([Ag(NH_3)_2]^+)=0.1\text{mol/L},\; c(H^+)=0.3\text{mol/L}$$

设平衡时 $c([Ag(NH_3)_2]^+)$ 为 $x$mol/L

$$[Ag(NH_3)_2]^+\rightleftharpoons Ag^++2NH_3 \qquad K_d^\ominus=\frac{1}{K_f^\ominus}$$

$$2NH_3+2H^+ \rightleftharpoons 2NH_4^+ \qquad K^{\ominus}=\left(\frac{K_b^{\ominus}}{K_w^{\ominus}}\right)^2$$

多重平衡为：

	$[Ag(NH_3)_2]^+$ +	$2H^+$ $\rightleftharpoons$	Ag^+ +	$2NH_4^+$
反应后		$0.3-0.1\times2=0.1$	0.1	2×0.1
平衡时	x	$0.1+2x$	$0.1-x$	$0.2-2x$
		≈0.1	≈0.1	≈0.2

$$K_j^{\ominus}=K_d^{\ominus}K^{\ominus}=\frac{1}{K_f^{\ominus}}\cdot\left(\frac{K_b^{\ominus}}{K_w^{\ominus}}\right)^2=\frac{1}{1.7\times10^7}\times\left(\frac{1.8\times10^{-5}}{10^{-14}}\right)^2=1.9\times10^{11}$$

$K_j^{\ominus}$ 值很大，说明反应进行的程度很大，$[Ag(NH_3)_2]^+$ 离解较完全，又有：

$$K_j^{\ominus}=\frac{c(Ag^+)\cdot c^2(NH_4^+)}{c([Ag(NH_3)_2]^+)\cdot c^2(H^+)}$$

$$1.9\times10^{11}=\frac{0.1\times(0.2)^2}{x(0.1)^2}$$

$$c([Ag(NH_3)_2]^+)=x=2.1\times10^{-12}\ (mol/L)$$

可以认为 $[Ag(NH_3)_2]^+$ 配离子已被破坏完全。

(2) 配位平衡与沉淀溶解平衡　配位平衡与沉淀溶解平衡的相互影响决定于沉淀剂和配位体与金属离子作用能力的大小，即与 $K_{稳}$ 和 K_{sp} 的相对大小及沉淀剂和配位体的浓度有关。在一定条件下沉淀可转化为配离子，同样配离子也可以转化为沉淀，这也是多重平衡问题。

【例 10-5】　已知 AgCl 的 K_{sp} 为 1.8×10^{-10}，AgBr 的 K_{sp} 为 5.4×10^{-13}。试比较完全溶解 0.010mol 的 AgCl 和完全溶解 0.010mol 的 AgBr 所需要的 NH_3 的浓度（以 mol/L 表示），$K_{稳}\{Ag(NH_3)_2^+\}=1.1\times10^7$。

解：AgCl 在 NH_3 中的溶解反应为：

$$AgCl+2NH_3 \rightleftharpoons [Ag(NH_3)_2]^+ + Cl^-$$

其平衡常数为：

$$K^{\ominus}=\frac{[Ag(NH_3)_2^+][Cl^-]}{[NH_3]^2}$$

$$=\frac{[Ag(NH_3)_2^+][Ag^+][Cl^-]}{[Ag^+][NH_3]^2}$$

$$=K_{稳}^{\ominus}\{Ag(NH_3)^{2+}\}\cdot K_{sp}^{\ominus}(AgCl)$$

则　　$K^{\ominus}=1.1\times10^7\times1.8\times10^{-10}=2.0\times10^{-3}$

平衡时　　$[NH_3]=\sqrt{\dfrac{[Ag(NH_3)_2^+][Cl^-]}{K^{\ominus}}}$

设 AgCl 溶解后，全部转化为 $[Ag(NH_3)_2]^+$，则 $[Ag(NH_3)_2^+]=0.010mol/L$（严格地讲，由于 $[Ag(NH_3)_2]^+$ 的离解，应略小于 0.010mol/L），$[Cl^-]=0.010mol/L$，有：

$$[NH_3]=\sqrt{\frac{0.010\times0.010}{2.0\times10^{-3}}}=0.22\ (mol/L)$$

在溶解 0.010mol AgCl 的过程中，消耗 NH_3 的浓度为：

$$2\times0.010=0.020\ (mol/L)$$

故溶解 0.010mol AgCl 所需要的 NH_3 的原始浓度为：

$$0.22+0.020=0.24\ (mol/L)$$

同理，可求出溶解 0.010mol AgBr 所需要的 NH_3 的浓度至少为 4.14mol/L。

有关配位平衡与沉淀溶解平衡之间的相互转化关系，可以用下述实验事实说明之。在 $AgNO_3$ 溶液中，加入数滴 KCl 溶液，立即产生白色 AgCl 沉淀。再滴加氨水，由于生成 $[Ag(NH_3)_2]^+$，AgCl 沉淀即发生溶解。若向此溶液中再加入少量 KBr 溶液，则有淡黄色 AgBr 沉淀生成。再滴加 $Na_2S_2O_3$ 溶液，则 AgBr 又将溶解。如若再向溶液中滴加 KI 溶液，则又将析出溶解度更小的黄色 AgI 沉淀。再滴加 KCN 溶液，AgI 沉淀又复溶解。此时若再加入 $(NH_4)_2S$ 溶液，则最终生成棕黑色的 Ag_2S 沉淀。

(3) 配位平衡与氧化还原平衡 往氧化还原平衡体系中加入配位剂，降低金属离子浓度，引起金属离子相应电极电势改变，应用配位平衡常数 $K_稳$，可计算其电极电势值。

【例 10-6】 已知 $\varphi^\ominus(Au^+/Au)=1.692V$，$[Au(CN)_2]^-$ 的 $K_稳=2.00\times10^{38}$，试计算 $\varphi^\ominus\{[Au(CN)_2]^-/Au\}$ 的值？

解： 首先根据题意，要计算 $\varphi^\ominus\{[Au(CN)_2]^-/Au\}$ 的值，配离子 $[Au(CN)_2]^-$ 和配体 CN^- 的浓度均为 1mol/L，则可以由 $K_稳$ 值计算平衡时相应的 Au^+ 的浓度。

$$[Au(CN)_2]^- \rightleftharpoons Au^+ + 2CN^-$$

$$K^\ominus=\frac{[Au^+][CN^-]^2}{[Au(CN)_2^-]}$$

$$=\frac{1}{K_稳\{[Au(CN)_2]^-\}}$$

则

$$[Au^+]=\frac{1}{K_稳\{[Au(CN)_2]^-\}}=5.00\times10^{-39}\ mol/L$$

将$[Au^+]$代入能斯特方程式：

$$\varphi^\ominus\{[Au(CN)_2]^-/Au\}=\varphi^\ominus(Au^+/Au)+0.0592lg[Au^+]$$

$$=+1.692+0.0592lg(5.00\times10^{-39})$$

$$=-0.575\ (V)$$

可以看出，当 Au^+ 形成稳定的 $[Au(CN)_2]^-$ 配离子后，$\varphi(Au^+/Au)$ 减小，此时 Au 的还原能力增强，即在配体 CN^- 存在时 Au 易被氧化为 $[Au(CN)_2]^-$，这也是湿法冶金提炼金所依据的原理。

(4) 配合物之间的转化 配合物转化的趋势取决于两个稳定常数的相对大小，即配位平衡总由 $K_稳$ 小的向 $K_稳$ 大的方向进行转化，而且这两个 $K_稳$ 相差越大，转化的趋势越大。若两者接近，则主要由配合剂的相对浓度决定。

【例 10-7】 向含有 $[Ag(NH_3)_2]^+$ 的溶液中分别加入 KCN 和 $Na_2S_2O_3$，此时发生下列反应：

$$[Ag(NH_3)_2]^+ + 2CN^- \rightleftharpoons [Ag(CN)_2]^- + 2NH_3 \quad ①$$

$$[Ag(NH_3)_2]^+ + 2S_2O_3^{2-} \rightleftharpoons [Ag(S_2O_3)_2]^{3-} + 2NH_3 \quad ②$$

试问，在相同的情况下，哪个转化反应进行得较完全？

解： 反应式①的平衡常数表示为：

$$K_1^\ominus=\frac{[Ag(CN)_2^-][NH_3]^2}{[Ag(NH_3)_2^+][CN^-]^2}$$

$$=\frac{[Ag(CN)_2^-][NH_3]^2[Ag^+]}{[Ag(NH_3)_2^+][CN^-]^2[Ag^+]}$$

$$=\frac{K^{\ominus}_{稳}\{Ag(CN)_2^-\}}{K^{\ominus}_{稳}\{Ag(NH_3)_2^+\}}$$

$$=\frac{1.26\times10^{21}}{1.12\times10^{7}}=1.13\times10^{14}$$

同理，可求出反应式②的平衡常数 $K_2^{\ominus}=2.57\times10^6$。

由计算得知，反应式①的平衡常数 $K_1^{\ominus}$ 比反应式②的平衡常数 $K_2^{\ominus}$ 大，说明反应①比反应②进行得较完全。

综上所述，配位平衡与其他平衡共处一体时，这些平衡将相互影响，相互制约，构成多重平衡体系，因此可根据其平衡常数的大小讨论平衡转化的方向。

10.4　螯合物

10.4.1　螯合物的形成

只含有一个配位原子的配位体称为单齿配体。如 X^-、NH_3、H_2O、CN^- 等。一个配位体中有两个以上的配位原子同时和一个中心离子键合的配位体统称多齿配体，如：

乙二胺　$NH_2—CH_2—CH_2—NH_2$，　草酸根 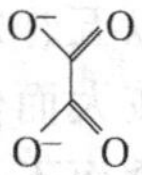

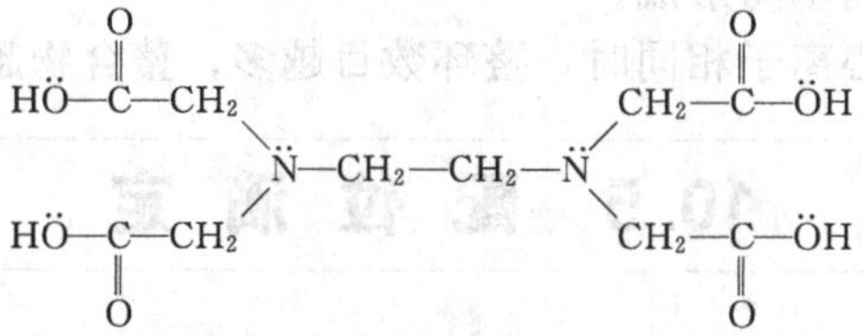

乙二胺四乙酸（简称 EDTA 酸）　　用 H_4Y 表示

这些配位原子与中心离子配合成键，形成环状结构。这类配合物称为螯合物（chelate compound），俗称内络盐。例如，Co^{3+} 分别与多基配体乙二胺（en）、草酸根（$C_2O_4^{2-}$）、氨基乙酸根（$NH_2CH_2COO^-$）形成螯合物$[Co(en)_3]^{3+}$、$[Co(C_2O_4)_3]^{3-}$、$[Co(NH_2CH_2COO)_3]$，它们的结构如图 10-1 所示。

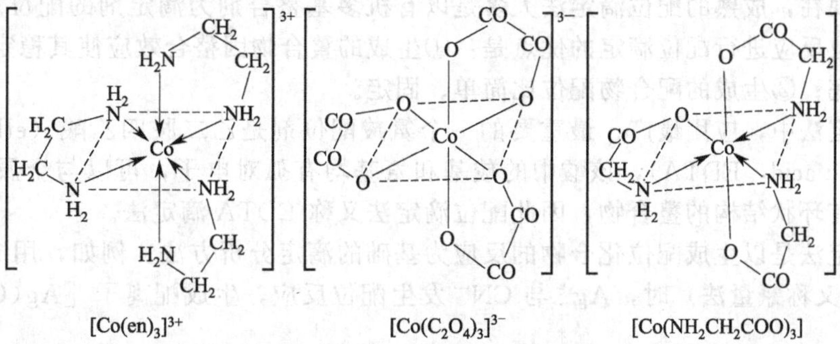

图 10-1　Co^{3+} 三种螯合物的结构式

可以看出，在这三个螯合物中，同一配体的两个配位原子之间相隔两个碳原子，所以形成的螯环是五元环。如果多基配体的两个配位原子之间相隔三个其他原子，则形成六元环。

螯合物可以是带电荷的配离子，也可以是不带电的中性分子，如 $[Co(NH_2CH_2COO)_3]$。

它们在水中的溶解度一般都很小。

形成螯合物的多基配体也称螯合剂，它们大多是一些含有 N、O、S 等配位原子的有机分子或离子。例如，以两个氧原子为配位原子的螯合剂草酸根（$C_2O_4^{2-}$），羟基乙酸根（$HOCH_2COO^-$）等；以 O、N 为配位原子的螯合剂氨基乙酸（NH_2CH_2COOH），氨三乙酸［$N(CH_2COOH)_3$］和 H_4Y。这类既含有氨基又含有羧基的螯合剂称为氨羧螯合剂，其中以 EDTA 最为重要，它的螯合能力特别强；可与绝大多数金属离子形成稳定的配离子。

螯合物的组成一般用螯合比来表示，也就是中心离子与螯合剂分子（或离子）数目之比。例如，$[Cu(en)_2]^{2+}$ 的螯合比是 1∶2，$[Co(NH_2CH_2COO)_3]$ 的螯合比是 1∶3，EDTA与金属离子 M^{n+} 所形成螯合物 MY^{n-4} 的螯合比通常为 1∶1。

10.4.2 螯合物的稳定性

螯合物的主要特性是具有较高的稳定性。例如，$[Ni(NH_3)_6]^{2+}$ 和 $[Ni(en)_2]^{2+}$ 两种配离子，它们的中心离子、配位原子和配位数都相同，但二者的 $K_{稳}$ 分别为 9.1×10^7 和 3.9×10^{18}。显然具有螯环结构的配离子 $[Ni(en)_3]^{2+}$ 稳定得多。

影响螯合物稳定性的主要因素有以下两个方面。

(1) 螯环的大小 以五、六元环最稳定，它们相应的键角分别是 108°、120°，有利于成键。更小的环由于张力较大而使得稳定性较差或不能形成，更大的环同样因为键合的原子轨道不能发生较大程度重叠而不易形成。

(2) 螯环的数目 中心离子相同时，螯环数目越多，螯合物越稳定。

10.5 配位滴定

10.5.1 配位滴定概述

配位滴定法是以配位反应为基础的滴定分析方法。配位反应很多，但能用于配位滴定的配位反应并不多。除汞量法［$Hg^{2+}+2SCN^- \rightleftharpoons Hg(SCN)_2$］测定汞和佩量法 $Ag^+ + 2CN^- \rightleftharpoons [Ag(CN)_2]^-$ 测定 Ag^+、CN^- 等以外，其余的单基配位反应几乎不能用于配位滴定。其原因是由于大多数单基配合物的稳定性差，且反应的产物是一个混合体，无法进行定量计算。现在，成熟的配位滴定法大多是以有机多基螯合剂为滴定剂的配位反应进行的。应用这类配位反应进行配位滴定的优点是：①生成的螯合物因螯合效应使其稳定性很强，配位反应很彻底；②生成的配合物配位比简单、固定。

配位滴定法中，应用最广、最重要的一个氨羧配位剂是乙二胺四乙酸（ethylene diamine tetraacetic acid，EDTA），该酸中的羧基和氨基均有孤对电子，可以与金属原子同时配位，形成具有环状结构的螯合物，因此配位滴定法又称 EDTA 滴定法。

配位滴定法是以生成配位化合物的反应为基础的滴定分析方法。例如，用 $AgNO_3$ 溶液滴定 CN^-（又称氰量法）时，Ag^+ 与 CN^- 发生配位反应，生成配离子 $[Ag(CN)_2]^-$，其反应式如下：

$$Ag^+ + CN^- \rightleftharpoons [Ag(CN)_2]^-$$

当滴定到达化学计量点后，稍过量的 Ag^+ 与 $[Ag(CN)_2]^-$ 结合生成 $Ag[Ag(CN)_2]$ 白色沉淀，使溶液变浑浊，指示终点的到达。

能用于配位滴定的配位反应必须具备一定的条件：配位反应必须完全，即生成的配合物的稳定常数足够大；反应应按一定的反应式定量进行，即金属离子与配位剂的比例（即配位比）要恒定；反应速度快；有适当的方法检出终点。

配位反应具有极大的普遍性，但不是所有的配位反应及其生成的配合物均可满足上述条件。

在配位滴定中最常用的氨羧配位剂主要有以下几种：EDTA（乙二胺四乙酸）；CyDTA（或 DCTA，环己烷二胺基四乙酸）；EDTP（乙二胺四丙酸）；TTHA（三乙基四胺六乙酸）。常用氨羧配位剂与金属离子形成的配合物稳定性参见附录 4。氨羧配位剂中 EDTA 是目前应用最广泛的一种，用 EDTA 标准溶液可以滴定几十种金属离子。通常所谓的配位滴定法，主要是指 EDTA 滴定法。

10.5.2　EDTA 的性质

EDTA 是一个四元酸，为白色无水结晶粉末，室温时溶解度较小（22℃时溶解度为 0.02g/100mL H_2O），难溶于酸和有机溶剂，易溶于碱或氨水中形成相应的盐。由于乙二胺四乙酸溶解度小，因而不适用作滴定剂。

EDTA 二钠盐（$Na_2H_2Y \cdot 2H_2O$，也简称为 EDTA，相对分子质量为 372.26）为白色结晶粉末，室温下可吸附水分 0.3%，80℃时可烘干除去。在 100~140℃时将失去结晶水而成为无水的 EDTA 二钠盐（相对分子质量为 336.24）。EDTA 二钠盐易溶于水（22℃时溶解度为 11.1g/100mL H_2O，浓度约 0.3mol/L，pH≈4.4），因此通常使用 EDTA 二钠盐作滴定剂。

乙二胺四乙酸在水溶液中，具有双偶极离子结构：

$$\text{HOOCH}_2\text{C} \diagdown \overset{+}{\text{N}}\text{H}-\text{CH}_2-\text{CH}_2-\overset{+}{\text{N}}\text{H} \diagup \text{CH}_2\text{COO}^- \\ \text{-OOCH}_2\text{C} \diagup \qquad\qquad\qquad\qquad \diagdown \text{CH}_2\text{COOH}$$

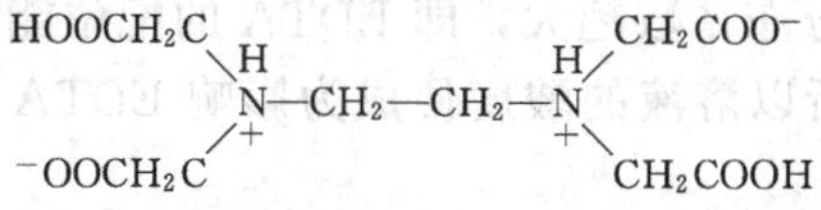

因此，当 EDTA 溶解于酸度很高的溶液中时，它的两个羧酸根可再接受两个 H^+ 形成 H_6Y^{2+}，这样，它就相当于一个六元酸，有六级离解常数，如下所示。

K_1	K_2	K_3	K_4	K_5	K_6
$10^{-0.9}$	$10^{-1.6}$	$10^{-2.0}$	$10^{-2.67}$	$10^{-6.16}$	$10^{-10.26}$

各级稳定常数及累积稳定常数见表 10-4。

表 10-4　EDTA 的各级稳定常数及累积稳定常数

稳 定 平 衡	各级稳定常数	各级累积稳定常数
$Y^{4-} + H^+ \rightleftharpoons HY^{3-}$	$\lg K_1^{\ominus} = 10.26$	$\lg \beta_1^{\ominus} = 10.26$
$HY^{3-} + H^+ \rightleftharpoons H_2Y^{2-}$	$\lg K_2^{\ominus} = 6.16$	$\lg \beta_2^{\ominus} = 16.42$
$H_2Y^{2-} + H^+ \rightleftharpoons H_3Y^-$	$\lg K_3^{\ominus} = 2.67$	$\lg \beta_3^{\ominus} = 19.09$
$H_3Y^- + H^+ \rightleftharpoons H_4Y$	$\lg K_4^{\ominus} = 2.00$	$\lg \beta_4^{\ominus} = 21.09$
$H_4Y + H^+ \rightleftharpoons H_5Y^+$	$\lg K_5^{\ominus} = 1.60$	$\lg \beta_5^{\ominus} = 22.69$
$H_5Y^+ + H^+ \rightleftharpoons H_6Y^{2+}$	$\lg K_6^{\ominus} = 0.90$	$\lg \beta_6^{\ominus} = 23.59$

EDTA 在水溶液中总是以 H_6Y^{2+}、H_5Y^+、H_4Y、H_3Y^-、H_2Y^{2-}、HY^{3-}和 Y^{4-}等七种型体存在。它们的分布系数 δ 与溶液 pH 的关系如图 10-2 所示。

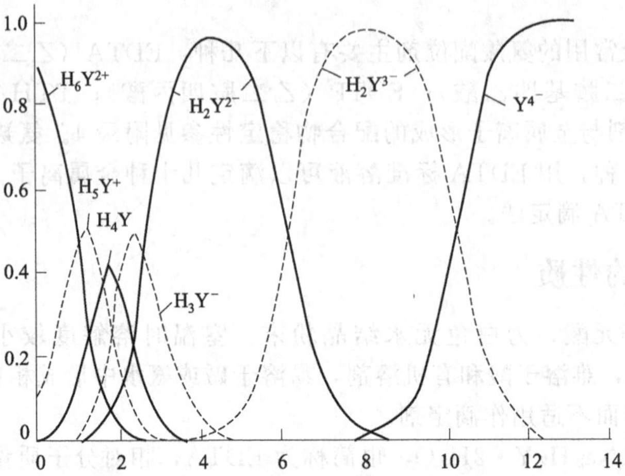

图 10-2　EDTA 溶液中各种存在形式的分布

由分布曲线图中可以看出，在 pH<1 的强酸溶液中，EDTA 主要以 H_6Y^{2+} 型体存在；在 pH 为 2.75～6.24 时，主要以 H_2Y^{2-} 型体存在；仅在 pH>10.34 时才主要以 Y^{4-} 型体存在。值得注意的是，在七种型体中只有 Y^{4-}（为了方便，以下均用符号 Y 来表示 Y^{4-}）能与金属离子直接配位。Y 分布系数越大，即 EDTA 的配位能力越强。而 Y 分布系数的大小与溶液的 pH 密切相关，所以溶液的酸度便成为影响 EDTA 配合物稳定性及滴定终点敏锐性的一个很重要的因素。

10.5.3　EDTA 配合物的特点

EDTA 与金属离子的配合物有如下特点。

① EDTA 具有广泛的配位性能，几乎能与所有金属离子形成配合物，因而配位滴定应用很广泛，但如何提高滴定的选择性便成为配位滴定中的一个重要问题。

② EDTA 配合物的配位比简单，多数情况下都形成 1∶1 配合物。个别离子如 Mo(Ⅴ)与 EDTA 配合物[$(MoO_2)_2Y^{2-}$]的配位比为 2∶1。

③ EDTA 配合物的稳定性高，能与金属离子形成具有多个五元环结构的螯合物。图 10-3为 Ca^{2+} EDTA 所形成螯合物的立体结构示意图。由图 10-3 可见，配离子中具有五个五元环，因而稳定性较高。

④ EDTA 配合物易溶于水，使配位反应较迅速。

⑤ 大多数金属-EDTA 配合物无色，这有利于指示剂确定终点。但 EDTA 与有色金属离子配位生成的螯合物颜色则加深，如下所示。

CuY^{2-}	NiY^{2-}	CoY^{2-}	MnY^{2-}	CrY^-	FeY^-
深蓝	蓝色	紫红	紫红	深紫	黄

部分金属-EDTA 配位化合物的 $\lg K_{稳}$ 见表 10-5 所列。

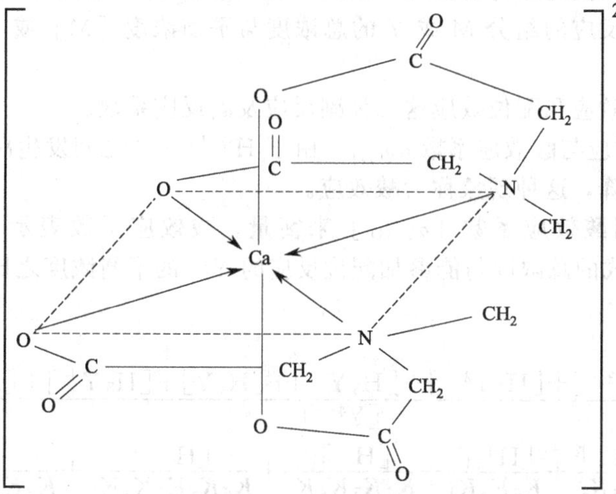

图 10-3　配合物 CaY^{2-} 的立体结构

表 10-5　部分金属-EDTA 配位化合物的 $\lg K_{稳}$

阳离子	$\lg K_{MY}$	阳离子	$\lg K_{MY}$	阳离子	$\lg K_{MY}$
Na^+	1.66	Ce^{4+}	15.98	Cu^{2+}	18.80
Li^+	2.79	Al^{3+}	16.3	Ga^{2+}	20.3
Ag^+	7.32	Co^{2+}	16.31	Ti^{3+}	21.3
Ba^{2+}	7.86	Pt^{2+}	16.31	Hg^{2+}	21.8
Mg^{2+}	8.69	Cd^{2+}	16.49	Sn^{2+}	22.1
Sr^{2+}	8.73	Zn^{2+}	16.50	Th^{4+}	23.2
Be^{2+}	9.20	Pb^{2+}	18.04	Cr^{3+}	23.4
Ca^{2+}	10.69	Y^{3+}	18.09	Fe^{3+}	25.1
Mn^{2+}	13.87	Vo^+	18.1	U^{4+}	25.8
Fe^{2+}	14.33	Ni^{2+}	18.60	Bi^{3+}	27.94
La^{3+}	15.50	Vo^{2+}	18.8	Co^{3+}	36.0

因此滴定这些离子时，要控制其浓度勿过大；否则，使用指示剂确定终点将发生困难。

10.5.4 配位反应的完全程度及其影响因素

(1) 配位反应的副反应和副反应系数　在 EDTA 滴定中，被测金属离子 M 与 Y 配位，生成配合物 MY，这是主反应。与此同时，反应物 M、Y 及反应产物 MY 也可能与溶液中的其他组分发生各种副反应：

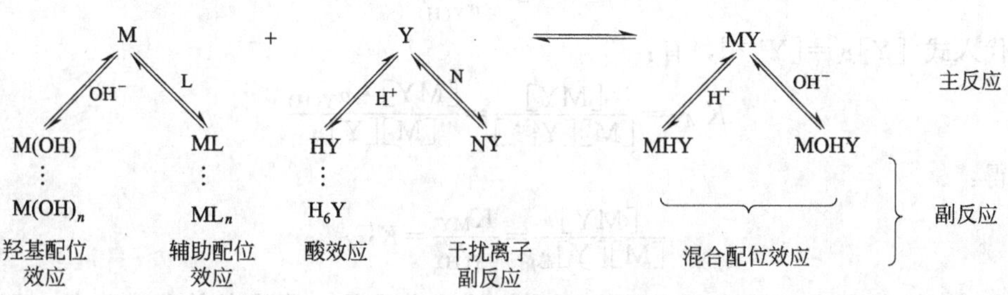

这些副反应的发生都将影响主反应进行的程度，从而影响到 MY 的稳定性。反应物 M、Y 的副反应将不利于主反应的进行，而反应产物 MY 的副反应则有利于主反应。

为了定量地表示副反应进行的程度，引入副反应系数 α。根据平衡关系计算副反应的影响，即求得未参加主反应的组分 M 或 Y 的总浓度与平衡浓度 [M] 或 [Y] 的比值，就得到副反应系数 α。

下面着重讨论酸效应和配位效应这二种副反应及副反应系数。

① EDTA 的酸效应与酸效应系数 $\alpha_{Y(H)}$　由于 H^+ 与 Y^{4-} 之间发生副反应，就使 EDTA 参加主反应的能力下降，这种现象称为酸效应。

酸效应的大小用酸效应系数 [$\alpha_{Y(H)}$] 来衡量。酸效应系数表示未参加配位反应的 EDTA的各种存在形式的总浓度与能参加配位反应的 Y^{4-} 的平衡浓度之比：

$$\alpha_{Y(H)}=\frac{[Y_{总}]}{[Y^{4-}]}$$

$$=\frac{[Y^{4-}]+[HY^{3-}]+[H_2Y^{2-}]+[H_3Y^-]+[H_4Y]+[H_5Y^+]+[H_6Y^{2+}]}{[Y^{4-}]}$$

$$=1+\frac{[H^+]}{K_6}+\frac{[H^+]^2}{K_6K_5}+\frac{[H^+]^3}{K_6K_5K_4}+\frac{[H^+]^4}{K_6K_5K_4K_3}+\frac{[H^+]^5}{K_6K_5K_4K_3K_2}+\frac{[H^+]^6}{K_6K_5K_4K_3K_2K_1}$$

溶液的 pH 越小，即 [H^+] 越大，$\alpha_{Y(H)}$ 就越大，表示 Y^{4-} 的平衡浓度越小，EDTA 的副反应越严重。故 $\alpha_{Y(H)}$ 反映了副反应进行的严重程度。

在多数的情况下，$[Y]_{总}$ 总是大于 [Y^{4-}] 的。只有在 pH=12 时，EDTA 的酸效应系数 $\alpha_{Y(H)}$ 才等于 1，$[Y]_{总}$ 才几乎等于有效浓度 [Y^{4-}]，此时没有发生副反应。

在不同 pH 时的酸效应系数 $\alpha_{Y(H)}$ 列于表 10-6 中。以 pH-lg$\alpha_{Y(H)}$ 作图，所得的曲线如图 10-6 所示。

表 10-6　不同 pH 时的 lg$\alpha_{Y(H)}$

pH	lg$\alpha_{Y(H)}$	pH	lg$\alpha_{Y(H)}$	pH	lg$\alpha_{Y(H)}$	pH	lg$\alpha_{Y(H)}$	pH	lg$\alpha_{Y(H)}$
0.0	23.64	2.0	13.51	4.0	8.44	6.0	4.65	8.5	1.77
0.4	21.32	2.4	12.19	4.4	7.64	6.4	4.06	9.0	1.29
0.8	19.08	2.8	11.09	4.8	6.84	6.8	3.55	9.5	0.83
1.0	18.01	3.0	10.60	5.0	6.45	7.0	3.32	10.0	0.45
1.4	16.02	3.4	9.70	5.4	5.69	7.5	2.78	11.0	0.07
1.8	14.27	3.8	8.85	5.8	4.98	8.0	2.26	12.0	0.00

从表 10-6 可以看出，多数情况下 $\alpha_{Y(H)}$ 不等于 1，$[Y]_{总}$ 不等于 [Y^{4-}]。而前面讨论的稳定常数 K_{MY} 是 $[Y]_{总}$ = [Y^{4-}] 时的稳定常数，故不能在 pH 小于 12 时应用。要了解不同酸度下配合物 MY 的稳定性，就必须从 [Y^{4-}] 与 $[Y]_{总}$ 的关系来考虑。因为：

$$[Y^{4-}]=\frac{[Y_{总}]}{\alpha_{Y(H)}}$$

将上式代入式 $[Y]_{总}=[Y^{4-}]$，有：

$$K_{MY}=\frac{[MY]}{[M][Y^{4-}]}=\frac{[MY]\cdot\alpha_{Y(H)}}{[M][Y]_{总}}$$

整理后得：

$$\frac{[MY]}{[M][Y]_{总}}=\frac{K_{MY}}{\alpha_{Y(H)}}=K'_{MY} \tag{10-5}$$

式中，K'_{MY} 是考虑了酸效应后 MY 配合物的稳定常数，称为条件稳定常数，即在一定酸度条件下用EDTA溶液总浓度 $[Y]_{总}$ 表示的稳定常数。

条件稳定常数的大小说明在溶液酸度影响下配合物 MY 的实际稳定程度。

式(10-5) 在实际应用中常以对数形式表示，即：

$$\lg K'_{MY}=\lg K_{MY}-\lg\alpha_{Y(H)} \tag{10-6}$$

条件稳定常数 K'_{MY} 可通过式(10-5) 和式(10-6) 由 K_{MY} 和 $\alpha_{Y(H)}$ 计算而得，它随溶液的 pH 变化而变化。

应用条件稳定常数 K'_{MY} 比用稳定常数 K'_{MY} 能更正确地判断金属离子 M 和 Y 的配位情况，故 K'_{MY} 在选择配位滴定的 pH 条件时有着十分重要的意义。

【例 10-8】 计算 pH＝2.0 和 pH＝5.0 时的 $\lg K'_{ZnY}$ 值。

解： 查书末附录，知 $\lg K'_{ZnY}=16.4$

① 查表 10-6，pH＝2.0 时，$\lg\alpha_{Y(H)}=13.5$，由式(10-6) 得：

$$\lg K'_{ZnY}=\lg K'_{ZnY}-\lg\alpha_{Y(H)}=16.4-13.5=2.9$$

② 查表 10-6，pH＝5.0 时，$\lg\alpha_{Y(H)}=6.5$，由式(10-6) 得：

$$\lg K'_{ZnY}=\lg K'_{ZnY}-\lg\alpha_{Y(H)}=16.4-6.5=9.9$$

可见，若在 pH＝2.0 时滴定 Zn^{2+}，由于副反应严重，ZnY 很不稳定，配位反应进行不完全。而在 pH＝5.0 时滴定 Zn^{2+}，$\lg K'_{ZnY}=9.9$，ZnY 就很稳定，配位反应可以进行得很完全。

从表 10-6 和式(10-5)、式(10-6) 可知，pH 愈大，$\lg\alpha_{Y(H)}$ 值愈小，副反应愈小，条件稳定常数 K'_{MY} 愈大，配位反应愈完全，对配位滴定愈有利。然而要注意的是，pH 太大时，许多金属离子会发生水解生成沉淀，此时就难以用 EDTA 直接滴定该种金属离子了。而 pH 降低，条件稳定常数 K'_{MY} 就减小，对于稳定性较高的配合物，溶液的 pH 即使稍低些，可能仍然可以进行准确滴定；而对于稳定性较差的配合物，若溶液的 pH 低，可能就无法进行准确滴定了。因此滴定不同的金属离子时，有着不同的最低允许 pH。

② 金属离子 M 的副反应及其副反应系数 α_M　金属离子 M 若发生副反应，结果会使金属离子参加主反应的能力下降。金属离子 M 的副反应系数用 α_M 表示，它表示未与 Y 配位的金属离子各种存在形式的总浓度 $[M]_总$ 与游离金属离子浓度 [M] 之比：

$$\alpha_M=\frac{[M]_总}{[M]}$$

在进行配位滴定时，为了掩蔽干扰离子，常加入某些其他的配位剂 L，这些配位剂称为辅助配位剂。辅助配位剂 L 与被滴定的金属离子发生的副反应称为辅助配位效应，其副反应系数用 $\alpha_{M(L)}$ 表示：

$$\alpha_{M(L)}=\frac{[M]+[ML]+[ML_2]+\cdots+[ML_n]}{[M]}$$
$$=1+\beta_1[L]+\beta_2[L]^2+\cdots+\beta_n[L]^n$$

其中 β_i 为金属离子与辅助配位剂 L 形成配合物的各级累积稳定常数。

由溶液中的 OH^- 与金属离子 M 形成羟基配合物所引起的副反应称为羟基配位效应，其副反应系数用 $\alpha_{M(OH)}$ 表示：

$$\alpha_{M(OH)}=\frac{[M]+[M(OH)]+[M(OH)_2]+\cdots+[M(OH)_n]}{[M]}$$
$$=1+\beta_1[OH^-]+\beta_2[OH^-]^2+\cdots+\beta_n[OH^-]^n$$

其中，β_i 为金属离子羟基配合物的各级累积稳定常数。

对含有辅助配位剂 L 的溶液，α_M 应包括 $\alpha_{M(L)}$ 和 $\alpha_{M(OH)}$ 二项，即

$$\alpha_M=\frac{[M]_{总}}{[M]}=\frac{[M]+[ML]+\cdots+[ML_n]+[M(OH)]+\cdots+[M(OH)_n]}{[M]}$$

$$=\alpha_{M(L)}+\alpha_{M(OH)}-1\approx\alpha_{M(L)}+\alpha_{M(OH)}$$

利用金属离子的副反应系数 α_M，可以在其他配位剂 L 存在下，对有关平衡进行定量处理。

将式 $\alpha_M=\frac{[M]_{总}}{[M]}$代入$[Y]_{总}=[Y^{4-}]$，整理后可得：

$$\frac{[MY]}{[M]_{总}[Y^{4-}]}=\frac{K_{MY}}{\alpha_M}=K'_{MY} \quad (10\text{-}7)$$

这是只考虑金属离子副反应（辅助配位效应和羟基配位效应）时 MY 配合物的条件稳定常数。

由于 EDTA 的酸效应总是存在的，因此在其他配位剂 L 存在时，应该同时考虑 α_M 和 $\alpha_{Y(H)}$，此时的条件稳定常数 K'_{MY}就为：

$$\frac{[MY]}{[M]_{总}[Y]_{总}}=\frac{K_{MY}}{\alpha_M\alpha_{Y(H)}}=K'_{MY} \quad (10\text{-}8)$$

或表示为：

$$\lg K'_{MY}=\lg K_{MY}-\lg\alpha_M-\lg\alpha_{Y(H)} \quad (10\text{-}9)$$

条件稳定常数 K'_{MY}是在一定外因（H^+和 L）条件的影响下，用副反应系数校正后 MY 配合物的实际稳定常数。应用 K'_{MY}能更正确地判断 MY 配合物在该条件下的稳定性。

③ MY 配合物的副反应系数 α_{MY}　在酸度较高时，MY 配合物会与 H^+ 发生副反应，生成酸式配合物 MHY；在碱度较高时，MY 会与 OH^- 发生副反应，生成 M(OH) Y、$M(OH)_2Y$ 等碱式配合物，这两种副反应称为混合配位效应。其结果会使平衡右移，总的配合物略有增加，也就是使配合物的稳定性略有增大。但是这些混合配合物一般不太稳定，可以忽略不计。

以上讨论可见，配位滴定中的影响因素很多，在一般情况下，主要是 EDTA 的酸效应和 M 的配位效应。

确定 EDTA 滴定金属离子的适宜酸度范围时，首先要考虑酸效应，溶液的 pH 应大于允许的最小 pH。其次，溶液的 pH 不能太大，不能有金属离子的水解产物析出。此外，还应考虑到金属指示剂的变色对 pH 的要求，同时亦要考虑避免其他共存金属离子的干扰。综合考虑这些因素后，就能确定滴定某金属离子的适宜 pH 范围。在实际工作中，这一 pH 范围是通过选用合适的缓冲溶液来加以控制的。

但也应该指出，如果加入了辅助配位剂，它与金属离子形成的配合物比 EDTA 形成的配合物更稳定，则将会掩蔽金属离子，使其不能被 EDTA 滴定。

10.5.5 EDTA 配位滴定法

配位滴定要求配位反应定量、完全，即条件稳定常数 K_{MY}要大，必须符合一定的化学计量关系，并有指示终点的适宜方法。为此必须了解配位滴定对 K'_{MY}的要求以及如何确定配位滴定的合适实验条件。

(1) 化学计量点时的 pM　一般情况下，EDTA 与被测金属离子 M 之间的配位比为 1∶1，但由于 EDTA 有酸效应，M 有辅助配位效应和羟基配位效应，使得配位滴定远比酸碱滴定要复杂。由于条件稳定常数 K'_{MY}随滴定反应条件而变化，故欲使 K'_{MY}在滴定过程中基本不变，常用酸碱缓冲溶液来控制溶液的酸度。

随着滴定剂 EDTA 的加入，溶液中被滴金属离子的浓度不断下降，在化学计量点附近，被滴金属离子浓度的负对数 pM(pM=$-\lg[M]$)将发生突变。

以滴定剂 EDTA 加入的体积 V 为横坐标、pM 为纵坐标，作 pM-V_{EDTA}图，即可以得到配位滴定的滴定曲线。

通常仅须计算化学计量点时的 pM，并以此作为选择指示剂的依据。

$$K'_{MY}=\frac{[MY]}{[M]_{总}[Y]_{总}}$$

由式(10-8) 以及化学计量点时的$[M]_{总}=[Y]_{总}$，且该配合物 MY 较为稳定，则在化学计量点时 MY 离解很少，可以忽略，故有：

$$[M]_{总}=\sqrt{\frac{[MY]}{K'_{MY}}} \tag{10-10}$$

若滴定剂与被测金属离子的初始分析浓度相等，则 [MY] 即为金属离子初始分析浓度之半。

【例 10-9】 分别在 pH＝10.0 和 pH＝9.0 时，用 0.01000mol/L EDTA 溶液滴定 20.00mL 0.01000mol/L Ca^{2+}，计算滴定至化学计量点时的 pCa。

解：查书末附录，可得 CaY 的 $\lg K_{稳}=10.70$。

查表 10-6，当 pH=10.0 时，$\lg\alpha_{Y(H)}=0.45$。

因未加其他配位剂，故 $\lg\alpha_M=0$。

所以由式(10-8) 得：

$$\begin{aligned}\lg K'_{稳}&=\lg K_{MY}-\lg\alpha_M-\lg\alpha_{Y(H)}\\&=\lg K_{稳}-\lg\alpha_{Y(H)}\\&=10.70-0.45=10.25\\K'_{稳}&=10^{10.25}=1.8\times10^{10}\end{aligned}$$

在化学计量点时，Ca^{2+}与 Y 全部配合生成 CaY 配合物，但溶液中仍有如下平衡：

$$CaY \rightleftharpoons Ca^{2+}+Y^{4-}$$

Ca^{2+}无副反应，所以有：

$$K'_{稳}=\frac{[CaY]}{[Ca^{2+}][Y]_{总}}$$

因为此时$[Ca^{2+}]=[Y]_{总}$，所以有：

$$Ca^{2+}=\sqrt{\frac{[CaY]}{K'_{稳}}}$$

而 CaY 的 $K'_{稳}=1.8\times10^{10}$，CaY 在此时很稳定，基本上不离解，故有：

$$[CaY]=0.01000\times\frac{20.00}{20.00+20.00}=0.005000\text{mol/L}$$

所以

$$Ca^{2+}=\sqrt{\frac{0.005000}{1.8\times10^{10}}}=5.3\times10^{-7}\text{mol/L}$$

$$pCa=6.3$$

在 pH＝9.0 时，EDTA 滴定 Ca^{2+} 至化学计量点时的 pCa 也可以同样计算得到，为 5.9。

按照相同的方法，还可以计算出在其他 pH 条件下，EDTA 滴定 Ca^{2+} 至化学计量点时的 pCa。

不同 pH 条件下，以 0.01000mol/L EDTA 滴定 0.01000mol/L Ca^{2+} 的滴定曲线如图 10-4 所示。

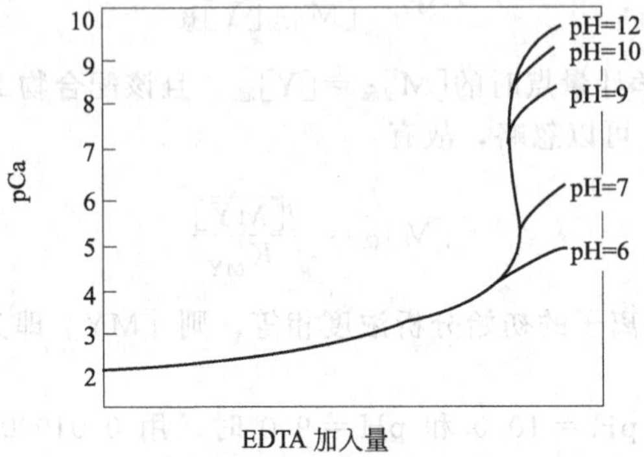

图 10-4　不同 pH 条件下以 0.01000mol/L EDTA 滴定 0.01000mol/L Ca^{2+} 的滴定曲线

(2) 金属离子被准确滴定的条件　滴定突跃的大小是决定滴定准确度的重要依据。影响滴定突跃的主要因素是 K'_{MY} 和被测金属离子的浓度 c_M。

从图 10-4 可以看出，用 EDTA 溶液滴定一定浓度的 Ca^{2+} 时，Ca^{2+} 浓度的变化情况即滴定曲线突跃的大小随溶液 pH 而变化，这是由于 CaY 的条件稳定常数 K'_{CaY} 随 pH 而发生改变的缘故。

pH 愈大，条件稳定常数 K'_{MY} 愈大，配合物愈稳定，滴定曲线化学计量点附近的 PCa 突跃就愈大；pH 愈小，该突跃就愈小。当 pH＝7 时，$\lg K'_{CaY}=7.3$，图中滴定曲线的突跃范围就很小了。

在金属离子浓度 c_M 一定的条件下，K'_{MY} 越大，滴定突跃就越大。当 $\lg K'_{MY}=8$ 时，在化学计量点前后 MY 的离解已经不能忽略，因此计算 $[M]_{总}$ 和 $[Y]_{总}$ 时，必须考虑 MY 的离解所产生的 M 和 Y。当 $\lg K'_{MY}=7$ 时，滴定突跃已小于 0.3pM 单位（图 10-4）。因此，当金属离子浓度一定时，溶液 pH 不同会使 K'_{MY} 改变，影响到滴定突跃的大小。提高 pH，降低酸度，使 $\lg\alpha_{Y(H)}$ 减小，可以提高 $\lg K'_{MY}$，从而扩大滴定的突跃范围。

由此可见，溶液 pH 的选择在 EDTA 配位滴定中非常重要。因此，每种金属离子都有一个能被定量滴定的允许最低 pH(即允许最高酸度)。

在配位滴定中，若滴定误差不超过 0.1%，就可认为金属离子已被定量滴定。为达到这样的准确度，除了 c_M 和 K'_{MY} 要足够大以外，还要选择较为灵敏的指示剂，以在较小的 ΔpM 范围内能看到明晰的终点。实践和理论都已证明，若同时满足如下两个条件时，金属离子 M 便能被定量滴定：

①
$$c_M K'_{稳}=10^6 \tag{10-11}$$
$$或\ \lg(c_M K'_{稳})=6 \tag{10-12}$$

② 终点突跃 ΔpM＝0.2。有灵敏可靠的指示剂和判断终点的方法。

显然 $c_M K'_{稳}$ 越大，滴定突跃越大，反应进行的越完全。

(3) 酸效应曲线　人们把各种金属离子能被定量滴定的允许最低 pH 与其 $\lg K_{稳}$ 的关系作图，就得到如图 10-5 所示的曲线，通常称为酸效应曲线图。

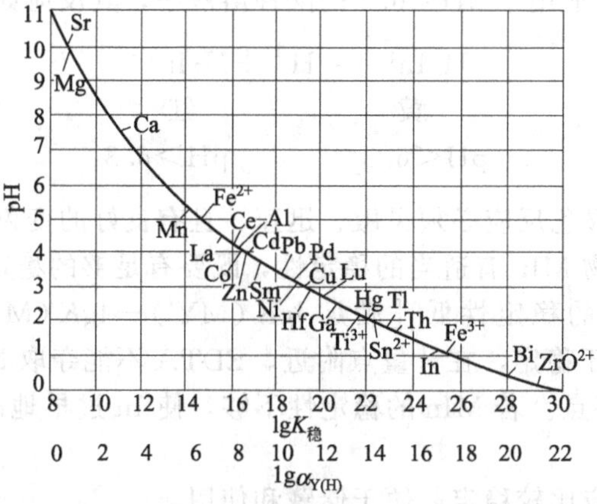

图 10-5　EDTA 的酸效应曲线（金属离子浓度为 0.01mol/L）

在图中不仅可以查到定量滴定某种金属离子的允许最低 pH，而且可以预计可能存在的干扰离子。例如，pH≈3.3 可以滴定 Pb^{2+}，但其允许最低 pH＝3.3 的 Cu^{2+}、Ni^{2+}、Sn^{2+}、Fe^{3+} 等离子肯定会干扰 Pb^{2+} 的滴定，而其允许最低 pH 稍大于 3.3 的 Al^{3+}、Zn^{2+}、Cd^{2+} 等离子也会有一定的干扰，而其允许最低 pH 很大的 Ca^{2+}、Mg^{2+} 等离子就不会有干扰了。

利用酸效应曲线图，我们还可以判断两种金属离子能否分步连续滴定。

10.5.6　指示剂

在配位滴定中，通常利用一种能与金属离子生成有色配合物的显色剂来指示滴定终点，这种能够指示溶液中金属离子浓度变化的显色剂称为金属离子指示剂，简称金属指示剂(metallochromic indicator)。

(1) 金属指示剂的变色原理　多数金属指示剂是具有一定配位能力的有机染料，几乎都是有机多元酸，而且不同型体有不同的颜色，可通过控制酸度使指示剂与配合物具有不同的颜色，以利于滴定终点的确定。其反应可表示为：

$$M+In=MIn$$

例如，钙指示剂在 pH＝10～13 时呈纯蓝色，它能与钙离子形成红色的配合物。用 EDTA滴定钙离子时，加入少量钙指示剂，指示剂与钙离子形成红色配合物 CaIn，大部分钙离子仍处于游离态。随着 EDTA 的加入，游离的钙离子逐渐形成配合物。计量点附近时，游离的钙离子几乎被完全配位，如果继续滴加 EDTA，由于 EDTA 与钙离子的配位能力强于钙指示剂与钙离子的配位能力，而使 CaIn 中的 Ca^{2+} 被 EDTA 夺取，将指示剂游离出来，溶液即呈现游离指示剂的颜色，从而指示滴定的终点：

$$MIn+Y=MY+In$$

(2) 金属指示剂应具备的条件　与金属离子发生显色反应的有机化合物很多，但能用做金属指示剂的却不多，因为一个合格的金属指示剂必须具备以下条件。

① 所选定的 pH 范围内，金属指示剂配合物 MIn 与处于游离态的指示剂 In 的颜色应明显不同，使滴定终点时有明显的颜色变化，易于确定滴定终点。例如，二甲酚橙指示剂是一

种紫色的晶体，易溶于水，存在七级酸式离解，为一种七元有机弱酸。在其离解产物中，H_7In 至 H_3In^{4-} 都是黄色的，H_2In^{5-} 至 In^{7-} 均为红色，二甲酚橙与金属离子的配合物都是红色，所以，二甲酚橙只适用于 pH<6.3 的酸性溶液中，其反应如下：

$$\underset{\substack{\text{黄}\\ pH<6.3}}{H_3In^{4-}} = H^+ + \underset{\substack{\text{红}\\ pH>6.3}}{H_2In^{5-}}$$

② 指示剂与金属的显色反应必须灵敏、迅速，且有良好的变色可逆性。

③ 金属指示剂配合物 MIn 有适当的稳定性，既要有足够的稳定性，但又要比 EDTA 与金属离子的配合物 MY 的稳定性低［满足 $\lg K(MY') - \lg K(MIn') = 2$ 条件，而且 $\lg K(MIn') = 2$］。若 MIn 过于稳定，在计量点附近，EDTA 不能夺取 MIn 中的 M，而使滴定的终点推迟，甚至得不到终点。若 MIn 的稳定性不够，使 In 过早地游离出来，导致滴定的终点提前出现。

④ 金属离子指示剂应比较稳定，便于储藏和使用。

⑤ 指示剂与金属离子形成的配合物应易溶于水，如果生成胶体溶液或沉淀，会使变色不明显。

指示剂的封闭现象：如果滴定体系中存在干扰离子，并能与金属指示剂形成稳定的配合物，虽然加入过量的 EDTA，在化学计量点附近仍没有颜色变化。这种现象称为指示剂的封闭。可加入适当的掩蔽剂来消除。

指示剂的僵化现象：有些指示剂或指示剂与金属离子形成的配合物在水中溶解度较小，以致在化学计量点时 EDTA 与指示剂置换缓慢，使终点拖长，这种现象称为指示剂的僵化。可以通过放慢滴定速度，加入适当的有机溶剂或加热，以增加有关物质的溶解度来消除这一影响。

指示剂的氧化变质现象：某些金属指示剂为含双键的有色有机化合物，稳定性较差，易被日光、氧化剂、空气等分解，在水中一般不稳定，放置一段时间后会变质，所以，常配成固体混合物使用。

(3) 常用金属离子指示剂简介

① 铬黑 T　铬黑 T 简称 EBT，使用最适宜酸度是 pH=9～10.5，在此酸度范围内其自身为蓝色，与 Mg^{2+}、Zn^{2+}、Ca^{2+}、Pb^{2+}、Hg^{2+}、Mn^{2+} 等离子形成红色配合物。Al^{3+}、Fe^{3+} 等对 EBT 有封闭作用。铬黑 T 固体性质稳定，但其水溶液只能保存几天，因此常将 EBT 与干燥的纯 NaCl 按 1∶100 混合均匀，研细，密闭保存。也可以用乳化剂 OP(聚乙二醇辛基苯基醚) 和 EBT 配成水溶液，其中 OP 为 1%，EBT 为 0.001%，这样的溶液可使用 2 个月。

② 钙指示剂　钙指示剂简称 NN，适用酸度为 pH=8～13，在 pH=12～13 时与 Ca^{2+} 形成红色配合物，自身为蓝色。Fe^{3+}、Al^{3+} 等对 NN 有封闭。

③ 二甲酚橙　二甲酚橙简称 XO，适用酸度为 pH<6，自身显亮黄色，在 pH=5～6 时，与 Pb^{2+}、Zn^{2+}、Cd^{2+}，Hg^{2+}、Ti^{3+} 等形成红色配合物。Fe^{3+}、Al^{3+} 等对 XO 有封闭。

④ PAN　PAN 适用酸度为 pH=2～12，自身显黄色，在适宜酸度下与 Th^{4+}、Br^{3+}、Cu^{2+}、Ni^{2+}、Pb^{2+}、Cd^{2+}、Zn^{2+}、Mn^{2+}、Fe^{2+} 形成紫红色配合物。红色配合物水溶性较差、易僵化。

⑤ 磺基水杨酸　磺基水杨酸适用酸度范围为 pH=1.5～2.5，自身为无色，在此范围内与 Fe^{3+} 生成紫红色配合物。

10.5.7 提高配位滴定选择性的方法

实际分析对象中往往有多种金属离子共存，而 EDTA 又能与很多金属离子形成稳定的配合物，所以在滴定某一金属离子时常常受到共存离子的干扰。如何在多种离子中进行选择滴定就成为配位滴定的一个重要问题。

(1) 控制酸度 假设溶液中含有两种金属离子 M，N，它们均可与 EDTA 形成配合物，且 $\lg K'(MY) > \lg K'(NY)$。当用 EDTA 滴定时，若 $c(M)=c(N)$，M 首先被滴定。若 $K'(MY)$ 与 $K'(NY)$ 相差足够大，则 M 被定量滴定后，EDTA 才与 N 作用，这样，N 的存在并不干扰 M 的准确滴定。两种金属离子的 EDTA 配合物的条件稳定常数相差越大，被测金属离子浓度 $[c(M)]$ 越大，共存离子浓度 $[c(N)]$ 越小，则在 N 离子存在下准确滴定 M 离子的可能性就越大。对于有干扰离子存在的配位滴定，一般允许有不超过 0.5%的相对误差，而如前述，肉眼判断终点颜色变化时，滴定突跃至少应有 0.2 个 pM 单位。根据理论推导，要想在 M，N 两种离子共存时通过控制溶液酸度来准确滴定 M 离子，必须同时满足 $c(M)K'(MY)/c(N)K'(NY)$ 大于等于 10^5 和 $K'(MY) > 10^8$ 两个条件。

【例 10-10】 若一溶液中 Fe^{3+}、Al^{3+} 浓度均为 0.01mol/L，能否控制酸度，用 EDTA 选择滴定 Fe^{3+}？如何控制溶液的酸度？

解： 已知 $K(FeY^-)=10^{25.1}$，$K(AlY^-)=10^{16.3}$。

同一溶液中 EDTA 的酸效应一定，在无其他副反应时，有

$$\frac{c(Fe^{3+})K'(FeY^-)}{c(Al^{3+})K'(AlY^-)}=\frac{K(FeY^-)}{K(AlY^-)}=10^{8.8}>10^5$$

所以，可通过控制溶液酸度来选择滴定 Fe^{3+}，而 Al^{3+} 不干扰。

根据 $K'(MY)>10^8$，可计算得滴定 Fe^{3+} 的最低 pH 约为 1.2。在 pH=1.8 时，Fe^{3+} 发生水解生成 $Fe(OH)_3$ 沉淀，所以，可控制 pH=1.2～1.8 滴定 Fe^{3+}。从酸效应曲线可看出，这时 Al^{3+} 不被滴定。

如果溶液中存在两种以上金属离子，要判断能否用控制溶液酸度的方法进行分别滴定，应该首先考虑配合物稳定常数最大和与之最接近的那两种离子，然后依次两两考虑。

在考虑滴定的适宜 pH 范围时还应注意所选用指示剂的适宜 pH 范围。如滴定 Fe^{3+} 时，用磺基水杨酸作指示剂，在 pH=1.5～1.8 时，它与 Fe^{3+} 形成红色配合物。若在此 pH 范围内用 EDTA 直接滴定 Fe^{3+}，终点颜色变化明显，Al^{3+} 不干扰。滴定 Fe^{3+} 后，调节溶液 pH=3，加入过量 EDTA，煮沸，使 Al^{3+} 与 EDTA 完全配位，再调 pH 至 5～6，用 PAN 作指示剂，用 Cu^{2+} 标准溶液滴定过量的 EDTA，即可测出 Al^{3+} 的含量。

(2) 掩蔽和解蔽 当被测金属离子和干扰离子的配合物的稳定性相差不大时，就不能用控制酸度的方法进行选择滴定。可以加入某种试剂，使之仅与干扰离子 N 反应，这样溶液中游离 N 的浓度大大降低，N 对被测离子 M 的干扰也会减弱以至消除，这种方法称为掩蔽法（masking method）。常用的掩蔽法有配位掩蔽法、沉淀掩蔽法和氧化还原掩蔽法等，其中以配位掩蔽法最常用。

① 配位掩蔽法 利用配位剂（掩蔽剂）与干扰离子形成稳定的配合物，从而消除干扰的掩蔽方法。例如，pH=10 时用 EDTA 滴定 Mg^{2+}，Zn^{2+} 的存在会干扰滴定，若加入 KCN，与 Zn^{2+} 形成稳定配离子，Zn^{2+} 被掩蔽而消除干扰。又如用 EDTA 滴定法测定水的硬度时，Fe^{3+}、Al^{3+} 的干扰可用三乙醇胺掩蔽。

采用配位掩蔽法时，所用掩蔽剂必须具备下列条件：干扰离子与掩蔽剂形成的配合物应远比它与 EDTA 形成的配合物稳定，且配合物应为无色或浅色，不影响终点判断；掩蔽剂不与被测离子反应，即使反应形成配合物，其稳定性也应远低于被测离子与 EDTA 形成的

配合物，这样在滴定时掩蔽剂可被EDTA置换；掩蔽剂适用的pH范围应与滴定的pH范围一致。常用的掩蔽剂见表10-7所列。

表10-7 EDTA滴定中常用的掩蔽剂

掩蔽剂	掩蔽离子	测定离子	pH	指示剂	备注
二巯基丙醇(BAL)	Ag^+、As^{3+}、Bi^{3+} Cd^{2+}、Hg^{2+}、Pb^{2+} Sb^{3+}、Sn^{4+}、Co^{2+}、Cu^{2+}、Ni^{2+}	Ca^{2+}、Mg^{2+} Mn^{2+}	10	铬黑T	Co^{2+}、Cu^{2+}、Ni^{2+}与BAL的配合物有色
三乙醇胺(TEA)	Al^{3+} Al^{3+}、Fe^{3+}、Mn^{2+} Al^{3+}、Fe^{3+}、Tl^{3+}、Mn^{2+} Al^{3+}、Fe^{2+}、Sn^{4+}、Ti^{2+}	Mg^{2+}、Zn^{2+} Ca^{2+} Ca^{2+} Ni^{2+} Cd^{2+}、Mg^{2+}、Mn^{2+} Pb^{2+}、Zn^{2+}	10 碱性 >12 10 10	铬黑T Cu-PAN 紫脲酸铵或钙指示剂 紫脲酸铵 铬黑T	
酒石酸盐	Al^{3+} Al^{3+}、Fe^{3+} Al^{3+}、Fe^{3+}、少量Ti^{4+}	Zn^{2+} Ca^{2+}、Mn^{2+} Ca^{2+}	5.2 10 >12	二甲酚橙 Cu-PAN 钙黄绿素或钙指示剂	
柠檬酸	少量Al^{3+} Fe^{3+}	Zn^{2+} Cd^{2+}、Cu^{2+} Pb^{2+}	8.5～9.5 8.5	铬黑T 萘基偶氮羟啉S	30℃ 丙酮(黄→粉红) 测定Cu^{2+}和Pb^{2+}时加入Cu-EDTA
氰化物	Ag^+、Cd^{2+}、Co^{2+}、Cu^{2+}、Fe^{2+}、Hg^{2+} Ni^{2+}、Zn^{2+}和铂系金属 Cu^{2+}、Zn^{2+}	Ba^{2+}、Sr^{2+} Ca^{2+} Mg^{2+} Mg^{2+}、Ca^{2+} Mn^{2+}、Pb^{2+}	10.5～11 >12 10 10	金属酞 钙指示剂 铬黑T 铬红B	50%甲醇溶液
氟化物	Al^{3+} Al^{3+}、Fe^{3+}	Cu^{2+} Zn^{2+} Cu^{2+}	3～3.5 5～6 6～6.5	萘基偶氮羟啉S 二甲酚橙 铬天青S	氟化物又是沉淀掩蔽剂
碘化钾	Hg^{2+}	Cu^{2+} Zn^{2+}	7 6.4	PAN 萘基偶氮羟啉S	70℃

② 沉淀掩蔽法　利用某一沉淀剂与干扰离子生成难溶性沉淀，降低干扰离子浓度，在不分离沉淀的条件下可直接滴定被测离子。例如，在pH=10时用EDTA滴定Ca^{2+}，这时Mg^{2+}也被滴定，若加入NaOH，使溶液pH>12，则Mg^{2+}形成$Mg(OH)_2$沉淀而不干扰Ca^{2+}的滴定。

沉淀掩蔽法不是一种理想的掩蔽方法，在实际应用中有一定局限性。必须注意：沉淀反应要进行完全，沉淀溶解度要小，否则掩蔽效果不好；生成的沉淀应是无色或浅色致密的，最好是晶形沉淀，否则由于颜色深、体积大、吸附被测离子或指示剂而影响终点观察。

③ 氧化还原掩蔽法　当某种价态的共存离子对滴定有干扰时，利用氧化还原反应改变干扰离子的价态，则可消除对被测离子的干扰。例如，用EDTA滴定Hg^{2+}、Bi^{3+}、ZrO^{2+}、Sn^{4+}、Th^{4+}等离子时，Fe^{3+}有干扰[$\lg K(FeY^-)=25.1$]，若用盐酸轻胺或抗坏血酸将Fe^{3+}还原为Fe^{2+}，由于Fe^{2+}的EDTA配合物稳定性较差[$\lg K(FeY^{2-})=14.33$]，因而可消除Fe^{3+}的干扰。

有些离子（如Cr^{3+}）对滴定有干扰，而其高价态与EDTA形成的配合物稳定性较差，不干扰EDTA滴定，可先将其氧化为高价态离子（如$Cr_2O_7^{2-}$），就可消除干扰。

④ 解蔽方法　将干扰离子掩蔽以滴定被测离子后，再加入一种试剂，使已被掩蔽剂配

位的干扰离子重新释放出来。这种作用称为解蔽（demasking），所用试剂称为解蔽剂。利用某些选择性的解蔽剂，可提高配位滴定的选择性。

例如，测定铜合金中的 Zn^{2+}、Pb^{2+} 时，可在氨性溶液中用 KCN 掩蔽 Cu^{2+}、Zn^{2+}，在 pH=10 时以铬黑 T 作指示剂，用 EDTA 滴定 Pb^{2+}。在滴定 Pb^{2+} 后的溶液中加入甲醛或三氯乙醛，则 $[Zn(CN)_4]^{2-}$ 被破坏而释放出 Zn^{2+}，然后用 EDTA 滴定释放出的 Zn^{2+}，其反应如下：

$$[Zn(CN)_4]^{2-}+4HCHO+4H_2O = Zn^{2+}+4HOCH_2CN+4OH^-$$

$[Cu(CN)_4]^{2-}$ 很稳定，不易被解蔽，但要注意甲醛应分次滴加，不宜过多，且温度不能太高，否则 $[Cu(CN)_4]^{2-}$ 会部分被解蔽而使 Zn^{2+} 的测定结果偏高。

(3) 预先分离　如果用控制溶液酸度和使用掩蔽剂等方法都不能消除共存离子的干扰而选择滴定被测离子，就只有预先将干扰离子分离出来，再滴定被测离子。分离的方法很多，可根据干扰离子和被测离子的性质进行选择。例如，磷矿石中一般含 Fe^{3+}、Al^{3+}、Ca^{2+}、Mg^{2+}、PO_4^{3-}、F^- 等离子，欲用 EDTA 滴定其中的金属离子，F^- 有严重干扰，它能与 Fe^{3+}、Al^{3+} 生成很稳定的配合物，酸度小时又能与 Ca^{2+} 生成 CaF_2 沉淀，因此在滴定必须先加酸、加热，使 F^- 生成 HF 而挥发除去。

10.5.8　配位滴定的方式

配位滴定有多种不同的滴定方式，包括直接滴定、间接滴定、返滴定、置换滴定等。采用不同的滴定方式，可以扩大配位滴定的应用范围，也可以提高选择性。

(1) 直接滴定法　用 EDTA 标准溶液直接滴定被测离子的方法称为直接滴定法。它方便快速，引入误差较少，因而是一种常用的基本方法。

若金属离子与 EDTA 的反应满足以下的滴定要求，就可用 EDTA 标准溶液直接滴定待测离子：①$\lg(c_M K_{MY}^{\ominus\prime})=6$；②配位反应的速率很快；③有变色敏锐的指示剂，没有封闭现象；④在滴定条件下被测离子不发生水解或沉淀反应。

例如，用 EDTA 测定水的总硬度。测定水的总硬度实际上是测定水中 Ca^{2+}、Mg^{2+} 的总量，以每升水中含 $CaCO_3$(或 CaO) 的质量 (mg) 来表示水的硬度。可以量取一定体积的水样，以 NH_3-NH_4Cl 缓冲溶液控制溶液的 pH 约为 10，以铬黑 T 作指示剂，用 EDTA 标准溶液直接滴定至溶液由酒红色变为纯蓝色，即为滴定终点。

(2) 间接滴定法　对于如（SO_3^{2-}、PO_4^{3-} 等离子）不与 EDTA 形成配合物，或待测离子（如 Na^+ 等）与 EDTA 形成的配合物不稳定，此时可以采用间接滴定。即加入一定量过量的能与 EDTA 形成稳定配合物的金属离子作沉淀剂沉淀待测离子，过量沉淀剂再用 EDTA滴定。或将沉淀分离、溶解后，再用 EDTA 滴定其中的金属离子。例如，测定 PO_4^{3-} 时，可以加入一定量过量的 $Bi(NO_3)_3$，以生成 $BiPO_4$ 沉淀，再用 EDTA；滴定剩余的 Bi^{3+}，从而求得 PO_4^{3-} 的含量。

(3) 返滴定法　若被测离子与 EDTA 反应缓慢，被测离子在选定滴定条件下发生水解等副反应，无适宜指示剂或被测离子对指示剂有封闭作用，不能直接进行 EDTA 滴定，上述情况下可采用返滴定法。即加入一定量过量的 EDTA 标准溶液于被测离子溶液中，待反应完全后，再用另一金属离子的标准溶液返滴定过量的 EDTA，根据两种标准溶液的浓度和用量，即可求得被测离子的含量。例如，测定复方氢氧化铝等铝盐药物中的 Al_2O_3 的含量时，由于 Al^{3+} 易形成一系列多羟配合物，这类多羟配合物与 EDTA 配位的速率较慢，Al^{3+} 对二甲酚橙等指示剂有封闭作用。为此可先加入一定量的过量 EDTA 标准溶液，煮沸后再用 Cu^{2+} 或 Zn^{2+} 标准溶液返滴定剩余的 EDTA。

(4) 置换滴定法　利用置换反应，用一种配位剂将被测离子与 EDTA 配合物中的

EDTA置换出来，然后用另一金属离子的标准溶液滴定；或利用被测离子将另一金属离子配合物中的金属离子置换出来，然后用 EDTA 标准溶液滴定。例如，测定有 Cu^{2+}、Zn^{2+} 等离子共存的 Al^{3+}，可先加入过量 EDTA，并加热使 Al^{3+} 和共存的 Cu^{2+}、Zn^{2+} 等离子都与 EDTA 配位，然后在 pH＝5～6 时，用二甲酚橙作指示剂，用 Zn^{2+} 标准溶液返滴定过量的 EDTA。再加入 NH_4F，使 AlY^- 转变为更加稳定的配合物 AlF_6^{3-}，释放出的 EDTA 再用 Cu^{2+} 标准溶液滴定。

习　题

一、是非题

1. 配合物的配位体都是带负电荷的离子，可以抵消中心离子的正电荷。

2. $[Cu(NH_3)_3]^{2+}$ 的积累稳定常数 β_3 是反应 $[Cu(NH_3)_2]^{2+} + NH_3 \rightleftharpoons [Cu(NH_3)_3]^{2+}$ 的平衡常数。

3. 配位数是中心离子（或原子）接受配位体的数目。

4. 配离子的电荷数等于中心离子的电荷数。

5. 配合物中由于存在配位键，所以配合物都是弱电解质。

6. 根据稳定常数的大小，即可比较不同配合物的稳定性，即 $K_{稳}$ 愈大，该配合物愈稳定。

7. 外轨型配离子磁矩大，内轨型配合物磁矩小。

8. Fe(Ⅲ) 形成配位数为 6 的外轨型配合物中，Fe^{3+} 接受孤对电子的空轨道是 sp^3d^2。

9. 中心离子的未成对电子数越多，配合物的磁矩越大。

10. 配离子的配位键越稳定，其稳定常数越大。

11. EDTA 标准溶液一般用直接法配制。

二、选择题

1. 下列叙述正确的是（　）。

A. 配合物由正负离子组成

B. 配合物由中心离子（或原子）与配位体以配位键结合而成

C. 配合物由内界与外界组成

D. 配合物中的配位体是含有未成键的离子

2. 下面关于螯合物的叙述正确的是（　）。

A. 有两个以上配位原子的配体均生成螯合物

B. 螯合物和具有相同配位原子的非螯合物稳定性相差不大

C. 螯合物的稳定性与环的大小有关，与环的多少无关

D. 起螯合作用的配体为多齿配体，称为螯合剂

3. 已知 $\lg\beta_2^{\ominus}[Ag(NH_3)_2^+]=7.05$，$\lg\beta_2^{\ominus}[Ag(CN)_2^-]=21.7$，$\lg\beta_2^{\ominus}[Ag(SCN)_2^-]=7.57$，$\lg\beta_2^{\ominus}[Ag(S_2O_3)_2^{3-}]=13.46$；当配位剂的浓度相同时，AgCl 在（　）溶液中的溶解度最大。

A. $NH_3 \cdot H_2O$　　B. KCN　　C. $Na_2S_2O_3$　　D. NaSCN

4. 为了保护环境，生产中的含氰废液的处理通常采用 $FeSO_4$ 法产生毒性很小的配合物是（　）。

A. $Fe(SCN)_6^{3-}$　　B. $Fe(OH)_3$

C. $Fe(CN)_6^{3-}$　　D. $Fe_2[Fe(CN)_6]$

5. 下列说法中错误的是（　）。

A. 在某些金属难溶化合物中，加入配位剂，可使其溶解度增大

B. 在 Fe^{3+} 溶液中加入 NaF 后，Fe^{3+} 的氧化性降低

C. 在 $[FeF_6]^{3-}$ 溶液中加入强酸，也不影响其稳定性

D. 在 $[FeF_6]^{3+}$ 溶液中加入强碱，会使其稳定性下降

6. 对于一些难溶于水的金属化合物，加入配位剂后，使其溶解度增加，其原因是（　）。

A. 产生盐效应

B. 配位剂与阳离子生成配合物，溶液中金属离子浓度增加

C. 使其分解

D. 阳离子被配位生成配离子，其盐溶解度增加

7. 下列分子或离子能做螯合剂的是（　）。

A. $H_2N\text{-}NH_2$　　B. CH_3COO^-

C. HO-OH　　D. $H_2NCH_2CH_2NH_2$

8. 配位数是（　）。

A. 中心离子（或原子）接受配位体的数目

B. 中心离子（或原子）与配位离子所带电荷的代数和

C. 中心离子（或原子）接受配位原子的数目

D. 中心离子（或原子）与配位体所形成的配位键数目

9. 关于配合物，下列说法错误的是（　）。

A. 配体是一种可以给出孤对电子或 p 键电子的离子或分子

B. 配位数是指直接同中心离子相连的配体总数

C. 广义地讲，所有金属离子都可能生成配合物

D. 配离子既可以存在于晶体中，也可以存在于溶液中

10. 分子中既存在离子键，共价键还存在配位键的有（　）。

A. Na_2SO_4　　B. $AlCl_3$

C. $[Co(NH_3)_6]^{3+}Cl_3$　　D. KCN

11. 下列离子中，能较好地掩蔽水溶液中 Fe^{3+} 的是（　）。

A. F^-　　B. Cl^-　　C. Br^-　　D. I^-

12. 下列说法中错误的是（　）。

A. 配合物的形成体通常是过渡金属元素　B. 配位键是稳定的化学键

C. 配位体的配位原子必须具有孤电子对　D. 配位键的强度可以与氢键相比较

13. 下列命名正确的是（　）。

A. $[Co(ONO)(NH_3)_5Cl]Cl_2$　亚硝酸根二氯·五氨合钴（Ⅲ）

B. $[Co(NO_2)_3(NH_3)_3]$　三亚硝基·三氨合钴（Ⅲ）

C. $[CoCl_2(NH_3)_3]Cl$　氯化二氯·三氨合钴（Ⅲ）

D. $[CoCl_2(NH_3)_4]Cl$　氯化四氨·氯气合钴（Ⅲ）

14. 影响中心离子（或原子）配位数的主要因素有（　）。

A. 中心离子（或原子）能提供的价层空轨道数

B. 空间效应，即中心离子（或原子）的半径与配位体半径之比越大，配位数越大

C. 配位数随中心离子（或原子）电荷数增加而增大

D. 以上三条都是

15. 下列说法中正确的是（　）。

A. 配位原子的孤电子对越多，其配位能力就越强

B. 电负性大的元素充当配位原子，其配位能力就强

C. 能够供两个或两个以上配位原子的多齿配体只能是有机物分子

D. 内界中有配位键，也可能存在共价键

16. 已知某化合物的组成为 $CoCl_3 \cdot 5NH_3 \cdot H_2O$，其水溶液显弱酸性，加入强碱并加热至沸，有氨放出，同时产生三氧化二钴的沉淀；加 $AgNO_3$ 于另一份该化合物的溶液中，有 AgCl 沉淀生成，过滤后，再加入 $AgNO_3$ 而无变化，但加热至沸又产生 AgCl 沉淀，其重量为第一次沉淀量的二分之一，故该化合物的化学式为（　　）。

A. $[CoCl_2(NH_3)_5]Cl \cdot H_2O$　　B. $[Co(NH_3)_5H_2O]Cl_3$

C. $[CoCl(NH_3)_5]Cl_2 \cdot H_2O$　　D. $[CoCl_2(NH_3)_4]Cl \cdot NH_3 \cdot H_2O$

17. 下列配合物的命名不正确的是（　　）。

A. $K_3[Co(NO_2)_3Cl_3]$　三氯三硝基合钴（Ⅲ）酸钾

B. $K_3[Co(NO_2)_3Cl_3]$　三硝基三氯合钴（Ⅲ）酸钾

C. $[Co(H_2O)(NH_3)_3Cl_2]Cl$　氯化二氯一水三氨合钴（Ⅲ）

D. $H_2[PtCl_6]$　六氯合铂（Ⅳ）酸

18. $[Cr(py)_2(H_2O)Cl_3]$的名称是（　　）。

A. 三氯化一水二吡合铬（Ⅲ）　　B. 一水合三氯化二吡合铬（Ⅲ）

C. 三氯一水二吡合铬（Ⅲ）　　D. 一水二吡三氯合铬（Ⅲ）

19. 下列哪种物质是顺磁性的（　　）。

A. $[Zn(NH_3)_4]^{2+}$　　B. $[Co(NH_3)_6]^{3+}$

C. $[TiF_4]$　　D. $[Cr(NH_3)_6]^{3+}$

20. 配离子$[Cu(NH_3)_2]^{2+}$的磁矩为(　　)。

A. 3.88　　B. 2.83　　C. 5.0　　D. 0

21. EDTA 与大多数金属离子的络合关系是(　　)。

A. 1∶1　　B. 1∶2　　C. 2∶2　　D. 2∶1

22. 标定 EDTA 标准溶液,可用(　　)作基准物。

A. 金属锌　　B. 重铬酸钾　　C. 高锰酸钾　　D. 硼酸

23. 水的硬度为 1 度时,则意味着每升水中含氧化钙(　　)毫克。

A. 1　　B. 10　　C. 100　　D. 0.1

24. 关于 EDTA,下列说法不正确的是(　　)。

A. EDTA 是乙二胺四乙酸的简称　　B. 分析工作中一般用乙二胺四乙酸二钠盐

C. EDTA 与钙离子以 1∶2 的关系配合　　D. EDTA 与金属离子配合形成螯合物

25. 在配位滴定中,金属离子与 EDTA 形成配合物越稳定,在滴定时允许的 pH 值(　　)。

A. 越高　　B. 越低　　C. 中性　　D. 不要求

26. 用 EDTA 作滴定剂时,下列叙述中错误的是(　　)。

A. 在酸度较高的溶液中可形成 MHY 配合物

B. 在碱性较高的溶液中,可形成 MOHY 配合物

C. 不论形成 MHY 或 MOHY,均有利于配位滴定反应

D. 不论溶液 pH 值大小,只形成 MY 一种形式配合物

27. 标定 EDTA 时所用的基准物 $CaCO_3$ 中含有微量 Na_2CO_3,则标定结果将(　　)。

A. 偏低　　B. 偏高　　C. 无影响　　D. 无法确定

三、填空题

1. 配合物 $K_4[Fe(CN)_6]$的名称为________，中心离子的配位数为________。

2. 配合物 $Na_3[FeF_6]$（磁矩 5.90B. M.）的名称是________，配位体是________，中心离子以________杂化轨道形成________轨配键，配离子的空间构型是________型。

3. 下列几种配离子：$Ag(CN)_2^-$、FeF_6^{3-}、$Fe(CN)_6^{4-}$、$Ni(NH_3)_4^{2+}$（四面体）属于内轨型的有________。

4. 配合物 $Na_3[AlF_6]$的名称为________，配位数为________。配合物二氯化二乙二氨合铜(Ⅱ)的化学式是________中心离子是________。

5. 测得 $Co(NH_3)_6^{3+}$ 的磁矩 $\mu=0.0$B·M，可知 Co^{3+} 采取的杂化类型为________。

6. 磁矩的测量证明，$[CoF_6]^{3-}$ 有 4 个未成对电子，而$[Co(CN)_6]^{3-}$没有未成对电子，由此说明，其中________属内轨型配合物，其空间构型________，中心离子采取________杂化形式。

7. Ni^{2+}（$3d^84s^0$）有两个未成对电子，其 $\mu=2.83$ B. M.，而实验测得$[Ni(NH_3)_4]^{2+}$的磁矩为 3.2 B. M.，这表明$[Ni(NH_3)_4]^{2+}$为________轨道型。

8. 配位化合物$[Co(NH_3)_4(H_2O)_2]_2(SO_4)_3$ 的内界是________，配位体是________，配位原子是________，配位数为________，配离子的电荷是________。

9. 配位化合物$[CoCl(NH_3)_5]Cl_2$ 的系统命名为________，中心原子是________，配位体有________，配位原子有________，配位数是________，中心原子的杂化轨道是________，配离子的空间构型是________，内界是________，外界是________。

10. 配合物 $CrCl_3 \cdot 6H_2O$ 的水溶液加入硝酸银溶液，只能沉淀出 1/3 的离子，所以该配合物化学式应写成________，配合物$[Fe(en)_3]Cl_3$ 的名称是________，中心离子的配位数为________。

11. 反应 $FeCl_3+Cl^- \longrightarrow [FeCl_4]^-$，________为路易斯碱。

12. 磁矩的测量证明，$[Fe(CN)_6]^{3-}$中心离子有 1 个未成对电子，由此说明该配离子的中心离子采用________杂化，属________（内、外）轨型配合物，其空间型为________。

13. 无水 $CrCl_3$ 和氨作用能形成两种配合物 A 和 B，组成分别为 $CrCl_3 \cdot 6NH_3$ 和 $CrCl_3 \cdot 5NH_3$。加入 $AgNO_3$，A 溶液中几乎全部氯沉淀为 AgCl，而 B 溶液中只有 2/3 的氯沉淀出来。加入 NaOH 并加热，两种溶液均无氨味。这两种配合物的化学式 A 为________，命名为________，B 为________，命名为________。

14. 配合物 $Na_3[Fe(CN)_5(CO)]$的名称是________。

15. 配位化合物$[Pt(NH_3)_4Cl_2][HgI_4]$的名称是________，配位化合物碳酸一氯·一羟基·四氨合铂（Ⅳ）的化学式是________。

16. 配合物$(NH_4)_2[FeF_5(H_2O)]$的系统命名为________，配离子的电荷是________，配位体是________，配位原子是________，中心离子的配位数是________。根据价键理论，中心原子的杂化轨道为________，属________型配合物。

17. $[CoCl_2(NH_3)_4]Cl$ 的化学名称________。外界是________，内界是________，中心原子是________，中心原子采取的杂化类型为________，配离子的空间构型为________，配位体有________，配位原子有________，配位数为________。

18. 已知$[CuY]^{2-}$、$[Cu(en)_2]^{2+}$、$[Cu(NH_3)_4]^{2+}$的累积稳定常数分别为 6.3×10^{18}、4×10^{19}和 1.4×10^{14}，则这三种配离子的稳定性由小到大排列的顺序________。

19. EDTA 法测定水中钙、镁总量时，用________调节溶液的 pH 为 10，以________为指示剂；而测定钙含量时，则用________调节溶液的 pH 值为 12，以________为指示剂进行滴定。

20. 由于某些金属离子的存在，导致加入过量的 EDTA 滴定剂，指示剂也无法指示终点的现象称为________。故被滴定溶液中应事先加入________剂，以克服这些金属离子的干扰。

四、解答题

1. 实验室如何检验 Co^{2+}，其中加入 NH_4F 起何作用，为什么？

2. 用价键理论说明配离子 CoF_6^{3-} 和 $Co(CN)_6^{3-}$ 的类型、空间构型和磁性。

3. 为什么 Fe^{2+} 与 CN^- 形成的配离子是反磁性的，但与 H_2O 形成的配离子则为顺磁性的？

五、计算题

1. 0.1mol $ZnSO_4$ 固体溶于 1L 6mol/L 氨水中，测得 $(Zn^{2+})=8.13\times10^{-14}$mol/L，试计算 $Zn(NH_3)_4^{2+}$ 的 $K_{稳}$ 值。

2. 将 0.1mol/L $ZnCl_2$ 溶液与 1.0mol/L NH_3 溶液等体积混合，求此溶液中 $Zn(NH_3)_4^{2+}$ 和 Zn^{2+} 的浓度。$K_{稳}(Zn(NH_3)_4^{2+})=2.9\times10^9$。

3. 欲在 1L 水中溶解 0.10mol $Zn(OH)_2$，需加入多少克固体 NaOH？($K_{sp}[Zn(OH)_2]=1.2\times10^{-17}$；$[Zn(OH)_4^{2-}]=4.6\times10^{17}$)

4. 有一含铝、铁的试样 0.4358g，处理成酸性溶液后定容至 250mL。吸取 25mL 并调节溶液的 pH=2，以磺基水杨酸钠为指示剂，用浓度为 0.0502mol/L 的 EDTA 标准溶液滴至终点，消耗 EDTA 标液 7.32mL。在上述试液中加入同浓度的 EDTA 标准溶液 20.00mL，调节 pH=4.3 后加热煮沸，用 $Zn(Ac)_2$ 标准溶液以 PAN 为指示剂回滴至终点，消耗标液 8.54mL，已知 Zn 标液的浓度为 0.0596mol/L，求该试样中 Fe 和 Al 的含量。

六、计算说明题

1. 无水 $CrCCl_3$ 和氨作用能形成两种化合物，组成相当于 $CrCCl_3\cdot6NH_3$ 及 $CrCCl_3\cdot6NH_3$。加入 $AgNO_3$ 溶液能从第一种配合物的水溶液中将几乎所有的氯全部沉淀为 AgCl，而从第二种配合物的水溶液中仅能沉淀出相当于组成中含氯量 2/3 的 AgCl。加入 NaOH 并加热时两种溶液都无氨味产生。试从配合物的形式推算出它们的内界和外界，并指出配离子的电荷数、中心离子的价数和配合物的名称。

2. 已知 $\varphi^{\ominus}(Co^{3+}/Co^{2+})=1.82V$，所以 Co^{2+} 很难被氧化成 Co^{3+}。但是，若在氨液中，却很容易被空气氧化。试说明其原因。

3. 为什么在水溶液中 $Co^{3+}(aq)$ 离子是不稳定的，会被水还原而放出氧气，而+3 氧化态的钴配合物，例如 $Co(NH_3)_6^{3+}$，却能在水中稳定存在，不发生与水的氧化还原反应？通过标准电极电势作出解释。[稳定常数：$Co(NH_3)_6^{2+}$ 1.38×10^5；$Co(NH_3)_6^{3+}$ 1.58×10^{35} 标准电极电势：Co^{3+}/Co^{2+} 1.808V，O_2/H_2O 1.229V，O_2/OH^- 0.401V；$K_b(NH_3)=1.8\times10^{-5}$]。

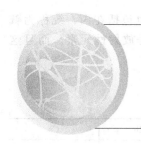

第11章 元素及其化合物

自然界中千变万化的物质都是由一百多种化学元素组成，其中 90 多种化学元素是自然界中的天然元素，人体内约含 30 多种。它们构成人的生命活动不可缺少的部分。其中钠、钾、钙、镁、碳、氮、氢、氧、硫、磷、氯等 11 种属于常量元素又称宏量元素，宏量元素是指体内质量分数大于 10^{-4} 的元素，约占人体质量的 99.98%；其余的为微量元素，微量元素又可分为必需的微量元素和非必需的微量元素，必需微量元素是保证生物健康所必不可少的元素，但没有它们，生命也能在不健康的情况下继续生存。像铁、锌、锰、铜、钴、钒、铬、硒等十余种多属于第一长周期。因此在探索生命起源及其奥秘的过程中，研究微量元素与生物体的关系，已构成现代生命科学中一个极富活力的领域。

(1) 元素丰度 各种元素在地球中的含量相差很大，地球表面下 16km 厚的岩石层称为地壳，化学元素在地壳中的含量称为丰度。丰度可以用质量分数表示，称为质量 Clarke 值，也可以用原子分数表示，称为原子 Clarke 值。氧是地壳中含量最多的元素，约占地壳总质量的 47.2%，其次是硅，占地壳总质量的 27.6%。氧、硅、铝、铁、钙、钠、钾、镁这 8 种元素的总质量占地壳的 99%以上。

(2) 元素的分类 化学上按习惯把元素分为普通元素和稀有元素，这种划分只有相对的，没有严格的界限。稀有元素是指在自然界中含量较少或被人们发现较晚、研究较少、比较难以提炼，以致在工业上应用较晚的元素。除此之外，根据元素的性质可分为金属元素和非金属元素；根据生物效应不同可分为生命元素和非生命元素。

在自然界中，只有少数元素以单质的形态存在，大多数元素则以化合态存在，主要以氧化物、硫化物、卤化物和含氧酸盐的形式存在。本章以常见的主族及某些过渡元素为重点，了解在其重要化合物的物理化学性质。

11.1 s区元素及其重要化合物

11.1.1 s区元素的概述

s 区元素位于周期表最左侧，无论是同一族元素自上而下还是同一周期从左到右，性质的变化都呈明显的规律性。其中的一些变化趋势如图 11-1 所示。s 区最外层电子结构为 $ns^{1\to2}$，是最活泼的金属元素。s 区元素包括ⅠA 族（碱金属）和ⅡA 族（碱土金属）。ⅠA 族有锂（Li）、钠（Na）、钾（K）、铷（Rb）、铯（Cs）、钫（Fr）六种元素，它们的氧化物易溶于水，呈强碱性，故得名碱金属。ⅡA 族有铍（Be）、镁（Mg）、钙（Ca）、锶（Sr）、钡（Ba）、镭（Ra）六种元素。由于钙、锶、钡的氧化物属于“碱性的”（碱金属氧化物）和“土性”

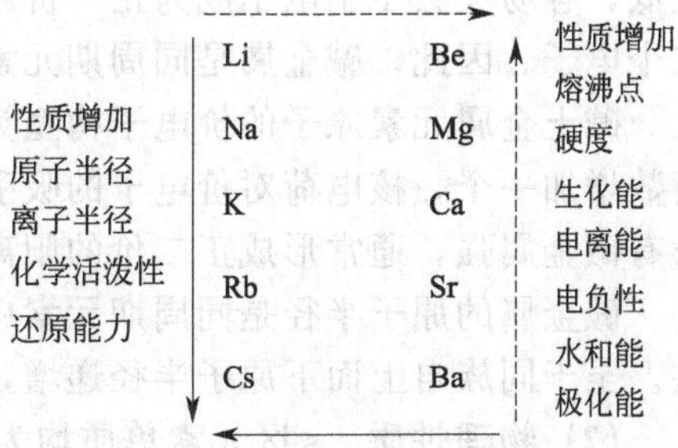

图 11-1 s 区元素的一些变化规律

（指难溶解、难熔融如 Al_2O_3），故称碱土金属。习惯上将 Be 和 Mg 也包括在内，统称为碱土金属。在这两族元素中，Li，Rb，Cs，Be 是稀有元素；Fr 和 Ra 是放射性元素。而且这两种元素在地壳中含量极少。

碱金属和碱土金属的一些重要性质分别列于表 11-1 和表 11-2 中。

表 11-1　碱金属元素的一些性质

元　素	Li	Na	K	Rb	Cs
价层电子构型	$2s^1$	$3s^1$	$4s^1$	$5s^1$	$6s^1$
金属半径/pm	152	186	227	248	265
沸点/℃	1341	881.4	759	691	668.2
熔点/℃	180.54	97.82	63.38	39.31	28.44
密度/(g/cm³)	0.534	0.968	0.89	1.532	1.8785
硬度(金刚石＝10)	0.6	0.4	0.5	0.3	0.2
电负性	0.98	0.93	0.82	0.82	0.79
电离能 I_1/(kJ/mol)	526.41	502.04	425.02	409.22	381.90
电子亲和能/(kJ/mol)	−59.6	−52.9	−48.4	−46.9	−45
标准电极电势(M^+/M)/V	−3.040	−2.714	−2.936	−2.943	−3.027
氧化值	＋1	＋1	＋1	＋1	＋1
晶体结构	体心立方	体心立方	体心立方	体心立方	体心立方

表 11-2　碱土金属元素的一些性质

元　素	Be	Mg	Ca	Sr	Ba
价层电子构型	$2s^2$	$3s^2$	$4s^2$	$5s^2$	$6s^2$
金属半径/pm	111	160	197	215	217
沸点/℃	2467	1100	1484	1366	1845
熔点/℃	1287	651	842	757	727
密度/(g/cm³)	1.85	1.74	1.55	2.64	3.51
硬度(金刚石＝10)		2.0	1.5	1.8	
电负性	1.57	1.31	1.00	0.95	0.89
电离能 I_1/(kJ/mol)	905.6	743.9	596.1	555.7	508.9
电子亲和能/(kJ/mol)	48.2	38.6	28.9	28.9	—
标准电极电势(M^+/M)/V	−1.968	−2.357	−2.869	−2.899	−2.906
氧化值	＋2	＋2	＋2	＋2	＋2
晶体结构	六方(低温) 体心立方(高温)	六方	面心立方	面心立方	体心立方

(1) 电子结构　碱金属元素原子的价层电子构型为 ns^1，次外层除 Li 是 2 个电子外，其余元素都是 8 个电子，它们的原子半径在同周期元素中是最大的，而核电荷数在同周期中是最小的。由于屏蔽效应大，故最外层的电子受到有效核电荷的作用较弱，表现在第一电离能较低，容易失去 1 个电子成为正一价阳离子。但碱金属的第二电离能较大，故很难再失去第二个电子。因此，碱金属是同周期元素中金属性最强的元素。

碱土金属元素原子的价电子构型为 ns^2。与同周期的碱金属相比，碱土金属原子的核电荷数增加一个，核电荷对价电子的吸引力增强，导致第一和第二电离能增大，因此其金属性没有碱金属强，通常形成正二价的阳离子。

碱金属的原子半径是同周期元素中（除稀有气体外）最大的，碱土金属的原子半径略小些。至于同族自上而下原子半径递增，电离势和电负性都依次递减，金属活泼性增强。

(2) 物理性质　s 区元素单质均为金属，具有银白色金属光泽，其金属性较强，容易被空气氧化，因此通常它们被保存在煤油中。根据表 11-1 和表 11-2 可知，它们有较低的熔点和沸点，较小的硬度和密度。有良好的导电和导热性能。

下面对常见的碱金属和碱土金属进行介绍。

11.1.2　重要的元素及其化合物

(1) 钾、钠的物理、化学性质　钾、钠化学性质极其活泼，其自然界以化合态存在。它们的单质一般采用电解熔融食盐的方法，或在高温、低压下，用金属钠还原卤化物的方法制得。其反应方程式如下：

$$2NaCl \longrightarrow 2Na + Cl_2\uparrow$$

$$Na + KCl \longrightarrow K + NaCl\uparrow$$

钾、钠呈银白色。钾、钠的密度都小于 $1\times10^3 kg/m^3$，比水还轻，钾、钠质软似蜡，可用刀切割。它们都是低熔点、质软的轻金属，导电、传热性能良好。

钾、钠在空气中稍加热就燃烧。当与水反应能置换出氢气。钠反应剧烈而钾遇水燃烧。所以通常将钾、钠保存在煤油中。特别是大块钠、钾遇水则会发生燃烧、爆炸。操作时要注意安全。

(2) 碱金属的氧化物、过氧化物、超氧化物　在实验室中碱金属的正常氧化物是通过还原其过氧化物或其硝酸盐来制取的。其反应如下：

$$Na_2O_2 + 2Na \longrightarrow 2Na_2O$$

$$2KNO_3 + 10K \longrightarrow 6K_2O + N_2\uparrow$$

Na_2O 颜色为白色，熔点为 920℃；K_2O 颜色为淡黄色，在 350℃分解。

Na_2O、K_2O 与水反应生成相应的氢氧化物。

$$Na_2O + H_2O \longrightarrow 2NaOH$$

$$K_2O + H_2O \longrightarrow 2KOH$$

将金属钠在铝制容器中加热到 300℃，并通入不含二氧化碳的干空气，得到黄色粉状过氧化钠 (Na_2O_2)，遇水生成 H_2O_2。H_2O_2 分解可放出氧气，所以 Na_2O_2 可以作为氧化剂、漂白剂和氧气发生剂。Na_2O_2 与 CO_2 反应能放出氧气。

$$2Na_2O_2 + 2CO_2 \longrightarrow 2Na_2CO_3 + O_2\uparrow$$

利用该性质，Na_2O_2 急救器、防毒面具、潜艇或高空飞行中 CO_2 吸收剂和供氧剂。因 Na_2O_2 兼有碱性和氧化性，如：

$$2Fe(CrO_2)_2 + 7Na_2O_2 \longrightarrow 4Na_2CrO_4 + Fe_2O_3 + 3Na_2O$$

钾在空气中燃烧能直接生成超氧化物 KO_2，超氧化钾是橙色固体，为强氧化剂，其与水反应立即产生氧气和过氧化氢：

$$2KO_2 + 2H_2O \longrightarrow O_2\uparrow + H_2O_2 + 2KOH$$

因此超氧化钾也是强氧化剂，与二氧化碳作用放出氧气：

$$4KO_2 + 2CO_2 \longrightarrow 2K_2CO_3 + 3O_2\uparrow$$

KO_2 较易制备，可用于急救器和潜水、登山等方面。

钾、钠的氢氧化物（苛性钾 KOH、苛性钠 NaOH），易潮解，有强烈腐蚀性，因此 NaOH 又称烧碱。它们易溶于水并放出大量的热。在水中全部电离，为强碱，在空气中久置，易吸收 CO_2 生成碳酸盐，所以必须密闭保存。氢氧化钠和玻璃中 SiO_2 作用，生成硅酸盐，会使瓶颈和瓶塞粘连在一起，很难打开瓶塞。其反应如下：

$$SiO_2 + 2NaOH \longrightarrow Na_2SiO_3 + H_2O$$

(3) 镁、钙、钡的物理、化学性质 碱土金属为活泼金属，是强还原剂。碱土金属的活泼性由上而下逐渐增强。碱土金属均可与水反应，镁能将热水分解，钙、钡与冷水就能比较剧烈地进行反应。

$$M + 2H_2O \longrightarrow M(OH)_2 + H_2\uparrow$$

碱土金属在室温或加热下，能与氧气反应生成氧化物 MO，MO 也可以从它们的碳酸盐或硝酸盐加热分解制得，例如：

$$CaCO_3 \longrightarrow CaO + CO_2\uparrow$$

$$2Sr(NO_3)_2 \longrightarrow 2SrO + 4NO_2 + O_2\uparrow$$

氧化钙可以和水反应生成 $Ca(OH)_2$，因此氧化钙可以作为干燥剂，如用来吸收酒精中的水分。另外氧化钙具有碱性，因此在高温下氧化钙能同酸性氧化物作用。如：

$$CaO + SiO_2 \longrightarrow CaSiO_3$$

钙、锶、钡的氧化物与过氧化氢作用，得到相应的过氧化物：

$$MO + H_2O_2 + 7H_2O \longrightarrow MO_2 \cdot 8H_2O$$

在碱土金属氢氧化物中，较重要的是氢氧化钙 $Ca(OH)_2$，俗称熟石灰或消石灰，大量用于化工和建筑工业。可通过 CaO 与水反应制得。

碱土金属氢氧化物的碱性随着原子序数的增加而增强。

(4) 离子势 碱金属和碱土金属氢氧化物的碱性强弱，可以用金属离子的离子势 ϕ 来判断。离子势是指离子的电荷数（z）和离子半径（r）之比值，$\phi = z/r$。如果 ϕ 值大 r 值小，表明 M 与 O 原子间吸引力大，所以氢氧化物易作酸式解离：

$$M-O-M \longrightarrow MO^- + H^+ \quad \text{酸式解离}$$

如果 ϕ 值小，即 z 值小 r 值大，表明 M 与 O 原子间引力小，该氢氧化物作碱式解离：

$$M-O-M \longrightarrow M^+ + OH^- \quad \text{碱式解离}$$

卡特雷奇（G. H. Gartledge）提出了用 $\sqrt{\phi}$ 值判断金属氢氧化物酸碱性的经验规律，即：$\sqrt{\phi} < 0.22$ 时，金属氢氧化物呈碱性；$0.22 < \sqrt{\phi} < 0.32$ 时，金属氢氧化物呈两性；$\sqrt{\phi} > 0.32$ 时，金属氢氧化物呈酸性。

(5) 对角线规则 在 s 区和 p 区元素中，有一些元素及其化合物的性质呈现出“对角线”相似性。如周期表中第二周期某些元素与其右下方元素及其化合物性质相似，这一关系称为对角线规则。它明显地表现在下列各对元素之间：

Li		Be		B		C
	╲		╲		╲	
Na		Mg		Al		Si

同一周期最外层电子构型相同的金属离子，从左至右随离子电荷数的增加而引起极化作用的增强。同一族电荷数相同的金属离子，自上而下随离子半径的增大而使得极化作用减弱。因此，处于周期表中左上右下对角线位置上的邻近两个元素，由于电荷数和半径的影响恰好相反，它们的离子极化作用比较相近，从而使它们的化学性质有许多相似之处。

(6) 颜色反应 碱金属和碱土金属中的钙、锶、钡及其挥发性化合物在无色的火焰中灼烧时，其火焰都有特征的颜色，称为颜色反应。这是由于它们的原子或离子受热时，电子容易被激发。当电子从较高的能级回到较低的能级时，便会发射出一定波长的光来，使火焰呈现特征的颜色。不同元素的原子因电子结构不同而产生不同颜色光谱。光谱颜色及主要的发射或吸收波长列于表 11-3。

表 11-3　s 区元素的火焰颜色及波长

元　素	Li	Na	K	Rb	Cs	Ca	Sr	Ba
颜色	深红	黄	紫	红紫	蓝	橙红	深红	绿
波长/nm	670.8	589.2	766.5	780.0	455.5	714.9	687.8	533.5

11.2　p 区元素

11.2.1　p 区元素概述

p 区元素位于周期表的右方，包括ⅢA 族至 0 族 6 个主族共 31 个元素。p 区元素包括除氢以外的所有非金属元素和部分金属元素。P 区各族元素都由明显的非金属元素起，过渡到明显的金属元素止。

P 区元素原子的最外电子层除了有 2 个 s 电子外，还有 1～6 个 p 电子，外层电子结构通式为 $ns^2np^{1\sim6}$，大多数都有多种氧化态。

11.2.2　硼族元素

(1) 概述　周期系第ⅢA 族元素包括硼（B）、铝（Al）、镓（Ga）、铟（In）、铊（Ta）5 种元素，又称为硼族元素。铝在地壳中的含量仅次于氧和硅，其丰度居第三位，在金属元素中铝的丰度居首位。硼族元素的一些性质列于表 11-4 中。

表 11-4　硼族元素的一般性质

元　素	硼	铝	镓	铟	铊
元素符号	B	Al	Ga	In	Tl
原子序数	5	13	31	49	81
价电子层结构	$2s^22p^1$	$3s^23p^1$	$4s^24p^1$	$5s^25p^1$	$6s^26p^1$
共价半径/pm	88	143	122	163	170
沸点/℃	3864	2518	2203	2072	1457
熔点/℃	2076	660.3	29.7646	156.6	303.5
电负性	2.04	1.61	1.81	1.78	2.04
第一电离能/(kJ/mol)	807	583	585	541	596
电子亲和能/(kJ/mol)	−23	−42.5	−28.9	−28.9	−50
氧化值	+3	+3	(+1),+3	+1,+3	+1,(+3)
晶体结构	原子晶体	金属晶体	金属晶体	金属晶体	金属晶体

硼族元素原子的价层电子结构为 ns^2np^1，因此他们形成氧化值一般为+3。随着原子序数的增加，形成低氧化值+1 的化合物的趋势逐步增强。硼的原子半径较小，电负性较大，所以硼的化合物都是共价型的。在硼族中，形成共价键的趋势自上而下依次减弱。本族元素价电子层有 4 个轨道，但价电子只有 3 个，这种电子数少于轨道数的原子称为缺电子原子。当它与其他原子形成共价键时，价电子层中还留下空轨道，这种化合物称为缺电子化合物。由于空轨道的存在，有很强接受电子对的能力，故它较容易形成配合物和聚合分子。

(2) 硼的化合物

① 硼的氢化物　硼可以形成一系列共价氢化物（硼烷），如 B_2H_6、B_4H_{10}、B_5H_{12} 等，其中最简单也是最重要的是乙硼烷（B_2H_6）。B_2H_6 是无色气体，用 LiH、NaH 或 $NaBH_4$ 与卤化硼可以制得乙硼烷。

$$6NaH+8BF \longrightarrow 6NaBF_4+B_2H_6$$

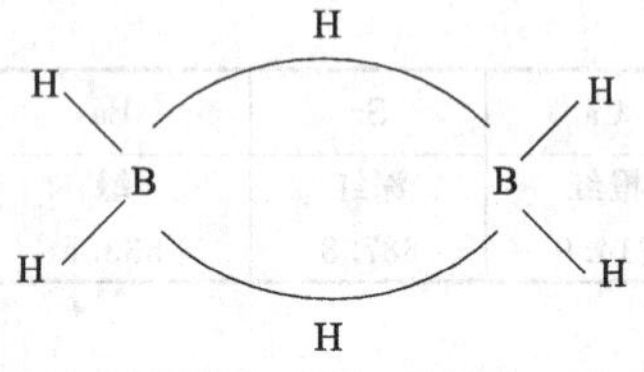

图 11-2 B_2H_6 的结构

硼烷的结构比较独特。B_2H_6 的分子结构如图 11-2 所示。B 为 sp^3 杂化，每个 B 原子用两个杂化轨道分别与两个氢原子形成正常的共价键，当两个处于同一平面的 BH_2 单元相互接近时，剩下的另外两个 sp^3 杂化轨道在平面两侧分别与氢原子轨道重叠，形成两个包括两个硼原子和一个氢原子的三中心二电子键。它是一种非定域键，又称氢桥键。

② 硼酸和硼砂　从形式上看，H_3BO_3 似乎是一种三元酸，事实上，它是一元弱酸，$K_a^{\ominus}=6\times10^{-10}$。它所显示的酸性并不是它本身给出质子，而是由于硼是缺电子原子，它与 H_2O 分子中 OH^- 的配位而释放出 H^+，其反应方程如下：

$$H_3BO_3+H_2O \rightleftharpoons \left[\begin{array}{c} OH \\ | \\ HO-B\leftarrow OH \\ | \\ OH \end{array}\right]^- + H^+$$

硼砂是四硼酸钠的俗称，大块的硼砂是无色透明晶体，易风化，微溶于冷水，易溶于热水。硼砂在水中发生水解而使溶液呈碱性，即：

$$[B_4O_5(OH)_4]^{2-}+5H_2O \longrightarrow 2H_3BO_3+2[B(OH)_4]^-$$

熔融的硼砂可以溶解许多金属氧化物形成不同颜色的偏硼酸复盐。如

$$Na_2B_4O_7+CoO \longrightarrow Co(BO_2)_2\cdot 2NaBO_2 \quad \text{（蓝“宝石”）}$$

$$3Na_2B_4O_7+Fe_2O_3 \longrightarrow 2Fe(BO_2)_3\cdot 6NaBO_2$$

$$3Na_2B_4O_7+Fe_2O_3 \longrightarrow 2Fe(BO_2)_3\cdot 6NaBO_2 \quad \text{（黄棕色）}$$

利用这一类反应可以鉴定某些金属离子。分析化学上称为硼珠试验。

(3) 铝及其化合物

① 铝的化学性质　铝位于周期表中典型金属和典型非金属交界区，它既有明显的金属性，也有较明显的非金属性，是典型的两性元素。与酸和碱均能反应，如：

$$2Al+6HCl \longrightarrow 2AlCl_3+3H_2\uparrow$$

$$2Al+2NaOH+6H_2O \longrightarrow 2Na[Al(OH)_4]+3H_2\uparrow$$

铝单质采用电解熔 Al_2O_3，加冰晶石（Na_3AlF_6）为助熔剂。

$$2Al_2O_3 \xrightarrow[\text{冰晶石}]{\text{电解}} 4Al+3O_2$$

② 三氧化铝　Al_2O_3 是白色难溶于水的粉末。Al_2O_3 有多种晶型，其中较主要的是 α-Al_2O_3 和 γ-Al_2O_3。具有明显的两性。既可溶于酸又能溶于碱。

$$Al_2O_3+6H^+ \longrightarrow 2Al^{3+}+3H_2O$$

$$Al_2O_3+2OH^- \longrightarrow 2AlO_2^-+H_2O$$

③ 氢氧化铝　氢氧化铝是典型的两性氢氧化物。它能溶于酸也能溶于碱，但不溶于氨水。铝盐溶液中加入氨水或适量的碱，可以得到白色凝胶状 $Al(OH)_3$ 沉淀，它实际上是含水量不定的水合氧化铝 $Al_2O_3\cdot xH_2O$。

$$Al^{3+}+3NH_3\cdot H_2O \longrightarrow Al(OH)_3\downarrow+3NH_4^+$$

11.2.3　碳族元素

周期系第ⅣA 族元素，又称为碳族元素，包括：碳（C）、硅（Si）、锗（Ge）、锡（Sn）、铅（Pb）。其中碳和硅在自然界中分布较广，碳是组成生物界的主要元素，硅在地壳中的含量仅次于氧，占地壳总质量的 27.6%。

碳族元素原子的价层电子结构为 ns^2np^2，能形成氧化值+2、+4 的化合物，碳和硅主

要形成氧化值为+4 的化合物，碳有时还能形成氧化值为−4 的化合物。锗和锡的+2 氧化值的化合物具有强还原性。由于 $6s^2$ 惰性电子对效应，铅的化合物以 Pb(Ⅱ) 为主，Pb(Ⅳ) 化合物有强氧化性。碳族元素的一些基本性质见表 11-5。

(1) 单质的物理、化学性质

表 11-5　碳族元素的一些基本性质

性　质	碳	硅	锗	锡	铅
元素符号	C	Si	Ge	Sn	Pb
原子序数	6	14	32	50	82
元素的相对原子质量	12.011	28.086	72.64	118.71	207.2
价电子层结构	$2s^22p^2$	$3s^23p^2$	$4s^24p^2$	$5s^25p^2$	$6s^26p^2$
主要氧化数	+4,+2(−4,−2)	+4(+2)	+2,+4	+2,+4	+2,+4
离子半径/pm	16	42			84
共价半径/pm	77	117	122	141	147
第一电离能/(kJ/mol)	1086	787	762	709	716
电负性	2.55	1.90	2.01	1.96	2.33
晶体结构	原子晶体(金刚石) 层状晶体(石墨)	原子晶体	原子晶体	原子晶体(灰锡) 金属晶体(白锡)	金属晶体

碳有三种同位素异形体——金刚石、石墨和碳-60。碳在常温时很不活泼，但在加热情况下，碳可以作为还原剂将某些金属氧化物还原成金属。例如：

$$SnO_2 + C \longrightarrow Sn + CO_2$$
$$FeO + C \longrightarrow Fe + CO$$

硅有晶体和无定形体两种。晶体硅的结构类似于金刚石，熔点和沸点很高，呈灰黑色，有金属光泽，硬而脆。硅的化学性质不活泼，室温时不与氧、水、氢卤酸反应，但能与强碱、HF 和氟反应：

$$Si + 2NaOH + H_2O \longrightarrow Na_2SiO_3 + 2H_2\uparrow$$
$$Si + 4HF \longrightarrow SiF_4 + 2H_2$$
$$Si + 2F_2 \longrightarrow SiF_4\uparrow$$

锗是银白色的硬金属，铅为暗灰色，重而软的金属，能挡 X 射线。锡是银白色金属，质较软，在常温下锡表面有一层保护膜，有一定的抗腐蚀性。它们都是两性的，都可以与酸和碱进行反应。以铅为例：

与浓 HCl：　$$Pb + 4HCl \xrightarrow{\triangle} H_2[PbCl_4] + H_2\uparrow$$

与稀 HNO_3：　$$3Pb + 8HNO_3 \longrightarrow 3Pb(NO_3)_2 + 2NO\uparrow + 4H_2O$$

与碱：　$$Pb + 2OH^- + 2H_2O \longrightarrow [Pb(OH)_4]^{2-} + H_2\uparrow$$

(2) 碳的化合物

① 一氧化碳　一氧化碳 CO 一氧化碳是无色、无臭、有毒的气体，微溶于水。碳在氧气不充分的条件下燃烧生成 CO。实验室里可用甲酸脱水的方法制备 CO：

$$HCOOH \xrightarrow[\triangle]{H_2SO_4} CO(g) + H_2O$$

CO 分子中碳原子与氧原子间形成三重键，即一个 σ 键和两个 π 键(图 11-3)。

CO 作为还原剂被氧化为 CO_2，例如：

$$Fe_2O_3(s) + 3CO(g) \longrightarrow 2Fe(s) + 3CO_2(g)$$

CO 还可以与其他非金属金属反应，应用于有机合成。如

$$CO + Cl_2 \xrightarrow[Cr_2O_3, ZnO]{623 \sim 673K} CH_3OH$$

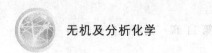

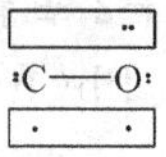

图 11-3 一氧化碳的化学键

② 二氧化碳　碳或含碳化合物在充足的空气或氧气中完全燃烧以及生物体许多有机物的氧化都产生二氧化碳。CO_2 是无色、无臭的气体，其临界温度为 31℃，很容易被液化。常温下，加压至 7.6MPa 即可使 CO_2 液化。固体 CO_2 是分子晶体，在常压下－78.5℃直接升华。CO_2 分子是直线形的，其结构式可以写作 O═C═O。由于 C═O 键能大，所以 CO_2 的热稳定性很高。中心原子 C 为 sp 杂化，整个分子中还存在两个离域 π 键 π_3^4。因此 CO_2 分子的碳氧键长的碳氧键长（116pm）介于碳氧双键（124pm）和碳氧三键（113pm）之间，具有一定程度的三键特征。

高温下可以和活泼的金属反应，生成碳。如：

$$CO_2 + 2Mg \longrightarrow 2MgO + C$$

另外，CO_2 是酸性氧化物，可以与碱或碱性氧化物反应。

$$CO_2 + Ca(OH)_2 \longrightarrow CaCO_3 \downarrow + H_2O$$

③ 碳酸盐　碳酸盐分为两类：正盐和酸式盐。碱金属和铵的碳酸盐易溶于水，而其他金属的碳酸盐难溶于水，但其相应的酸式碳酸盐溶解度较大。但对于易溶的碳酸盐来说，其对应的酸式碳酸盐溶解度却小。这主要是由于酸式盐中的 HCO_3^- 之间以氢键相连形成二聚离子或多聚链离子的结果。

碳酸盐稳定性较差，受热即分解。如：

$$2MHCO_3 \xrightarrow{\triangle} M_2CO_3 + H_2O + CO_2$$

$$MCO_3 \xrightarrow{\triangle} MO + CO_2$$

热稳定性次序为：

正盐＞酸式盐＞酸

(3) 硅的化合物

① 二氧化硅　SiO_2 又称硅石，有晶体和无定形两种状态。石英是天然的二氧化硅晶体，又称水晶，是原子晶体。

二氧化硅化学性质很稳定不与一般的酸起反应，但能与氢氟酸反应：

$$SiO_2 + 4HF \longrightarrow SiF_4 \uparrow + 2H_2O$$

在高温下它能和碱性氧化物或碱类共熔制得 Na_2SiO_3：

$$SiO_2 + 2NaOH \longrightarrow Na_2SiO_3 + H_2O$$

② 硅酸及硅酸盐　硅酸 H_2SiO_3 的酸性较弱，以至于弱于碳酸。硅酸可以用硅酸钠与盐酸作用制得：

$$Na_2SiO_3 + 2HCl \longrightarrow H_2SiO_3 + 2NaCl$$

硅酸结构较为复杂，通常以通式 $x SiO_2 \cdot y H_2O$ 表示。原硅酸 H_4SiO_4 经脱水得到偏硅酸和多硅酸。由于各种硅酸中偏硅酸的组成最简单，所以习惯上常用化学式 H_2SiO_3 表示硅酸。

常见可溶性硅酸盐有 Na_2SiO_3，俗称水玻璃，无色、灰绿色或棕色的黏稠液体，是矿物胶，可作胶黏剂和耐火材料。可溶性硅酸盐不仅能与酸反应生成硅酸，而且可以与铵盐反应生成硅酸。

$$SiO_3^{2-}+2NH_4^+ \longrightarrow H_2SiO_3+2NH_3$$

(4) 锡和铅化合物　锡和铅都能形成氧化值为＋4 和＋2 的化合物。可以生成 MO 和 MO_2 两类氧化物和相应的 $M(OH)_2$ 和 $M(OH)_4$。它们都是两性的，四价的以酸性为主，二价以碱性为主。在含有 Sn^{2+} 和 Pb^{2+} 的溶液中加入适量的 NaOH 溶液，分别析出白色的 $Sn(OH)_2$ 或 $Pb(OH)_2$ 沉淀。它们即可溶于酸又可溶于过量的碱而生成 $Sn(OH)_3^-$ 或 $Pb(OH)_3^-$。

PbO_2 是棕黑色难溶于水的粉末，是强氧化剂，在酸性条件下能将二价锰盐氧化成七价锰的化合物，其强氧化性还表现在它与浓盐酸或浓硫酸反应可以放出 Cl_2 或 O_2。

$$5PbO_2+2Mn^{2+}+4H^+ \xrightarrow{\triangle} 5Pb^{2+}+2MnO_4^-+2H_2O$$

$$PbO_2+4HCl \longrightarrow PbCl_2+Cl_2+2H_2O$$

$$PbO_2+2H_2SO_4 \longrightarrow 2PbSO_4+O_2+2H_2O$$

氯化亚锡（$SnCl_2 \cdot 2H_2O$）是白色易溶于水的晶体。在水溶液中强烈水解生成难溶的碱式氯化亚锡沉淀。因此，配制 $SnCl_2$ 溶液时，应将其先溶于适量的浓盐酸中抑制其水解，然后再加水稀释至所需的浓度。

Sn^{2+} 是强还原剂，可被 $KMnO_4$、Hg^{2+} 盐、Fe^{3+} 盐等氧化剂所氧化。如它可把 $HgCl_2$ 还原成 Hg_2Cl_2，若 Sn^{2+} 过量则还原成 Hg。

$$2HgCl_2+SnCl_2 \longrightarrow SnCl_4+Hg_2Cl_2\downarrow$$

$$Hg_2Cl_2+SnCl_2 \longrightarrow SnCl_4+2Hg$$

该反应用于鉴定 Hg^{2+} 或 Sn^{2+}。

碳材料-石墨烯知识

石墨是由一层层以蜂窝状有序排列的平面碳原子堆叠而形成的，石墨的层间作用力较弱，很容易互相剥离，形成薄薄的石墨片。当把石墨片剥成单层之后，这种只有一个碳原子厚度的单层称为石墨烯。

2004 年，英国的两位科学家安德烈·杰姆和克斯特亚·诺沃塞洛夫发现他们能用剥离方法得到越来越薄的石墨薄片。他们从石墨中剥离出石墨片，然后将薄片的两面粘在一种特殊的胶带上，撕开胶带，就能把石墨片一分为二。不断地这样操作，于是薄片越来越薄，最后，他们得到了仅由一层碳原子构成的薄片，这就是石墨烯。

石墨烯具有非同寻常的导电性能、超出钢铁数十倍的强度和极好的透光性，它的出现有望在现代电子科技领域引发一轮革命。在石墨烯中，电子能够极为高效地迁移，它的电子能量不会被损耗，这使它具有了非同寻常的优良特性。石墨烯是一种二维晶体，最大的特性是其中电子的运动速度达到了光速的 1/300，远远超过了电子在一般导体中的运动速度。这使得石墨烯中的电子，或更准确地，应称为“载荷子”(electric charge carrier)，的性质和相对论性的中微子非常相似。

石墨烯不是烯，而是由碳原子按六边形晶格整齐排布而成的碳单质，结构非常稳定。石墨烯各个碳原子间的连接非常柔韧，当施加外部机械力时，碳原子面就弯曲变形。这样，碳原子就不需要重新排列来适应外力，这也就保证了石墨烯结构的稳定，使得石墨烯比金刚石还坚硬，同时可以像拉橡胶一样进行拉伸。这种稳定的晶格结构还使石墨烯具有优秀的导电性。石墨烯中的电子在轨道中移动时，不会因晶格缺陷或引入外来原子而发生散射。由于其原子间作用力非常强，在常温下，即使周围碳原子发生挤撞，石墨烯中的电子受到的干扰也非常小。

石墨烯被证实是世界上已经发现的最薄、最坚硬的物质。美国哥伦比亚大学 James Hone 等最近发现，铅笔石墨中一种叫做石墨烯的二维碳原子晶体，竟然比钻石还坚硬，强度比世界上最好的钢铁还要高上 100 倍。这种物质为“太空电梯”超韧缆线的制造打开了一扇“阿里巴巴”之门，让科学家梦寐以求的 2.3 万英里长（约合 37000km）太空电梯可能成为现实。其厚度只有

0.335纳米，把2000片薄膜叠加到一起，也只有一根头发丝那么厚。单层石墨烯几乎透明，其分子排列紧密，即使原子尺寸最小的氦也不能通过。美国机械工程师杰弗雷·基萨教授用一种形象的方法解释了石墨烯的强度：如果将一张和食品保鲜膜一样薄的石墨烯薄片覆盖在一只杯子上，然后试图用一支铅笔戳穿它，那么需要一头大象站在铅笔上，才能戳穿只有保鲜膜厚度的石墨烯薄层。

石墨烯的另一特性是：其导电电子不仅能在晶格中无障碍地移动，而且速度极快，远远超过了电子在金属导体或半导体中的移动速度。还有，其导热性超过现有一切已知物质。石墨烯的上述特性非常有利于超薄柔性OLED显示器的开发。据了解，韩国三星公司的研究人员已经制造出由多层石墨烯等材料组成的透明可弯曲显示屏。

为了进一步说明石墨烯中的载荷子的特殊性质，须先对相对论量子力学或称量子电动力学做一些了解。

经典物理学中，一个能量较低的电子遇到势垒的时候，如果能量不足以让它爬升到势垒的顶端，那它就只能待在这一侧；在量子力学中，电子在某种程度上是可以看作是分布在空间各处的波。当它遇到势垒的时候，有可能以某种方式穿透过去，这种可能性是零到一之间的一个数；而当石墨烯中电子波以极快的速度运动到势垒前时，就需要用量子电动力学来解释。量子电动力学作出了一个更加令人吃惊的预言：电子波能百分百地出现在势垒的另一侧。

以下实验证实了量子电动力学的预言：事先在一片石墨烯晶体上人为施加一个电压（相当于一个势垒），然后测定石墨烯的电导率。一般认为，增加了额外的势垒，电阻也会随之增加，但事实并非如此，因为所有的粒子都发生了量子隧道效应，通过率达100%。这也解释了石墨烯的超强导电性：相对论性的载荷子可以在其中完全自由地穿行。

总结一下特性：基于它的化学结构，石墨烯具有许多独特的物理化学性质，如高比表面积、高导电性、机械强度高、易于修饰及大规模生产等。

11.2.4 氮族元素

(1) 通性 氮族元素是第VA周期系元素，包括氮（N）、磷（P）、砷（As）、锑（Sb）、铋（Bi），是典型的非金属向典型的金属过渡的一族，其中N和P是非金属元素，As是准金属元素，Sb和Bi是金属元素。

氮族元素的价层电子构型为ns^2np^3。常见氧化态为−3、+3、+5。随着原子序数的增加，形成−3氧化态的倾向减小。−3氧化态主要以共价型化合物的形式存在，只有活泼金属的氮化物是离子型的，且遇水即水解。所以本族元素形成氧化值为正的化合物的趋势比较明显。它们与电负性较大的元素化合时，主要形成氧化值为+3和+5的化合物。由于惰性电子对效应，自上而下氧化值为+3的化合物稳定性增强，而氧化值为+5的化合物（氮除外）稳定性逐渐减弱。

(2) 单质的物理、化学性质 氮主要以单质存在大气中，约占空气体积的78%。液氮为无色透明的液体，熔点63K，沸点77K。磷是以磷脂的形式存在。砷是存在于雄黄（As_4S_4）、砒霜（As_2O_3）中的元素。氮族元素的性质参见表11-6。

表11-6 氮族元素的基本性质

性质	氮	磷	砷	锑	铋
原子序数	7	15	33	51	83
元素的相对原子质量	14.01	30.97	74.92	121.75	208.98
价电子层结构	$2s^22p^3$	$3s^23p^3$	$4s^24p^3$	$5s^25p^3$	$6s^26p^3$
主要氧化数	−3,−2,−1,+1 +2,+3,+4,+5	−3,+3,+5	−3,+3,+5	(−3),+3,+5	(−3),+3,+5

续表

性　　质	氮	磷	砷	锑	铋
共价半径/pm	74	110	121	141	152
M^{3-}	171	212	222	245	213
M^{3+}	16	44	69	90	120
M^{5+}	13	35	46	62	74
第一电离能/(kJ/mol)	1402	1011.8	859.7	833.7	706.3
第一电子亲和能/(kJ/mol)	0±20	74	77	101	100
电负性	3.04	2.19	2.18	2.05	2.02
晶体结构	分子晶体	分子晶体（白磷）层状晶体（黑磷）	分子晶体（黄砷）层状晶体（灰砷）	分子晶体（黑锑）层状晶体（灰锑）	层状晶体

氮分子是双原子分子，两个氮原子通过三重键组成的，即一个 σ 键 2 个 π 键，表示为 N≡N，N≡N键键能（946kJ/mol）非常大，所以它具有极高的稳定性，即使热至 3273K 也不分解。

磷单质有几种同素异形体，如白磷、红磷和黑磷。白磷（P_4）为透明的、软的蜡状固体。有剧毒，不溶于水而溶于 CS_2，在 313K 就会着火，因此把白磷保存于水中。红磷为暗红色粉末，无毒，它既不溶于水也不溶于 CS_2。红磷比白磷稳定，将白磷放在密闭容器中加热到 673K，则逐渐变成红磷。

氮和磷的单质差别较大，氮的熔沸点较低，而磷单质的熔沸点较高；氮很不活泼，可用做保护气，而白磷较为活泼。这些差异主要是由于它们分子结构不同而引起的。原子半径小的氮原子之间容易形成多重键，即N≡N，键能较高，而磷原子半径较大，磷原子通过单键与其他三个磷原子相连，形成四面体结构（图 11-4）。这种四面体结构键角较小，只有 60°，导致张力较大，所以 P-P 键键能较小。

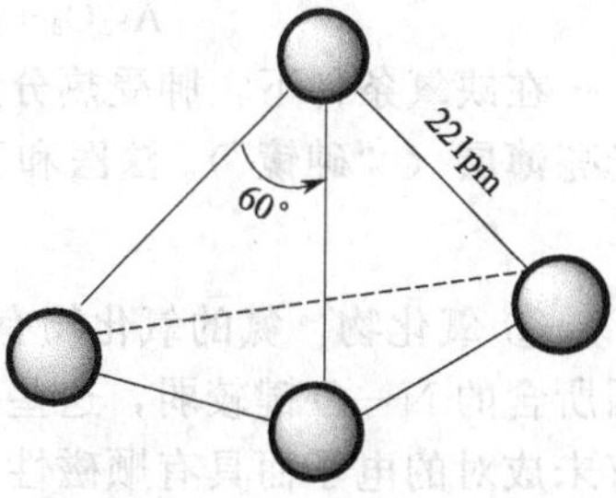

图 11-4　白磷的分子结构

砷在自然界中主要是以氧化物矿、硫化物矿及铁镍化物共生矿存在。砷和锑有黄、灰和黑三种同素异形体，其中灰砷和灰锑比较稳定。灰砷、灰锑和铋都有金属外形，能传热导电，但性脆，熔点低，易挥发。常温下，砷、锑、铋在水和空气中比较稳定，不溶于稀酸，但溶于硝酸和热的浓硫酸。

(3) 化合物

① 氢化物　氮的氢化物为氨（NH_3），在常温下是无色、有特殊刺激性气味的气体，极易溶解于水，其水溶液为氨水。由于氨分子间形成氢键，所以氨的熔点和沸点高于同族元素磷的氢化物 PH_3。氨容易被液化，液态氨的汽化焓较大，所以液氨可以作为致冷剂。

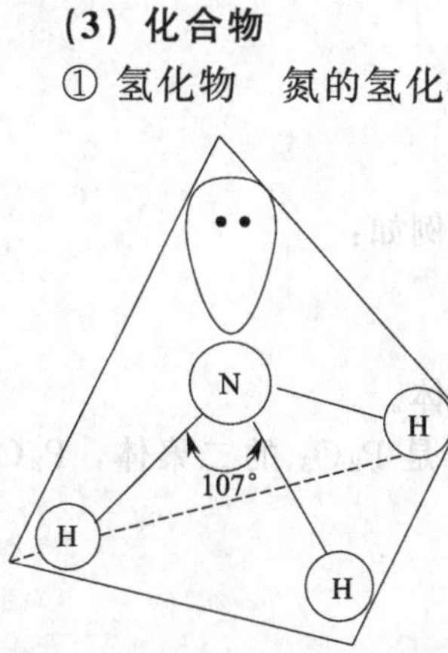

图 11-5　氨分子中的空间结构

氨分子呈三角锥形，氮原子处于三角锥形的顶点，如图 11-5 所示。

由于氮的电负性比氢的高，其所形成的共价键共享的电子对移向氮原子，因而整个 NH_3 分子具有很大的极性。氨的重要化学性质主要表现在以下几点。

a. 加合反应　氨分子中有孤对电子，能与具有空轨道的物质以配位键相键合，如：

$$BF_3 + NH_3 \longrightarrow B(NH_3)F_3$$

$$H^+ + NH_3 \longrightarrow NH_4^+$$

所以 NH_3 具有弱碱性和易形成配合物的性质。

b. 还原性　氨能在纯氧中燃烧生成 N_2：

$$4NH_3 + 3O_2 \longrightarrow 2N_2 + 6H_2O$$

在铂催化下，可生成 NO：

$$4NH_3 + 5O_2 \xrightarrow[800℃]{Pt} 4NO + 6H_2O$$

c. 取代反应　在一定条件下，NH_3 中的 H 原子可依次取代，生成一系列氨的衍生物。例如，在碱金属液氨溶液中如果存在少量催化剂，则它们之间发生取代反应而生成氨基化物

$$Na + NH_3(l) \longrightarrow NaNH_2 + \frac{1}{2}H_2$$

磷与氢组成一系列氢化物，其中最主要的是磷化氢（PH_3）称为膦。膦是无色气体，具有大蒜臭味，剧毒。膦可用金属磷化物（Ca_3P_2、Zn_3P_2 等）与水或酸反应制得：

$$Zn_3P_2 + 6H_2O \longrightarrow 3Zn(OH)_2 + 2PH_3$$

也可以用白磷（P_4）与碱作用即得 PH_3。

$$P_4 + 3KOH + 3H_2O \longrightarrow PH_3\uparrow + 3KH_2PO_2$$

砷、锑、铋都能生成氢化物 MH_3，它们都是无色具有恶臭的剧毒气体，极不稳定。砷的氢化物 AsH_3（胂）是无色有恶臭和有毒的气体，极不稳定。将锌在酸性溶液中还原 As_2O_3 得胂：

$$As_2O_3 + 6Zn + 6H_2SO_4 \longrightarrow 2AsH_3\uparrow + 6ZnSO_4 + 3H_2O$$

在缺氧条件下，胂受热分解成氢和单质砷。单质砷凝聚于较冷的玻璃内壁，则出现黑色光亮薄层（“砷镜”）。法医和卫生分析上用以鉴定砷的“马氏试砷法”就是利用此反应。

$$2AsH_3 \xrightarrow{\triangle} 2As + 3H_2$$

② 氧化物　氮的氧化物有 N_2O(笑气)、NO、N_2O_3、NO_2、N_2O_5。氮的氧化物分子中因所含的 N—O 键较弱，这些氧化物的热稳定性都较差，它们受热易分解或被氧化。NO 因有未成对的电子而具有顺磁性。NO_2 在低温时易聚合成二聚体 N_2O_4。N_2O_4 在固态时是无色晶体，在 413K 以上 N_2O_4 全部转变为 NO_2，超过 423K，NO_2 发生分解：

$$2NO_2 \xrightarrow{423K} 2NO + O_2$$

磷的氧化物有两种。一种是磷在充分的空气或氧气中燃烧时，生成 P_2O_5(又名磷酸酐)。它是一种白色粉末，在 632K 时升华，其蒸气为 P_4O_{10}。P_4O_{10} 对水有很大的亲和作用，水合可以形成不同的磷酸。

$$P_4O_{10} + 2H_2O(冷) \longrightarrow 4HPO_3 \quad (偏磷酸)$$

$$P_4O_{10} + 4H_2O \longrightarrow 4H_4P_2O_7 \quad (焦磷酸)$$

$$P_4O_{10} + 6H_2O(热) \longrightarrow 4H_3P_2O_4 \quad (正磷酸)$$

P_4O_{10} 有很强的吸水性，甚至还能从化合物中夺去化合态水。例如：

$$P_4O_{10} + 6H_2SO_4 \longrightarrow 6SO_3 + 4H_3PO_4$$

$$P_4O_{10} + 12H_2NO_3 \longrightarrow 6N_2O_5 + 4H_3PO_4$$

因此，P_4O_{10} 是比较理想的干燥剂。但不能用来干燥碱性的气体。

磷如果与不足的氧中燃烧则生成三氧化二磷（P_4O_6），P_4O_6 是 P_2O_3 的二聚体，P_2O_3 是亚磷酸的酸酐。P_4O_6 与冷水反应较慢，可生成亚磷酸：

$$P_4O_6 + 6H_2O(冷) \longrightarrow 4H_3PO_3$$

与热水反应则歧化为磷酸和膦：

$$P_4O_6 + 6H_2O(热) \longrightarrow 3H_3PO_4 + PH_3(g)$$

砷、锑、铋的氧化物有＋3 和＋5 价的两类：直接燃烧砷、锑、铋单质可得到＋3 价态的氧化物 As_2O_3、Sb_2O_3、Bi_2O_3 和由单质或 M_2O_3 先氧化为＋5 价态的相应氧化物的水合物，然后再脱水而得＋5 价态的 As_2O_5、Sb_2O_5。

砷的氧化物 As_2O_3 是白色晶体，俗称砒霜，有剧毒，致死量为 0.1g，它可用于制造杀虫剂、除草剂及含砷药物。误食砒霜中毒，立即服用 MgO 与 $FeSO_4$ 强烈震荡产生 $Fe(OH)_2$ 新鲜的悬浮液来解毒。

As_2O_3 是两性偏酸性氧化物，易溶于碱生成亚砷酸盐：

$$As_2O_3 + 6NaOH \longrightarrow 2Na_3AsO_3 + 2H_2O$$

它也易溶于浓酸，生成 As^{3+}：

$$As_2O_3 + 6HCl \longrightarrow 2AsCl_3 + 3H_2O$$

③ 含氧酸及其盐

a. 亚硝酸及其盐　将等物质量的 NO 和 NO_2 的混合物溶解在冷水中，可得到亚硝酸的水溶液。

$$NO + NO_2 + H_2O \longrightarrow 2HNO_2$$

亚硝酸是一种弱酸（$K_a = 4.6 \times 10^{-4}$）。它极不稳定，只能存在于很稀的冷溶液中，溶液浓缩或加热时，就分解为 H_2O 和 N_2O_3，后者又分解为 NO 和 NO_2，因而气相出现棕色。

$$2HNO_2 \rightleftharpoons H_2O + N_2O_3 \rightleftharpoons H_2O + NO + NO_2$$

HNO_2 既有氧化性又具有还原性。但它的氧化性比还原性更显著，如：

$$2HNO_2 + 2HI \longrightarrow 2NO + I_2 + 2H_2O$$

$$2MnO_4^- + 5NO_2^- + 6H^+ \longrightarrow 2Mn^{2+} + 5NO_3^- + 3H_2O$$

亚硝酸盐大多是无色的，除浅黄色的 $AgNO_2$ 不溶于水外，其他的亚硝酸盐一般易溶于水。亚硝酸盐比较稳定，这是由于亚硝酸根离子的构型为 V 形，氮原子采用 sp^2 杂化与氧原子形成 s 键，同时还形成一个三中心四电子的大 p 键。亚硝酸盐极毒，是致癌物质。

b. 硝酸及硝酸盐　纯硝酸是无色液体，沸点为 359K，密度为 $1.522g/cm^3$。实验室用的浓硝酸含 HNO_3 约为 69%，密度为 $1.4g/cm^3$。浓硝酸很不稳定，被受热或光照时，部分按下式分解：

$$4HNO_3 \longrightarrow 4NO_2 + 2H_2O + O_2$$

据此浓硝酸要保存在阴凉处。

硝酸具有强氧化性。当其与还原性反应时，自身被还原为一系列低氧化数的氮化物：

$$\overset{+5}{HNO_3} \longrightarrow \overset{+4}{NO_2} \longrightarrow \overset{+3}{HNO_2} \longrightarrow \overset{+2}{NO} \longrightarrow \overset{+1}{N_2O} \longrightarrow \overset{-3}{NH_4^+}$$

通常得到的产物是上述某个物质为主的混合物，至于是哪种物质为主，则取决于硝酸的浓度和金属的本性。浓硝酸主要还原为 NO_2，稀硝酸主要还原为 NO。例如：

$$Cu + 4HNO_3(浓) \longrightarrow Cu(NO_3)_2 + 2NO_2 + 2H_2O$$

$$3Cu + 8HNO_3(稀) \longrightarrow 3Cu(NO_3)_2 + 2NO\uparrow + 4H_2O$$

当较稀硝酸与活泼金属反应时，则硝酸被还原成 N_2O(笑气)，当硝酸很稀时，则得到 NH_4^+。

$$4Zn + 10HNO_3(稀) \longrightarrow 4Zn(NO_3)_2 + N_2O\uparrow + 5H_2O$$

$$4Zn + 10HNO_3(极稀) \longrightarrow 4Zn(NO_3)_2 + NH_4NO_3\uparrow + 3H_2O$$

另外冷浓硝酸能使 Fe，Al，Cr 表面生成一层十分致密的氧化膜而“钝化”。

硝酸盐通常是用硝酸作用于相应的金属或金属氧化物而制得，几乎都易溶于水。硝酸盐在高温下会分解而放出氧气。硝酸盐的分解产物因离子不同而不同。最活泼的金属（电位序在 Mg 之前的金属）的硝酸盐受热分解为亚硝酸盐和氧气，如：

$$2KNO_3 \xrightarrow{\triangle} 2KNO_2 + O_2$$

中等活泼的金属（电位序在 Mg 和 Cu 之间）的硝酸盐，分解为相应的氧化物，如：

$$2Pb(NO_3)_2 \xrightarrow{\triangle} 2PbO + 4NO_2 + O_2$$

不活泼金属（电位序在 Cu 之后）的硝酸盐，则分解为金属单质，如：

$$2AgNO_3 \xrightarrow{\triangle} 2Ag + 2NO_2 + O_2$$

c. 磷的含氧酸酸及其盐　根据磷的氧化态不同，其含氧酸分为三种：次磷酸（H_3PO_2）、亚磷酸（H_3PO_3）和正磷酸（H_3PO_4）。次磷酸和亚磷酸分别为一元酸和二元酸，磷酸是一种三元中强酸。当其与不同碱量反应时，可生成三个系列的盐：M_3PO_4、M_2HPO_4 和 MH_2PO_4，所有的磷酸二氢盐都易溶于水，而磷酸一氢盐和正磷酸盐除了 K^+、Na^+、NH_4^+ 盐外，一般不溶于水。

磷酸盐中最重要的是钙盐。磷酸的钙盐 $Ca(H_2PO_4)_2$（过磷酸钙的主要成分）是易溶于水的，而 $CaHPO_4$ 和 $Ca_3(PO_4)_2$ 是不溶于水的，另外磷酸钙盐和磷酸铵盐可以作为肥料。工业上利用天然磷酸钙生产磷肥：

$$Ca_3(PO_4)_2 + 2H_2SO_4 + 4H_2O \longrightarrow Ca(H_2PO_4)_2 + 2CaSO_4 \cdot 2H_2O$$

得到的混合物称为过磷酸钙。

磷肥简介

磷肥全称磷素肥料。以磷为主要养分的肥料。肥效的大小和快慢，决定于有效五氧化二磷含量、土壤性质、放肥方法、作物种类等。根据来源可分为：

(1) 天然磷肥，如海鸟粪、兽骨粉和鱼骨粉等；

(2) 化学磷肥，如过磷酸钙、钙镁磷肥等。

根据所含磷酸盐的溶解能性可分为：

(1) 水溶性磷肥，如普通过磷酸钙、重过磷酸钙等。其主要成分是磷酸一钙。易溶于水，肥效较快。

(2) 枸溶性磷肥，如沉淀磷肥、钢渣磷肥、钙镁磷肥、脱氟磷肥等。其主要成分是磷酸二钙。不溶于水而溶于水 2%枸橼酸溶液，肥效较慢。

(3) 难溶性磷肥，如骨粉和磷矿粉。其主要成分是磷酸三钙。不溶于水和 2%枸橼酸溶液，须在土壤中逐渐转变为磷酸一钙或磷酸二钙后才能发生肥效。

作用：合理施用磷肥，可增加作物产量，改善作物品质，加速谷类作物分蘖和促进籽粒饱满；促使棉花、瓜类、茄果类蔬菜及果树的开花结果，提高结果率；增加甜菜、甘蔗、西瓜等的糖分；油菜籽的含油量。

常用磷肥与注意事项：

过磷酸钙：$Ca(H_2PO_4)_2$ 与 $CaSO_4$ 混合。能溶于水，为酸性速溶性肥料，可以施在中性、石灰性土壤上，可作基肥、追肥、也可作种肥和根外追肥。注意不能与碱性肥料混施，以防酸碱性中和，降低肥效；主要用在缺磷土壤上，施用要根据土壤缺磷程度而定，叶面喷施浓度为 1%～2%。

钙镁磷肥：是一种以含磷为主，同时含有钙、镁、硅等成分的多元肥料，不溶于水的碱性肥料，适用于酸性土壤，肥效较慢，作基肥深施比较好。与过磷酸钙、氮肥不能混施，但可以配合施用，不能与酸性肥料混施，在缺硅、钙、镁的酸性土壤上效果好。

磷酸一铵和磷酸二铵：是以磷为主的高浓度速效氮、磷二元复合肥，易溶于水，磷酸一铵为酸性肥料，磷酸二铵为碱性肥料，适用于各种作物和土壤，主要作基肥，也可作种肥。

11.2.5　氧族元素

(1) 通性　周期系ⅥA 族元素称为氧族元素。它包括：氧（O）、硫（S）、硒（Se）、碲（Te）和钋（Po）。在自然界中氧和硫能以单质和化合物存在，由于很多金属在地壳中以氧化物和硫化物的形式存在，故这两种元素常称为矿元素。硒、碲属于分散稀有元素，它们以极微量存在于各种硫化物矿中。钋是放射性元素。氧族元素原子的价电子构型为 ns^2np^4。本族元素的原子半径、共价半径、离子半径随原子序数的增加而增大，电离势和电负性随原子序数的增加而减小，其性质是由非金属向金属过渡。如氧和硫是典型的非金属元素；硒和碲是半金属；而钋是金属元素。氧族元素单质的非金属化学活泼性按 O>S>Se>Te 的顺序降低。氧和硫是比较活泼的。氧几乎与大多数稀有气体外的所有元素化合而生成相应的氧化物。单质硫与许多金属接触时都能发生反应。表 11-7 列出了它们的一些基本性质。

表 11-7　氧族元素的基本性质

性　质	氧	硫	硒	碲	钋
元素符号	O	S	Se	Te	Po
原子序数	8	16	34	52	84
元素的相对原子质量	15.99	32.06	78.96	127.6	(209)
熔点/℃	−218	115	217	450	254
沸点/℃	−183	445	685	990	962
价电子层结构	$2s^22p^4$	$3s^23p^4$	$4s^24p^4$	$5s^25p^4$	$6s^26p^4$
主要氧化数	−2,0	−2,0 +2,+4,+6	−2,0 +2,+4,+6	−2,0 +2,+4,+6	—
原子共价半径/pm	66	104	117	137	167
离子半径 M^{2-}/pm	132	184	191	211	—
M^{6+}/pm	9	30	42	56	67
第一电离能/(kJ/mol)	1314	1000	941	869	818
第一电子亲和能/(kJ/mol)	141	200	195	190	—
第二电子亲和能/(kJ/mol)	−780	−590	−420		
电负性	3.44	2.58	2.55	2.10	2.00
晶体结构	分子晶体	分子晶体	分子晶体 (红硒) 链状晶体 (灰硒)	链状晶体	金属晶体

(2) 氧　氧是无色、无臭的气体，在−183℃时凝结为淡蓝色液体。氧分子的结构式为 $O\overset{\cdots}{\underset{\cdots}{-}}O$，具有顺磁性。在液态氧中有缔合分子 O_4 存在，在室温和加压下，分子光谱实验证明它具有反磁性。氧的电负性较大，仅次于氟，又因氧原子半径特小，导致氧的某些性质出现"反常"，如氧的单键离解能小于硫。氧与硫单质熔沸点相差较大，这是由于氧原子半径较小而引起的成键方式不同的缘故。在多数含氧化合物中，氧的氧化数为了−2(除 H_2O_2 和 OF_2 外)。氧有同素异形体氧和臭氧。

① 臭氧　臭氧 O_3 是氧气的同素异形体。臭氧是浅蓝色气体，有一种鱼腥臭味，在−112℃凝聚为深蓝色液体，在−192.7℃凝结为黑紫色固体。臭氧不稳定，但在常温下分解较慢，437K 以上迅速分解。

图 11-6　O_3 分子结构

组成臭氧分子的三个氧原子呈 V 字排列，如图 11-6 所示。中心氧原子采取 sp^2 杂化，形成三个 sp^2 杂化轨道，其中一个杂化轨道由孤对电子占据，另外两个具有成单电子的杂化轨道分别与两旁氧原子具有成单电子的 p 轨道重叠形成两个 σ 键，中心氧原子还有一个与 sp^2 杂化轨道所在平向 p 轨道，该轨道上有一对电子，两旁的氧原子也各有一个具有成单电子的 p 轨道与中心氧原子 sp^2 杂化轨道所在平面垂直，上述三个 p 轨道相互平行，彼此侧面重叠形成 π 键（π_3^4），所以臭氧分子内没有成单电子，为反磁性的。

它无论在酸性或碱性条件下都比氧气具有更强的氧化性，臭氧是最强的氧化剂之一。如在臭氧中，硫化铅被氧化为硫酸铅，金属银被氧化为过氧化银。

$$PbS+4O_3 \longrightarrow PbSO_4+4O_2\uparrow$$

$$2Ag+2O_3 \longrightarrow Ag_2O_2+2O_2\uparrow$$

② 过氧化氢　H_2O_2 是无色黏稠状液体，其水溶液俗称双氧水。纯的过氧化氢熔点为272K，沸点为423K。269K时固体 H_2O_2 的密度为 1.643g/cm³。H_2O_2 分子能通过氢键发生缔合，其缔合程度比水大。H_2O_2 能与水以任何比例相混溶。

过氧化氢分子具有极性，它有一个—O—O—过氧键和二个O—H氢氧键，两个氢原子位于像半展开书本的两页纸上。其键长依次为149pm和97ppm，二者之间的夹角为97°。这两个平面之间的夹角为93.8°，如图11-7所示。在 H_2O_2 分子中，氧原子以 sp^3 杂化，每个O原子分别以两个具有成单电子的 sp^3 杂化轨道同另一个氧原子和一个氢原子形成σ键后，还有两个 sp^3 杂化轨道由孤电子对占据，由于两个O原子上孤电子对的排斥作用，使形成的O—O单键变得更弱，键距变大，键能变小。因此过氧化氢分子中O—O键键长较大，键能较小。同时分子中电子均已成对，故该分子为反磁性的。由于 H_2O_2 分子中有过氧键的存在，致使过氧化氢的性质和水的性质有很大的差别。下面介绍一下过氧化氢的化学性质。

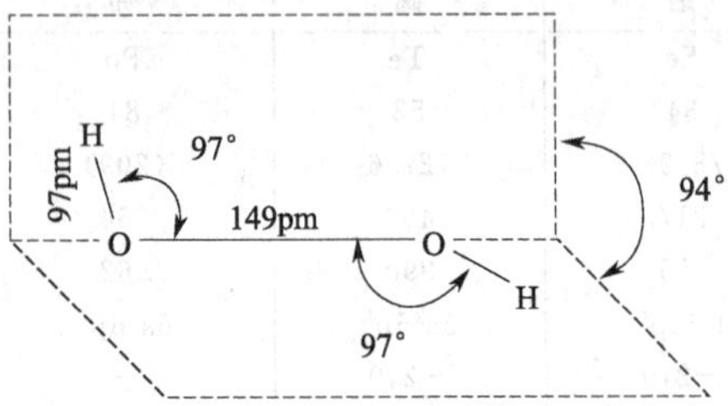

图 11-7　H_2O_2 分子的结构

过氧化氢既有氧化性，又有还原性；对热不稳定及呈弱酸性。

H_2O_2 分子含有过氧键（$[—O—O—]^{2-}$），它既能失去2个电子，也能得到2个电子，因而表现出氧化还原性。

H_2O_2 无论是在酸性还是在碱性溶液中都是强氧化剂。例如：

$$H_2O_2+2KI+2HCl \longrightarrow I_2+2H_2O+2KCl$$

$$2[Cr(OH)_4]^-+3H_2O_2+2OH^- \longrightarrow 2CrO_4^-+8H_2O$$

H_2O_2 的还原性较弱，只有当 H_2O_2 与强氧化剂作用时，才能被氧化而放出 O_2。例如：

$$H_2O_2+Cl_2 \longrightarrow 2KCl+O_2$$

$$2KMnO_4+5H_2O_2+3H_2SO_4 \longrightarrow 2MnSO_4+5O_2+K_2SO_4+8H_2O$$

在室温下 H_2O_2 分解很慢，倘若有 MnO_2、Fe_2O_3 等重金属氧化物存在时，则剧烈分解放氧。

$$2H_2O_2(aq) \xrightarrow{MnO_2} 2H_2O(l)+O_2(g)\uparrow$$

过氧化氢在水溶液中有如下平衡：

$$H_2O_2+H_2O \rightleftharpoons H_3O^++HO_2^-$$

H_2O_2 在水溶液中的离解常数为 $K_a=2.4\times10^{-12}$。二级电离常数很小，约为 10^{-25}。其酸性表现在 H_2O_2 能与某些金属氢氧化物反应，生成过氧化物和水。如过氧化氢的浓溶液中滴入可溶性的 $Ba(OH)_2$，有过氧化钡（BaO_2）生成：

$$H_2O_2+Ba(OH)_2 \longrightarrow BaO_2+2H_2O$$

(3) 硫及其化合物　硫在自然界中以单质和化合物存在。单质硫矿床主要分布在火山口附近。单质硫俗称硫黄，是分子晶体，不溶于水。硫有几种同素异形体，有正交、斜方和弹性硫等。正交硫和斜方硫分子都是由 8 个硫原子组成，具有环状结构（图 11-8）。

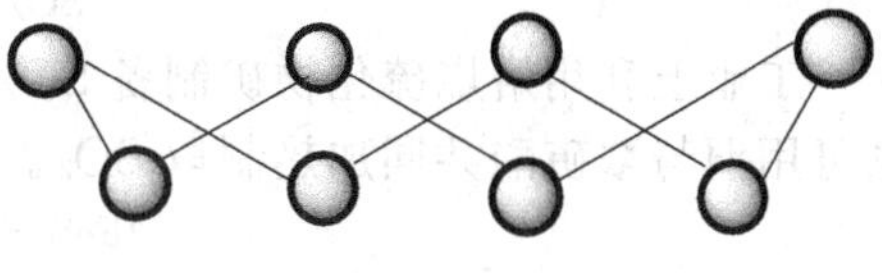

图 11-8　S_8 的分子结构

① 硫化氢和硫化物（表 11-8）

表 11-8　一些金属硫化物的颜色与溶度积常数（291K）

硫化物	颜色	溶度积 K_{sp}	硫化物	颜色	溶度积 K_{sp}
CuS	黑色	8.5×10^{-45}	PbS	黑色	3.4×10^{-28}
CoS	黑色	3×10^{-26}	ZnS	白色	1.2×10^{-23}
HgS	黑色	$4\times10^{-53}\sim2\times10^{-49}$	FeS	黑色	3.7×10^{-19}
MnS	肉色	1.4×10^{-15}	Ag_2S	黑色	1.6×10^{-49}

硫化氢为无色有臭鸡蛋味的剧毒气体，沸点为 213K，熔点为 187K，在水中微溶，饱和的硫化氢水溶液其浓度为 0.1mol/L。它是一种二元弱酸，$K_{a_1}=1.1\times10^{-7}$，$K_{a_2}=1.0\times10^{-14}$。

H_2S 分子构型呈 V 形，在分子中硫原子是以不等性的 sp^3 杂化轨道和两个氢原子成键的。它具有还原性，能被氧、氯、高锰酸钾、硝酸等氧化成高氧化态。例如：

$$2H_2S+O_2 \longrightarrow 2S+2H_2O$$

$$H_2S+Cl_2+4H_2O \longrightarrow H_2SO_4+8HCl$$

将 H_2S 通入某些金属离子溶液中，可生成相应的金属硫化物。它们的溶解度相差很大，大多数金属硫化物难溶于水，但在酸性溶液中的溶解度相差较大，一般可分为四类。

第一类：能溶于稀盐酸。如 ZnS、MnS 等；

第二类：能溶于浓盐酸。如 CdS、PbS 等；

第三类：不溶于浓盐酸但溶于硝酸，如 CuS、Ag_2S 等；

第四类：不溶于硝酸仅溶于王水，如 HgS。

其反应方程如下：

$$MnS+2H^+ \longrightarrow Mn^{2+}+H_2S\uparrow$$

$$CdS+4HCl \longrightarrow H_2[CdCl_4]+H_2S$$

$$3CuS+8HNO_3 \longrightarrow 3Cu(NO_3)_2+3S\downarrow+2NO\uparrow+4H_2O$$

$$3HgS+12HCl+2HNO_3 \longrightarrow 2H_2[HgCl_4]+3S+2NO\uparrow+4H_2O$$

硫化氢通常用金属硫化物与非氧化性酸作用制得，如：

$$FeS+2HCl \longrightarrow H_2S+FeCl_2$$

② 二氧化硫、硫的含氧酸及其盐　硫在空气中燃烧生成二氧化硫，它为无色有刺激性气体，它的分子结构与臭氧相似，分子构型为 V 形，S 原子 sp^3 杂化与两个 O 原子各形成一个 σ 键，还有一个 p 轨道与两个 O 原子相互平行的 p 轨道形成一个含有 π_3^4 离域 π 键。SO_2 的水溶液叫做亚硫酸，实际上它是一种水合物 $SO_2\cdot xH_2O$。

在 SO_2、亚硫酸和亚硫酸盐中，硫的氧化值为＋4，处于硫元素的中间价态，因此 SO_2 既可作氧化剂又可作还原剂。SO_2 和 H_2SO_3 及其盐，很容易被 Cl_2、Br_2、I_2、$KMnO_4$ 等氧化。例如：

$$2MnO_4^-+5SO_3^{2-}+6H^+ \longrightarrow 2Mn^{2+}+5SO_4^{2-}+3H_2O$$

$$H_2SO_3+I_2+H_2O \longrightarrow H_2SO_4+2HI$$

SO_2 能氧化 CO 生成 CO_2 和 S，说明其具有氧化性。反应方程式如下：

$$SO_2 + 2CO \longrightarrow S + 2CO_2$$

工业上利用焙烧硫化物矿制备 SO_2，实验室利用亚硫酸盐与酸反应制取少量的 SO_2 的，也可用铜与浓硫酸共同加热制取 SO_2。

$$3FeS_2 + 8O_2 \longrightarrow Fe_3O_4 + 6SO_2$$

纯硫酸是无色油状液体，在 10.38℃时凝结为固态晶体，市售硫酸（含 H_2SO_4 98%，密度 1.84g/cm^3）是无色、无臭的油状液体，有强烈吸水性，能从有机物质中夺去水，使有机物“炭化”。例如，蔗糖遇浓硫酸即发生炭化：

$$C_{12}H_{22}O_{11} \xrightarrow{H_2SO_4} 12C + 11H_2O$$

浓硫酸溶于水时放出大量的热，因此，在配制硫酸溶液时，必须小心地将浓硫酸慢慢地沿着容器壁倒入水中，同时搅拌溶液，切忌将水加入浓硫酸中。

浓硫酸是强的氧化剂。在加热情况下，能氧化许多金属核某些非金属。通常浓硫酸被还原为二氧化硫。如：

$$2H_2SO_4(浓) + Cu \longrightarrow CuSO_4 + SO_2 + 2H_2O$$

$$S + 2H_2SO_4(浓) \longrightarrow 3SO_2 + 2H_2O$$

比较活泼的金属也可以将浓硫酸还原为硫或卤化氢，如：

$$H_2SO_4 + Zn \longrightarrow ZnSO_4 + S + H_2O$$

$$H_2SO_4 + Zn \longrightarrow ZnSO_4 + H_2S + H_2O$$

硫酸能形成两种类型的盐，即正盐和酸式盐。大多数硫酸盐均易溶于水，但 $CaSO_4$，$SrSO_4$，$BaSO_4$ 及 Ag_2SO_4，$PbSO_4$ 除外。大多数硫酸盐结晶时含有结晶水，如 $CuSO_4 \cdot 5H_2O$ 称胆矾，$FeSO_4 \cdot 7H_2O$ 称绿矾，$ZnSO_4 \cdot 7H_2O$ 称皓矾，$K_2SO_4 \cdot Al_2(SO_4)_3 \cdot 24H_2O$ 称明矾等。

硫代硫酸（$H_2S_2O_3$）可看作是硫酸中的一个氧被硫取代的产物。硫代硫酸极不稳定，一旦析出就随即分解，其反应为：

$$S_2O_3^{2-} + 2H^+ \rightleftharpoons H_2S_2O_3 \rightleftharpoons S\downarrow + SO_2 + H_2O$$

亚硫酸盐与硫作用可生成硫代硫酸盐，如将硫粉溶于沸腾的亚硫酸钠溶液中可制得 $Na_2S_2O_3$，其反应式为：

$$Na_2SO_3 + S \longrightarrow Na_2S_2O_3$$

五水硫代硫酸钠 $Na_2S_2O_3 \cdot 5H_2O$ 俗称海波，又名大苏打，为无色透明柱状结晶，易溶于水，水溶液呈碱性。硫代硫酸钠在碱性溶液和中性溶液中是稳定的，在酸性溶液中极不稳定，立即分解出硫，其反应为：

$$Na_2S_2O_3 + 2HCl \longrightarrow NaCl + S\downarrow + SO_2 + H_2O$$

硫代硫酸根的中心硫原子的氧化数为+6，而配位硫原子的氧化数是−2，因此，硫代硫酸钠具有还原性。是中等强度的还原剂。遇到氢氧化剂时被氧化成 SO_4^{2-}，遇到弱氧化剂时，$S_2O_3^{2-}$ 被氧化成 $S_4O_6^{2-}$。

$$Na_2S_2O_3 + 4Cl_2 + 5H_2O \longrightarrow Na_2SO_4 + H_2SO_4 + 8HCl$$

$$2Na_2S_2O_3 + I_2 \longrightarrow 2NaI + Na_2S_4O_6$$

在 $S_2O_3^{2-}$ 离子中配位原子硫具有较强的配位能力，故应用于照相术、电镀、鞣革和医用解毒剂。

$$AgBr + 2S_2O_3^{2-} \longrightarrow [Ag(S_2O_3)_2]^{3-} + Br^-$$

$$Na_2S_2O_3 + KCN \longrightarrow Na_2SO_3 + KSCN$$

11.2.6 卤素

(1) 单质的物理、化学性质 周期系ⅦA族元素统称为卤族元素或卤素，包括氟

(F)、氯（Cl)、溴（Br)、碘（I）和砹（At)。卤族元素，原意是成盐元素（Halogen)，其中砹为人工合成元素。卤族元素的价电子构型为 ns^2np^5，为典型的非金属元素，其中氟是所有元素中非金属性最强。卤素单质都有颜色，且随着原子序数的增大，颜色逐渐增深。氟呈浅黄色，Cl_2 呈黄绿色，Br_2 呈红棕色，I_2 呈紫色。固态碘呈紫黑色，并带有金属光泽。

卤素单质都有毒，毒性随原子序数的增加而减弱。卤素单质有强烈的刺激眼、鼻气管等器官的黏膜，吸入较多的卤素蒸气会导致严重中毒，甚至死亡。

卤族元素的一些基本性质列于表 11-9 中。从表 11-9 可知，卤族元素具有七个价电子，卤素原子有较强获得一个电子达到八电子稳定结构的倾向，因此卤素单质都是强氧化剂。原子半径越小这种倾向越大。氟通常只能生成氧化数为－1 的化合物。而其他卤素原子的价电子层都有空的 nd 轨道可以容纳电子，从而可以形成配位数大于 4 的高氧化值的卤素化合物。氯、溴、碘的氧化数多为奇数，即＋1，＋3，＋5，＋7。由于卤素原子具有多种不同的氧化数，因而它们的氧化还原反应是本族元素的主要特性。

卤族元素在性质上极其相似。但随着原子序数的增加，它们的原子半径递增；电离能（电离势）和电负性递减；氟的性质有些反常，这是因为氟的原子半径特别小，其核周围电子密度较大，当它接受一个电子或共用电子对成键时，将引起电子间较大的斥力，这种斥力部分地抵消了气态氟形成气态氟离子，或氟形成单分子时所放出的能量。所以氟的电子亲和能小于氯。

卤素单质的非金属性或氧化性随着原子半径的增加而减弱；而卤阴离子的还原能力随着原子序数的增加而增强。

表 11-9　卤族元素的基本性质

元　素	氟	氯	溴	碘
元素符号	F	Cl	Br	I
原子序数	9	17	35	53
价层电子构型	$2s^22p^5$	$3s^23p^5$	$4s^24p^5$	$5s^25p^5$
共价键半径/pm	64	99	114	133
离子键半径(X^-)/pm	136	181	195	216
沸点/℃	−188.13	−34.04	58.8	185.24
熔点/℃	−219.61	−101.5	−7.25	113.60
电负性	3.98	3.16	2.96	2.66
电离能/(kJ/mol)	1687	1257	1146	1015
电子亲和能/(kJ/mol)	−328	−349	−325	−295
氧化值	−1	−1,+1,+3,+5,+7	−1,+1,+3,+5,+7	−1,+1,+3,+5,+7
配位数	1	1,2,3,4	1,2,3,5	1,2,3,4,5,6,7
X^- 水和能/(kJ/mol)	−460	−385	−351	−305
X-X 键能/(kJ/mol)	155	243	193	151
晶体结构	分子晶体	分子晶体	分子晶体	分子晶体（具有部分金属性）

卤素与水发生两类重要的化学反应。第一类反应是卤素置换水中氧的反应：

$$2X_2 + 2H_2O \longrightarrow 4X^- + 4H^+ + O_2$$

第二类反应时卤素的歧化反应：

$$X_2 + H_2O \rightleftharpoons X^- + H^+ + HXO$$

卤素单质在水溶液中的氧化性也同样按 $F_2 > Cl_2 > Br_2 > I_2$ 的次序递变，因此它们与水的作用情况也有差异。氟与水发生第一类反应。Cl_2、Br_2、I_2 与水发生第二类反应，反应时可逆的。

(2) 卤化氢和重要卤化物

① 卤化氢 HX 卤素的氢化物称为卤化氢。卤化氢都是具有刺激性臭味的无色的气体。卤化氢分子都是共价型分子。卤化氢的性质随原子序数增加呈规律性变化。分子中键的极性按 HF、HCl、HBr、HI 的顺序减弱。卤化氢极易液化，液态卤化氢不导电。除 HF 外，其他卤化氢分子间力随卤素原子量的增大而增强，故它们的熔点、沸点也依次递增。由于氟化氢分子间生成氢键，因而它具有反常的高熔点和沸点。

由于卤化氢为极性分子，因此易溶于水，其水溶液称氢卤酸，除 HF 外，其他氢卤酸均为强酸，其酸性随卤素原子序数增加而增强。HF 几乎不具有还原性，而其他卤化氢可被氧化成卤素单质。

表 11-10 卤化氢的一些性质

项　目	HF	HCl	HBr	HI
熔点/℃	−83.57	−114.18	−86.87	−50.8
沸点/℃	19.52	−85.05	−66.71	−35.1
生成热/(kJ/mol)	−271	−92	−36	26
偶极矩/$\times10^{-30}$C·m	6.37	3.57	2.76	1.40
熔化热/(kJ/mol)	19.6	2.0	2.4	2.9
汽化热/(kJ/mol)	28.7	16.2	17.6	19.8
键能/(kJ/mol)	570	432	366	298

卤化氢热稳定性的大小与 X^- 的半径有关，X^- 半径越大，则 HX 的热稳定性越低。据此，HX 的热稳定性顺序是：HF＞HCl＞HBr＞HI。实验证明 HF 要加热到 1273K 以上才分解，而 HI 在 573K 就明显地分解了。其分解反应方程为：$2HX \longrightarrow H_2 + X_2$。

氟化氢或氢氟酸对玻璃均有很强的腐蚀性，这是因为它能和 SiO_2 生成挥发性的四氟化硅，其反应如下：

$$SiO_2 + 4HF \longrightarrow SiF_4\uparrow + 2H_2O$$

$$CaSiO_3 + 6HF \longrightarrow CaF_2 + SiF_4\uparrow + 3H_2O$$

另外，氢氟酸也可以用来溶解普通强酸不能溶解的 Ti，Zr，Hf 等金属。这一特性与 F^- 半径特别小有关，因 F^-（硬碱）可与一些小半径、电荷高的离子如 Ti^{4+}、Zr^{4+}、Hf^{4+} 等（硬酸）形成稳定的配离子 $[MF_6]^{2-}$。表 11-10 列出了卤化氢的一些性质。

HF 和 HCl 可通过浓硫酸和相应的卤化物作用制得：

$$H_2SO_4 + NaCl \xrightarrow{\triangle} NaHSO_4 + HCl\uparrow$$

$$H_2SO_4 + NaHSO_4 \xrightarrow{\triangle} Na_2SO_4 + HCl\uparrow$$

而制备 HBr、HI 则应用 H_3PO_4 替代 H_2SO_4 来制备：

$$H_3PO_4 + NaBr \longrightarrow NaH_2PO_4 + HBr\uparrow$$

② 卤化物 卤素与电负性较小的元素生成的二元化合物叫做卤化物。几乎所有的元素（除了 He、Ne 和 Ar 外），都能生成卤化物，特别是氟化物。卤化物可分为金属卤化物和非金属卤化物两大类。根据卤化物的键型，又可分为离子型的卤化物和共价型卤化物。ⅠA，ⅡA 族的卤化物的晶体都是离子型的，如 NaCl、$CaCl_2$ 等。非金属卤化物和高价金属卤化物如 CCl_4、PCl_3、SF_6、$AlCl_3$、$FeCl_3$ 等都为共价型的。对于同一金属卤化物和高价金属卤化物如 NaF、NaCl、NaBr、NaI 它们的离子性依次降低，共价性依次增强。

同一元素的不同氧化态卤化物，随金属的氧化态升高，其共价性增强。如 $FeCl_2$ 属于离子型化合物而 $FeCl_3$ 基本上是共价化合物。

a. 溶解性 大多数金属卤化物易溶于水，常见的金属卤化物中，只有 AgX、Hg_2X_2、

PbX_2、CuX(Cl、Br、I) 等难溶于水。溴化物和碘化物的溶解性与相应的氯化物相似，而氟化物的溶解度与其他卤化物有所差别。例如 CaF_2 难溶于水，而 CaX_2(Cl、Br、I) 则易溶于水。这与离子间的吸引力的大小和离子极化作用的强弱有关。氟离子半径特别小，它与钙离子之间的吸引力较大，晶格能较大，所以 CaF_2 难溶，而其它卤化钙晶格能较小，所以易溶。

b. 水解性　除少数活泼金属卤化物外，大多数金属卤化物溶于水时，都发生不同程度的水解。例如：

$$MgCl_2 + H_2O \longrightarrow Mg(OH)Cl + HCl$$

非金属卤化物水解大致分为三种类型：与水反应生成非金属含氧酸和卤化氢，如 BCl_3、$SiCl_4$、AsF_5 等；与水反应生成非金属氢氧化物和卤素含氧酸，如 NCl_3，OCl_2 等；不与水反应，如 CCl_4，SF_6 等。

一般认为，非金属卤化物水解机理首先是水分子以氧原子为配位原子配位到电正性的中心：

$$H_2O + R-X_n \rightleftharpoons H_2\overset{..}{O}^{\delta^-} \longrightarrow R^{\delta^+}-X_n$$

子上，随后 O—H 和 R—X 键断裂，故得到非金属含氧酸和卤化氢。以这种类型水解的卤化物最多，如：

$$BCl_3 + 3H_2O \longrightarrow H_3BO_3 + 3HCl$$
$$SiCl_4 + 4H_2O \longrightarrow H_4SiO_4 + 4HCl$$
$$PCl_5 + 4H_2O \longrightarrow H_3PO_4 + 5HCl$$

CCl_4 和 SF_6 水解是因为中心原子 C 和 S 均已达到它的最高配位数，水分子中的氧原子无法再配位上去了。但是，从热力学角度来说，CCl_4 和 SF_6 水解是自发的，它们之所以不水解，完全是动力学上的原因。

(3) 卤素的含氧化合物　电负性最大的氟元素与其他元素形成的化合物，氟的氧化值总是−1。氟的含氧酸目前只发现 FOH。FOH 是在低温下制得的。但它很不稳定，在室温下易分解。

除了氟以外，其它卤素的电负性都比氧的电负性小，它们不仅可以和氧形成氧化物，还可以形成含氧酸及其盐。其它卤素可形成次卤酸 HXO(或 HOX)、亚卤酸 HXO_2、卤酸 HXO_3 和高卤酸 (HXO_4) 等，见表 11-11。其空间结构如图 11-9 所示。

表 11-11　卤素含氧酸

名　称	氟	氯	溴	碘
次卤酸	FOH	HOCl	BrOH	IOH
亚卤酸		$HClO_2$	$HBrO_2$	
卤酸		$HClO_3$	$HBrO_3$	HIO_3
高卤酸		$HClO_4$	$HBrO_4$	HIO_4, H_5IO_6

卤素含氧酸及其盐的酸性、氧化性、热稳定性、阴离子碱的强度等许多重要性质都随分子中氧原子数的改变而呈规律的变化。但卤素的含氧酸氧化性强弱顺序不一定是中心原子的氧化值越高，氧化性就越强。例如在 $HClO_n$ 系列中，其氧化性强弱顺序是 $HClO > HClO_3 > HClO_4$。而其酸性强弱顺序却随中心原子的氧化值增高而增强。在同种卤原子形成的 HXO_n 系列中，稳定性随 n 的增大而增大。这主要是由于形成较多的化学键可获得较大的总键能。同时，在亚卤酸、卤酸及高卤酸中的卤素与氧原子间除正常的 σ 键外，还存在有 pp-dp 反馈 π 键。

次氯酸的稀溶液是无色的，有刺鼻的气味。它是一种很弱的酸 ($K_a = 2.95 \times 10^{-8}$)，酸

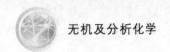

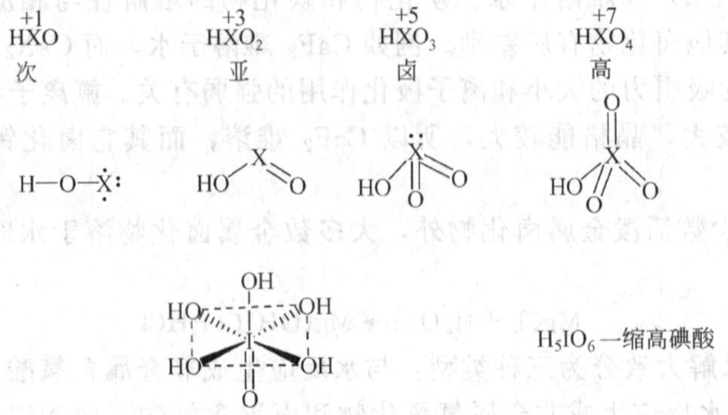

图 11-9　不同价态酸结构及高碘酸结构

性比碳酸还弱。且很不稳定性，会慢慢的自行分解。在光的作用下更容易分解，其有两种分解方式：

$$2HOCl \longrightarrow 2HCl + O_2$$

$$3HClO \xrightarrow{\triangle} 2HCl + HClO_3$$

如按第一种分解时，次氯酸是强氧化剂和漂白剂。

漂白粉的组成为次氯酸钙、氯化钙、氢氧化钙的水合复盐 $Ca(OCl)_2 \cdot CaCl_2 \cdot Ca(OH)_2 \cdot H_2O$，它是将氯气通入消石灰 $Ca(OH)_2$ 水中，可得到次氯酸钙 $Ca(ClO)_2$：

$$2Cl_2 + 2Ca(OH)_2 \longrightarrow Ca(ClO)_2 + CaCl_2 + 2H_2O$$

漂白粉的漂白作用就是基于 ClO^- 的氧化性。

氯酸（$HClO_3$）是无色的很不稳定的强酸，当浓度为 40% 时即分解。加热分解放出氯气、氧气及高氯酸：

$$26HClO_3 \xrightarrow{\triangle} 15O_2 + 8Cl_2 + 10HClO_4 + 8H_2O$$

$HClO_3$ 是一种强氧化剂。能将 I_2 氧化成 HIO_3，而本身的还原产物决定于其用量。

$$2HClO_3(过量) + I_2 \longrightarrow 2HIO_3 + Cl_2$$

$$5HClO_3 + I_2(过量) + 3H_2O \longrightarrow 6HIO_3 + 5HCl$$

高氯酸（$HClO_4$）是最强的无机含氧酸，也是最稳定的氯的含氧酸。当高氯酸的浓度高于 70% 时，则不稳定，易分解，放出氯、氧和水：

$$4HClO_4 \longrightarrow 2Cl_2 + 7O_2\uparrow + 2H_2O$$

它的浓溶液是强氧化剂，与有机物发生反应时会发生爆炸，所以贮存时必须远离有机物，使用时应注意安全。但在低温条件下它的稀溶液则是弱的氧化剂且很稳定。

高氯酸盐比较稳定，且易溶于水。高氯酸钾在 400℃ 时熔化，并按下式分解：

$$KClO_4 \longrightarrow KCl + 2O_2$$

工业上用 $KClO_3$ 的水溶液来制取 $KClO_4$。高温下固体高氯酸盐是强氧化剂。$KClO_4$ 常用于制造炸药。

11.3　ds 区元素

11.3.1　ds 区元素的通性

元素包括ⅠB族（铜族：铜、银、金）和ⅡB族（锌族：锌、镉、汞）元素。其电子层结构 $(n-1)d^{10}ns^{1\sim2}$（ds区）。

ds 区是与 p 区和 d 区相邻的元素，其最外层电子结构与 s 区相同，但它们的次外层电子却不同。由于 d 层电子对核电荷不能完全屏蔽，因此有效核电荷较大，导致半径较小，电离能较高，因此其化学性质远没有 s 区元素活泼。ⅠB 族次外层的 d 轨道是刚好填满 10 个电子，还不是很稳定，因此除能失去 s 轨道中的 1 个电子外，还可以再失去一个或两个 d 电子，因此ⅠB 族可形成+1、+2、+3 价态。而对于ⅡB 族由于 d 轨道比较稳定，一般只能失去 s 轨道中的两个电子，从而只表现为+2 价态。铜、银、金、锌、镉、汞元素某些性质见表 11-12。

表 11-12　铜、锌、镉、汞元素某些性质

项　目	铜	银	金	锌	镉	汞
元素符号	Cu	Ag	Au	Zn	Cd	Hg
价电子层结构	$3d^{10}4s^1$	$4d^{10}5s^1$	$5d^{10}6s^1$	$3d^{10}4s^2$	$4d^{10}5s^2$	$5d^{10}6s^2$
熔点/℃	1083	960.5	1063	419.4	320.9	−38.89
沸点/℃	2582	2177	2707	907	763.3	357
共价半径/pm	117	134	134	125	148	149
离子半径/pm	96	126	137			
第一电离能/(kJ/mol)	745.5	731.0	890.1	906.4	867.7	1007.0
第二电离能/(kJ/mol)	1957.9	2074	1980	1733.3	1631.4	1809.7
电负性	1.9	1.9	2.4	1.6	1.7	1.9
常见氧化态	+1,+2	+1	+1,+3	+2	+2	+2,+1

11.3.2　重要单质和化合物

(1) ⅠB 族单质和化合物　ⅠB 族包括铜 (Cu)、银 (Ag) 和金 (Au)。它们都有良好的导电性，在所有的金属中银的导电性最好，其次是铜。在室温下铜、银、金活泼性较差，室温下看不出它们能与氧或水作用。但在含有 CO_2 的潮湿的空气中，铜的表面逐渐蒙上绿色的铜锈即碱式碳酸铜 $Cu_2(OH)_2CO_3$。其反应方程为：

$$2Cu+O_2+H_2O+CO_2 \longrightarrow Cu_2(OH)_2CO_3$$

在有 H_2S 的环境中 Ag 会被氧化成 Ag_2S：

$$4Ag+O_2+2H_2S \longrightarrow 2Ag_2S(黑色)+2H_2O$$

① 氧化物和氢氧化物　铜的盐溶液加入碱，可得到相应的氢氧化铜。$Cu(OH)_2$ 为蓝色，其受热可分解为黑色 CuO。CuO 以碱性为主，略显两性。易溶于酸，微溶于氨水。将 CuO 加热到 800℃可分解得到红色 Cu_2O。Cu_2O 为碱性，在空气中可稳定存在。

$Cu(OH)_2$ 略显两性，不但溶于酸，也可溶于强碱溶液。

$$Cu(OH)_2+2H^+ \longrightarrow Cu^{2+}+2H_2O$$

$$Cu(OH)_2+2OH^- \longrightarrow [Cu(OH)_4]^{2-}$$

$[Cu(OH)_4]^{2-}$ 可被葡萄糖还原为鲜红色的 Cu_2O。

$$2[Cu(OH)_4]^{2-}+C_6H_{12}O_6 \longrightarrow Cu_2O\downarrow 2H_2O+C_6H_{12}O_7+4OH^-$$

在医学上利用此反应来检验糖尿病。

在含有银离子的溶液中加入 NaOH 溶液，则会产生 Ag_2O 沉淀而不是 AgOH 沉淀，这主要是由于 AgOH 不稳定。

$$2Ag+2OH^- \longrightarrow Ag_2O\downarrow+H_2O$$

② 盐类　常用的铜盐为五水硫酸铜 ($CuSO_4 \cdot 5H_2O$)，俗称胆矾，是一种蓝色晶体。在 $CuSO_4 \cdot 5H_2O$ 分子中，四个水分子与 Cu^{2+} 配位，而第五个水分子则通过氢键同时与硫酸根和配位水分子相连。因此 $CuSO_4 \cdot 5H_2O$ 受热逐步脱水，最后得到白色的无水硫酸铜。在水溶液中 Cu^{2+} 离子稳定，这是因为虽然铜的第二电离势非常大 (1966.5kJ/mol)，但在

水溶液中Cu^{2+}（电荷高、半径小）的水合热（2121kJ/mol）比Cu^{+}的（582kJ/mol）大得多。Cu^{+}的价电子构型是$3d^{10}$，因此Cu^{+}化合物应该是稳定的。但Cu^{+}在水溶液中是不稳的，会发生歧化反应。

$$2Cu^{+} \longrightarrow Cu^{2+} + Cu$$

Cu^{+}在水中的不稳定性，也可以从它的电势图中看出：

$$Cu^{2+} \overset{0.159}{\text{———}} Cu^{+} \overset{0.52}{\text{———}} Cu$$

由于$E^{\ominus}$(右)>$E^{\ominus}$(左)，Cu^{+}会歧化为二价铜和单质铜。一价铜在两种情况下稳定存在：一种是有沉淀剂存在则生成一价铜的难溶物质，如CuX(Cl、Br、I)、Cu_2O、Cu_2S；Cu^{2+}与KI反应，Cu^{2+}被还原为+1价，且生成难溶的白色碘化亚铜，同时有碘析出。

$$2Cu^{2+} + 4I^{-} \longrightarrow 2CuI\downarrow + I_2$$

另外一种是有配位剂存在时生成一价铜的配合物。Cu^{+}它与下述离子或分子都能形成稳定的配合物，其稳定性按下列顺序增强：

$$Cl^{-} < Br^{-} < I^{-} < SCN^{-} < NH_3 < S_2O_3^{2-} < CN^{-}$$

Ag^{+}为中强氧化离子，其电极电势为$E^{\ominus}(Ag^{+}/Ag)=0.799V$，比$E^{\ominus}(I_2/I^{-})=0.535V$大，但当将$Ag^{+}$离子加入到含有$I^{-}$的溶液中时，$Ag^{+}$离子并不能将$I^{-}$氧化为$I_2$，而是生成AgI沉淀。这主要与在生成AgI沉淀后溶液中的Ag^{+}离子大大降低，导致$E(Ag^{+}/Ag)$下降的结果。

$$Ag^{+} + I^{-} \longrightarrow AgI$$

当I^{-}过量时，AgI会生成$[AgI_2]^{-}$配离子而溶解。另外，Ag^{+}还可以和NH_3和$S_2O_3^{2-}$形成配合物。

$$2Ag^{+} + 2NH_3 + H_2O \longrightarrow Ag_2O\downarrow + 2NH_4^{+}$$

$$Ag_2O + 4NH_3 + H_2O \longrightarrow 2[Ag(NH_3)_2]^{+} + 2OH^{-}$$

$$2Ag^{+} + S_2O_3^{2-} \longrightarrow Ag_2S_2O_3\downarrow$$

$$Ag_2S_2O_3 + 3S_2O_3^{2-} \longrightarrow 2[Ag(S_2O_3)_2]^{3-}$$

(2) 锌族元素及其重要化合物 锌、镉、汞是ⅡB族元素，通称为锌族元素。其价层电子为$(n-1)d^{10}ns^2$型。锌和镉的化合物与汞的化合物相比有许多不同之处，例如，锌和镉在化合物中通常氧化数为+2，而汞除了形成氧化数为+2的化合物外，还有氧化数为+1（Hg_2^{2+}）的化合物。在氧化值为+1的汞的化合物中，汞以—Hg—Hg—形式存在。Hg(Ⅰ)的化合物叫亚汞化合物。它们的一些性质见表11-12。

① 氧化物和氢氧化物　ZnO和$Zn(OH)_2$都是两性物质，$Cd(OH)_2$为两性偏碱性。向Zn^{2+}、Cd^{2+}溶液中加入强碱时，分别生成白色的$Zn(OH)_2$和$Cd(OH)_2$沉淀，当碱过量时，$Zn(OH)_2$溶解生成$[Zn(OH)_4]^{2-}$，而$Cd(OH)_2$则难溶解碱，但可以溶于氨水。向Hg^{2+}、Hg_2^{2+}的溶液中加入强碱时，分别生成黄色的HgO和棕褐色的Hg_2O沉淀，因为$Hg(OH)_2$和$Hg_2(OH)_2$都不稳定，生成时立即脱水为氧化物。Hg_2O也是不稳定的，见光或受热的情况下会分解为HgO和Hg。反应方程式如下：

$$Zn^{2+} + 2OH^{-} \longrightarrow Zn(OH)_2\downarrow$$

$$Zn(OH)_2 + 2OH^{-} \longrightarrow [Zn(OH)_4]^{2-}$$

$$Cd^{2+} + 2OH^{-} \longrightarrow Cd(OH)_2\downarrow$$

$$Cd(OH)_2 + 4NH_3 \longrightarrow [Cd(NH_3)_4]^{2+} + 2OH^{-}$$

$$Hg^{2+} + 2OH^{-} \longrightarrow HgO\downarrow + H_2O$$

$$Hg_2^{2+} + 2OH^{-} \longrightarrow Hg_2O\downarrow + H_2O$$

$$Hg_2O \longrightarrow HgO + Hg$$

可见，第二副族的氢氧化物的碱性的顺序是：

$$Zn(OH)_2 < Cd(OH)_2 < HgO$$

② 卤化物 氯化锌（$ZnCl_2 \cdot H_2O$）是较重要的锌盐，易潮解，易溶于水。可通过 Zn，ZnO 或 $ZnSO_4$ 溶于浓盐酸溶液中，浓缩结晶得到 $ZnCl_2 \cdot H_2O$。$ZnCl_2$ 易发生水解，生成碱式盐，从而其水溶液呈酸性。

$$ZnCl_2 \cdot H_2O \longrightarrow Zn(OH)Cl + HCl$$

因此，无水氯化锌必须在氯化氢的气流里加热，抑制水解而得到。

在 $ZnCl_2$ 的浓溶液中，由于形成配合酸，溶液呈明显的酸性，俗称镪酸。在焊接金属时可用来处理金属表面的氧化物，可用作“焊药”。

$$ZnCl_2 + H_2O \longrightarrow H[Zn(OH)Cl_2]$$

$$2H[Zn(OH)Cl_2] + FeO \longrightarrow Fe[Zn(OH)Cl_2]_2 + H_2O$$

Hg(Ⅰ)的卤化物，氯化亚汞 Hg_2Cl_2(俗称甘汞)。Hg_2Cl_2 是线性共价化合物，其结构式为：

$$Cl—Hg:Hg—Cl$$

Hg_2Cl_2 不稳定，在光照下容易分解：

$$Hg_2Cl_2 \xrightarrow{光} Hg + HgCl_2$$

Hg(Ⅱ)的卤化物是 $HgCl_2$(俗称升汞)，是典型的共价化合物，在水中主要以分子形式存在。它具有毒性。$HgCl_2$ 可通过 Hg 与 Cl_2 直接作用而制得：

$$Hg + Cl_2 \longrightarrow HgCl_2$$

若向 $HgCl_2$ 溶液中加入氨水，可得到氯化铵基汞（NH_2HgCl）白色沉淀。

$$HgCl_2 + 2NH_3 \longrightarrow NH_2HgCl\downarrow + NH_4Cl$$

向 Hg^{2+} 溶液中加入 KI 会生成 HgI_2 红色沉淀，当 KI 过量时，可形成 $[HgI_4]^{2-}$：

$$HgI_2 + 2I^- \longrightarrow [HgI_4]^{2-}$$

HgI_4^{2-} 常用配制奈斯勒（Nessler）试剂，用这种试剂在碱性溶液中来鉴定 NH_4^+。

③ 硫化物 在 Zn^{2+}，Cd^{2+} 的溶液中分别通入 H_2S 时，都会得到硫化物沉淀。

$$Zn^{2+} + H_2S \longrightarrow ZnS\downarrow + 2H^+$$

$$Cd^{2+} + H_2S \longrightarrow CdS\downarrow + 2H^+$$

由于 ZnS 的溶度积较大，通入 H_2S 时，必须控制溶液的 pH 值。实际上，只有在 Zn^{2+} 溶液中加（NH_4)S 才能使 ZnS 沉淀完全。如果溶液中 H^+ 的浓度超过 0.3mol/L 时，ZnS 溶解。

硫化锌为白色沉淀，它是很好的白色颜料，锌钡白就是 $ZnS \cdot BaSO_4$，其商品名为立德粉。CdS 俗称镉黄，可用做黄色颜料。CdS 则难溶于稀酸中。从溶液中析出的 CdS 呈黄色，常根据这一反应来鉴定溶液中 Cd^{2+} 的存在。

HgS 的天然矿物就朱砂，用做红色颜料。在 $HgCl_2$ 溶液中通入 H_2S 时，虽然在 $HgCl_2$ 中 Hg^{2+} 的浓度很小，但 HgS 极难溶于水，故仍能有 HgS 沉淀。HgS 难溶于水和盐酸或硝酸，但能溶于过量的浓 Na_2S 溶液，生成二硫合汞（Ⅱ）配离子 $[HgS_2]^{2-}$：

$$HgS + S^{2-} \longrightarrow [HgS_2]^{2-}$$

在实验室中通常用王水来溶解 HgS：

$$3HgS + 12Cl^- + 8H^+ + 2NO_3^- \longrightarrow 3[HgCl_4]^{2-} + 3S + 2NO + 4H_2O$$

在这一反应中，除了浓硝酸能把 HgS 中的 S^{2-} 氧化为 S 外，生成配离子 $[HgCl_4]^{2-}$ 也是促使 HgS 溶解的因素之一。可见 HgS 的溶解时氧化还原反应和配位反应共同作用的结果。

11.4 d区元素

11.4.1 d区元素的通性

d区元素包括ⅢB～Ⅷ族所有元素，四、五、六周期的d区元素分别称为第一、第二、第三过渡系列。其电子层结构为 $(n-1)d^{1\sim9}ns^{1\sim2}$。它们 ns 轨道上的电子几乎保持不变，主要的差别来源于 $(n-1)$ d轨道上的电子不同，因此过渡元素的化学就是d电子的化学，过渡元素的性质与其未充满的d电子有关。下面着重讨论过渡元素的特征。

(1) 金属性 d区元素原子的最外电子层只有1～2个s电子，且容易失去，因此过渡元素都是金属。常温下它们的单质都是具有金属光泽的固体。由于d区元素有较大的有效核电荷，因此大多数元素具有密度大、熔点高和硬度大等特性。

(2) 过渡元素具有可变的氧化数 由于 $(n-1)d$ 轨道和 ns 轨道的能量相近，过渡元素的原子或离子在形成化合物时，d电子可以全部或部分参加成键。因此，过渡元素大多具有可变的氧化数。现将第一过渡系元素的常见氧化态列于表11-13。由表11-13可以看出随着原子序数的增加，氧化态先是逐渐升高，达到与其族数对应的最高氧化态，随后出现低氧化态。由于同一元素不同的氧化态之间在一定条件下可以相互转化，因此，一般而言高氧化态的化合物具有强氧化性，是较理想的氧化剂。

表 11-13 第一过渡系元素的性质

第一过渡系	价层电子构型	熔点/℃	沸点/℃	原子半径/pm	第一电离能/(kJ/mol)	氧化数
Sc	$3d^14s^2$	1541	2836	161	639.5	3
Ti	$3d^24s^2$	1668	3287	145	664.6	−1,0,2,3,4
V	$3d^34s^2$	1917	3421	132	656.5	−1,0,2,3,4,5
Cr	$3d^54s^1$	1907	2679	125	659.0	−2,−1,0,2,3,4,5,6
Mn	$3d^54s^2$	1244	2095	124	723.8	−2,−1,0,2,3,4,5,6,7
Fe	$3d^64s^2$	1535	2861	124	765.7	0,2,3,4,5,6
Co	$3d^74s^2$	1494	2927	125	764.9	0,2,3,4
Ni	$3d^84s^2$	1453	2884	125	742.5	0,2,3,(4)
Cu	$3d^{10}4s^1$	1085	2562	128	751.7	1,2,3
Zn	$3d^{10}4s^2$	420	907	133	912.6	2

(3) 水合离子的特征颜色 过渡金属的水合离子一般都具有特征的颜色，这与它们的离子具有未成对的d电子有关。一般的规律是 $d^{1\sim9}$ 型的水合金属离子大多呈现出特征的颜色，这是因为根据晶体场理论，在配体的作用下d轨道发生分裂，由于分裂能较小，未成对电子吸收可见光后即可发生了d-d跃迁。由于d电子离核较远，稳定性就差，只要吸收较低能量就可以发生激发，当吸收一定波长可见光 $E=h\nu=hc/\lambda$ 就可以激发到较高能级的空轨道上去，而剩余波长的光就是其补色，从而使过渡元素的离子呈现一定的颜色。如果没有未成对的d电子，例如 d^0、d^{10}、$d^{10}s^2$ 等类型的离子比较稳定。它们的基态和激发态的能量相差较大，可见光不易使之激发，因而这些离子是无色的（如 Ag^+、Zn^{2+}、Cd^{2+}、Hg^{2+} 等）。

(4) 容易形成配合物 过渡元素的原子或离子具有 $(n-1)d$、ns 和 np 共9个价电子轨道。对于过渡元素的离子来说，ns 和 np 轨道是空的，$(n-1)d$ 轨道只有部分填充或全空；过渡金属的原子也存在空的 np，nd 轨道和部分填充的 $(n-1)d$ 轨道。据此，过渡金属的原子或离子都具有接受配体的孤电子对价轨道，而形成配合物的倾向。所以这些元素及其化合物常显催化性质。

11.4.2　重要单质和化合物

(1) 钛　钛为第ⅣB 元素，是银白色金属。在地壳中的丰度仅次于氧、硅、铝、铁、钙、钠、钾、镁、氢而居第 10 位，在自然界中主要以氧化态形式存在。钛的表面容易形成致密氧化物保护膜，因此有良好的抗腐蚀性。

钛的价电子层构型为 $3d^24s^2$，可形成+4 价的最高氧化态化合物，也可表现为 0，+2，+3，−1 的氧化值。

在钛的化合物中，氧化值为+4 的化合物最稳定，应用也较广泛。TiO_2 是较重要的+4 氧化值钛的化合物。其为白色粉末，在工业上可作为白色涂料和合成其他含钛化合物的原料。如：

$$TiO_2 + H_2SO_4 \longrightarrow TiOSO_4 + H_2O$$

$$TiO_2 + 2C + 2Cl_2 + O_2 \xrightarrow{\triangle} TiCl_4 + 2CO_2$$

$TiOSO_4$ 和 $TiCl_4$ 都是钛的+4 氧化值重要化合物。

常温下 $TiCl_4$ 为无色液体并具有刺激性臭味。暴露在潮湿空气中极易水解并发白烟。

$$TiCl_4 + 3H_2O \longrightarrow H_2TiO_3 + 4HCl$$

Ti^{+4} 由于电荷较多，半径较小，从而其有强烈的水解倾向。在 Ti(Ⅳ) 在水溶液中以 TiO^{2+} 的形式存在。在中等酸的 TiO^{2+} 溶液中加入 H_2O_2，生成橘黄色的配合物$[TiO(H_2O_2)]^{2+}$，这一特征反应常用比色法测定钛。

(2) 钒　钒是第ⅤB 族中重要的元素，银灰色金属，在空气中稳定。其价层电子为 $3d^34s^2$，5 个价电子都可以参加成键，稳定的氧化态为+5，其化合物都是反磁性的。同时钒也存在+4，+3，+2 氧化态，其相应的化合物都是顺磁性的。不同氧化态的钒之间的转化时容易实现的，而且容易判断，因为不同氧化态的钒具有不同的颜色，见表 11-14。

表 11-14　各种氧化态钒的颜色

离子	氧化数	颜色	离子	氧化数	颜色
VO_3^-，VO_2^+	+5	淡黄色	V^{3+}	+3	绿色
VO_2^+	+4	蓝色	V^{2+}	+2	紫色

V_2O_5 是钒的重要化合物，橙黄色或砖红色，无嗅，无味，有毒。可通过灼烧 NH_4VO_3 得到五氧化二钒。

$$2NH_4VO_3 \xrightarrow{\triangle} 2NH_3 + V_2O_5 + H_2O$$

或者通过三氯氧化钒的水解来制备。

$$2VOCl_3 + 3H_2O \longrightarrow V_2O_5 + 6HCl$$

V_2O_5 是两性偏酸性的氧化物，易溶于强碱溶液和酸性溶液。

$$V_2O_5 + 6NaOH \longrightarrow 2Na_3VO_4 + 3H_2O$$

$$V_2O_5 + H_2SO_4 \longrightarrow (VO_2)_2SO_4 + H_2O$$

由于 V_2O_5 是较强的氧化剂，它能与沸腾的浓盐酸作用产生氯气。五价钒被还原为蓝色的$[VO(H_2O)_5]^{2+}$：

$$V_2O_5 + 6HCl \longrightarrow 2VOCl_2 + Cl_2 + 3H_2O$$

(3) 铬、钼、钨　铬、钼、钨三个元素属于ⅥB 族，都是灰白色金属，熔沸点都很高。铬是普通元素，钼和钨都是稀有元素。熔沸点高，硬度大，表面易形成氧化膜。铬是金属中最硬的金属，钨是熔点最高的金属。它们价电子层结构分别是 $3d^54s^1$，$4d^55s^1$，$5d^46s^2$。因此，它们的最高氧化态都是+6。这三种元素的氧化态除+6 外，还有+5，+4，+3，+2。

① 铬的化合物　铬原子的价电子层构型为 $3d^54s^1$。铬最高氧化值为+6，可形成氧化态

为+2、+3、+6 的化合物，其中以+3、+6 的化合物较重要。Cr(Ⅲ) 重要化合物有 Cr_2O_3(墨绿色)，$Cr(OH)_3$(灰绿色)。三氧化二铬 (Cr_2O_3)，俗称"铬绿"。可通过 $(NH_4)_2Cr_2O_7$ 固体受热分解得到。

$$(NH_4)_2Cr_2O_7 \xrightarrow{\triangle} N_2\uparrow + Cr_2O_3 + 4H_2O$$

三氧化二铬 (Cr_2O_3) 是两性氧化物。

$$Cr_2O_3 + 6H^+ \xrightarrow{\triangle} 2Cr^{3+} + 3H_2O$$

$$Cr_2O_3 + 3H_2O + 2OH^- \longrightarrow 2[Cr(OH)_4]^-$$

$Cr(OH)_3$ 难溶于水，具两性。向 Cr^{3+} 溶液中加碱得到灰绿色 $Cr(OH)_3$ 沉淀。溶于酸形成紫色的 $[Cr(H_2O)_6]^{3+}$ (简写为 Cr^{3+})，溶于浓的强碱形成亮绿色的 $[Cr(OH)_4]^-$ 配离子。

$$Cr(OH)_3 + 3HCl \longrightarrow CrCl_3 + 3H_2O$$

$$Cr(OH)_3 + OH^- \longrightarrow [Cr(OH)_4]^-$$

Cr(Ⅲ) 形成配合物的能力特强，凡能提供电子对的物种都可作为配位体。由于配合物的中心离子 Cr^{3+} 有未成对 d 电子的 d-d 跃迁，故而该类配离子都是有颜色的。

$[Cr(H_2O)_6]^{3+}$	$[Cr(H_2O)_5Cl]^{2+}$	$[Cr(NH_3)_2(H_2O)_4]^{3+}$	$[Cr(NH_3)_6]^{3+}$
紫色	绿色	紫红色	黄色

Cr(Ⅵ) 的主要化合物有三氧化铬 (CrO_3)、铬酸钾 (K_2CrO_4) 和重铬酸钾 ($K_2Cr_2O_7$)。在此，CrO_3 不作介绍。三价的铬离子可通过 $KMnO_4$、$K_2S_2O_8$ 等氧化成六氧化值的 $Cr_2O_7^-$ 离子。

$$10Cr^{3+} + 6MnO_4^- + 11H_2O \xrightarrow{\triangle} 5Cr_2O_7^{2-} + 6Mn^{2+} + 22H^+$$

$$2Cr^{3+} + 3S_2O_8^{2-} + 7H_2O \longrightarrow Cr_2O_7^{2-} + 6SO_4^{2-} + 14H^+$$

K_2CrO_4(黄色) 和 $K_2Cr_2O_7$(橙红色) 皆是易溶于水，在水中存在下列平衡：

$$Cr_2O_7^{2-} + H_2O \underset{H^+}{\overset{OH^-}{\rightleftharpoons}} 2CrO_4^{2-} + 2H^+$$

当 $pH<2$ 时，溶液中以 $Cr_2O_7^{2-}$ 为主。有些铬酸盐比相应的重铬酸盐难溶于水，因此往 $Cr_2O_7^{2-}$ 橙红色溶液中加入 Ag^+、Ba^{2+}、Pb^{2+}，所得到的沉淀物是 Ag_2CrO_4(砖红色)，$BaCrO_4$(柠檬黄色)，$PbCrO_4$(亮黄色) 等，其反应方程为：

$$Cr_2O_7^{2-} + 4Ag^+ + H_2O \longrightarrow 2Ag_2CrO_4\downarrow + 2H^+$$

$$Cr_2O_7^{2-} + 2Ba^{2+} + H_2O \longrightarrow 2BaCrO_4\downarrow + 2H^+$$

$$Cr_2O_7^{2-} + 2Pb^{2+} + H_2O \longrightarrow 2PbCrO_4\downarrow + 2H^+$$

以上反应生成有色沉淀，在定性分析上用来鉴定 CrO_4^{2-} 或 $Cr_2O_7^{2-}$，也可用于鉴定 Ag^+、Ba^{2+}、Pb^{2+}。$Cr_2O_7^{2-}$ 氧化性较强，而 CrO_4^{2-} 氧化性较差。在酸性介质中，$Cr_2O_7^{2-}$ 能将 Fe^{2+}、SO_3^{2-}、H_2S、I^- 等氧化。

$$Cr_2O_7^{2-} + 6Fe^{2+} + 14H^+ \longrightarrow 2Cr^{3+} + 6Fe^{3+} + 7H_2O$$

$$Cr_2O_7^{2-} + 3SO_3^{2-} + 8H^+ \longrightarrow 2Cr^{3+} + 3SO_4^{2-} + 4H_2O$$

$$4Cr_2O_7^{2-} + 3H_2S + 26H^+ \longrightarrow 8Cr^{3+} + 3SO_4^{2-} + 16H_2O$$

$$Cr_2O_7^{2-} + 6I^- + 14H^+ \longrightarrow 2Cr^{3+} + 3I_2 + 7H_2O$$

② 钼、钨的化合物　钼、钨化合物中，常见的氧化数为+Ⅵ。它的重要化合物有 MoO_3(白色) 和 WO_3(黄色) 不溶于水，仅能溶解在氨水或强碱性溶液中，生成相应的盐。在其相应的盐中加入盐酸就可以得到相应的酸。

$$(NH_4)_2MoO_4 + 2HCl \longrightarrow H_2MoO_4\downarrow + 2NH_4Cl$$

$$Na_2WO_4 + 2HCl \longrightarrow H_2WO_4\downarrow + 2NaCl$$

钼酸、钨酸加热脱水，就变成相应的氧化物：

$$H_2MoO_4 \xrightarrow{\triangle} MoO_3 + H_2O$$

$$H_2WO_4 \xrightarrow{\triangle} WO_3 + H_2O$$

在用盐酸或硫酸酸化的 WO_4^{2-} 溶液中加入锌或氯化亚锡，溶液呈现蓝色，即钨蓝，利用此反应可以鉴定钨。

用硝酸酸化的钼酸铵溶液中，加热至 50℃，再加入 Na_2HPO_4 溶液，生成磷钼酸铵黄色沉淀，以此来检测 MoO_4^{2-} 的存在。其反应方程为：

$$12MoO_4^{2-} + HPO_4^{2-} + 3NH_4^+ + 23H^+ \longrightarrow (NH_4)_3PO \cdot 12MoO_3 \cdot 6H_2O(s) + 6H_2O$$

铬、钼、钨三者含氧酸的酸性及氧化性变化趋势如下：

$$\xleftarrow{\text{氧化性和酸性增强}}$$

$$H_2CrO_4 \quad H_2MoO_4 \quad H_2WO_4$$

钼酸和钨酸的特点是：(1) 难溶于水；(2) 易形成多酸；(3) 氧化性弱。

(4) 锰 锰是第ⅦB 族元素，价电子层结构是 $3d^5 4s^2$。最高氧化值 +7，同时也为能形成 +2，+3，+4，+6，0，−1，−2 等氧化态。Mn(Ⅶ) 以高锰酸盐最稳定，Mn(Ⅱ) 的化合物无论在固态还是水溶液中都可稳定存在。

在碱性条件下，Mn^{2+} 先生成不稳定的浅肉色 $Mn(OH)_2$ 沉淀，后者在空气中易被氧化成棕色的 $MnO(OH)_2$ 沉淀。

$$Mn^{2+} + 2OH^- \longrightarrow Mn(OH)_2 \downarrow$$

$$2Mn(OH)_2 + O_2 \longrightarrow 2MnO(OH)_2$$

Mn(Ⅳ) 化合物 MnO_2(黑色) 灰黑色固体，不溶于水，常温下稳定，是锰最稳定的化合物。二氧化锰具有两性，由于 Mn(Ⅳ) 居于中间价态，所以表现出氧化性和还原性。在酸性溶液中，MnO_2 有较强的氧化性，能与浓 HCl 反应，产生氯气；与硫酸反应，产生氧气：

$$MnO_2 + 4HCl \longrightarrow MnCl_2 + 2H_2O + Cl_2 \uparrow$$

$$2MnO_2 + H_2SO_4 \longrightarrow 2MnSO_4 + O_2 \uparrow + 2H_2O$$

其还原性表现在，如果 MnO_2 与固体碱混合，同 $KClO_3$ 一起共熔，可以制得绿色的锰酸盐：

$$3MnO_2 + 6KOH + KClO_3 \longrightarrow 3K_2MnO_4 + KCl + 3H_2O$$

高锰酸钾 ($KMnO_4$) 是紫黑色晶体，是最重要的氧化剂之一。水溶液呈紫红色。无论在酸性、碱性还是中性溶液中，都显示氧化性，并且介质不同，自身被还原的程度不同。其反应如下：

在酸性条件下，产物为二价锰离子：

$$2MnO_4^- + 5H_2O_2 + 6H^+ \longrightarrow 2Mn^{2+} + 5O_2 \uparrow + 8H_2O$$

$$2MnO_4^- + 5C_2O_4^{2-} + 16H^+ \longrightarrow 2Mn^{2+} + 10CO_2 \uparrow + 8H_2O$$

$$2MnO_4^- + 5SO_3^{2-} + 6H^+ \longrightarrow 2Mn^{2+} + 5SO_4^{2-} + 3H_2O$$

在中性条件下，产物为二氧化锰：

$$2MnO_4^- + 3SO_3^{2-} + 6H_2O \longrightarrow 2MnO_2 + 3SO_4^{2-} + 2OH^-$$

在碱性条件下，产物为锰酸根：

$$2MnO_4^- + SO_4^{2-} + 2OH^- \longrightarrow 2MnO_4^{2-} + SO_4^{2-} + H_2O$$

另外，$KMnO_4$ 在酸性溶液中很不稳定，会缓慢分解生成二氧化锰、水和氧气。同时光对 $KMnO_4$ 分解起催化作用，所以配好的高锰酸钾溶液必须保存在棕色瓶子里。如果 MnO_4^- 与 Mn^{2+} 相遇，会发生歧化反应的逆过程。如：

$$2MnO_4^- + 3Mn^{2+} + 2H_2O \longrightarrow 5MnO_2 + 4H^+$$

实验室高锰酸钾的制备可通过 MnO_2、氢氧化钾和氯酸钾混合物熔融后酸化锰酸钾歧化制得；也可以用强氧化剂如 $NaBiO_3$、PbO_2 或 $(NH_4)_2S_2O_8$ 直接将 Mn^{2+} 被氧化成 MnO_4^-，如：

$$3MnO_4^{2-}+4H^+ \longrightarrow 2MnO_4^-+MnO_2+2H_2O$$

$$2Mn^{2+}+5NaBiO_3+14H^+ \longrightarrow 5Na^++5Bi^{3+}+2MnO_4^-+7H_2O$$

$$2Mn^{2+}+5PbO_2+4H^+ \longrightarrow 2MnO_4^-+5Pb^{2+}+2H_2O$$

$$2Mn^{2+}+5S_2O_8^{2-}+8H_2O \xrightarrow[Ag^+]{\triangle} 10SO_4^{2-}+2MnO_4^-+16H^+$$

(5) 铁、钴、镍单质及其化合物 铁、钴、镍是第四周期Ⅷ族元素。它们的价电子层结构依次是 $3d^64s^2$、$3d^74s^2$、$3d^84s^2$。可见它们的最外层电子数相同，只是次外层电子数不同，原子半径很接近，所以它们的性质很相似，常称为铁系元素。铁、钴、镍都是银白色金属，有明显的磁性，可以与磁体相吸引，通常称其为铁磁性物质。

由于d电子数都超过5个，因此d电子全部参加成键的可能性变得较小。一般情况下，它们的常见氧化数是+Ⅲ和+Ⅱ，铁表现为+Ⅲ和+Ⅱ氧化数并以+Ⅲ最稳定，钴也可以呈现+Ⅲ和+Ⅱ氧化数，其中以+Ⅱ最稳定，+Ⅲ价钴有强氧化性，镍一般只呈现+Ⅱ氧化态。

① 氧化物及其氢氧化物 铁系元素氧化物如下：

FeO	CoO	NiO
黑色	灰绿色	暗绿色
Fe_2O_3	Co_2O_3	Ni_2O_3
砖红色	黑色	黑色
Fe_3O_4		
黑色		

其中，FeO、CoO、NiO 均为碱性，可溶于酸，并生成相应的盐。可通过分解其相应的草酸盐制得。Fe_2O_3、Co_2O_3、Ni_2O_3 都有氧化性。氧化能力为 Ni(Ⅲ)＞Co(Ⅲ)＞Fe(Ⅲ)，溶于酸得不到相应的 Co^{3+} 和 Ni^{3+} 盐，而是与酸发生氧化还原反应，生成 Co^{2+} 和 Ni^{2+} 盐。如 Co_2O_3、Ni_2O_3 可与盐酸反应放出氯气。其反应方程式如下：

$$Ni_2O_3+6HCl \longrightarrow 2NiCl_2+Cl_2+3H_2O$$

$$Co_2O_3+6HCl \longrightarrow 2CoCl_2+Cl_2+3H_2O$$

铁、钴、镍的三价氧化物可通过加热分解相应的硝酸盐制得。Fe_3O_4 具有磁性，能被磁铁吸引，经X射线衍射得知其是 Fe(Ⅱ) 和 Fe(Ⅲ) 的混合型氧化物。

Fe^{2+}、Co^{2+}、Ni^{2+} 溶液中加入碱可分别得到相应的白色 $Fe(OH)_2$，粉红色的 $Co(OH)_2$ 和绿色 $Ni(OH)_2$ 沉淀。白色的 $Fe(OH)_2$ 极易被空气中的氧氧化，颜色由白色转变为绿色最终变为棕红色，这是 $Fe(OH)_2$ 逐步被氧化成 $Fe(OH)_3$ 的结果，其反应如下：

$$Fe^{2+}+2OH^- \longrightarrow Fe(OH)_2\downarrow$$

$$4Fe(OH)_2+O_2+2H_2O \longrightarrow 4Fe(OH)_3$$

$Co(OH)_2$ 在空气中也会被缓慢的氧化，最终生成暗棕色的 CoO(OH)。$Ni(OH)_2$ 则不会被空气氧化，但可以用强氧化剂如溴水将 $Ni(OH)_2$ 氧化成 $Ni(OH)_3$。

$$2Ni(OH)_2+Br_2+2NaOH \longrightarrow 2Ni(OH)_3+2NaBr$$

由此可见 $Fe(OH)_2$、$Co(OH)_2$ 和、$Ni(OH)_2$ 还原性依次减弱。而 $Fe(OH)_3$、$Co(OH)_3$ 和、$Ni(OH)_3$ 的氧化性依次增强。

$Fe(OH)_3$、$Co(OH)_3$ 和、$Ni(OH)_3$ 是两性物质，其酸性表现在他们可以溶解在热的强碱溶液中；碱性表现在他们可以与酸进行反应。当与盐酸反应时，$Co(OH)_3$ 和、$Ni(OH)_3$ 不仅表现其碱性，同时也呈现氧化性。

$$Fe(OH)_3+3HCl \longrightarrow FeCl_3+3H_2O$$

$$2Co(OH)_3+6HCl \longrightarrow 2CoCl_2+Cl_2\uparrow+6H_2O$$

$$2Ni(OH)_3 + 6HCl \longrightarrow 2NiCl_2 + Cl_2\uparrow + 6H_2O$$

② 盐类　铁、钴、镍的二价离子的 d 轨道中含有成单电子，因此其水溶液都呈现颜色。另外它们的硫酸盐和碱金属的硫酸盐均可形成相同类型的复盐[$M(\mathrm{I})_2SO_4 \cdot M(\mathrm{II})SO_4 \cdot 6H_2O$]。硫酸亚铁 $FeSO_4 \cdot 7H_2O$ 是亚铁盐中最重要的一种。俗称绿矾，在空气中易被氧化，为了使二价铁离子在空气中稳定，可以制备成复盐的形式，如硫酸亚铁铵 $(NH_4)_2SO_4 \cdot FeSO_4 \cdot 6H_2O$(俗称摩尔盐)。

三价铁盐较稳定 [$FeCl_3$ 和 $Fe_2(SO_4)_3$]，而三价的钴盐和镍盐不稳定。在酸性溶液中，Fe^{3+} 具有氧化性，其电极电势为 0.77V，为中强氧化剂，可以将 Sn^{2+}、H_2S、HI、Cu 氧化，而本身被还原为 Fe^{2+}：

$$2Fe^{3+} + Sn^{2+} \longrightarrow 2Fe^{2+} + Sn^{4+}$$

$$2Fe^{3+} + 2I^- \longrightarrow 2Fe^{2+} + I_2\downarrow$$

$$2Fe^{3+} + H_2S \longrightarrow 2Fe^{2+} + 2H^+ + S\downarrow$$

$$2Fe^{3+} + Cu \longrightarrow 2Fe^{2+} + Cu^{2+}$$

由于 Fe^{3+} 离子电荷较高，半径较小，因此 Fe^{3+} 在水溶液中容易水解而使溶液显酸性。Fe^{3+} 只存在于强酸溶液中，主要以水合离子存在，$[Fe(H_2O)_6]^{3+}$，当提高溶液的 pH 值，它即发生水解，当溶液的 pH 值达到 2.3 时，其水解很明显并有沉淀析出，当 pH 值达到 4.1 时，会沉淀完全。

$CoCl_2$ 是 Co(Ⅱ) 盐，为蓝色，最重要的性质是吸水变色，$CoCl_2 \cdot 6H_2O$ 为粉红色，常用的干燥剂硅胶中含有少量的 $CoCl_2$，当硅胶的颜色由蓝色变为粉红色的时候，说明此硅胶已失效，需脱水后再使用。

③ 配合物

a. 氨合物　在 Fe^{2+}、Fe^{3+} 溶液中加入氨水，得到的是 $Fe(OH)_2$ 或 $Fe(OH)_3$ 沉淀；在 Co^{2+} 或 Ni^{2+} 溶液中加入氨水，则分别得到黄色的$[Co(NH_3)_6]^{2+}$或紫色的$[Ni(NH_3)_6]^{2+}$。但二价的$[Co(NH_3)_6]^{2+}$不稳定，会在空气中缓慢的氧化为橙色的$[Co(NH_3)_6]^{3+}$。其反应方程式为：

$$4[Co(NH_3)_6]^{2+} + O_2 + 2H_2O \longrightarrow 4[Co(NH_3)_6]^{3+} + 4OH^-$$

b. 硫氢化物　Fe^{3+} 与 SCN^- 形成硫氰酸合铁（Ⅲ）$[Fe(NCS)_n]^{3-n}$，$n=1\sim6$。经红外光谱证明，SCN^- 是以其氮原子与 Fe^{3+} 配位的。$[Fe(NCS)_6]^{3-}$ 溶液显血红色，Fe^{3+} 与 SCN^- 与反应十分灵敏，这一反应不仅用于鉴定 Fe^{3+}，而且用于光度法测定土壤中铁的含量。

Co^{2+} 与 SCN^- 作用生成蓝色配合物$[Co(NCS)_4]^{2-}$，可用于鉴定 Co^{2+}。Fe^{3+} 对此鉴定有干扰，可加入 NaF 将 Fe^{3+} 掩蔽。

c. 氰合物　Co^{2+}、Co^{3+} 均可和 CN^- 形成配位数为 6 的稳定配合物，而 Ni^{2+} 可形成配位数为 4 的配合物。

Fe^{2+}、Fe^{3+} 溶液中加入过量的 CN^- 则可得到不同颜色的氰合物溶液：

$$Fe^{2+} + CN^- \longrightarrow [Fe(CN)_6]^{4-}$$

$$Fe^{3+} + CN^- \longrightarrow [Fe(CN)_6]^{3-}$$

从溶液中析出的黄色晶体 $K_4[Fe(CN)_6] \cdot 3H_2O$ 俗称黄血盐；深红色的 $K_3[Fe(CN)_6]$ 俗称为赤血盐。向黄血盐中加入 Fe^{3+} 或向赤血盐中加入 Fe^{2+}，都可以得到蓝色沉淀。

$$Fe^{3+} + [Fe(CN)_6]^{4-} + K^+ \longrightarrow K[Fe(CN)_6Fe]\downarrow$$

$$Fe^{2+} + [Fe(CN)_6]^{3-} + K^+ \longrightarrow K[Fe(CN)_6Fe]\downarrow$$

(6) 铂、钯　铂系元素包括钌、铑、钯、锇、铱、铂，它们都是稀有金属，几乎完全以单质状态存在。铂系元素除锇呈蓝灰色外，其余都是银白色的。从金属单质的密度看，铂系元素又可分为两组：第 5 周期的钌、铑、钯的密度约为 12g/cm³，成为轻铂金属；第 6 周期的锇、铱、铂的密度约为22g/cm³，称为重铂金属。铂系元素都是难熔金属，轻铂金属和重铂金属的熔、沸点都是从左到右逐渐降低。这六种元素中，最难熔的是锇，最易熔的是钯。这也可能是因为 *n*d 轨道中成单电子数从左到右逐渐减少，金属键逐渐减弱的缘故。

从铂系元素原子的价电子结构来看，除锇和铱有2个s原子外，其余都只有1个s电子或没有s电子。形成高氧化态的倾向从左向右（由钌到钯，由锇到铂）逐渐降低。铂系元素的第6周期各元素形成高氧化态的倾向比第5周期相应各元素大。其中只有钌和锇表现出了与族数相一致的+8氧化态。

铂系金属对酸稳定，钯和铂可溶于王水，钯还可溶于浓硝酸和热的硫酸。

$$Pd+4H_3NO_3 \longrightarrow Pd(NO_3)_2+2NO_2+2H_2O$$

$$3Pt+4HNO_3+18HCl \longrightarrow 3H_2[PtCl_6]+4NO+8H_2O$$

氯铂酸可以与 SO_2、$H_2C_2O_4$ 等还原剂反应，生成氯铂亚酸 $H_2[PtCl_4]$。

$$H_2[PtCl_6]+SO_2+2H_2O \longrightarrow H_2[PtCl_4]+H_2SO_4+2HCl$$

将氯铂酸溶液蒸发，可以得到 $PtCl_2$，$PtCl_2$ 是一种重要的催化剂，并可与CO形成羰基配合物。

$$H_2[PtCl_6] \xrightarrow{\triangle} PtCl_2+2HCl+Cl_2$$

大多数铂系金属能吸收气体，特别是氢气。钯吸收氢气的能力最强。常温下，钯溶解氢的体积比为1∶700，在真空中把金属加热到373K，溶解的氢就完全放出。氢在铂中的溶解度很小，但铂溶解氧的本领比钯强，钯吸收氧的体积比为1∶0.07，而铂溶解氧的体积比为1∶70。铂系金属吸收气体的性能是与它们的高度催化性能有密切关系的。

11.5 f区元素

通常将最后一个电子填入（*n*－1）f亚层的元素定义为f区元素。根据定义f区元素包括除镧、锕以外的镧系和锕系元素。镧系元素：周期表中第六周期ⅢB族镧这个位置代表了57号元素镧La到72号元素镥Lu，共15种元素。锕系元素：周期表中第七周期ⅢB族锕这个位置代表了89号元素锕Ac到103号元素铹Lr，共15种元素。本书主要讲镧系元素（表11-15）。

表11-15 镧系元素的电子结构和性质

序数	名称	元素符号	电子构型	原子半径 *r*/pm	熔点/K	电负性	常见氧化态	磁矩 *μ*/B.M.
39	钇	Y	$4d^15s^2$	180	1495	1.1	+3	—
57	镧	La	$5d^16s^2$	188	1193	1.11	+3	0
58	铈	Ce	$4f^15d^16s^2$	182	1071	1.12	+3,+4	2.4
59	镨	Pr	$4f^36s^2$	183	1204	1.13	+3,+4	3.5
60	钕	Nd	$4f^46s^2$	182	1283	1.14	+3	3.5
61	钷	Pm	$4f^56s^2$	180	1353	1.1	+3	—
62	钐	Sm	$4f^66s^2$	180	1345	1.17	+2,+3	1.5
63	铕	Eu	$4f^76s^2$	204	1095	1.0	+2,+3	3.4
64	钆	Gd	$4f^75d^16s^2$	180	1584	1.20	+3	8.0
65	铽	Tb	$4f^96s^2$	178	1633	1.1	+3,+4	9.5
66	镝	Dy	$4f^{10}6s^2$	177	1682	1.22	+3	10.7
67	钬	Ho	$4f^{11}6s^2$	177	1743	1.23	+3	10.3
68	铒	Er	$4f^{12}6s^2$	176	1795	1.24	+3	9.5
69	铥	Tm	$4f^{13}6s^2$	175	1818	1.25	+3	7.3
70	镱	Yb	$4f^{14}6s^2$	194	1097	—	+2,+3	4.5
71	镥	Lu	$4f^{14}5d^16s^2$	173	1929	1.27	+3	0

镧系元素：镧系元素中是否包括镧（$Z=57$），至今还没有一致的意见。一种意见认为镧原子基态不存在 f 电子（$4f^0$），因此把镧排除在镧系元素之外，镧系元素只包括 14 个元素（$Z=58\sim71$）；另一种意见认为虽然镧在基态时不存在 f 电子，但镧与它后面的 14 个元素性质很相似，所以应把镧作为镧系元素。此外，第三副族的元素为钇（39，Y）、镥（71，Lu）与镧系元素在自然界常共生于某些矿物中，它们之间有许多相似之处，所以将镧系元素与钇镥两个元素称为稀土元素。镧系金属为银白色金属，比较软，有延展性。它们的活泼性仅次于碱金属和碱土金属。当它们与潮湿空气接触时，很快就因氧化而变色，因此，镧系金属要保存在煤油里。镧系金属的活泼顺序，从 La 到 Lu 递减。

周期表中，在镧以后，增加的电子填充在 4f 层，当 4f 层填满以后，再填入 5d 层。f 有 7 个轨道，每个轨道可容纳二个电子，因此在镧以后会出现 14 个元素，称为第一内过渡系或 4f 过渡系。同样在 Ac 以后 5f 轨道当然也会形成第二内过渡系或 5f 过渡系。

镧系收缩，镧系元素依次增加的电子是填充在外数第三电子层的 4f 轨道中，由于 4f 电子的递增不能完全抵消核电荷的递增，从 La～Lu 有效核电荷逐渐增加，因此对外电子层的引力逐渐增强，以致外电子层逐渐向核收缩。这种镧系元素的原子半径和离子半径随着原子序数的增加而逐渐减小的现象称为镧系收缩。Eu 和 Yb 反常电子构型是半充满 $4f^7$ 和全充满 $4f^{14}$。铕和镱的金属晶体中，它们仅仅给出 2 个电子形成金属键，原子之间结合力不像其他镧系元素那样强。所以金属铕和镱的密度较低，熔点也较低。图 11-10 为镧系原子半径变化。

离子颜色：表 11-16 列出了 Ln^{3+} 在水溶液中的颜色。Ce^{3+}，Eu^{3+}，Gd^{3+} 和 Tb^{3+} 的吸收带的波长全部或大部分在紫外区，无色；La^{3+}，Lu^{3+} 和 Y^{3+} 离子是无色的（可见光波长范围 400～760nm），在可见光区没有吸收带，$La^{3+}(4f^0)$ 和 $Lu^{3+}(4f^{14})$ 没有未成对电子之故。Yb^{3+} 离子吸收带的波长在近红外区域，无色；其余 Ln^{3+} 离子在可见光区有明显吸收，离子有颜色，有些颜色非常漂亮（如 Pr^{3+}，Nd^{3+}，Er^{3+} 等）。如果负离子无色，在盐的晶体和水溶液中都保持 Ln^{3+} 的特征颜色。以 Gd^{3+} 离子为中心，从 Gd^{3+} 到 La^{3+} 的颜色变化规律又在从 Gd^{3+} 到 Lu^{3+} 的顺序中重现。这就是 Ln^{3+} 离子颜色的周期性变化。离子的颜色通常与未成对电子数有关。当 Ln^{3+} 离子具有 f^n 和 f^{14-n} 电子构型时，它们的颜色相同或相近。f 区元素的离子产生颜色的原因，从结构来看是由 f-f 跃迁而引起的。

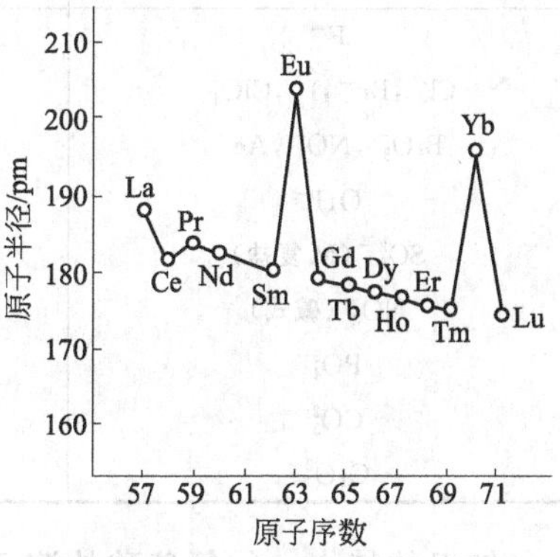

图 11-10　镧系原子半径随原子序数变化

表 11-16　Ln^{3+} 离子的颜色

离　子	未成对电子数	颜　色	未成对电子数	离　子
La^{3+}	$0(4f^0)$	无色	$0(4f^{14})$	Lu^{3+}
Ce^{3+}	$1(4f^1)$	无色	$1(4f^{13})$	Yb^{3+}
Pr^{3+}	$2(4f^2)$	绿	$2(4f^{12})$	Tm^{3+}
Nd^{3+}	$3(4f^3)$	淡紫	$3(4f^{11})$	Er^{3+}
Pm^{3+}	$4(4f^4)$	粉红，黄	$4(4f^{10})$	Ho^{3+}
Sm^{3+}	$5(4f^5)$	黄	$5(4f^9)$	Dy^{3+}
Eu^{3+}	$6(4f^6)$	无色	$6(4f^8)$	Tb^{3+}
Gd^{3+}	$7(4f^7)$	无色	$7(4f^7)$	Gd^{3+}

(1) 氧化物和氢氧化物　Ln 的氧化物大多数均为白色，而 Pr_2O_3 为深蓝色，Nb_2O_3 为

浅蓝色，Er_2O_3 为粉红色。

氧化物为 Ln_2O_3，制备方法：①将金属直接氧化（Ce，Pr，Tb 除外）；②加热氢氧化物、草酸盐、硝酸盐使其分解。

Ln_2O_3 与碱土金属氧化物性质相似：从空气中吸收二氧化碳形成碳酸盐；Ln_2O_3 能与水剧烈地化合，生成氢氧化物；Ln_2O_3 易溶于酸。

氢氧化物的颜色与氧化物有所不同，与碱土金属相比其溶度积远小于碱土金属氢氧化物，但 Ln_2O_3 与碱土金属氧化物性质也有相似之处：首先，从空气中吸收二氧化碳形成碳酸盐；其次，Ln_2O_3 能与水剧烈地化合，生成氢氧化物；最后，Ln_2O_3 易溶于酸。

氢氧化物 $Ln(OH)_3$：Ln(Ⅲ) 溶液中加入 NaOH 溶液，得到沉淀。

① $Ln(OH)_3$ 显碱性，在水中的溶解度很小。

② $La(OH)_3$ 到 $Lu(OH)_3$ 碱性逐渐减弱。Ln^{3+} 半径减小，对 OH^- 的吸引力逐渐增加。

③ $Ln(OH)_3$ 的碱性与碱土金属氢氧化物相近，能溶于酸而形成盐。

④ $Ln(OH)_3$ 的溶解度小，溶解度随着温度的升高而降低。

(2) 盐类 镧系元素的盐类多数都含有结晶水。轻镧系元素和重镧系元素的很多盐类在溶解度方面存在很大差别，常常将原子序数 57～62 的镧系元素分作铈组，将原子序数 63～71 的镧系元素分作钇组（表 11-17）。

表 11-17 镧系元素的某些盐类在水中的溶解情况

阴离子	铈组（Z 为 57～62）	钇组（Z=39 和 63～71）
F^-	不溶	不溶
Cl^-，Br^-，I^-，ClO_4^- BrO_3^-，NO_3^-，Ac^-	易溶	易溶
OH^-	不溶	不溶
SO_4^{2-}（M 复盐）	不溶于 M_2SO_4 溶液	溶于 M_2SO_4 溶液
NO_3^-（碱式）	中等溶解	微溶
PO_4^{3-}	不溶	不溶
CO_3^{2-}	不溶；不溶于过量 CO_3^{2-} 溶液	不溶；溶于过量 CO_3^{2-} 溶液
$C_2O_4^{2-}$	不溶；不溶于过量 $C_2O_4^{2-}$ 溶液	不溶；溶于过量 $C_2O_4^{2-}$ 溶液

钇组的特点：①复硫酸盐溶于 M_2SO_4 溶液；②草酸盐溶于过量 $C_2O_4^{2-}$ 溶液；③碳酸盐溶于过量 CO_3^{2-} 溶液；④碱式硝酸盐微溶。铈组则相反。

① 卤化物 镧系元素的氟化物 LnF_3 难溶于水，其溶解度有 LaF_3 到 YbF_3 逐渐增大。可通过在 3mol/L HNO_3 的 Ln^{3+} 盐溶液中加入氢氟酸或 F^- 离子来其制备相应的氟化物。这是鉴别和分离镧系元素离子的特性方法。而其他卤化物易溶于水，在水溶液中结晶出水合物。如在水溶液中，La～Nd 常结晶出七水合氯化物，而 Nd～Lu(包括 Y) 常结晶出六水合氯化物。制备无水氯化物最好是将氧化物在 $COCl_2$ 或 CCl_4 蒸气中加热。也可加热氧化物与 NH_4Cl 而制得。

$$Ln_2O_3 + NH_4Cl \longrightarrow LnCl_3 + H_2O + NH_3$$

无水氯化物均为高熔点固体，常常潮解，易溶于水，溶于醇，从熔融状态的电导率高说明它们的离子性。

② 硫酸盐 将镧系元素的氧化物或氢氧化物溶于硫酸中生成硫酸盐。镧系元素的硫酸盐易溶于水，由溶液中可以结晶出八水合物 $Ln_2(SO_4)_3 \cdot 8H_2O$。硫酸铈还有九水合物。无水硫酸盐可从水合物脱水而制得。

镧系元素硫酸盐的溶解度随着温度升高而降低，故以冷水浸取它；$Ln_2(SO_4)_3$ 易与碱金属硫酸盐生成很多复盐，如 $Ln_2(SO_4)_3 \cdot M_2SO_4 \cdot 2H_2O$，这些复盐在水中的溶解度不同，利用该性质把镧系元素分离为铈组和钇组。

③ 草酸盐　草酸盐 $Ln_2(C_2O_4)_3$ 在镧系盐类是相当重要的。因为它们在酸性溶液中的难溶性，使镧系元素离子能以草酸盐形式析出而同其他许多金属离子分离开来。钇组草酸盐由于能形成配合物而比铈组草酸盐的溶解度大得多。

草酸盐沉淀的性质决定于生成时的条件。在硝酸溶液中，当主要离子是 $HC_2O_4^-$、NH_4^+ 离子，则得到复盐 $NH_4Ln(C_2O_4)_2 \cdot yH_2O$($y=1$ 或 3)。在中性溶液中，用草酸铵作沉淀剂，则轻镧系得到正草酸盐，重镧系得到混合物。用 0.1mol/L HNO_3 洗复盐可得到正草酸盐。

(3) 配合物　Ln(Ⅲ) 是典型的硬酸，形成配合物方面与 Ca^{2+}、Ba^{2+} 相似，配合物特点：配合物的稳定性较差。与螯合剂如柠檬酸、EDTA、*β*-二酮等才能形成稳定的配合物；Ln^{3+} 半径大，配位数都在 6 以上，最高可达到 12，几何构型复杂；由于 Ln^{3+} 为硬酸，易跟含氧、氮等配位原子的硬碱配位体，因此通常配位原子是氧和氮。典型的螯合物有：Ln^{3+} 与 *β*-二酮类的乙酰丙酮（acac）生成螯合物 Ln(acac)$_3$ 与乙二胺四乙酸（EDTA）生成螯合物 $Ln(EDTA)^-$；而难与 CO、CN^-、PR_3 等软碱形成配合物。

(4) 稀土元素资源的分布　稀土最重要矿床是碳酸盐和磷酸盐。全世界共探明稀土储量 5000 万吨，其中中国约占 80%，其余主要产于美国、俄罗斯、印度、南非等国。我国稀土储量占世界首位。我国稀土矿产资源分布广泛，目前已探明有储量的矿区 193 处，分布于 17 个省区，即内蒙古、吉林、山东、江西、福建、河南、湖北、湖南、广东、广西、海南、贵州、四川、云南、陕西、甘肃、青海。稀土储量分布，据《中国矿产》统计：内蒙古占全国稀土总储量的 96%、贵州占 1.5%、湖北占 1.3%、江西占 0.6%、广东占 0.4%。

(5) 稀土元素的应用　我们每天都会与稀土材料打交道，因为我们经常使用的电脑和电视机就含有稀土材料。由于稀土元素具有特殊的电子层结构，可以将吸收到的能量转换为光的形式发出，因此可用稀土元素来制造电器显像管中的荧光粉。显像管荧光粉含稀土元素钇和铕，这种荧光粉的使用效果，远远比以前使用的非稀土硫化物红色荧光粉要好。目前，各种稀土荧光粉的用途颇广，如雷达显像管、荧光灯、高压水银灯等。

稀土氧化物还可以用于制造特种玻璃。比如，含稀土元素镧的玻璃是一种具有优良光学性质的玻璃，这种玻璃具有高的折射率、低的色散和良好的化学稳定性，可用于制造高级照相机的镜头和潜望镜的镜头。稀土氧化物还可以用于制造彩色玻璃，加入稀土元素钕可使玻璃变成酒红色，加入稀土元素镨可使玻璃变成绿色，加入稀土元素铒可使玻璃变成粉红色。这些彩色玻璃色泽变幻莫测，可以用来制造装饰品。

稀土元素在保障我们的健康方面也能起到重要作用。稀土化合物可以用于止血，而且止血作用迅速，并且可持续 1 天左右。使用稀土药物对皮肤炎、过敏性皮肤炎、牙龈炎、鼻炎和静脉炎等多种炎症都有不错的疗效，比如使用含铈盐的稀土药物能使烧伤患者创面炎症减轻，加速愈合。稀土元素的抗癌作用更是引起了人们的普遍关注，稀土元素除了可以清除机体内的有害自由基外，还可使癌细胞内的钙调素水平下降，抑癌基因的水平上升。

除了以上三种用途外，稀土元素在我们生活中的用途还十分广泛。只要在一些传统产品中加入适量的稀土元素，就会产生一些神奇的效果。目前，稀土已广泛应用于冶金、石油、化工、轻纺、医药、农业等数十个行业。比如，稀土钢能显著提高钢的耐磨性、耐磨蚀性和韧性；稀土铝盘条在缩小铝线细度的同时可提高强度和电导率；将稀土农药喷洒在果树上，既能消灭病虫害，又能提高挂果率；稀土复合肥既能改善土壤结构，又能提高农产品产量；稀土石油裂化催化剂用于我国炼油业，成本不足 1 亿元，却可使汽油等轻质油的产出效率提高许多倍。

元素在人体中的作用

近年来，微量元素与人体健康的关系越来越引起人们的重视，含有某些微量元素的食品也应时而生。所谓微量元素是针对宏量元素而言的。人体内的宏量元素又称为主要元素，共有11种，按需要量多少的顺序排列为：氧、碳、氢、氮、钙、磷、钾、硫、钠、氯、镁。其中氧、碳、氢、氮占人体质量的95%，其余约4%，此外，微量元素约占1%。在生命必需的元素中，金属元素共有14种，其中钾、钠、钙、镁的含量占人体内金属元素总量的99%以上，其余10种元素的含量很少。习惯上把含量高于0.01%的元素称为常量元素，低于此值的元素称为微量元素。人体若缺乏某种主要元素，会引起人体机能失调，但这种情况很少发生，一般的饮食含有绰绰有余的宏量元素。微量元素虽然在体内含量很少，但它们在生命过程中的作用不可低估。没有这些必需的微量元素，酶的活性就会降低或完全丧失，激素、蛋白质、维生素的合成和代谢也就会发生障碍，人类生命过程就难以继续进行。下面介绍几种元素在人体中的作用。

1. 碘（I）：碘是人体必需的微量元素之一，其生物学作用主要通过在甲状腺内含合成的甲状腺激素来体现的。甲状腺是人体最大的内分泌腺，缺碘会造成甲状腺肿、心悸、动脉硬化等病症。

2. 铁（Fe）：铁是人体必需微量元素，铁在人体中分布很广，铁是血红蛋白的重要组成部分，血液中输送氧与交换氧的重要元素。铁又是许多酶的组成成分和氧化还原反应酶的激活剂。缺铁可引起贫血、免疫力低、无力、头痛、口腔炎、易感冒、甚至肝癌等症状。

3. 锌（Zn）：锌是构成人体多种蛋白质所必需的元素。锌能维持细胞膜的稳定性，能激活200多种酶，参与核酸和能量代谢，促进性机能正常，抗菌，消炎。缺锌可引起侏儒、溃疡、炎症、不育、白发、龈齿等疾病。

4. 铜（Cu）：铜广泛分布于动物组织上，也是人体必需微量元素之一，参与人类生命活动。人和动物都需要铜创造红细胞和血红蛋白，铜与血的代谢有关，铜是血红蛋白的活化剂，参与许多酶的代谢。缺铜可引起贫血、心血管损伤、冠心病、脑障碍、溃疡、关节炎等病症。

5. 硒（Se）：硒是生命活动不可缺少的微量元素之一，能促进抗体形成、增强机体免疫力、维持酶和某些维生素的活性、参与激素的生理作用等众多生物学功能，从而起着有效的防病抗衰的作用。缺硒可引起心血管病、癌、关节炎、心肌病等症状。

6. 钴（Co）：钴是维生素B12的组成成分，具有刺激造血的功能，能抑制细胞内很多重要呼吸酶，引起细胞缺氧，促使红细胞生成素合成增多。缺钴可造成心血管病、贫血、脊髓炎、气喘、青光眼等疾病。

7. 锰（Mn）：锰是人体必需的微量元素，能组酶，合成维生素并参与人体糖、脂肪的代谢。凝血机制、生长发育神经及内分泌系统等均与锰生物学作用有关。缺锰可引起软骨、营养不良，神经紊乱，肝癌，生殖功能受抑等疾病。

8. 氟（F）：氟是人体骨骼成长所必需的微量元素。缺氟可引起龋齿、骨质疏松和贫血等疾病。

9. 钼（Mo）：钼是人体必需的微量元素之一，是某些酶的重要组成部分，也是酶的激活剂，其在生命的发生、发展和成熟各个阶段中，有适量钼才能保证健康。缺钼会引起心血管、克山癌、食道癌、肾结石、龋齿等疾病。

10. 铬（Cr）：铬发挥胰岛素作用，调节胆固醇、糖和脂质代谢，防止血管硬化，且能促进蛋白质的代谢，进而促进生长发育。缺铬会引起糖尿病，心血管病、高血脂、胆石、胰岛素功能失常等疾病。

11. 镍（Ni）：镍是人体必需的微量元素，参与细胞激素和色素的代谢，生血、激活酶，形成辅酶。缺镍会造成肝硬化，尿毒、肾衰，肝脂质和磷脂代谢异常等疾病。

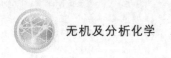

12. 锶 (Sr)：锶为亲骨性元素，是人体骨骼及牙齿的正常组成成分。锶被人体吸收后直接参与钙代谢，起到生骨、壮骨的作用。缺锶会造成关节痛、大骨节病、贫血、肌肉萎缩等疾病。

13. 钒 (V)：钒在人体中能刺激骨髓造血、降血压、促生长，参与胆固醇和脂质及辅酶代谢。缺钒会造成胆固醇高、生殖功能低下、贫血、心肌无力、骨骼异常等症状。

14. 锡 (Sn)：锡在人体中能促进蛋白质和核酸反应、促生长、催化氧化还原反应。缺锡会造成抑制生长、门齿色素不全等症状。

习　题

1. 判断对错

(1) 碱土金属比相应的碱金属的原子半径大。

(2) 碱金属的氢氧化物随着原子序数的增加而减弱。

(3) HClO、$HClO_2$、$HClO_3$ 酸性大小排列的顺序是：HClO＞HClO＞$HClO_3$。

(4) 电子亲和能最大的元素是氟。

(5) 电负性最大的元素是氟。

(6) 硫代硫酸钠与碘反应得到 SO_4^{2-}。

(7) 氧气和臭氧是同素异形体。

(8) 过氧化氢只能作为氧化剂。

(9) 红磷比白磷稳定。

(10) 氨的熔沸点比膦高。

(11) HNO_2 只能做氧化剂。

(12) 碳的同素异形体只有金刚石和石墨。

(13) 硼酸是三元酸。

(14) 过渡金属离子的水合物都有颜色。

(15) 铁钴镍二价氢氧化物都容易被空气中的氧所氧化。

(16) HNO_2 只能做氧化剂。

(17) 白磷以单键结合成 P_4 四面体。

(18) 在 NH_3、PH_3、AsH_3 中沸点最低的是 PH_3。

(19) 碱土金属比相应的碱金属的原子半径大。

(20) 黑色的氧化铜与氢碘酸反应，生成物为白色的碘化铜（Ⅱ）沉淀及水。

(21) 锌族单质都为白色金属，而铜副族的三种元素单质的颜色各不相同。

(22) 在焊接上常用 $ZnCl_2$ 浓溶液除锈。其原理是 $ZnCl_2$ 水解能生成盐酸，盐酸与铁的氧化物锈层反应，从而出去铁锈。

2. 写出并配平下列反应

(1) 氢氧化钙与氯气反应

(2) 重铬酸铵加热分解

(3) 金溶解在王水中

(4) 锌与稀硝酸反应

(5) 铜与稀硝酸反应

(6) 高锰酸钾和盐酸反应

(7) 硫代硫酸钠与碘

(8) 二氧化铅与二价锰离子

(9) 硫酸铜和碘化钾

(10) 氧化亚铁与锰酸

3. 选择题

(1) 加热就能得到少量氯气的一组物质是（　　）。

A. NaCl 和 H_2SO_4　　B. NaCl 和 MnO_2

C. HCl 和 Br_2　　D. HCl 和 KM钠O

(2) 硼砂熔珠实验产生蓝色，表示存在（　　）。

A. Al　　B. Ni　　C. Mg　　D. Co

(3) 可以形成二聚体分子的气体是（　　）。

A. NH_3　　B. HF　　C. H_2O　　D. Al_2O_3

(4) 在卤素简单阴离子中，其还原性大小的顺序是（　　）。

A. 从 F^- 到 I^- 依次增强　　B. 从 F^- 到 I^- 依次减弱

C. Cl^- 和 Br^- 较强，而 F^- 和 I^- 较弱　　D. 随介质而异，无法确定

(5) 下列含氧酸既有氧化性又有还原性的是（　　）。

A. 硫酸　　B. 硝酸　　C. 亚硫酸　　D. 盐酸

(6) 过氧化氢的水溶液（pH>7），当它与高锰酸钾的稀溶液发生反应时，最终产物在溶液中的颜色是（　　）。

A. 无色　　B. 黄色　　C. 绿色　　D. 棕色

(7) 下列叙述中正确的是（　　）。

A. 卤素的最高氧化数均等于其族数

B. 卤素的电子亲和能随着原子序数的增大而变小

C. 卤素的化学活泼性中以 I_2 最弱，所以自然界中有单质碘

D. 卤素的电负性随着原子序数的增加而变小

(8) 碘化钾与浓 H_2SO_4 反应不适用于用来制备 HI，主要原因是（　　）。

A. 反应太慢　　B. 碘化氢被氧化

C. 硫酸的酸性没有 HI 的强　　D. 获得的碘化氢不纯

(9) 下列哪些物质不能久存于玻璃瓶中（　　）。

A. 硫酸　　B. 磷酸　　C. 重铬酸钾　　D. 氢氟酸

(10) 下列离子中不能共存的是（　　）。

A. Mn^{2+}　MnO_4^-　H_2O　　B. Fe^{2+}　Fe^{3+}

C. NH_4^+　CrO_7^{2-}　　D. Zn^{2+}　Al^{3+}

(11) 最外层电子为 $6s^2$，次外层 d 轨道全充满的元素是（　　）。

A. Cu　　B. Hg　　C. Au　　D. Ba

(12) 下列氢氧化物既有氧化性又有碱性的是（　　）。

A. $Cr(OH)_3$　　B. $Fe(OH)_3$　　C. $Cu(OH)_2$　　D. $Ni(OH)_3$

(13) 下列金属中熔沸点最低的是（　　）。

A. K　　B. Cs　　C. Hg　　D. Mg

(14) 氯的含氧酸中，热稳定性最高的酸是（　　）。

A. HClO　　B. $HClO_3$　　C. $HClO_2$　　D. $HClO_4$

(15) 氯的含氧酸中，氧化性最强的酸是（　　）。

A. HClO　　B. $HClO_3$　　C. $HClO_2$　　D. $HClO_4$

(16) $(NH_4)_2Cr_2O_7$ 加热时得到的产物是（　　）。

A. Cr，NH_3，H_2O　　B. CrO_3，N_2，H_2O

C. Cr_2O_3，N_2，H_2O　　D. $Cr(OH)_3$，NH_3

(17) 在 $K_2Cr_2O_7$ 溶液中加入 $BaCl_2$ 溶液，得到的沉淀是（　　）。

A. $BaCr_2O_7$　　B. $BaCrO_4$

C. CrO_2Cl_2　　D. $Ba(CrO_2)_2$

(18) 下列各组离子中，能在溶液中大量共存的是（　　）。

A. Sn^{2+} 和 Fe^{3+}　　B. $Cr_2O_7^{2-}$ 和 CrO_4^{2-}

C. Fe^{3+} 和 CO_3^{2-}　　D. Fe^{3+} 和 Fe^{2+}

(19) 通常用什么试剂鉴定镍离子（　　）。

A. N-亚硝基（β）苯胲铵　　B. 丁二酮肟

C. 硝基苯偶氮间苯二酚　　D. 硫脲

(20) 下列关于升汞及甘汞的叙述正确的是（　　）。

A. 它们都溶于水　　B. 都是毒品，不可内服

C. 甘汞加热可转变为升汞　　D. 分子空间构型为直线型

(21) 向 $HgCl_2$ 溶液中逐滴加入过量的 KI，出现的现象是（　　）。

A. 生成白色沉淀

B. 生成绿色沉淀

C. 先生成黄色沉淀，随后变为鲜红色，最后溶解为无色

D. 先生成绿色沉淀，后沉淀溶解得无色溶液

(22) 下列固体硝酸盐加热至500℃时，可得到相应的单质、NO_2 和 O_2 的有（　　）。

A. $Zn(NO_3)_2$　　B. $Cu(NO_3)_2$　　C. $AgNO_3$　　D. $Mg(NO_3)_2$

4. 解释说明

(1) 硼酸是几元酸？试解释之。

(2) 焊接金属时，为什么先用浓 $ZnCl_2$ 溶液处理表面？

(3) 单质碘难溶于水，却易溶于 KI 溶液中？

(4) 为什么配制 $SnCl_2$ 溶液时，常加入盐酸溶液？

(5) 硫酸亚铁溶液中滴加 NaOH 溶液先得白色沉淀，逐渐变为灰色最后变为棕色？

(6) 如何理解 Cu^{2+} 可以在水溶液中存在，而 Cu^{+} 不能在水溶液中稳定存在？

(7) 王水为什么可以溶解 HgS？

(8) 硅胶变色原理是什么？

(9) 卤化氢熔沸点如何变化，试用所学知识说明。

(10) 将 H_2S 通入 $ZnCl_2$ 溶液中，仅析出少量的 ZnS 沉淀，如果在此溶液中加入 NaAc，则使 ZnS 沉淀完全。试说明原因。

5. 区分下列物质

(1) 烧碱和纯碱

(2) 硼砂和硼酸

(3) $NaNO_2$ 和 $NaNO_3$

(4) Fe_3O_4 和 MnO_2

(5) 生石灰和熟石灰

6. 根据下列物质写出化学式

(1) 甘汞

(2) 升汞

(3) 镉黄

(4) 锌钡白

(5) 锰酸

(6) 朱砂

(7) 硼砂

(8) 胆矾

(9) 绿矾

(10) 明矾

(11) 海波

7. 完成下列反应方程式：

(1) $Cu^{2+} + Cu + Cl^- \xrightarrow{H^+}$

(2) $[Ag(NH_3)_2]^+ + HCHO \longrightarrow$

(3) $Ag_2S + HNO_3$(浓)$\longrightarrow$

(4) $Hg(NO_3)_2 + NaOH \longrightarrow$

(5) $Hg_2^{2+} + H_2S \xrightarrow{光}$

(6) $Hg^{2+} + I^-$(过量)$\longrightarrow$

(7) $Cd^{2+} + HCO_3^- \longrightarrow$

(8) $HgS + HCl + HNO_3 \longrightarrow$

8. 有一无色溶液，①加入氨水时有白色沉淀生成；②若加入稀碱则有黄色沉淀生成；③若滴加KI溶液，先析出橘红色沉淀，当KI过量时，橘红色沉淀消失；④若在此无色溶液中加入数滴汞并振荡，汞逐渐消失，此时再加氨水得灰黑色沉淀。问此无色溶液中含有哪种化合物？写出有关反应式。

9. 填空题

(1) F、Cl、Br三元素中电子亲和能最大的是________，单质的解离能最小的是________。

(2) 键能 F_2 ________ Cl_2；活泼性 F_2 ________ Cl_2。

(3) 将 $Cl_2(g)$ 通入热的 $Ca(OH)_2$ 溶液中，反应产物是________。低温下 Br_2 与 Na_2CO_3 溶液反应的产物是________。常温 I_2 与 NaOH 溶液反应的产物是________。

(4) 用NaCl固体和浓硫酸制HCl时，是充分考虑了HCl的________性、________性和________性。

(5) 导致氢氟酸的酸性与其他氢卤酸明显不同的因素主要是________小而________特别大。

(6) 不存在 FCl_3 的原因是________。

(7) 氧化性 $HClO_3$ ________ HClO，酸性 $HClO_3$ ________ HClO。

(8) $HClO_4$ 的酸酐是________，它具有强________性，受热易发生________。

(9) 高碘酸是________元酸，其酸根离子的空间构型为________，其中碘原子的杂化方式为________，高碘酸具有强________性。

(10) 在 SO_3 中S采取杂化方式为________。

(11) 向各离子浓度均为0.1mol/dm³的 Mn^{2+}，Zn^{2+}，Cu^{2+}，Ag^+，Hg^{2+}，Pb^{2+} 混合溶液中通入 H_2S 可被沉淀的离子有________。

(12) 硫化物ZnS，CuS，MnS，SnS，HgS中易溶于稀盐酸的是________；不溶于稀盐酸但溶于浓盐酸的是________；不溶于浓盐酸________；但可溶于硝酸的是________；只溶于王水的是________。

(13) H_2S 水溶液长期放置后变混浊，原因是________。

(14) $AlCl_3$ 在气态或 CCl_4 溶液中是________体。

(15) 溶解度 Na_2CO_3 ________ $NaHCO_3$，其原因为________。

(16) 硼砂的化学式为________，其为________元碱。

（17）硼的氢化物称为硼烷，最简单的硼烷是__________。

（18）鲜红的铅丹为______________。

（19）在常温常压下，最稳定的晶体硫的分子式为______________。

（20）单质碘在水中的溶解度很小，但在 KI 或其它碘化物的溶液中的碘的溶解度增大，这是因为______________。

（21）在 NaH_2PO_4 溶液中加入 $AgNO_3$ 溶液，主要产物是______________。

（22）波尔多液是一种杀灭植物病虫害的农药乳液，它的有效成分是______________。

（23）Hg_2Cl_2 与氨水反应将得到________________。

附 录

附录 1 常用 pH 缓冲溶液

在化学中，有一类能够减缓因外加强酸或强碱以及稀释等而引起的 pH 急剧变化的作用的溶液，此种溶液被称为 pH 缓冲溶液（pH Buffer Solutions）。pH 缓冲溶液一般都是由浓度较大的弱酸及其共轭碱所组成，如 $HAc\text{-}Ac^-$、$NH_4^+\text{-}NH_3$ 等，此种缓冲溶液具有抗外加强酸强碱的作用，同时还有抗稀释的作用。在高浓度的强酸或强碱溶液中，由于 H^+ 或 OH^- 浓度本来就很高，外加少量酸或碱基本不会对溶液的酸度产生太大的影响。在这种情况下，强酸（pH<2）、强碱（pH>12）也是缓冲溶液，但此类缓冲溶液不具有抗稀释的作用。

在分析化学中用到的缓冲溶液，大多数是用于控制溶液的 pH，也有一部分是专门用于测量溶液的 pH 值时的参照标准，被称为标准缓冲溶液（Standard pH Buffer Solutions）。

pH 标准缓冲溶液

名称	配制	不同温度时的 pH 值								
草酸盐标准缓冲溶液	$c[KH_3(C_2O_4)_2 \cdot 2H_2O]$为 0.05mol/L。称取 12.71g 四草酸钾$[KH_3(C_2O_4)_2 \cdot 2H_2O]$溶于无二氧化碳的水中，稀释至 1000mL	0℃	5℃	10℃	15℃	20℃	25℃	30℃	35℃	40℃
		1.67	1.67	1.67	1.67	1.68	1.68	1.69	1.69	1.69
		45℃	50℃	55℃	60℃	70℃	80℃	90℃	95℃	—
		1.70	1.71	1.72	1.72	1.74	1.77	1.79	1.81	—
酒石酸盐标准缓冲溶液	在 25℃时，用无二氧化碳的水溶解外消旋的酒石酸氢钾（$KHC_4H_4O_6$），并剧烈振摇至成饱和溶液	0℃	5℃	10℃	15℃	20℃	25℃	30℃	35℃	40℃
		—	—	—	—	—	3.56	3.55	3.55	3.55
		45℃	50℃	55℃	60℃	70℃	80℃	90℃	95℃	—
		3.55	3.55	3.55	3.56	3.58	3.61	3.65	3.67	—
苯二甲酸氢盐标准缓冲溶液	c（$C_6H_4CO_2HCO_2K$）为 0.05 mol/L，称取于（115.0±5.0）℃干燥 2～3h 的邻苯二甲酸氢钾（$KHC_8H_4O_4$）10.21g，溶于无 CO_2 的蒸馏水，并稀释至 1000mL（注：可用于酸度计校准）	0℃	5℃	10℃	15℃	20℃	25℃	30℃	35℃	40℃
		4.00	4.00	4.00	4.00	4.00	4.01	4.01	4.02	4.04
		45℃	50℃	55℃	60℃	70℃	80℃	90℃	95℃	—
		4.05	4.06	4.08	4.09	4.13	4.16	4.21	4.23	—
磷酸盐标准缓冲溶液	分别称取在（115.0±5.0）℃干燥 2～3h 的磷酸氢二钠（Na_2HPO_4）（3.53±0.01）g 和磷酸二氢钾（KH_2PO_4）（3.39±0.01）g，溶于预先煮沸过 15～30min 并迅速冷却的蒸馏水中，并稀释至 1000mL（注：可用于酸度计校准）	0℃	5℃	10℃	15℃	20℃	25℃	30℃	35℃	40℃
		6.98	6.95	6.92	6.90	6.88	6.86	6.85	6.84	6.84
		45℃	50℃	55℃	60℃	70℃	80℃	90℃	95℃	—
		6.83	6.83	6.83	6.84	6.85	6.86	6.88	6.89	—

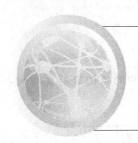

续表

名称	配制	不同温度时的pH值								
硼酸盐标准缓冲溶液	$c(Na_2B_4O_7\cdot 10H_2O)$称取硼砂($Na_2B_4O_7\cdot 10H_2O$)(3.80±0.01)g(注意：不能烘！)，溶于预先煮沸过15～30min并迅速冷却的蒸馏水中，并稀释至1000mL。置聚乙烯塑料瓶中密闭保存。存放时要防止空气中的CO_2的进入(注：可用于酸度计校准)	0℃	5℃	10℃	15℃	20℃	25℃	30℃	35℃	40℃
		9.46	9.40	9.33	9.27	9.22	9.18	9.14	9.10	9.06
		45℃	50℃	55℃	60℃	70℃	80℃	90℃	95℃	—
		9.04	9.01	8.99	8.96	8.92	8.89	8.85	8.83	—
氢氧化钙标准缓冲溶液	在25℃，用无二氧化碳的蒸馏水制备氢氧化钙的饱和溶液。氢氧化钙溶液的浓度$c[1/2\ Ca(OH)_2]$应在(0.0400～0.0412)mol/L。氢氧化钙溶液的浓度可以酚红为指示剂，用盐酸标准溶液[$c(HCl)$=0.1mol/L]滴定测出。存放时要防止空气中的二氧化碳的进入。出现混浊应弃去重新配制	0℃	5℃	10℃	15℃	20℃	25℃	30℃	35℃	40℃
		13.42	13.21	13.00	12.81	12.63	12.45	12.30	12.14	11.98
		45℃	50℃	55℃	60℃	70℃	80℃	90℃	95℃	—
		11.84	11.71	11.57	11.45	—	—	—	—	—

注：为保证pH值的准确度，上述标准缓冲溶液必须使用pH基准试剂配制。

常用pH缓冲溶液的配制和pH值

溶液名称	配制方法	pH值
氯化钾-盐酸	13.0mL 0.2mol/L HCl与25.0mL 0.2mol/L KCl混合均匀后，加水稀释至100mL	1.7
氨基乙酸-盐酸	在500mL水中溶解氨基乙酸150g，加480mL浓盐酸，再加水稀释至1L	2.3
一氯乙酸-氢氧化钠	在200mL水中溶解2g一氯乙酸后，加40g NaOH，溶解完全后再加水稀释至1L	2.8
邻苯二甲酸氢钾-盐酸	把25.0mL 0.2mol/L的邻苯二甲酸氢钾溶液与6.0mL 0.1mol/L HCl混合均匀，加水稀释至100mL	3.6
邻苯二甲酸氢钾-氢氧化钠	把25.0mL 0.2mol/L的邻苯二甲酸氢钾溶液与17.5mL 0.1mol/L NaOH混合均匀，加水稀释至100mL	4.8
六亚甲基四胺-盐酸	在200mL水中溶解六亚甲基四胺40g，加浓HCl 10mL，再加水稀释至1L	5.4
磷酸二氢钾-氢氧化钠	把25.0mL 0.2mol/L的磷酸二氢钾与23.6mL 0.1mol/L NaOH混合均匀，加水稀释至100mL	6.8
硼酸-氯化钾-氢氧化钠	把25.0mL 0.2mol/L的硼酸-氯化钾与4.0mL 0.1mol/L NaOH混合均匀，加水稀释至100mL	8.0
氯化铵-氨水	把0.1mol/L氯化铵与0.1mol/L氨水以2∶1比例混合均匀	9.1
硼酸-氯化钾-氢氧化钠	把25.0mL 0.2mol/L的硼酸-氯化钾与43.9mL 0.1moL/L NaOH混合均匀，加水稀释至100mL	10.0
氨基乙酸-氯化钠-氢氧化钠	把49.0mL 0.1mol/L氨基乙酸-氯化钠与51.0mL 0.1mol/L NaOH混合均匀	11.6
磷酸氢二钠-氢氧化钠	把50.0mL 0.05mol/L Na_2HPO_4与26.9mL 0.1mol/L NaOH混合均匀，加水稀释至100mL	12.0
氯化钾-氢氧化钠	把25.0mL 0.2mol/L KCl与66.0mL 0.2mol/L NaOH混合均匀，加水稀释至100mL	13.0

附录2 难溶化合物的溶度积常数

分子式	K_{sp}	pK_{sp}	分子式	K_{sp}	pK_{sp}
Ag_3AsO_4	1.0×10^{-22}	22.0	$CdC_2O_4\cdot3H_2O$	9.1×10^{-8}	7.04
$AgBr$	5.0×10^{-13}	12.3	$Cd_3(PO_4)_2$	2.5×10^{-33}	32.6
$AgBrO_3$	5.50×10^{-5}	4.26	CdS	8.0×10^{-27}	26.1
$AgCl$	1.8×10^{-10}	9.75	$CdSe$	6.31×10^{-36}	35.2
$AgCN$	1.2×10^{-16}	15.92	$CdSeO_3$	1.3×10^{-9}	8.89
Ag_2CO_3	8.1×10^{-12}	11.09	CeF_3	8.0×10^{-16}	15.1
$Ag_2C_2O_4$	3.5×10^{-11}	10.46	$CePO_4$	1.0×10^{-23}	23.0
$Ag_2Cr_2O_4$	1.2×10^{-12}	11.92	$Co_3(AsO_4)_2$	7.6×10^{-29}	28.12
$Ag_2Cr_2O_7$	2.0×10^{-7}	6.70	$CoCO_3$	1.4×10^{-13}	12.84
AgI	8.3×10^{-17}	16.08	CoC_2O_4	6.3×10^{-8}	7.2
$AgIO_3$	3.1×10^{-8}	7.51	$Co(OH)_2$(蓝)	6.31×10^{-15}	14.2
$AgOH$	2.0×10^{-8}	7.71	$Co(OH)_2$(粉红,新沉淀)	1.58×10^{-15}	14.8
Ag_2MoO_4	2.8×10^{-12}	11.55	$Co(OH)_2$(粉红,陈化)	2.00×10^{-16}	15.7
Ag_3PO_4	1.4×10^{-16}	15.84	$CoHPO_4$	2.0×10^{-7}	6.7
Ag_2S	6.3×10^{-50}	49.2	$Co_3(PO_4)_3$	2.0×10^{-35}	34.7
$AgSCN$	1.0×10^{-12}	12.00	$CrAsO_4$	7.7×10^{-21}	20.11
Ag_2SO_3	1.5×10^{-14}	13.82	$Cr(OH)_3$	6.3×10^{-31}	30.2
Ag_2SO_4	1.4×10^{-5}	4.84	$CrPO_4\cdot4H_2O$(绿)	2.4×10^{-23}	22.62
Ag_2Se	2.0×10^{-64}	63.7	$CrPO_4\cdot4H_2O$(紫)	1.0×10^{-17}	17.0
Ag_2SeO_3	1.0×10^{-15}	15.00	$CuBr$	5.3×10^{-9}	8.28
Ag_2SeO_4	5.7×10^{-8}	7.25	$CuCl$	1.2×10^{-6}	5.92
$AgVO_3$	5.0×10^{-7}	6.3	$CuCN$	3.2×10^{-20}	19.49
Ag_2WO_4	5.5×10^{-12}	11.26	$CuCO_3$	2.34×10^{-10}	9.63
$Al(OH)_3$①	4.57×10^{-33}	32.34	CuI	1.1×10^{-12}	11.96
$AlPO_4$	6.3×10^{-19}	18.24	$Cu(OH)_2$	4.8×10^{-20}	19.32
Al_2S_3	2.0×10^{-7}	6.7	$Cu_3(PO_4)_2$	1.3×10^{-37}	36.9
$Au(OH)_3$	5.5×10^{-46}	45.26	Cu_2S	2.5×10^{-48}	47.6
$AuCl_3$	3.2×10^{-25}	24.5	Cu_2Se	1.58×10^{-61}	60.8
AuI_3	1.0×10^{-46}	46.0	CuS	6.3×10^{-36}	35.2
$Ba_3(AsO_4)_2$	8.0×10^{-51}	50.1	$CuSe$	7.94×10^{-49}	48.1
$BaCO_3$	5.1×10^{-9}	8.29	$Dy(OH)_3$	1.4×10^{-22}	21.85
BaC_2O_4	1.6×10^{-7}	6.79	$Er(OH)_3$	4.1×10^{-24}	23.39
$BaCrO_4$	1.2×10^{-10}	9.93	$Eu(OH)_3$	8.9×10^{-24}	23.05
$Ba_3(PO_4)_2$	3.4×10^{-23}	22.44	$FeAsO_4$	5.7×10^{-21}	20.24
$BaSO_4$	1.1×10^{-10}	9.96	$FeCO_3$	3.2×10^{-11}	10.50
BaS_2O_3	1.6×10^{-5}	4.79	$Fe(OH)_2$	8.0×10^{-16}	15.1
$BaSeO_3$	2.7×10^{-7}	6.57	$Fe(OH)_3$	4.0×10^{-38}	37.4
$BaSeO_4$	3.5×10^{-8}	7.46	$FePO_4$	1.3×10^{-22}	21.89
$Be(OH)_2$②	1.6×10^{-22}	21.8	FeS	6.3×10^{-18}	17.2
$BiAsO_4$	4.4×10^{-10}	9.36	$Ga(OH)_3$	7.0×10^{-36}	35.15
$Bi_2(C_2O_4)_3$	3.98×10^{-36}	35.4	$GaPO_4$	1.0×10^{-21}	21.0
$Bi(OH)_3$	4.0×10^{-31}	30.4	$Gd(OH)_3$	1.8×10^{-23}	22.74
$BiPO_4$	1.26×10^{-23}	22.9	$Hf(OH)_4$	4.0×10^{-26}	25.4
$CaCO_3$	2.8×10^{-9}	8.54	Hg_2Br_2	5.6×10^{-23}	22.24
$CaC_2O_4\cdot H_2O$	4.0×10^{-9}	8.4	Hg_2Cl_2	1.3×10^{-18}	17.88
CaF_2	2.7×10^{-11}	10.57	HgC_2O_4	1.0×10^{-7}	7.0
$CaMoO_4$	4.17×10^{-8}	7.38	Hg_2CO_3	8.9×10^{-17}	16.05
$Ca(OH)_2$	5.5×10^{-6}	5.26	$Hg_2(CN)_2$	5.0×10^{-40}	39.3
$Ca_3(PO_4)_2$	2.0×10^{-29}	28.70	Hg_2CrO_4	2.0×10^{-9}	8.70
$CaSO_4$	3.16×10^{-7}	5.04	Hg_2I_2	4.5×10^{-29}	28.35
$CaSiO_3$	2.5×10^{-8}	7.60	HgI_2	2.82×10^{-29}	28.55
$CaWO_4$	8.7×10^{-9}	8.06	$Hg_2(IO_3)_2$	2.0×10^{-14}	13.71
$CdCO_3$	5.2×10^{-12}	11.28	$Hg_2(OH)_2$	2.0×10^{-24}	23.7

续表

分子式	K_{sp}	pK_{sp}	分子式	K_{sp}	pK_{sp}
HgSe	1.0×10^{-59}	59.0	$Pr(OH)_3$	6.8×10^{-22}	21.17
HgS(红)	4.0×10^{-53}	52.4	$Pt(OH)_2$	1.0×10^{-35}	35.0
HgS(黑)	1.6×10^{-52}	51.8	$Pu(OH)_3$	2.0×10^{-20}	19.7
Hg_2WO_4	1.1×10^{-17}	16.96	$Pu(OH)_4$	1.0×10^{-55}	55.0
$Ho(OH)_3$	5.0×10^{-23}	22.30	$RaSO_4$	4.2×10^{-11}	10.37
$In(OH)_3$	1.3×10^{-37}	36.9	$Rh(OH)_3$	1.0×10^{-23}	23.0
$InPO_4$	2.3×10^{-22}	21.63	$Ru(OH)_3$	1.0×10^{-36}	36.0
In_2S_3	5.7×10^{-74}	73.24	Sb_2S_3	1.5×10^{-93}	92.8
$La_2(CO_3)_3$	3.98×10^{-34}	33.4	ScF_3	4.2×10^{-18}	17.37
$LaPO_4$	3.98×10^{-23}	22.43	$Sc(OH)_3$	8.0×10^{-31}	30.1
$Lu(OH)_3$	1.9×10^{-24}	23.72	$Sm(OH)_3$	8.2×10^{-23}	22.08
$Mg_3(AsO_4)_2$	2.1×10^{-20}	19.68	$Sn(OH)_2$	1.4×10^{-28}	27.85
$MgCO_3$	3.5×10^{-8}	7.46	$Sn(OH)_4$	1.0×10^{-56}	56.0
$MgCO_3\cdot3H_2O$	2.14×10^{-5}	4.67	SnO_2	3.98×10^{-65}	64.4
$Mg(OH)_2$	1.8×10^{-11}	10.74	SnS	1.0×10^{-25}	25.0
$Mg_3(PO_4)_2\cdot8H_2O$	6.31×10^{-26}	25.2	SnSe	3.98×10^{-39}	38.4
$Mn_3(AsO_4)_2$	1.9×10^{-29}	28.72	$Sr_3(AsO_4)_2$	8.1×10^{-19}	18.09
$MnCO_3$	1.8×10^{-11}	10.74	$SrCO_3$	1.1×10^{-10}	9.96
$Mn(IO_3)_2$	4.37×10^{-7}	6.36	$SrC_2O_4\cdot H_2O$	1.6×10^{-7}	6.80
$Mn(OH)_4$	1.9×10^{-13}	12.72	SrF_2	2.5×10^{-9}	8.61
MnS(粉红)	2.5×10^{-10}	9.6	$Sr_3(PO_4)_2$	4.0×10^{-28}	27.39
MnS(绿)	2.5×10^{-13}	12.6	$SrSO_4$	3.2×10^{-7}	6.49
$Ni_3(AsO_4)_2$	3.1×10^{-26}	25.51	$SrWO_4$	1.7×10^{-10}	9.77
$NiCO_3$	6.6×10^{-9}	8.18	$Tb(OH)_3$	2.0×10^{-22}	21.7
NiC_2O_4	4.0×10^{-10}	9.4	$Te(OH)_4$	3.0×10^{-54}	53.52
$Ni(OH)_2$(新)	2.0×10^{-15}	14.7	$Th(C_2O_4)_2$	1.0×10^{-22}	22.0
$Ni_3(PO_4)_2$	5.0×10^{-31}	30.3	$Th(IO_3)_4$	2.5×10^{-15}	14.6
α-NiS	3.2×10^{-19}	18.5	$Th(OH)_4$	4.0×10^{-45}	44.4
β-NiS	1.0×10^{-24}	24.0	$Ti(OH)_3$	1.0×10^{-40}	40.0
γ-NiS	2.0×10^{-26}	25.7	TlBr	3.4×10^{-6}	5.47
$Pb_3(AsO_4)_2$	4.0×10^{-36}	35.39	TlCl	1.7×10^{-4}	3.76
$PbBr_2$	4.0×10^{-5}	4.41	Tl_2CrO_4	9.77×10^{-13}	12.01
$PbCl_2$	1.6×10^{-5}	4.79	TlI	6.5×10^{-8}	7.19
$PbCO_3$	7.4×10^{-14}	13.13	TlN_3	2.2×10^{-4}	3.66
$PbCrO_4$	2.8×10^{-13}	12.55	Tl_2S	5.0×10^{-21}	20.3
PbF_2	2.7×10^{-8}	7.57	$TlSeO_3$	2.0×10^{-39}	38.7
$PbMoO_4$	1.0×10^{-13}	13.0	$UO_2(OH)_2$	1.1×10^{-22}	21.95
$Pb(OH)_2$	1.2×10^{-15}	14.93	$VO(OH)_2$	5.9×10^{-23}	22.13
$Pb(OH)_4$	3.2×10^{-66}	65.49	$Y(OH)_3$	8.0×10^{-23}	22.1
$Pb_3(PO_4)_3$	8.0×10^{-43}	42.10	$Yb(OH)_3$	3.0×10^{-24}	23.52
PbS	1.0×10^{-28}	28.00	$Zn_3(AsO_4)_2$	1.3×10^{-28}	27.89
$PbSO_4$	1.6×10^{-8}	7.79	$ZnCO_3$	1.4×10^{-11}	10.84
PbSe	7.94×10^{-43}	42.1	$Zn(OH)_2$③	2.09×10^{-16}	15.68
$PbSeO_4$	1.4×10^{-7}	6.84	$Zn_3(PO_4)_2$	9.0×10^{-33}	32.04
$Pd(OH)_2$	1.0×10^{-31}	31.0	α-ZnS	1.6×10^{-24}	23.8
$Pd(OH)_4$	6.3×10^{-71}	70.2	β-ZnS	2.5×10^{-22}	21.6
PdS	2.03×10^{-58}	57.69	$ZrO(OH)_2$	6.3×10^{-49}	48.2
$Pm(OH)_3$	1.0×10^{-21}	21.0			

①～③形态均为无定形。

附录3 解离常数

无机酸在水溶液中的解离常数（25℃）

名　　称	化学式	K_a	pK_a
偏铝酸	$HAlO_2$	6.3×10^{-13}	12.20
亚砷酸	H_3AsO_3	6.0×10^{-10}	9.22
砷酸	H_3AsO_4	$6.3\times10^{-3}(K_1)$	2.20
		$1.05\times10^{-7}(K_2)$	6.98
		$3.2\times10^{-12}(K_3)$	11.50
硼酸	H_3BO_3	$5.8\times10^{-10}(K_1)$	9.24
		$1.8\times10^{-13}(K_2)$	12.74
		$1.6\times10^{-14}(K_3)$	13.80
次溴酸	$HBrO$	2.4×10^{-9}	8.62
氢氰酸	HCN	6.2×10^{-10}	9.21
碳酸	H_2CO_3	$4.2\times10^{-7}(K_1)$	6.38
		$5.6\times10^{-11}(K_2)$	10.25
次氯酸	$HClO$	3.2×10^{-8}	7.50
氢氟酸	HF	6.61×10^{-4}	3.18
锗酸	H_2GeO_3	$1.7\times10^{-9}(K_1)$	8.78
		$1.9\times10^{-13}(K_2)$	12.72
高碘酸	HIO_4	2.8×10^{-2}	1.56
亚硝酸	HNO_2	5.1×10^{-4}	3.29
次磷酸	H_3PO_2	5.9×10^{-2}	1.23
亚磷酸	H_3PO_3	$5.0\times10^{-2}(K_1)$	1.30
		$2.5\times10^{-7}(K_2)$	6.60
磷酸	H_3PO_4	$7.52\times10^{-3}(K_1)$	2.12
		$6.31\times10^{-8}(K_2)$	7.20
		$4.4\times10^{-13}(K_3)$	12.36
焦磷酸	$H_4P_2O_7$	$3.0\times10^{-2}(K_1)$	1.52
		$4.4\times10^{-3}(K_2)$	2.36
		$2.5\times10^{-7}(K_3)$	6.60
		$5.6\times10^{-10}(K_4)$	9.25
氢硫酸	H_2S	$1.3\times10^{-7}(K_1)$	6.88
		$7.1\times10^{-15}(K_2)$	14.15
亚硫酸	H_2SO_3	$1.23\times10^{-2}(K_1)$	1.91
		$6.6\times10^{-8}(K_2)$	7.18
硫酸	H_2SO_4	$1.0\times10^{3}(K_1)$	−3.0
		$1.02\times10^{-2}(K_2)$	1.99
硫代硫酸	$H_2S_2O_3$	$2.52\times10^{-1}(K_1)$	0.60
		$1.9\times10^{-2}(K_2)$	1.72

续表

名　称	化学式	K_a	pK_a
氢硒酸	H_2Se	$1.3\times10^{-4}(K_1)$ $1.0\times10^{-11}(K_2)$	3.89 11.0
亚硒酸	H_2SeO_3	$2.7\times10^{-3}(K_1)$ $2.5\times10^{-7}(K_2)$	2.57 6.60
硒酸	H_2SeO_4	$1\times10^{3}(K_1)$ $1.2\times10^{-2}(K_2)$	−3.0 1.92
硅酸	H_2SiO_3	$1.7\times10^{-10}(K_1)$ $1.6\times10^{-12}(K_2)$	9.77 11.80
亚碲酸	H_2TeO_3	$2.7\times10^{-3}(K_1)$ $1.8\times10^{-8}(K_2)$	2.57 7.74

无机碱在水溶液中的解离常数（25℃）

名　称	化学式	K_b	pK_b
氢氧化铝	$Al(OH)_3$	$1.38\times10^{-9}(K_3)$	8.86
氢氧化银	$AgOH$	1.10×10^{-4}	3.96
氢氧化钙	$Ca(OH)_2$	3.72×10^{-3} 3.98×10^{-2}	2.43 1.40
氨水	NH_3+H_2O	1.78×10^{-5}	4.75
肼(联氨)	$N_2H_4+H_2O$	$9.55\times10^{-7}(K_1)$ $1.26\times10^{-15}(K_2)$	6.02 14.9
羟氨	NH_2OH+H_2O	9.12×10^{-9}	8.04
氢氧化铅	$Pb(OH)_2$	$9.55\times10^{-4}(K_1)$ $3.0\times10^{-8}(K_2)$	3.02 7.52
氢氧化锌	$Zn(OH)_2$	9.55×10^{-4}	3.02

有机碱在水溶液中的解离常数（25℃）

名称	化学式	K_b	pK_b
甲胺	CH_3NH_2	4.17×10^{-4}	3.38
尿素(脲)	$CO(NH_2)_2$	1.5×10^{-14}	13.82
乙胺	$CH_3CH_2NH_2$	4.27×10^{-4}	3.37
乙醇胺	$H_2N(CH_2)_2OH$	3.16×10^{-5}	4.50
乙二胺	$H_2N(CH_2)_2NH_2$	$8.51\times10^{-5}(K_1)$ $7.08\times10^{-8}(K_2)$	4.07 7.15
二甲胺	$(CH_3)_2NH$	5.89×10^{-4}	3.23
三甲胺	$(CH_3)_3N$	6.31×10^{-5}	4.20
三乙胺	$(C_2H_5)_3N$	5.25×10^{-4}	3.28
丙胺	$C_3H_7NH_2$	3.70×10^{-4}	3.432

续表

名称	化学式	K_b	pK_b
异丙胺	i-$C_3H_7NH_2$	4.37×10^{-4}	3.36
1,3-丙二胺	$NH_2(CH_2)_3NH_2$	$2.95\times10^{-4}(K_1)$ $3.09\times10^{-6}(K_2)$	3.53 5.51
1,2-丙二胺	$CH_3CH(NH_2)CH_2NH_2$	$5.25\times10^{-5}(K_1)$ $4.05\times10^{-8}(K_2)$	4.28 7.393
三丙胺	$(CH_3CH_2CH_2)_3N$	4.57×10^{-4}	3.34
三乙醇胺	$(HOCH_2CH_2)_3N$	5.75×10^{-7}	6.24
丁胺	$C_4H_9NH_2$	4.37×10^{-4}	3.36
异丁胺	$C_4H_9NH_2$	2.57×10^{-4}	3.59
叔丁胺	$C_4H_9NH_2$	4.84×10^{-4}	3.315
己胺	$H(CH_2)_6NH_2$	4.37×10^{-4}	3.36
辛胺	$H(CH_2)_8NH_2$	4.47×10^{-4}	3.35
苯胺	$C_6H_5NH_2$	3.98×10^{-10}	9.40
苄胺	C_7H_9N	2.24×10^{-5}	4.65
环己胺	$C_6H_{11}NH_2$	4.37×10^{-4}	3.36
吡啶	C_5H_5N	1.48×10^{-9}	8.83
六亚甲基四胺	$(CH_2)_6N_4$	1.35×10^{-9}	8.87
2-氯酚	C_6H_5ClO	3.55×10^{-6}	5.45
3-氯酚	C_6H_5ClO	1.26×10^{-5}	4.90
4-氯酚	C_6H_5ClO	2.69×10^{-5}	4.57
邻氨基苯酚	$(o)H_2NC_6H_4OH$	5.2×10^{-5} 1.9×10^{-5}	4.28 4.72
间氨基苯酚	$(m)H_2NC_6H_4OH$	7.4×10^{-5} 6.8×10^{-5}	4.13 4.17
对氨基苯酚	$(p)H_2NC_6H_4OH$	2.0×10^{-4} 3.2×10^{-6}	3.70 5.50
邻甲苯胺	$(o)CH_3C_6H_4NH_2$	2.82×10^{-10}	9.55
间甲苯胺	$(m)CH_3C_6H_4NH_2$	5.13×10^{-10}	9.29
对甲苯胺	$(p)CH_3C_6H_4NH_2$	1.20×10^{-9}	8.92
8-羟基喹啉(20℃)	8-HO—C_9H_6N	6.5×10^{-5}	4.19
二苯胺	$(C_6H_5)_2NH$	7.94×10^{-14}	13.1
联苯胺	$H_2NC_6H_4C_6H_4NH_2$	$5.01\times10^{-10}(K_1)$ $4.27\times10^{-11}(K_2)$	9.30 10.37

有机酸在水溶液中的解离常数（25℃）

名称	化学式	K_a	pK_a
甲酸	HCOOH	1.8×10^{-4}	3.75
乙酸	CH_3COOH	1.74×10^{-5}	4.76
乙醇酸	$CH_2(OH)COOH$	1.48×10^{-4}	3.83
草酸	$(COOH)_2$	$5.4\times10^{-2}(K_1)$ $5.4\times10^{-5}(K_2)$	1.27 4.27
甘氨酸	$CH_2(NH_2)COOH$	1.7×10^{-10}	9.78
一氯乙酸	$CH_2ClCOOH$	1.4×10^{-3}	2.86
二氯乙酸	$CHCl_2COOH$	5.0×10^{-2}	1.30
三氯乙酸	CCl_3COOH	2.0×10^{-1}	0.70
丙酸	CH_3CH_2COOH	1.35×10^{-5}	4.87
丙烯酸	CH_2—CHCOOH	5.5×10^{-5}	4.26
乳酸(丙醇酸)	$CH_3CHOHCOOH$	1.4×10^{-4}	3.86
丙二酸	$HOCOCH_2COOH$	$1.4\times10^{-3}(K_1)$ $2.2\times10^{-6}(K_2)$	2.85 5.66
2-丙炔酸	HC≡CCOOH	1.29×10^{-2}	1.89
甘油酸	$HOCH_2CHOHCOOH$	2.29×10^{-4}	3.64
丙酮酸	$CH_3COCOOH$	3.2×10^{-3}	2.49
α-丙胺酸	CH_3CHNH_2COOH	1.35×10^{-10}	9.87
β-丙胺酸	$CH_2NH_2CH_2COOH$	4.4×10^{-11}	10.36
正丁酸	$CH_3(CH_2)_2COOH$	1.52×10^{-5}	4.82
异丁酸	$(CH_3)_2CHCOOH$	1.41×10^{-5}	4.85
3-丁烯酸	CH_2—$CHCH_2COOH$	2.1×10^{-5}	4.68
异丁烯酸	CH_2—$C(CH_2)COOH$	2.2×10^{-5}	4.66
反丁烯二酸(富马酸)	HOCOCH—CHCOOH	$9.3\times10^{-4}(K_1)$ $3.6\times10^{-5}(K_2)$	3.03 4.44
顺丁烯二酸(马来酸)	HOCOCH—CHCOOH	$1.2\times10^{-2}(K_1)$ $5.9\times10^{-7}(K_2)$	1.92 6.23
酒石酸	HOCOCH(OH)CH(OH)COOH	$1.04\times10^{-3}(K_1)$ $4.55\times10^{-5}(K_2)$	2.98 4.34
正戊酸	$CH_3(CH_2)_3COOH$	1.4×10^{-5}	4.86
异戊酸	$(CH_3)_2CHCH_2COOH$	1.67×10^{-5}	4.78
2-戊烯酸	CH_3CH_2CH—CHCOOH	2.0×10^{-5}	4.70
3-戊烯酸	CH_3CH—$CHCH_2COOH$	3.0×10^{-5}	4.52
4-戊烯酸	CH_2—$CHCH_2CH_2COOH$	2.10×10^{-5}	4.677
戊二酸	$HOCO(CH_2)_3COOH$	$1.7\times10^{-4}(K_1)$ $8.3\times10^{-7}(K_2)$	3.77 6.08
谷氨酸	$HOCOCH_2CH_2CH(NH_2)COOH$	$7.4\times10^{-3}(K_1)$ $4.9\times10^{-5}(K_2)$ $4.4\times10^{-10}(K_3)$	2.13 4.31 9.358
正己酸	$CH_3(CH_2)_4COOH$	1.39×10^{-5}	4.86
异己酸	$(CH_3)_2CH(CH_2)_3$—COOH	1.43×10^{-5}	4.85

续表

名称	化学式	K_a	pK_a
(*E*)-2-己烯酸	$H(CH_2)_3CH—CHCOOH$	1.8×10^{-5}	4.74
(*E*)-3-己烯酸	$CH_3CH_2CH—CHCH_2COOH$	1.9×10^{-5}	4.72
己二酸	$HOCOCH_2CH_2CH_2CH_2COOH$	$3.8\times10^{-5}(K_1)$ $3.9\times10^{-6}(K_2)$	4.42 5.41
柠檬酸	$HOCOCH_2C(OH)(COOH)CH_2COOH$	$7.4\times10^{-4}(K_1)$ $1.7\times10^{-5}(K_2)$ $4.0\times10^{-7}(K_3)$	3.13 4.76 6.40
苯酚	C_6H_5OH	1.1×10^{-10}	9.96
邻苯二酚	$(o)C_6H_4(OH)_2$	3.6×10^{-10} 1.6×10^{-13}	9.45 12.8
间苯二酚	$(m)C_6H_4(OH)_2$	$3.6\times10^{-10}(K_1)$ $8.71\times10^{-12}(K_2)$	9.30 11.06
对苯二酚	$(p)C_6H_4(OH)_2$	1.1×10^{-10}	9.96
2,4,6-三硝基苯酚	$2,4,6\text{-}(NO_2)_3C_6H_2OH$	5.1×10^{-1}	0.29
葡萄糖酸	$CH_2OH(CHOH)_4COOH$	1.4×10^{-4}	3.86
苯甲酸	C_6H_5COOH	6.3×10^{-5}	4.20
水杨酸	$C_6H_4(OH)COOH$	$1.05\times10^{-3}(K_1)$ $4.17\times10^{-13}(K_2)$	2.98 12.38
邻硝基苯甲酸	$(o)NO_2C_6H_4COOH$	6.6×10^{-3}	2.18
间硝基苯甲酸	$(m)NO_2C_6H_4COOH$	3.5×10^{-4}	3.46
对硝基苯甲酸	$(p)NO_2C_6H_4COOH$	3.6×10^{-4}	3.44
邻苯二甲酸	$(o)C_6H_4(COOH)_2$	$1.1\times10^{-3}(K_1)$ $4.0\times10^{-6}(K_2)$	2.96 5.40
间苯二甲酸	$(m)C_6H_4(COOH)_2$	$2.4\times10^{-4}(K_1)$ $2.5\times10^{-5}(K_2)$	3.62 4.60
对苯二甲酸	$(p)C_6H_4(COOH)_2$	$2.9\times10^{-4}(K_1)$ $3.5\times10^{-5}(K_2)$	3.54 4.46
1,3,5-苯三甲酸	$C_6H_3(COOH)_3$	$7.6\times10^{-3}(K_1)$ $7.9\times10^{-5}(K_2)$ $6.6\times10^{-6}(K_3)$	2.12 4.10 5.18
苯基六羧酸	$C_6(COOH)_6$	$2.1\times10^{-1}(K_1)$ $6.2\times10^{-3}(K_2)$ $3.0\times10^{-4}(K_3)$ $8.1\times10^{-6}(K_4)$ $4.8\times10^{-7}(K_5)$ $3.2\times10^{-8}(K_6)$	0.68 2.21 3.52 5.09 6.32 7.49
癸二酸	$HOOC(CH_2)_8COOH$	$2.6\times10^{-5}(K_1)$ $2.6\times10^{-6}(K_2)$	4.59 5.59
乙二胺四乙酸(EDTA)	$CH_2—N(CH_2COOH)_2$ $CH_2—N(CH_2COOH)_2$	$1.0\times10^{-2}(K_1)$ $2.14\times10^{-3}(K_2)$ $6.92\times10^{-7}(K_3)$ $5.5\times10^{-11}(K_4)$	2.0 2.67 6.16 10.26

附录 4 配合物稳定常数

配合反应的平衡常数用配合物稳定常数表示，又称配合物形成常数。此常数值越大，说明形成的配合物越稳定。其倒数用来表示配合物的解离程度，称为配合物的不稳定常数。以下表格中，表（1）中除特别说明外是在25℃下，离子强度 $I=0$；表（2）中离子强度都是在有限的范围内，$I\approx 0$。表中 β_n 表示累积稳定常数。

(1) 金属-无机配位体配合物的稳定常数

配位体	金属离子	配位体数目 n	$\lg\beta_n$
NH_3	Ag^+	1,2	3.24,7.05
	Au^{3+}	4	10.3
	Cd^{2+}	1,2,3,4,5,6	2.65,4.75,6.19,7.12,6.80,5.14
	Co^{2+}	1,2,3,4,5,6	2.11,3.74,4.79,5.55,5.73,5.11
	Co^{3+}	1,2,3,4,5,6	6.7,14.0,20.1,25.7,30.8,35.2
	Cu^+	1,2	5.93,10.86
	Cu^{2+}	1,2,3,4,5	4.31,7.98,11.02,13.32,12.86
	Fe^{2+}	1,2	1.4,2.2
	Hg^{2+}	1,2,3,4	8.8,17.5,18.5,19.28
	Mn^{2+}	1,2	0.8,1.3
	Ni^{2+}	1,2,3,4,5,6	2.80,5.04,6.77,7.96,8.71,8.74
	Pd^{2+}	1,2,3,4	9.6,18.5,26.0,32.8
	Pt^{2+}	6	35.3
	Zn^{2+}	1,2,3,4	2.37,4.81,7.31,9.46
Br^-	Ag^+	1,2,3,4	4.38,7.33,8.00,8.73
	Bi^{3+}	1,2,3,4,5,6	2.37,4.20,5.90,7.30,8.20,8.30
	Cd^{2+}	1,2,3,4	1.75,2.34,3.32,3.70,
	Ce^{3+}	1	0.42
	Cu^+	2	5.89
	Cu^{2+}	1	0.30
	Hg^{2+}	1,2,3,4	9.05,17.32,19.74,21.00
	In^{3+}	1,2	1.30,1.88
	Pb^{2+}	1,2,3,4	1.77,2.60,3.00,2.30
	Pd^{2+}	1,2,3,4	5.17,9.42,12.70,14.90
	Rh^{3+}	2,3,4,5,6	14.3,16.3,17.6,18.4,17.2
	Sc^{3+}	1,2	2.08,3.08
	Sn^{2+}	1,2,3	1.11,1.81,1.46
	Tl^{3+}	1,2,3,4,5,6	9.7,16.6,21.2,23.9,29.2,31.6
	U^{4+}	1	0.18
	Y^{3+}	1	1.32
Cl^-	Ag^+	1,2,4	3.04,5.04,5.30
	Bi^{3+}	1,2,3,4	2.44,4.7,5.0,5.6
	Cd^{2+}	1,2,3,4	1.95,2.50,2.60,2.80
	Co^{3+}	1	1.42
	Cu^+	2,3	5.5,5.7
	Cu^{2+}	1,2	0.1,−0.6
	Fe^{2+}	1	1.17
	Fe^{3+}	2	9.8
	Hg^{2+}	1,2,3,4	6.74,13.22,14.07,15.07
	In^{3+}	1,2,3,4	1.62,2.44,1.70,1.60
	Pb^{2+}	1,2,3	1.42,2.23,3.23

续表

配位体	金属离子	配位体数目 n	$\lg\beta_n$
Cl^-	Pd^{2+}	1,2,3,4	6.1,10.7,13.1,15.7
	Pt^{2+}	2,3,4	11.5,14.5,16.0
	Sb^{3+}	1,2,3,4	2.26,3.49,4.18,4.72
	Sn^{2+}	1,2,3,4	1.51,2.24,2.03,1.48
	Tl^{3+}	1,2,3,4	8.14,13.60,15.78,18.00
	Th^{4+}	1,2	1.38,0.38
	Zn^{2+}	1,2,3,4	0.43,0.61,0.53,0.20
	Zr^{4+}	1,2,3,4	0.9,1.3,1.5,1.2
CN^-	Ag^+	2,3,4	21.1,21.7,20.6
	Au^+	2	38.3
	Cd^{2+}	1,2,3,4	5.48,10.60,15.23,18.78
	Cu^+	2,3,4	24.0,28.59,30.30
	Fe^{2+}	6	35.0
	Fe^{3+}	6	42.0
	Hg^{2+}	4	41.4
	Ni^{2+}	4	31.3
	Zn^{2+}	1,2,3,4	5.3,11.70,16.70,21.60
F^-	Al^{3+}	1,2,3,4,5,6	6.11,11.12,15.00,18.00,19.40,19.80
	Be^{2+}	1,2,3,4	4.99,8.80,11.60,13.10
	Bi^{3+}	1	1.42
	Co^{2+}	1	0.4
	Cr^{3+}	1,2,3	4.36,8.70,11.20
	Cu^{2+}	1	0.9
	Fe^{2+}	1	0.8
	Fe^{3+}	1,2,3,5	5.28,9.30,12.06,15.77
	Ga^{3+}	1,2,3	4.49,8.00,10.50
	Hf^{4+}	1,2,3,4,5,6	9.0,16.5,23.1,28.8,34.0,38.0
	Hg^{2+}	1	1.03
	In^{3+}	1,2,3,4	3.70,6.40,8.60,9.80
	Mg^{2+}	1	1.30
	Mn^{2+}	1	5.48
	Ni^{2+}	1	0.50
	Pb^{2+}	1,2	1.44,2.54
	Sb^{3+}	1,2,3,4	3.0,5.7,8.3,10.9
	Sn^{2+}	1,2,3	4.08,6.68,9.50
	Th^{4+}	1,2,3,4	8.44,15.08,19.80,23.20
	TiO^{2+}	1,2,3,4	5.4,9.8,13.7,18.0
	Zn^{2+}	1	0.78
	Zr^{4+}	1,2,3,4,5,6	9.4,17.2,23.7,29.5,33.5,38.3
I^-	Ag^+	1,2,3	6.58,11.74,13.68
	Bi^{3+}	1,4,5,6	3.63,14.95,16.80,18.80
	Cd^{2+}	1,2,3,4	2.10,3.43,4.49,5.41
	Cu^+	2	8.85
	Fe^{3+}	1	1.88
	Hg^{2+}	1,2,3,4	12.87,23.82,27.60,29.83
	Pb^{2+}	1,2,3,4	2.00,3.15,3.92,4.47
	Pd^{2+}	4	24.5
	Tl^+	1,2,3	0.72,0.90,1.08
	Tl^{3+}	1,2,3,4	11.41,20.88,27.60,31.82

续表

配位体	金属离子	配位体数目 n	$\lg\beta_n$
OH^-	Ag^+	1,2	2.0,3.99
	Al^{3+}	1,4	9.27,33.03
	As^{3+}	1,2,3,4	14.33,18.73,20.60,21.20
	Be^{2+}	1,2,3	9.7,14.0,15.2
	Bi^{3+}	1,2,4	12.7,15.8,35.2
	Ca^{2+}	1	1.3
	Cd^{2+}	1,2,3,4	4.17,8.33,9.02,8.62
	Ce^{3+}	1	4.6
	Ce^{4+}	1,2	13.28,26.46
	Co^{2+}	1,2,3,4	4.3,8.4,9.7,10.2
	Cr^{3+}	1,2,4	10.1,17.8,29.9
	Cu^{2+}	1,2,3,4	7.0,13.68,17.00,18.5
	Fe^{2+}	1,2,3,4	5.56,9.77,9.67,8.58
	Fe^{3+}	1,2,3	11.87,21.17,29.67
	Hg^{2+}	1,2,3	10.6,21.8,20.9
	In^{3+}	1,2,3,4	10.0,20.2,29.6,38.9
	Mg^{2+}	1	2.58
	Mn^{2+}	1,3	3.9,8.3
	Ni^{2+}	1,2,3	4.97,8.55,11.33
	Pa^{4+}	1,2,3,4	14.04,27.84,40.7,51.4
	Pb^{2+}	1,2,3	7.82,10.85,14.58
	Pd^{2+}	1,2	13.0,25.8
	Sb^{3+}	2,3,4	24.3,36.7,38.3
	Sc^{3+}	1	8.9
	Sn^{2+}	1	10.4
	Th^{3+}	1,2	12.86,25.37
	Ti^{3+}	1	12.71
	Zn^{2+}	1,2,3,4	4.40,11.30,14.14,17.66
	Zr^{4+}	1,2,3,4	14.3,28.3,41.9,55.3
NO_3^-	Ba^{2+}	1	0.92
	Bi^{3+}	1	1.26
	Ca^{2+}	1	0.28
	Cd^{2+}	1	0.40
	Fe^{3+}	1	1.0
	Hg^{2+}	1	0.35
	Pb^{2+}	1	1.18
	Tl^+	1	0.33
	Tl^{3+}	1	0.92
$P_2O_7^{4-}$	Ba^{2+}	1	4.6
	Ca^{2+}	1	4.6
	Cd^{3+}	1	5.6
	Co^{2+}	1	6.1
	Cu^{2+}	1,2	6.7,9.0
	Hg^{2+}	2	12.38
	Mg^{2+}	1	5.7
	Ni^{2+}	1,2	5.8,7.4
	Pb^{2+}	1,2	7.3,10.15
	Zn^{2+}	1,2	8.7,11.0

续表

配位体	金属离子	配位体数目 n	$\lg\beta_n$
SCN^-	Ag^+	1,2,3,4	4.6,7.57,9.08,10.08
	Bi^{3+}	1,2,3,4,5,6	1.67,3.00,4.00,4.80,5.50,6.10
	Cd^{2+}	1,2,3,4	1.39,1.98,2.58,3.6
	Cr^{3+}	1,2	1.87,2.98
	Cu^+	1,2	12.11,5.18
	Cu^{2+}	1,2	1.90,3.00
	Fe^{3+}	1,2,3,4,5,6	2.21,3.64,5.00,6.30,6.20,6.10
	Hg^{2+}	1,2,3,4	9.08,16.86,19.70,21.70
	Ni^{2+}	1,2,3	1.18,1.64,1.81
	Pb^{2+}	1,2,3	0.78,0.99,1.00
	Sn^{2+}	1,2,3	1.17,1.77,1.74
	Th^{4+}	1,2	1.08,1.78
	Zn^{2+}	1,2,3,4	1.33,1.91,2.00,1.60
$S_2O_3^{2-}$	Ag^+	1,2	8.82,13.46
	Cd^{2+}	1,2	3.92,6.44
	Cu^+	1,2,3	10.27,12.22,13.84
	Fe^{3+}	1	2.10
	Hg^{2+}	2,3,4	29.44,31.90,33.24
	Pb^{2+}	2,3	5.13,6.35
SO_4^{2-}	Ag^+	1	1.3
	Ba^{2+}	1	2.7
	Bi^{3+}	1,2,3,4,5	1.98,3.41,4.08,4.34,4.60
	Fe^{3+}	1,2	4.04,5.38
	Hg^{2+}	1,2	1.34,2.40
	In^{3+}	1,2,3	1.78,1.88,2.36
	Ni^{2+}	1	2.4
	Pb^{2+}	1	2.75
	Pr^{3+}	1,2	3.62,4.92
	Th^{4+}	1,2	3.32,5.50
	Zr^{4+}	1,2,3	3.79,6.64,7.77

(2) 金属-有机配位体配合物的稳定常数（表中离子强度都是在有限的范围内，$I\approx0$）

配位体	金属离子	配位体数目 n	$\lg\beta_n$
乙二胺四乙酸(EDTA) $[(HOOCCH_2)_2NCH_2]_2$	Ag^+	1	7.32
	Al^{3+}	1	16.11
	Ba^{2+}	1	7.78
	Be^{2+}	1	9.3
	Bi^{3+}	1	22.8
	Ca^{2+}	1	11.0
	Cd^{2+}	1	16.4
	Co^{2+}	1	16.31
	Co^{3+}	1	36.0
	Cr^{3+}	1	23.0
	Cu^{2+}	1	18.7
	Fe^{2+}	1	14.83
	Fe^{3+}	1	24.23
	Ga^{3+}	1	20.25
	Hg^{2+}	1	21.80
	In^{3+}	1	24.95

续表

配位体	金属离子	配位体数目 n	$\lg\beta_n$
乙二胺四乙酸(EDTA) [(HOOCCH₂)₂NCH₂]₂ → $[(HOOCCH_2)_2NCH_2]_2$	Li^+	1	2.79
	Mg^{2+}	1	8.64
	Mn^{2+}	1	13.8
	Mo(V)	1	6.36
	Na^+	1	1.66
	Ni^{2+}	1	18.56
	Pb^{2+}	1	18.3
	Pd^{2+}	1	18.5
	Sc^{2+}	1	23.1
	Sn^{2+}	1	22.1
	Sr^{2+}	1	8.80
	Th^{4+}	1	23.2
	TiO^{2+}	1	17.3
	Tl^{3+}	1	22.5
	U^{4+}	1	17.50
	VO^{2+}	1	18.0
	Y^{3+}	1	18.32
	Zn^{2+}	1	16.4
	Zr^{4+}	1	19.4
乙酸 (Acetic acid) CH_3COOH	Ag^+	1,2	0.73,0.64
	Ba^{2+}	1	0.41
	Ca^{2+}	1	0.6
	Cd^{2+}	1,2,3	1.5,2.3,2.4
	Ce^{3+}	1,2,3,4	1.68,2.69,3.13,3.18
	Co^{2+}	1,2	1.5,1.9
	Cr^{3+}	1,2,3	4.63,7.08,9.60
	Cu^{2+}(20℃)	1,2	2.16,3.20
	In^{3+}	1,2,3,4	3.50,5.95,7.90,9.08
	Mn^{2+}	1,2	9.84,2.06
	Ni^{2+}	1,2	1.12,1.81
	Pb^{2+}	1,2,3,4	2.52,4.0,6.4,8.5
	Sn^{2+}	1,2,3	3.3,6.0,7.3
	Tl^{3+}	1,2,3,4	6.17,11.28,15.10,18.3
	Zn^{2+}	1	1.5
乙酰丙酮 (Acetyl acetone) $CH_3COCH_2CH_3$	Al^{3+}(30℃)	1,2	8.6,15.5
	Cd^{2+}	1,2	3.84,6.66
	Co^{2+}	1,2	5.40,9.54
	Cr^{2+}	1,2	5.96,11.7
	Cu^{2+}	1,2	8.27,16.34
	Fe^{2+}	1,2	5.07,8.67
	Fe^{3+}	1,2,3	11.4,22.1,26.7
	Hg^{2+}	2	21.5
	Mg^{2+}	1,2	3.65,6.27
	Mn^{2+}	1,2	4.24,7.35
	Mn^{3+}	3	3.86
	Ni^{2+}(20℃)	1,2,3	6.06,10.77,13.09
	Pb^{2+}	2	6.32
	Pd^{2+}(30℃)	1,2	16.2,27.1
	Th^{4+}	1,2,3,4	8.8,16.2,22.5,26.7
	Ti^{3+}	1,2,3	10.43,18.82,24.90
	V^{2+}	1,2,3	5.4,10.2,14.7
	Zn^{2+}(30℃)	1,2	4.98,8.81
	Zr^{4+}	1,2,3,4	8.4,16.0,23.2,30.1

续表

配位体	金属离子	配位体数目 n	$\lg\beta_n$
草酸 (Oxalic acid) HOOCCOOH	Ag^+	1	2.41
	Al^{3+}	1,2,3	7.26,13.0,16.3
	Ba^{2+}	1	2.31
	Ca^{2+}	1	3.0
	Cd^{2+}	1,2	3.52,5.77
	Co^{2+}	1,2,3	4.79,6.7,9.7
	Cu^{2+}	1,2	6.23,10.27
	Fe^{2+}	1,2,3	2.9,4.52,5.22
	Fe^{3+}	1,2,3	9.4,16.2,20.2
	Hg^{2+}	1	9.66
	Hg_2^{2+}	2	6.98
	Mg^{2+}	1,2	3.43,4.38
	Mn^{2+}	1,2	3.97,5.80
	Mn^{3+}	1,2,3	9.98,16.57,19.42
	Ni^{2+}	1,2,3	5.3,7.64,~8.5
	Pb^{2+}	1,2	4.91,6.76
	Sc^{3+}	1,2,3,4	6.86,11.31,14.32,16.70
	Th^{4+}	4	24.48
	Zn^{2+}	1,2,3	4.89,7.60,8.15
	Zr^{4+}	1,2,3,4	9.80,17.14,20.86,21.15
乳酸 (Lactic acid) $CH_3CHOHCOOH$	Ba^{2+}	1	0.64
	Ca^{2+}	1	1.42
	Cd^{2+}	1	1.70
	Co^{2+}	1	1.90
	Cu^{2+}	1,2	3.02,4.85
	Fe^{3+}	1	7.1
	Mg^{2+}	1	1.37
	Mn^{2+}	1	1.43
	Ni^{2+}	1	2.22
	Pb^{2+}	1,2	2.40,3.80
	Sc^{2+}	1	5.2
	Th^{4+}	1	5.5
	Zn^{2+}	1,2	2.20,3.75
水杨酸 (Salicylic acid) $C_6H_4(OH)COOH$	Al^{3+}	1	14.11
	Cd^{2+}	1	5.55
	Co^{2+}	1,2	6.72,11.42
	Cr^{2+}	1,2	8.4,15.3
	Cu^{2+}	1,2	10.60,18.45
	Fe^{2+}	1,2	6.55,11.25
	Mn^{2+}	1,2	5.90,9.80
	Ni^{2+}	1,2	6.95,11.75
	Th^{4+}	1,2,3,4	4.25,7.60,10.05,11.60
	TiO^{2+}	1	6.09
	V^{2+}	1	6.3
	Zn^{2+}	1	6.85
磺基水杨酸 (5-sulfosalicylic acid) $HO_3SC_6H_3(OH)COOH$	Al^{3+} (0.1mol/L)	1,2,3	13.20,22.83,28.89
	Be^{2+} (0.1mol/L)	1,2	11.71,20.81
	Cd^{2+} (0.1mol/L)	1,2	16.68,29.08
	Co^{2+} (0.1mol/L)	1,2	6.13,9.82
	Cr^{3+} (0.1mol/L)	1	9.56

续表

配位体	金属离子	配位体数目 n	$\lg\beta_n$
磺基水杨酸 (5-sulfosalicylic acid) $HO_3SC_6H_3(OH)COOH$	Cu^{2+} (0.1mol/L)	1,2	9.52,16.45
	Fe^{2+} (0.1mol/L)	1,2	5.9,9.9
	Fe^{3+} (0.1mol/L)	1,2,3	14.64,25.18,32.12
	Mn^{2+} (0.1mol/L)	1,2	5.24,8.24
	Ni^{2+} (0.1mol/L)	1,2	6.42,10.24
	Zn^{2+} (0.1mol/L)	1,2	6.05,10.65
酒石酸 (Tartaric acid) $(HOOCCHOH)_2$	Ba^{2+}	2	1.62
	Bi^{3+}	3	8.30
	Ca^{2+}	1,2	2.98,9.01
	Cd^{2+}	1	2.8
	Co^{2+}	1	2.1
	Cu^{2+}	1,2,3,4	3.2,5.11,4.78,6.51
	Fe^{3+}	1	7.49
	Hg^{2+}	1	7.0
	Mg^{2+}	2	1.36
	Mn^{2+}	1	2.49
	Ni^{2+}	1	2.06
	Pb^{2+}	1,3	3.78,4.7
	Sn^{2+}	1	5.2
	Zn^{2+}	1,2	2.68,8.32
丁二酸 (Butanedioic acid) $HOOCCH_2CH_2COOH$	Ba^{2+}	1	2.08
	Be^{2+}	1	3.08
	Ca^{2+}	1	2.0
	Cd^{2+}	1	2.2
	Co^{2+}	1	2.22
	Cu^{2+}	1	3.33
	Fe^{3+}	1	7.49
	Hg^{2+}	2	7.28
	Mg^{2+}	1	1.20
	Mn^{2+}	1	2.26
	Ni^{2+}	1	2.36
	Pb^{2+}	1	2.8
	Zn^{2+}	1	1.6
硫脲 (Thiourea) $H_2NC(=S)NH_2$	Ag^{+}	1,2	7.4,13.1
	Bi^{3+}	6	11.9
	Cd^{2+}	1,2,3,4	0.6,1.6,2.6,4.6
	Cu^{+}	3,4	13.0,15.4
	Hg^{2+}	2,3,4	22.1,24.7,26.8
	Pb^{2+}	1,2,3,4	1.4,3.1,4.7,8.3
乙二胺 (Ethyoenediamine) $H_2NCH_2CH_2NH_2$	Ag^{+}	1,2	4.70,7.70
	Cd^{2+} (20℃)	1,2,3	5.47,10.09,12.09
	Co^{2+}	1,2,3	5.91,10.64,13.94
	Co^{3+}	1,2,3	18.7,34.9,48.69
	Cr^{2+}	1,2	5.15,9.19
	Cu^{+}	2	10.8
	Cu^{2+}	1,2,3	10.67,20.0,21.0
	Fe^{2+}	1,2,3	4.34,7.65,9.70
	Hg^{2+}	1,2	14.3,23.3
	Mg^{2+}	1	0.37
	Mn^{2+}	1,2,3	2.73,4.79,5.67

续表

配位体	金属离子	配位体数目 n	$\lg\beta_n$
乙二胺 (Ethyoenediamine) $H_2NCH_2CH_2NH_2$	Ni^{2+}	1,2,3	7.52,13.84,18.33
	Pd^{2+}	2	26.90
	V^{2+}	1,2	4.6,7.5
	Zn^{2+}	1,2,3	5.77,10.83,14.11
吡啶 (Pyridine) C_5H_5N	Ag^{+}	1,2	1.97,4.35
	Cd^{2+}	1,2,3,4	1.40,1.95,2.27,2.50
	Co^{2+}	1,2	1.14,1.54
	Cu^{2+}	1,2,3,4	2.59,4.33,5.93,6.54
	Fe^{2+}	1	0.71
	Hg^{2+}	1,2,3	5.1,10.0,10.4
	Mn^{2+}	1,2,3,4	1.92,2.77,3.37,3.50
	Zn^{2+}	1,2,3,4	1.41,1.11,1.61,1.93
甘氨酸 (Glycin) H_2NCH_2COOH	Ag^{+}	1,2	3.41,6.89
	Ba^{2+}	1	0.77
	Ca^{2+}	1	1.38
	Cd^{2+}	1,2	4.74,8.60
	Co^{2+}	1,2,3	5.23,9.25,10.76
	Cu^{2+}	1,2,3	8.60,15.54,16.27
	Fe^{2+}(20℃)	1,2	4.3,7.8
	Hg^{2+}	1,2	10.3,19.2
	Mg^{2+}	1,2	3.44,6.46
	Mn^{2+}	1,2	3.6,6.6
	Ni^{2+}	1,2,3	6.18,11.14,15.0
	Pb^{2+}	1,2	5.47,8.92
	Pd^{2+}	1,2	9.12,17.55
	Zn^{2+}	1,2	5.52,9.96
2-甲基-8-羟基喹啉 (50%二噁烷) (8-Hydroxy-2-methyl quinoline)	Cd^{2+}	1,2,3	9.00,9.00,16.60
	Ce^{3+}	1	7.71
	Co^{2+}	1,2	9.63,18.50
	Cu^{2+}	1,2	12.48,24.00
	Fe^{2+}	1,2	8.75,17.10
	Mg^{2+}	1,2	5.24,9.64
	Mn^{2+}	1,2	7.44,13.99
	Ni^{2+}	1,2	9.41,17.76
	Pb^{2+}	1,2	10.30,18.50
	UO_2^{2+}	1,2	9.4,17.0
	Zn^{2+}	1,2	9.82,18.72

附录5 标准电极电势表

电　对	方 程 式	$E^{\ominus}$/V
Li(Ⅰ)-(0)	$Li^+ + e^- = Li$	-3.0401
Cs(Ⅰ)-(0)	$Cs^+ + e^- = Cs$	-3.026
Rb(Ⅰ)-(0)	$Rb^+ + e^- = Rb$	-2.98
K(Ⅰ)-(0)	$K^+ + e^- = K$	-2.931
Ba(Ⅱ)-(0)	$Ba^{2+} + 2e^- = Ba$	-2.912
Sr(Ⅱ)-(0)	$Sr^{2+} + 2e^- = Sr$	-2.89
Ca(Ⅱ)-(0)	$Ca^{2+} + 2e^- = Ca$	-2.868
Na(Ⅰ)-(0)	$Na^+ + e^- = Na$	-2.71
La(Ⅲ)-(0)	$La^{3+} + 3e^- = La$	-2.379
Mg(Ⅱ)-(0)	$Mg^{2+} + 2e^- = Mg$	-2.372
Ce(Ⅲ)-(0)	$Ce^{3+} + 3e^- = Ce$	-2.336
H(0)-(-Ⅰ)	$H_2(g) + 2e^- = 2H^-$	-2.23
Al(Ⅲ)-(0)	$AlF_6^{3-} + 3e^- = Al + 6F^-$	-2.069
Th(Ⅳ)-(0)	$Th^{4+} + 4e^- = Th$	-1.899
Be(Ⅱ)-(0)	$Be^{2+} + 2e^- = Be$	-1.847
U(Ⅲ)-(0)	$U^{3+} + 3e^- = U$	-1.798
Hf(Ⅳ)-(0)	$HfO^{2+} + 2H^+ + 4e^- = Hf + H_2O$	-1.724
Al(Ⅲ)-(0)	$Al^{3+} + 3e^- = Al$	-1.662
Ti(Ⅱ)-(0)	$Ti^{2+} + 2e^- = Ti$	-1.630
Zr(Ⅳ)-(0)	$ZrO_2 + 4H^+ + 4e^- = Zr + 2H_2O$	-1.553
Si(Ⅳ)-(0)	$[SiF_6]^{2-} + 4e^- = Si + 6F^-$	-1.24
Mn(Ⅱ)-(0)	$Mn^{2+} + 2e^- = Mn$	-1.185
Cr(Ⅱ)-(0)	$Cr^{2+} + 2e^- = Cr$	-0.913
Ti(Ⅲ)-(Ⅱ)	$Ti^{3+} + e^- = Ti^{2+}$	-0.9
B(Ⅲ)-(0)	$H_3BO_3 + 3H^+ + 3e^- = B + 3H_2O$	-0.8698
*Ti(Ⅳ)-(0)	$TiO_2 + 4H^+ + 4e^- = Ti + 2H_2O$	-0.86
Te(0)-(-Ⅱ)	$Te + 2H^+ + 2e^- = H_2Te$	-0.793
Zn(Ⅱ)-(0)	$Zn^{2+} + 2e^- = Zn$	-0.7618
Ta(Ⅴ)-(0)	$Ta_2O_5 + 10H^+ + 10e^- = 2Ta + 5H_2O$	-0.750
Cr(Ⅲ)-(0)	$Cr^{3+} + 3e^- = Cr$	-0.744
Nb(Ⅴ)-(0)	$Nb_2O_5 + 10H^+ + 10e^- = 2Nb + 5H_2O$	-0.644
As(0)-(-Ⅲ)	$As + 3H^+ + 3e^- = AsH_3$	-0.608
U(Ⅳ)-(Ⅲ)	$U^{4+} + e^- = U^{3+}$	-0.607
Ga(Ⅲ)-(0)	$Ga^{3+} + 3e^- = Ga$	-0.549
P(Ⅰ)-(0)	$H_3PO_2 + H^+ + e^- = P + 2H_2O$	-0.508
P(Ⅲ)-(Ⅰ)	$H_3PO_3 + 2H^+ + 2e^- = H_3PO_2 + H_2O$	-0.499
*C(Ⅳ)-(Ⅲ)	$2CO_2 + 2H^+ + 2e^- = H_2C_2O_4$	-0.49
Fe(Ⅱ)-(0)	$Fe^{2+} + 2e^- = Fe$	-0.447
Cr(Ⅲ)-(Ⅱ)	$Cr^{3+} + e^- = Cr^{2+}$	-0.407
Cd(Ⅱ)-(0)	$Cd^{2+} + 2e^- = Cd$	-0.4030
Se(0)-(-Ⅱ)	$Se + 2H^+ + 2e^- = H_2Se(aq)$	-0.399
Pb(Ⅱ)-(0)	$PbI_2 + 2e^- = Pb + 2I^-$	-0.365
Eu(Ⅲ)-(Ⅱ)	$Eu^{3+} + e^- = Eu^{2+}$	-0.36
Pb(Ⅱ)-(0)	$PbSO_4 + 2e^- = Pb + SO_4^{2-}$	-0.3588
In(Ⅲ)-(0)	$In^{3+} + 3e^- = In$	-0.3382
Tl(Ⅰ)-(0)	$Tl^+ + e^- = Tl$	-0.336
Co(Ⅱ)-(0)	$Co^{2+} + 2e^- = Co$	-0.28

续表

电　对	方 程 式	$E^{\ominus}$/V
P(Ⅴ)-(Ⅲ)	$H_3PO_4+2H^++2e^-═H_3PO_3+H_2O$	-0.276
Pb(Ⅱ)-(0)	$PbCl_2+2e^-═Pb+2Cl^-$	-0.2675
Ni(Ⅱ)-(0)	$Ni^{2+}+2e^-═Ni$	-0.257
V(Ⅲ)-(Ⅱ)	$V^{3+}+e^-═V^{2+}$	-0.255
Ge(Ⅳ)-(0)	$H_2GeO_3+4H^++4e^-═Ge+3H_2O$	-0.182
Ag(Ⅰ)-(0)	$AgI+e^-═Ag+I^-$	-0.15224
Sn(Ⅱ)-(0)	$Sn^{2+}+2e^-═Sn$	-0.1375
Pb(Ⅱ)-(0)	$Pb^{2+}+2e^-═Pb$	-0.1262
* C(Ⅳ)-(Ⅱ)	$CO_2(g)+2H^++2e^-═CO+H_2O$	-0.12
P(0)-(-Ⅲ)	$P(white)+3H^++3e^-═PH_3(g)$	-0.063
Hg(Ⅰ)-(0)	$Hg_2I_2+2e^-═2Hg+2I^-$	-0.0405
Fe(Ⅲ)-(0)	$Fe^{3+}+3e^-═Fe$	-0.037
H(Ⅰ)-(0)	$2H^++2e^-═H_2$	0.0000
Ag(Ⅰ)-(0)	$AgBr+e^-═Ag+Br^-$	0.07133
S(Ⅱ.Ⅴ)-(Ⅱ)	$S_4O_6^{2-}+2e^-═2S_2O_3^{2-}$	0.08
* Ti(Ⅳ)-(Ⅲ)	$TiO^{2+}+2H^++e^-═Ti^{3+}+H_2O$	0.1
S(0)-(-Ⅱ)	$S+2H^++2e^-═H_2S(aq)$	0.142
Sn(Ⅳ)-(Ⅱ)	$Sn^{4+}+2e^-═Sn^{2+}$	0.151
Sb(Ⅲ)-(0)	$Sb_2O_3+6H^++6e^-═2Sb+3H_2O$	0.152
Cu(Ⅱ)-(Ⅰ)	$Cu^{2+}+e^-═Cu^+$	0.153
Bi(Ⅲ)-(0)	$BiOCl+2H^++3e^-═Bi+Cl^-+H_2O$	0.1583
S(Ⅵ)-(Ⅳ)	$SO_4^{2-}+4H^++2e^-═H_2SO_3+H_2O$	0.172
Sb(Ⅲ)-(0)	$SbO^++2H^++3e^-═Sb+H_2O$	0.212
Ag(Ⅰ)-(0)	$AgCl+e^-═Ag+Cl^-$	0.22233
As(Ⅲ)-(0)	$HAsO_2+3H^++3e^-═As+2H_2O$	0.248
Hg(Ⅰ)-(0)	$Hg_2Cl_2+2e^-═2Hg+2Cl^-$(饱和 KCl)	0.26808
Bi(Ⅲ)-(0)	$BiO^++2H^++3e^-═Bi+H_2O$	0.320
U(Ⅵ)-(Ⅳ)	$UO_2^{2+}+4H^++2e^-═U^{4+}+2H_2O$	0.327
C(Ⅳ)-(Ⅲ)	$2HCNO+2H^++2e^-═(CN)_2+2H_2O$	0.330
V(Ⅳ)-(Ⅲ)	$VO^{2+}+2H^++e^-═V^{3+}+H_2O$	0.337
Cu(Ⅱ)-(0)	$Cu^{2+}+2e^-═Cu$	0.3419
Re(Ⅶ)-(0)	$ReO_4^-+8H^++7e^-═Re+4H_2O$	0.368
Ag(Ⅰ)-(0)	$Ag_2CrO_4+2e^-═2Ag+CrO_4^{2-}$	0.4470
S(Ⅳ)-(0)	$H_2SO_3+4H^++4e^-═S+3H_2O$	0.449
Cu(Ⅰ)-(0)	$Cu^++e^-═Cu$	0.521
I(0)-(-Ⅰ)	$I_2+2e^-═2I^-$	0.5355
I(0)-(-Ⅰ)	$I_3^-+2e^-═3I^-$	0.536
As(Ⅴ)-(Ⅲ)	$H_3AsO_4+2H^++2e^-═HAsO_2+2H_2O$	0.560
Sb(Ⅴ)-(Ⅲ)	$Sb_2O_5+6H^++4e^-═2SbO^++3H_2O$	0.581
Te(Ⅳ)-(0)	$TeO_2+4H^++4e^-═Te+2H_2O$	0.593
U(Ⅴ)-(Ⅳ)	$UO^{2+}+4H^++e^-═U^{4+}+2H_2O$	0.612
** Hg(Ⅱ)-(Ⅰ)	$2HgCl_2+2e^-═Hg_2Cl_2+2Cl^-$	0.63
Pt(Ⅳ)-(Ⅱ)	$[PtCl_6]^{2-}+2e^-═[PtCl_4]^{2-}+2Cl^-$	0.68
O(0)-(-Ⅰ)	$O_2+2H^++2e^-═H_2O_2$	0.695
Pt(Ⅱ)-(0)	$[PtCl_4]^{2-}+2e^-═Pt+4Cl^-$	0.755
* Se(Ⅳ)-(0)	$H_2SeO_3+4H^++4e^-═Se+3H_2O$	0.74
Fe(Ⅲ)-(Ⅱ)	$Fe^{3+}+e^-═Fe^{2+}$	0.771

续表

电　对	方 程 式	$E^\ominus$/V
Hg(Ⅰ)-(0)	$Hg_2^{2+}+2e^-=2Hg$	0.7973
Ag(Ⅰ)-(0)	$Ag^++e^-=Ag$	0.7996
Os(Ⅷ)-(0)	$OsO_4+8H^++8e^-=Os+4H_2O$	0.8
N(Ⅴ)-(Ⅳ)	$2NO_3^-+4H^++2e^-=N_2O_4+2H_2O$	0.803
Hg(Ⅱ)-(0)	$Hg^{2+}+2e^-=Hg$	0.851
Si(Ⅳ)-(0)	$(quartz)SiO_2+4H^++4e^-=Si+2H_2O$	0.857
Cu(Ⅱ)-(Ⅰ)	$Cu^{2+}+I^-+e^-=CuI$	0.86
N(Ⅲ)-(Ⅰ)	$2HNO_2+4H^++4e^-=H_2N_2O_2+2H_2O$	0.86
Hg(Ⅱ)-(Ⅰ)	$2Hg^{2+}+2e^-=Hg_2^{2+}$	0.920
N(Ⅴ)-(Ⅲ)	$NO_3^-+3H^++2e^-=HNO_2+H_2O$	0.934
Pd(Ⅱ)-(0)	$Pd^{2+}+2e^-=Pd$	0.951
N(Ⅴ)-(Ⅱ)	$NO_3^-+4H^++3e^-=NO+2H_2O$	0.957
N(Ⅲ)-(Ⅱ)	$HNO_2+H^++e^-=NO+H_2O$	0.983
I(Ⅰ)-(-Ⅰ)	$HIO+H^++2e^-=I^-+H_2O$	0.987
V(Ⅴ)-(Ⅳ)	$VO_2^++2H^++e^-=VO^{2+}+H_2O$	0.991
V(Ⅴ)-(Ⅳ)	$V(OH)_4^++2H^++e^-=VO^{2+}+3H_2O$	1.00
Au(Ⅲ)-(0)	$[AuCl_4]^-+3e^-=Au+4Cl^-$	1.002
Te(Ⅵ)-(Ⅳ)	$H_6TeO_6+2H^++2e^-=TeO_2+4H_2O$	1.02
N(Ⅳ)-(Ⅱ)	$N_2O_4+4H^++4e^-=2NO+2H_2O$	1.035
N(Ⅳ)-(Ⅲ)	$N_2O_4+2H^++2e^-=2HNO_2$	1.065
I(Ⅴ)-(-Ⅰ)	$IO_3^-+6H^++6e^-=I^-+3H_2O$	1.085
Br(0)-(-Ⅰ)	$Br_2(aq)+2e^-=2Br^-$	1.0873
Se(Ⅵ)-(Ⅳ)	$SeO_4^{2-}+4H^++2e^-=H_2SeO_3+H_2O$	1.151
Cl(Ⅴ)-(Ⅳ)	$ClO_3^-+2H^++e^-=ClO_2+H_2O$	1.152
Pt(Ⅱ)-(0)	$Pt^{2+}+2e^-=Pt$	1.18
Cl(Ⅶ)-(Ⅴ)	$ClO_4^-+2H^++2e^-=ClO_3^-+H_2O$	1.189
I(Ⅴ)-(0)	$2IO_3^-+12H^++10e^-=I_2+6H_2O$	1.195
Cl(Ⅴ)-(Ⅲ)	$ClO_3^-+3H^++2e^-=HClO_2+H_2O$	1.214
Mn(Ⅳ)-(Ⅱ)	$MnO_2+4H^++2e^-=Mn^{2+}+2H_2O$	1.224
O(0)-(-Ⅱ)	$O_2+4H^++4e^-=2H_2O$	1.229
Tl(Ⅲ)-(Ⅰ)	$Tl^{3+}+2e^-=Tl^+$	1.252
Cl(Ⅳ)-(Ⅲ)	$ClO_2+H^++e^-=HClO_2$	1.277
N(Ⅲ)-(Ⅰ)	$2HNO_2+4H^++4e^-=N_2O+3H_2O$	1.297
**Cr(Ⅵ)-(Ⅲ)	$Cr_2O_7^{2-}+14H^++6e^-=2Cr^{3+}+7H_2O$	1.33
Br(Ⅰ)-(-Ⅰ)	$HBrO+H^++2e^-=Br^-+H_2O$	1.331
Cr(Ⅵ)-(Ⅲ)	$HCrO_4^-+7H^++3e^-=Cr^{3+}+4H_2O$	1.350
Cl(0)-(-Ⅰ)	$Cl_2(g)+2e^-=2Cl^-$	1.35827
Cl(Ⅶ)-(-Ⅰ)	$ClO_4^-+8H^++8e^-=Cl^-+4H_2O$	1.389
Cl(Ⅶ)-(0)	$ClO_4^-+8H^++7e^-=1/2Cl_2+4H_2O$	1.39
Au(Ⅲ)-(Ⅰ)	$Au^{3+}+2e^-=Au^+$	1.401
Br(Ⅴ)-(-Ⅰ)	$BrO_3^-+6H^++6e^-=Br^-+3H_2O$	1.423
I(Ⅰ)-(0)	$2HIO+2H^++2e^-=I_2+2H_2O$	1.439
Cl(Ⅴ)-(-Ⅰ)	$ClO_3^-+6H^++6e^-=Cl^-+3H_2O$	1.451
Pb(Ⅳ)-(Ⅱ)	$PbO_2+4H^++2e^-=Pb^{2+}+2H_2O$	1.455
Cl(Ⅴ)-(0)	$ClO_3^-+6H^++5e^-=1/2Cl_2+3H_2O$	1.47
Cl(Ⅰ)-(-Ⅰ)	$HClO+H^++2e^-=Cl^-+H_2O$	1.482
Br(Ⅴ)-(0)	$BrO_3^-+6H^++5e^-=1/2Br_2+3H_2O$	1.482

续表

电对	方程式	$E^{\ominus}/V$
Au(Ⅲ)－(0)	$Au^{3+}+3e^{-}=Au$	1.498
Mn(Ⅶ)－(Ⅱ)	$MnO_4^{-}+8H^{+}+5e^{-}=Mn^{2+}+4H_2O$	1.507
Mn(Ⅲ)－(Ⅱ)	$Mn^{3+}+e^{-}=Mn^{2+}$	1.5415
Cl(Ⅲ)－(－Ⅰ)	$HClO_2+3H^{+}+4e^{-}=Cl^{-}+2H_2O$	1.570
Br(Ⅰ)－(0)	$HBrO+H^{+}+e^{-}=1/2Br_2(aq)+H_2O$	1.574
N(Ⅱ)－(Ⅰ)	$2NO+2H^{+}+2e^{-}=N_2O+H_2O$	1.591
I(Ⅶ)－(Ⅴ)	$H_5IO_6+H^{+}+2e^{-}=IO_3^{-}+3H_2O$	1.601
Cl(Ⅰ)－(0)	$HClO+H^{+}+e^{-}=1/2Cl_2+H_2O$	1.611
Cl(Ⅲ)－(Ⅰ)	$HClO_2+2H^{+}+2e^{-}=HClO+H_2O$	1.645
Ni(Ⅳ)－(Ⅱ)	$NiO_2+4H^{+}+2e^{-}=Ni^{2+}+2H_2O$	1.678
Mn(Ⅶ)－(Ⅳ)	$MnO_4^{-}+4H^{+}+3e^{-}=MnO_2+2H_2O$	1.679
Pb(Ⅳ)－(Ⅱ)	$PbO_2+SO_4^{2-}+4H^{+}+2e^{-}=PbSO_4+2H_2O$	1.6913
Au(Ⅰ)－(0)	$Au^{+}+e^{-}=Au$	1.692
Ce(Ⅳ)－(Ⅲ)	$Ce^{4+}+e^{-}=Ce^{3+}$	1.72
N(Ⅰ)－(0)	$N_2O+2H^{+}+2e^{-}=N_2+H_2O$	1.766
O(－Ⅰ)－(－Ⅱ)	$H_2O_2+2H^{+}+2e^{-}=2H_2O$	1.776
Co(Ⅲ)－(Ⅱ)	$Co^{3+}+e^{-}=Co^{2+}$ ($2mol\cdot L^{-1}$ H_2SO_4)	1.83
Ag(Ⅱ)－(Ⅰ)	$Ag^{2+}+e^{-}=Ag^{+}$	1.980
S(Ⅶ)－(Ⅵ)	$S_2O_8^{2-}+2e^{-}=2SO_4^{2-}$	2.010
O(0)－(－Ⅱ)	$O_3+2H^{+}+2e^{-}=O_2+H_2O$	2.076
O(Ⅱ)－(－Ⅱ)	$F_2O+2H^{+}+4e^{-}=H_2O+2F^{-}$	2.153
Fe(Ⅵ)－(Ⅲ)	$FeO_4^{2-}+8H^{+}+3e^{-}=Fe^{3+}+4H_2O$	2.20
O(0)－(－Ⅱ)	$O(g)+2H^{+}+2e^{-}=H_2O$	2.421
F(0)－(－Ⅰ)	$F_2+2e^{-}=2F^{-}$	2.866
	$F_2+2H^{+}+2e^{-}=2HF$	3.053
Ca(Ⅱ)－(0)	$Ca(OH)_2+2e^{-}=Ca+2OH^{-}$	－3.02
Ba(Ⅱ)－(0)	$Ba(OH)_2+2e^{-}=Ba+2OH^{-}$	－2.99
La(Ⅲ)－(0)	$La(OH)_3+3e^{-}=La+3OH^{-}$	－2.90
Sr(Ⅱ)－(0)	$Sr(OH)_2\cdot 8H_2O+2e^{-}=Sr+2OH^{-}+8H_2O$	－2.88
Mg(Ⅱ)－(0)	$Mg(OH)_2+2e^{-}=Mg+2OH^{-}$	－2.690
Be(Ⅱ)－(0)	$Be_2O_3^{2-}+3H_2O+4e^{-}=2Be+6OH^{-}$	－2.63
Hf(Ⅳ)－(0)	$HfO(OH)_2+H_2O+4e^{-}=Hf+4OH^{-}$	－2.50
Zr(Ⅳ)－(0)	$H_2ZrO_3+H_2O+4e^{-}=Zr+4OH^{-}$	－2.36
Al(Ⅲ)－(0)	$H_2AlO_3^{-}+H_2O+3e^{-}=Al+OH^{-}$	－2.33
P(Ⅰ)－(0)	$H_2PO_2^{-}+e^{-}=P+2OH^{-}$	－1.82
B(Ⅲ)－(0)	$H_2BO_3^{-}+H_2O+3e^{-}=B+4OH^{-}$	－1.79
P(Ⅲ)－(0)	$HPO_3^{2-}+2H_2O+3e^{-}=P+5OH^{-}$	－1.71
Si(Ⅳ)－(0)	$SiO_3^{2-}+3H_2O+4e^{-}=Si+6OH^{-}$	－1.697
P(Ⅲ)－(Ⅰ)	$HPO_3^{2-}+2H_2O+2e^{-}=H_2PO_2^{-}+3OH^{-}$	－1.65
Mn(Ⅱ)－(0)	$Mn(OH)_2+2e^{-}=Mn+2OH^{-}$	－1.56
Cr(Ⅲ)－(0)	$Cr(OH)_3+3e^{-}=Cr+3OH^{-}$	－1.48
*Zn(Ⅱ)－(0)	$[Zn(CN)_4]^{2-}+2e^{-}=Zn+4CN^{-}$	－1.26
Zn(Ⅱ)－(0)	$Zn(OH)_2+2e^{-}=Zn+2OH^{-}$	－1.249
Ga(Ⅲ)－(0)	$H_2GaO_3^{-}+H_2O+2e^{-}=Ga+4OH^{-}$	－1.219
Zn(Ⅱ)－(0)	$ZnO_2^{2-}+2H_2O+2e^{-}=Zn+4OH^{-}$	－1.215
Cr(Ⅲ)－(0)	$CrO_2^{-}+2H_2O+3e^{-}=Cr+4OH^{-}$	－1.2
Te(0)－(－Ⅰ)	$Te+2e^{-}=Te^{2-}$	－1.143
P(Ⅴ)－(Ⅲ)	$PO_4^{3-}+2H_2O+2e^{-}=HPO_3^{2-}+3OH^{-}$	－1.05
*Zn(Ⅱ)－(0)	$[Zn(NH_3)_4]^{2+}+2e^{-}=Zn+4NH_3$	－1.04

续表

电对	方程式	$E^{\ominus}$/V
*W(Ⅵ)－(0)	$WO_4^{2-}+4H_2O+6e^-$ ══ $W+8OH^-$	－1.01
*Ge(Ⅳ)－(0)	$HGeO_3^-+2H_2O+4e^-$ ══ $Ge+5OH^-$	－1.0
Sn(Ⅳ)－(Ⅱ)	$[Sn(OH)_6]^{2-}+2e^-$ ══ $HSnO_2^-+H_2O+3OH^-$	－0.93
S(Ⅵ)－(Ⅳ)	$SO_4^{2-}+H_2O+2e^-$ ══ $SO_3^{2-}+2OH^-$	－0.93
Se(0)－(－Ⅱ)	$Se+2e^-$ ══ Se^{2-}	－0.924
Sn(Ⅱ)－(0)	$HSnO_2^-+H_2O+2e^-$ ══ $Sn+3OH^-$	－0.909
P(0)－(－Ⅲ)	$P+3H_2O+3e^-$ ══ $PH_3(g)+3OH^-$	－0.87
N(Ⅴ)－(Ⅳ)	$2NO_3^-+2H_2O+2e^-$ ══ $N_2O_4+4OH^-$	－0.85
H(Ⅰ)－(0)	$2H_2O+2e^-$ ══ H_2+2OH^-	－0.8277
Cd(Ⅱ)－(0)	$Cd(OH)_2+2e^-$ ══ $Cd(Hg)+2OH^-$	－0.809
Co(Ⅱ)－(0)	$Co(OH)_2+2e^-$ ══ $Co+2OH^-$	－0.73
Ni(Ⅱ)－(0)	$Ni(OH)_2+2e^-$ ══ $Ni+2OH^-$	－0.72
As(Ⅴ)－(Ⅲ)	$AsO_4^{3-}+2H_2O+2e^-$ ══ $AsO_2^-+4OH^-$	－0.71
Ag(Ⅰ)－(0)	Ag_2S+2e^- ══ $2Ag+S^{2-}$	－0.691
As(Ⅲ)－(0)	$AsO_2^-+2H_2O+3e^-$ ══ $As+4OH^-$	－0.68
Sb(Ⅲ)－(0)	$SbO_2^-+2H_2O+3e^-$ ══ $Sb+4OH^-$	－0.66
*Re(Ⅶ)－(Ⅳ)	$ReO_4^-+2H_2O+3e^-$ ══ ReO_2+4OH^-	－0.59
*Sb(Ⅴ)－(Ⅲ)	$SbO_3^-+H_2O+2e^-$ ══ $SbO_2^-+2OH^-$	－0.59
Re(Ⅶ)－(0)	$ReO_4^-+4H_2O+7e^-$ ══ $Re+8OH^-$	－0.584
*S(Ⅳ)－(Ⅱ)	$2SO_3^{2-}+3H_2O+4e^-$ ══ $S_2O_3^{2-}+6OH^-$	－0.58
Te(Ⅳ)－(0)	$TeO_3^{2-}+3H_2O+4e^-$ ══ $Te+6OH^-$	－0.57
Fe(Ⅲ)－(Ⅱ)	$Fe(OH)_3+e^-$ ══ $Fe(OH)_2+OH^-$	－0.56
S(0)－(－Ⅱ)	$S+2e^-$ ══ S^{2-}	－0.47627
Bi(Ⅲ)－(0)	$Bi_2O_3+3H_2O+6e^-$ ══ $2Bi+6OH^-$	－0.46
N(Ⅲ)－(Ⅱ)	$NO_2^-+H_2O+e^-$ ══ $NO+2OH^-$	－0.46
*Co(Ⅱ)－C(0)	$[Co(NH_3)_6]^{2+}+2e^-$ ══ $Co+6NH_3$	－0.422
Se(Ⅳ)－(0)	$SeO_3^{2-}+3H_2O+4e^-$ ══ $Se+6OH^-$	－0.366
Cu(Ⅰ)－(0)	$Cu_2O+H_2O+2e^-$ ══ $2Cu+2OH^-$	－0.360
Tl(Ⅰ)－(0)	$Tl(OH)+e^-$ ══ $Tl+OH^-$	－0.34
*Ag(Ⅰ)－(0)	$[Ag(CN)_2]^-+e^-$ ══ $Ag+2CN^-$	－0.31
Cu(Ⅱ)－(0)	$Cu(OH)_2+2e^-$ ══ $Cu+2OH^-$	－0.222
Cr(Ⅵ)－(Ⅲ)	$CrO_4^{2-}+4H_2O+3e^-$ ══ $Cr(OH)_3+5OH^-$	－0.13
*Cu(Ⅰ)－(0)	$[Cu(NH_3)_2]^++e^-$ ══ $Cu+2NH_3$	－0.12
O(0)－(－Ⅰ)	$O_2+H_2O+2e^-$ ══ $HO_2^-+OH^-$	－0.076
Ag(Ⅰ)－(0)	$AgCN+e^-$ ══ $Ag+CN^-$	－0.017
N(Ⅴ)－(Ⅲ)	$NO_3^-+H_2O+2e^-$ ══ $NO_2^-+2OH^-$	0.01
Se(Ⅵ)－(Ⅳ)	$SeO_4^{2-}+H_2O+2e^-$ ══ $SeO_3^{2-}+2OH^-$	0.05
Pd(Ⅱ)－(0)	$Pd(OH)_2+2e^-$ ══ $Pd+2OH^-$	0.07
S(Ⅱ,Ⅴ)－(Ⅱ)	$S_4O_6^{2-}+2e^-$ ══ $2S_2O_3^{2-}$	0.08
Hg(Ⅱ)－(0)	$HgO+H_2O+2e^-$ ══ $Hg+2OH^-$	0.0977
Co(Ⅲ)－(Ⅱ)	$[Co(NH_3)_6]^{3+}+e^-$ ══ $[Co(NH_3)_6]^{2+}$	0.108
Pt(Ⅱ)－(0)	$Pt(OH)_2+2e^-$ ══ $Pt+2OH^-$	0.14
Co(Ⅲ)－(Ⅱ)	$Co(OH)_3+e^-$ ══ $Co(OH)_2+OH^-$	0.17
Pb(Ⅳ)－(Ⅱ)	$PbO_2+H_2O+2e^-$ ══ $PbO+2OH^-$	0.247
I(Ⅴ)－(－Ⅰ)	$IO_3^-+3H_2O+6e^-$ ══ I^-+6OH^-	0.26
Cl(Ⅴ)－(Ⅲ)	$ClO_3^-+H_2O+2e^-$ ══ $ClO_2^-+2OH^-$	0.33
Ag(Ⅰ)－(0)	$Ag_2O+H_2O+2e^-$ ══ $2Ag+2OH^-$	0.342
Fe(Ⅲ)－(Ⅱ)	$[Fe(CN)_6]^{3-}+e^-$ ══ $[Fe(CN)_6]^{4-}$	0.358
Cl(Ⅶ)－(Ⅴ)	$ClO_4^-+H_2O+2e^-$ ══ $ClO_3^-+2OH^-$	0.36

续表

电　对	方　程　式	$E^{\ominus}$/V
* Ag(Ⅰ)－(0)	$[Ag(NH_3)_2]^+ + e^- \rightleftharpoons Ag + 2NH_3$	0.373
O(0)－(－Ⅱ)	$O_2 + 2H_2O + 4e^- \rightleftharpoons 4OH^-$	0.401
I(Ⅰ)－(－Ⅰ)	$IO^- + H_2O + 2e^- \rightleftharpoons I^- + 2OH^-$	0.485
* Ni(Ⅳ)－(Ⅱ)	$NiO_2 + 2H_2O + 2e^- \rightleftharpoons Ni(OH)_2 + 2OH^-$	0.490
Mn(Ⅶ)－(Ⅵ)	$MnO_4^- + e^- \rightleftharpoons MnO_4^{2-}$	0.558
Mn(Ⅶ)－(Ⅳ)	$MnO_4^- + H_2O + 3e^- \rightleftharpoons MnO_2 + 4OH^-$	0.595
Mn(Ⅵ)－(Ⅳ)	$MnO_4^{2-} + 2H_2O + 2e^- \rightleftharpoons MnO_2 + 4OH^-$	0.60
Ag(Ⅱ)－(Ⅰ)	$2AgO + H_2O + 2e^- \rightleftharpoons Ag_2O + 2OH^-$	0.607
Br(Ⅴ)－(－Ⅰ)	$BrO_3^- + 3H_2O + 6e^- \rightleftharpoons Br^- + 6OH^-$	0.61
Cl(Ⅴ)－(－Ⅰ)	$ClO_3^- + 3H_2O + 6e^- \rightleftharpoons Cl^- + 6OH^-$	0.62
Cl(Ⅲ)－(Ⅰ)	$ClO_2^- + H_2O + 2e^- \rightleftharpoons ClO^- + 2OH^-$	0.66
I(Ⅶ)－(Ⅴ)	$H_3IO_6^{2-} + 2e^- \rightleftharpoons IO_3^- + 3OH^-$	0.7
Cl(Ⅲ)－(－Ⅰ)	$ClO_2^- + 2H_2O + 4e^- \rightleftharpoons Cl^- + 4OH^-$	0.76
Br(Ⅰ)－(－Ⅰ)	$BrO^- + H_2O + 2e^- \rightleftharpoons Br^- + 2OH^-$	0.761
Cl(Ⅰ)－(－Ⅰ)	$ClO^- + H_2O + 2e^- \rightleftharpoons Cl^- + 2OH^-$	0.841
* Cl(Ⅳ)－(Ⅲ)	$ClO_2(g) + e^- \rightleftharpoons ClO_2^-$	0.95
O(0)－(－Ⅱ)	$O_3 + H_2O + 2e^- \rightleftharpoons O_2 + 2OH^-$	1.24

附录 6　EDTA 的 $\lg\alpha_{Y(H)}$ 值

pH	$\lg\alpha_{Y(H)}$	pH	$\lg\alpha_{Y(H)}$	pH	$\lg\alpha_{Y(H)}$	pH	$\lg\alpha_{Y(H)}$	pH	$\lg\alpha_{Y(H)}$
0.0	23.64	2.5	11.90	5.0	6.45	7.5	2.78	10.0	0.45
0.1	23.06	2.6	11.62	5.1	6.26	7.6	2.68	10.1	0.39
0.2	22.47	2.7	11.35	5.2	6.07	7.7	2.57	10.2	0.33
0.3	21.89	2.8	11.09	5.3	5.88	7.8	2.47	10.3	0.28
0.4	21.32	2.9	10.84	5.4	5.69	7.9	2.37	10.4	0.24
0.5	20.75	3.0	10.60	5.5	5.51	8.0	2.27	10.5	0.20
0.6	20.18	3.1	10.37	5.6	5.33	8.1	2.17	10.6	0.16
0.7	19.62	3.2	10.14	5.7	5.15	8.2	2.07	10.7	0.13
0.8	19.08	3.3	9.92	5.8	4.98	8.3	1.97	10.8	0.11
0.9	18.54	3.4	9.70	5.9	4.81	8.4	1.87	10.9	0.09
1.0	18.01	3.5	9.48	6.0	4.65	8.5	1.77	11.0	0.07
1.1	17.49	3.6	9.27	6.1	4.49	8.6	1.67	11.1	0.06
1.2	16.98	3.7	9.06	6.2	4.34	8.7	1.57	11.2	0.05
1.3	16.49	3.8	8.85	6.3	4.20	8.8	1.48	11.3	0.04
1.4	16.02	3.9	8.65	6.4	4.06	8.9	1.38	11.4	0.03
1.5	15.55	4.0	8.44	6.5	3.92	9.0	1.28	11.5	0.02
1.6	15.11	4.1	8.24	6.6	3.79	9.1	1.19	11.6	0.02
1.7	14.68	4.2	8.04	6.7	3.67	9.2	1.10	11.7	0.02
1.8	14.27	4.3	7.84	6.8	3.55	9.3	1.01	11.8	0.01
1.9	13.88	4.4	7.64	6.9	3.43	9.4	0.92	11.9	0.01
2.0	13.51	4.5	7.44	7.0	3.32	9.5	0.83	12.0	0.01
2.1	13.16	4.6	7.24	7.1	3.21	9.6	0.75	12.1	0.01
2.2	12.82	4.7	7.04	7.2	3.10	9.7	0.67	12.2	0.005
2.3	12.50	4.8	6.84	7.3	2.99	9.8	0.59	13.0	0.0008
2.4	12.19	4.9	6.65	7.4	2.88	9.9	0.52	13.9	0.0001

参 考 文 献

[1] 汪小兰，田荷珍，耿承延．基础化学．北京：高等教育出版社，2006.
[2] 贾之慎，张仕勇，无机及分析化学．北京：高等教育出版社，2010.
[3] 池玉兰，辛剑，牟文生，隋亮．无机化学．北京：高等教育出版社，2004.
[4] 曹锡章，宋天佑，王杏乔．无机化学（上）．第 3 版．北京：高等教育出版社，2004.
[5] 宋天佑，徐家宁，程功臻．无机化学（下）．第 3 版．北京：高等教育出版社，2004.
[6] 董员彦，张方钰，王运．无机及分析化学．第 2 版．北京：科学出版社，2006.
[7] 武汉大学等．分析化学．第 4 版．北京：高等教育出版社，2000.
[8] 武汉大学等．分析化学．第 5 版．北京：高等教育出版社，2006.
[9] 大连理工大学无机化学教研室．无机化学．第 4 版．北京：高等教育出版社．2001.
[10] 徐勉懿，方国春，潘祖亭编著．无机及分析化学．武汉：武汉大学出版社，1994.
[11] 北京师范大学，华中师范大学，南京师范大学无机化学教研室编．无机化学．第 3 版．北京：高等教育出版社，1992.
[12] 浙江大学编，无机及分析化学．北京：高等教育出版社，2003.
[13] 慕慧主编．基础化学．北京：科学出版社，2001.
[14] 南京大学编．无机及分析化学．第 4 版．北京：高等教育出版社，2006.